献给北京大学建校一百二十周年

申 丹 总主编

"北京大学创建世界一流大学计划"经费资助

北大艺术学研究丛书

王一川 主编

景观中的艺术

翁剑青 著

北京大学出版社
PEKING UNIVERSITY PRESS

图书在版编目（CIP）数据

景观中的艺术 / 翁剑青著 . —北京：北京大学出版社，2016.10
（北京大学人文学科文库·北大艺术学研究丛书）
ISBN 978-7-301-26568-0

Ⅰ.①景⋯　Ⅱ.①翁⋯　Ⅲ.①景观设计—研究　Ⅳ.① TU986.2

中国版本图书馆CIP数据核字（2015）第281051号

书　　　名	景观中的艺术
	JINGGUAN ZHONG DE YISHU
著作责任者	翁剑青　著
责 任 编 辑	谭燕　任慧　赵维
标 准 书 号	ISBN 978-7-301-26568-0
出 版 发 行	北京大学出版社
地　　　址	北京市海淀区成府路205号　100871
网　　　址	http://www.pup.cn　　新浪微博：@北京大学出版社
电 子 信 箱	pkuwsz@126.com
电　　　话	邮购部 62752015　发行部 62750672　编辑部 62752022
印 刷 者	北京中科印刷有限公司
经 销 者	新华书店
	720毫米×1020毫米　16开本　32印张　537千字
	2016年10月第1版　2016年10月第1次印刷
定　　　价	145.00元

总　序

　　人文学科是北京大学的传统优势学科。早在京师大学堂建立之初，就设立了经学科、文学科，预科学生必须在五种外语中选修一种。京师大学堂于1912年改为现名。1917年，蔡元培先生出任北京大学校长，他"循思想自由原则，取兼容并包主义"，促进了思想解放和学术繁荣。1921年北大成立了四个全校性的研究所，下设自然科学、社会科学、国学和外国文学四门，人文学科仍然居于重要地位，广受社会的关注。这个传统一直沿袭下来，中华人民共和国成立后，1952年北京大学与清华大学、燕京大学三校的文、理科合并为现在的北京大学，大师云集，人文荟萃，成果斐然。改革开放后，北京大学的历史翻开了新的一页。

　　近十几年来，人文学科在学科建设、人才培养、师资队伍建设、教学科研等各方面改善了条件，取得了显著成绩。北大的人文学科门类齐全，在国内整体上居于优势地位，在世界上也占有引人瞩目的地位，相继出版了《中华文明史》《世界文明史》《世界现代化历程》《中国儒学史》《中国美学通史》《欧洲文学史》等高水平的著作，并主持了许多重大的考古项目，这些成果发挥着引领学术前进的作用。目前北大还承担着《儒藏》《中华文明探源》《北京大学藏西汉竹书》的整理与研究工作，以及《新编新注十三经》等重要项目。

与此同时，我们也清醒地看到，北大人文学科整体的绝对优势正在减弱，有的学科只具备相对优势了；有的成果规模优势明显，高度优势还有待提升。北大出了许多成果，但还要出思想，要产生影响人类命运和前途的思想理论。我们距离理想的目标还有相当长的距离，需要人文学科的老师和同学们加倍努力。

我曾经说过：与自然科学或社会科学相比，人文学科的成果，难以直接转化为生产力，给社会带来财富，人们或以为无用。其实，人文学科力求揭示人生的意义和价值、塑造理想的人格，指点人生趋向完美的境地。它能丰富人的精神，美化人的心灵，提升人的品德，协调人和自然的关系以及人和人的关系，促使人把自己掌握的知识和技术用到造福于人类的正道上来，这是人文无用之大用！试想，如果我们的心灵中没有诗意，我们的记忆中没有历史，我们的思考中没有哲理，我们的生活将成为什么样子？国家的强盛与否，将来不仅要看经济实力、国防实力，也要看国民的精神世界是否丰富，活得充实不充实，愉快不愉快，自在不自在，美不美。

一个民族，如果从根本上丧失了对人文学科的热情，丧失了对人文精神的追求和坚守，这个民族就丧失了进步的精神源泉。文化是一个民族的标志，是一个民族的根，在经济全球化的大趋势中，拥有几千年文化传统的中华民族，必须自觉维护自己的根，并以开放的态度吸取世界上其他民族的优秀文化，以跟上世界的潮流。站在这样的高度看待人文学科，我们深感责任之重大与紧迫。

北大人文学科的老师们蕴藏着巨大的潜力和创造性。我相信，只要使老师们的潜力充分发挥出来，北大人文学科便能克服种种障碍，在国内外开辟出一片新天地。

人文学科的研究主要是著书立说，以个体撰写著作为一大特点。除了需要协同研究的集体大项目外，我们还希望为教师独立探索，撰写、出版专著搭建平台，形成既具个体思想，又汇聚集体智慧的系列研究成果。为此，北京大学人文学部决定编辑出版"北京大学人文学科文库"，旨在汇集新时代北大人文学科的优秀成果，弘扬北大人文学科的学术传统，展示北大人文学科的整体实力和研究特色，为推动北大世界一流大学建设、促进人文学术发展做出贡献。

我们需要努力营造宽松的学术环境、浓厚的研究气氛。既要提倡教师根据国家的需要选择研究课题,集中人力物力进行研究,也鼓励教师按照自己的兴趣自由地选择课题。鼓励自由选题是"北京大学人文学科文库"的一个特点。

我们不可满足于泛泛的议论,也不可追求热闹,而应沉潜下来,认真钻研,将切实的成果贡献给社会。学术质量是"北京大学人文学科文库"的一大追求。文库的撰稿者会力求通过自己潜心研究、多年积累而成的优秀成果,来展示自己的学术水平。

我们要保持优良的学风,进一步突出北大的个性与特色。北大人要有大志气、大眼光、大手笔、大格局、大气象,做一些符合北大地位的事,做一些开风气之先的事。北大不能随波逐流,不能甘于平庸,不能跟在别人后面小打小闹。北大的学者要有与北大相称的气质、气节、气派、气势、气宇、气度、气韵和气象。北大的学者要致力于弘扬民族精神和时代精神,以提升国民的人文素质为己任。而承担这样的使命,首先要有谦逊的态度,向人民群众学习,向兄弟院校学习。切不可妄自尊大,目空一切。这也是"北京大学人文学科文库"力求展现的北大的人文素质。

这个文库第一批包括:

"北大中国文学研究丛书"(陈平原 主编)

"北大中国语言学研究丛书"(王洪君 郭锐 主编)

"北大比较文学与世界文学研究丛书"(陈跃红 张辉 主编)

"北大批评理论研究丛书"(张旭东 主编)

"北大中国史研究丛书"(荣新江 张帆 主编)

"北大世界史研究丛书"(高毅 主编)

"北大考古学研究丛书"(赵辉 主编)

"北大马克思主义哲学研究丛书"(丰子义 主编)

"北大中国哲学研究丛书"(王博 主编)

"北大外国哲学研究丛书"(韩水法 主编)

"北大东方文学研究丛书"(王邦维 主编)

"北大欧美文学研究丛书"（申丹 主编）

"北大外国语言学研究丛书"（宁琦 高一虹 主编）

"北大艺术学研究丛书"（王一川 主编）

"北大对外汉语研究丛书"（赵杨 主编）

这15套丛书仅收入学术新作,涵盖了北大人文学科的多个领域,它们的推出有利于读者整体了解当下北大人文学者的科研动态、学术实力和研究特色。这一文库将持续编辑出版,我们相信通过老中青年学者的不断努力,其影响会越来越大,并将对北大人文学科的建设和北大创建世界一流大学起到积极作用,进而引起国际学术界的瞩目。

袁行霈

2016 年 4 月

丛书序言

　　"北大艺术学研究丛书"，是北京大学人文学部学术研究与出版计划"北京大学人文学科文库"的分支之一，拟汇聚北大艺术学科的学术力量，荟萃出版北大艺术学科教师的新的原创性艺术学研究成果，以弘扬北大艺术学科的传统，展现其新近研究实绩、研究水平和学术特色。

　　北大艺术学科，从蔡元培于 1917 年 1 月正式担任北大校长并锐意开创现代艺术专业教育及美育算起，至今已有近百年历史，一批批著名的艺术家、美学家和艺术理论家先后在此弘文励教，著书立说，在艺术教育、艺术理论研究及艺术批评等领域位居全国艺术学科同行的前列。近三十年来，北大艺术学科历经 1986 年建立艺术教研室、1997 年创建艺术学系、2006年扩建为艺术学院等关键时刻，逐步发展和壮大。到 2011 年国家设立艺术学科门类时，已建立起以艺术学理论一级学科博士点为牵引和以戏剧与影视学、美术学两个一级学科硕士点为两翼的三门学科协同发展的结构，而音乐与舞蹈学的教师队伍也有多年的研究与教学积累。

　　如今，按我的初步理解，植根于百年深厚学术传统中的北大艺术学人，正面临新的机遇：既可以按艺术学理论学科的普遍性与特殊性交融的要求，从艺术理论、艺术史、艺术批评、艺术管理与文化产业等学科分支去纵横开垦；也可以在各艺术门类所独有的田园上持续耕耘；还可以在艺术创作、表演、展映、教育等方面形成经验总结、理性概括或理论提炼……但无论如何，都应将新的原创性研究成果奉献出来，并烙上自己作为北大艺术学科群体中之一员的清晰标记，也即被冯友兰在《论大学教育》里称为一所大学的代代相传的精神"特性"的那种"徽章"。我想，假如真的存在一种作为北大艺术家、艺术理论家或艺术学人的总的"徽章"的独特气质，那或许就应当是做有思想的艺术家、艺术理论家或艺术学人了。不仅徐悲鸿、陈师曾、萧友梅、刘天华、沈尹默等艺术家的艺术探索，总是诞生新的艺术思想乃至开启新的艺术变革，而且朱光潜的"人生艺术化"及"意象"论、宗白华的"有生命的节奏"及"意境"观、冯友兰的艺术即"心赏"说、叶朗的"美在意象"论等原创性理论，一经提出就成为照亮中国艺术理论及美学前行的醒目路标。北大艺术学研究成果应当出自那些始终自觉地致力于原创思想或新思想探寻的艺术学者，是他们长期寂寞耕耘而收获的新果实、创生的新观念，最终成为体现北大艺术学科群自己的学术个性或学术品牌的象征。

带着这样的憧憬，我对北大艺术学科的学术前景充满期待。入选"北京大学人文学科文库"分支之一的"北大艺术学研究丛书"中的学术著作，理应是北大艺术学科研究成果中的佼佼者，否则又如何配得上这个特殊身份呢！如此，我个人对这套即将遴选出来分期分批出版的图书的学术建树及其品质，有着一些预想或展望：自觉传承北大人文学科传统以及生长于其中的艺术学学统，烙上严谨治学而又勇于开拓的北大学术精神的深切印记，成为植根于这片人文沃土上的原创性学术成果；全力绽放艺术学新思想之花，结出艺术学新学说之果，引领艺术学科前行的脚步；志在"为新"，开拓新的艺术领域，解答新的审美与艺术问题，或成为新兴艺术创作、表演、展映、教育等的摇篮。总之，它们终将共同树立起北大艺术学科群的独立学术个性。

当然，它们自身也应懂得，即便自己多么独特和与众不同，也不过是学术百花园中的一朵而已。重要的不是争春，而是报春。与其孤芳自赏，不如群芳互赏。在难以臻于"美美与共"时，何妨珍惜"美美异和"之境！不同的美或美感之间虽彼此有异，但毕竟也可相互尊重、和谐共存！

写这篇序言时，恰逢艺术学院将整体搬入位于燕园的心灵地带的博雅塔下、未名湖边的红楼新院址：这里绿树掩映，花草吐芳，曲径通幽，古建流韵，可饱吸一塔一湖之百年灵气，灌注于"自己的园地"的深耕细作之中，想必正是驰骋艺术学之思、产出艺术学硕果的既优且美之所吧！

是为序。

王一川

2016 年 5 月 18 日完稿于北大

目　录

1904只是这个城市
驶来第一趟火车的时间

第一章
绪论

所有视觉化、物质化及观念化的人类文化与艺术形态，皆是特定的时代、地域和人群的产物。它们的生成、演化与发展，无论在物质技术方面还是在思想认识上，都与其赖以生存的自然环境、社会环境、经济环境和文化背景等综合因素有着深刻的内在关联。在当代中国的现代化、城市化的进程中，城市的持续扩张、兴建与再开发，成为 20 世纪晚期以来中国的显要特征。具有新特征的社会经济态势与此时期文化艺术的生成和发展有着互为因果的关系。中国在实行改革开放和以经济建设为中心的国家发展战略以来的三十余年中，社会总体的物质生产与消费，以及市民大众的生活方式与精神需求均发生了前所未有的变化。而城市形态也从传统工业（较低技术水平的原料加工及设备制造）的集结与产销发散地，朝更好地满足市民的多样化生活、娱乐、交流等需求和强调综合服务水准的宜居之地的方向发展。在此过程中，最能够直接和集中地体现城市视觉文化、城市形象和城市空间的意象与特性的，是城市景观和公共空间的艺术形态。近三十多年来，中国众多城市的景观文化和公共空间中的艺术现象和观念问题，已成为当代城市文化学、艺术社会学及当代艺术史研究的重要内容。这也正是本书所要研究的对象和内容。

对于当代城市景观和公共艺术的考察和研究，包括城市广场、街道、公园、校园、住宅社区、商业场所、公共文化活动场所、旅游和生态园区，以及各类综合性区域的景观及其艺术文化形态。由于当代城市景观和公共艺术的形成原因和背景较为复杂多样，因此，对于其呈现的形式、类型及观念，也势必需要置于多学科及多元文化的背景下加以考察，才可能得到较为客观和整体的认识。

由于研究目的和价值取向的差异，相关的研究基本上可以分为两大类型：一类是从专业技术的应用及形式美感的经验方面予以探究，以阐释其方法和效应；另一类是着眼于事物存在的形态及其相互关系，即以城市景观文化和公共艺术的存在与构建方式及其理想的形态作为研究的对象。本书则试图把观察的对象和问题置于城市社会文化、公共艺术发展的时代背景下，从多维度、多层次予以考察。本书写作的基本目的，是对于国内改革开放以来此领域的现象及成就进行以点带面的记叙和梳理；其二是对其呈现的形态、成因、文化内涵及其存在的矛盾特性予以分析和解读；其三，是通过对于视觉现象及观念形态的审视去揭示其内在问题及原委，并尝试明晰其未来发展的趋向。

应该说，进入 21 世纪以来，在中国社会城市化及城镇一体化发展的大潮中，当代艺术文化如何在形式手法和价值观念上介入这个时代的公共社会，或呈现出怎样的形态和效应，城市公共领域和公共空间中可视的景观文化和公共艺术形态正扮演着何种角色，应担当怎样的社会职责，均是本研究持续关注和探讨的问题。这其中，有关艺术文化与整体社会的关系，市民生活与理想城市的关系，景观及空间形态与社会权力的关系，当代艺术的生存及其发展与精英社会和普通公众的关系，技术、生态和观念的演化与艺术创造和社会进步的关系等，都是需要认真面对的重要问题。在西方，19 世纪末和 20 世纪初期的新艺术、未来主义、包豪斯等文化运动以及 20 世纪 60 年代前后的城市公共艺术实践，对上述问题均有着深入的探讨。而随着时间的推移和社会背景的变化，当今的中国依然急需面对国内外相关领域未解决的相关问题，做出自身的观察和回应。

在本书的写作中，笔者并不认为存在着一种能够展现此研究领域的全貌且缜密无遗的技术方法和表述方式，也不祈求寻得可以放之四海皆准的问题解决之道，或用以评判现状及其得失的单一价值标准。因为这是城市社会问题和文化问题的历史性、复杂性和动态化所决定的，也是公共艺术的内涵及外延在持续变化的情境所决定的。本书只是试图通过对一定数量、类型的个案（包括其观念形态）的记述、梳理和分析，解读与再认识特定历史语境下呈现的城市景观和艺术文化的形态及其寓意，探查当代文化语境下的中国城市景观和公共艺术的文化结构、价值内涵及权力形态等问题，而非纠缠于其视觉表象或某些时尚概念的辩说。正如著名社会学家、哲学家马克斯·韦伯所言："不应该被误认为，社会科学的根本任务应该是不断地追逐新的观点和追逐新概念的构成。相反……致力于认识具体历史联系的文化意义是唯一的最终目的。除了其他的手段之外，概念构造和概念批判也要服务于这个目的。"[1]

探查中国当代城市景观文化和公共艺术形态，也是探查中国当代城镇社会与当代艺术文化的历史和现实关系的过程。然而，以往的文化研究较多地把一定时期的文化生产及其现象划归为精英的与大众的、革新的与保守的、观念性的与物质性的（或技术性的）等范畴，这样的划分和观察虽有一定的合理性，

---

[1] 〔德〕马克斯·韦伯：《社会科学方法论》，北京：中央编译出版社，2008 年，第 60 页。

但似乎难以解读当代社会多元文化形态及其相互关系；而国内以往的视觉艺术及艺术史的研究，主要是面向被博物馆典藏的、由文本记录在案的艺术作品以及相关的历史事件，其目的也主要在于作品的断代、故事内容的解读、人物身份的澄清或作品风格和美学特征的阐释等，而公众社会的日常生活艺术（如城市景观艺术、应用性的设计艺术和涉及公共空间的各种艺术）则基本上不在其关注的学术范围之内。本书写作的动因之一，正是有鉴于此。事实上，现代城市景观文化及公共空间的艺术，相比传统的博物馆艺术和艺术史文本中涉及的文化形态，是以现实的、立体的和正在持续发生的方式显现的，并与当代城市的文化生产、公共生活、社会道德、生态伦理以及社会价值的构建有着密切的关系。这样一些似乎显在的、人们熟视无睹的"现象"和"对象"，较为集中地融会了当代城市社会的文化、经济、政治、观念意识、审美形态和公众心理等因素。因此，本书所关注的主体对象，有别于一般文化学关注的概念性对象，也试图超越传统的艺术史研究和艺术批评的视野及其价值取向。其主要的意义在于通过对于现实的、多样的和动态的中国现当代城市视觉文化和公共艺术现象的记述和梳理，以及对于其形态、内涵和特性的分析，揭示其存在的多样性问题的基本原委。其间，本书对于中国当代艺术逐步走向公共空间并与城市景观设计相融合，以及城市景观的建构逐步与艺术创作及文化表现相结合的时代特点和原因，予以多方位的探查和必要的阐释。

1.2 研究的基本状态与特性

中国内地至今出版的系统探讨公共艺术问题的专题性理论著作已有一定数量，这些理论著述先后出版于 21 世纪初期至今。就其研究内容和主要目标而言，大致有四种类型：其一，对公共艺术的基本概念、特点、原理及相关案例予以概要的阐释和梳理。其二，对公共艺术的政治与社会属性、观念形态及价值内涵等理论问题予以辨析和探讨。其三，对与公共艺术问题相关联的某些学科领域的彼此关系和作用进行专题性探究。其四，有关当代国内公共艺术理论研究及案例探讨的文集汇编。这些正式出版的专门性著作大致如下：《公共艺术的观念与取向》（翁剑青，北京大学出版社，2002 年）、《公共艺术时代》（孙振华，江苏美术出版社，2003 年）、《城市公共艺术》（翁剑青，东南大学出版社，2004 年 ）、《雕塑·空间·公共艺术》（马钦忠，学林出版社，2004 年）、《公共艺术在中国》（孙振华、鲁虹主编，香港心源美术出版社，2004 年）、《公共艺术概论》（王洪义，中国美术学院出版社，2007 年）、《公共艺术概论》（王中，北京大学出版社，2007 年）、《公共艺术的逻辑及其社会场域》（周成璐，复旦大学出版社，2010 年）、《公共艺术与城市文化》（李建盛，北京大学出版社，2012 年）、《公共艺术与城市空间构建》（何小青，中国建筑工业出版社，2013 年），等等。

在 21 世纪早期出版的公共艺术理论著述中，作者们从不同的视野出发，分析了不同的对象和问题，阐发了各自的观点或态度。其中，《公共艺术的观念与取向》主要基于当代国内外文化语境，对于公共艺术的文化价值内涵进行了剖析和多角度的阐释。论著以城市社会学及文化生态学的视野，对于当代公共艺术的社会性、多元性特质，公共艺术与城市空间和生态环境的历时性与交互性关系作了较为整体的论述。论著重点分析了当代公共艺术的社会学及政治学内涵，强调当代公共艺术实践对于城市（城镇）及社区生活环境的改善、空间属性的构建、市民素养的提升及景观美学意识的培育所具有的价值意义，并阐述了艺术家个体的创作与公共领域的多种文化特性之间的关系。论著强调公共艺术的当代文化主体和价值主体是公民大众，指出公共艺术建设有赖于多元文化生态的平衡，并论述了公共艺术是当代城市及社区文化再造的重要途径之一，应与城市建筑环境及景观设计相整合，对原有地方文化资源予以尊重和利用，进而倡导公共艺术创作的国际视野和立足本土及当代公民社会的自我创造精神。

《公共艺术时代》结合国内实践的状况及问题，重点阐述了西方当代公共艺术生成与发展的历史语境及其政治文化内涵，强调了公共艺术与现代社会文化建构的关联性和互动性，阐释了公共艺术属于现代艺术的范畴，在价值内涵及文化态度上有别于 20 世纪 60 年代以前的现代主义艺术。该书通过对 20 世纪后半期西方城市公共空间艺术案例的解读，展现了公共艺术作为公众参与和互动的文化和政治方式，伴随观念的碰撞与社会的变革而不断发展变化的历史过程。

《城市公共艺术》以 20 世纪 80 年代至 21 世纪初期国内城市公共空间的艺术现象和状态为事实依托，展开对于公共空间的艺术与多元的社会利益主体之间的关系的分析，重在研究当代艺术及视觉文化实践与城市空间形态及文化属性的构建之间的相互关系，尤其是艺术实践活动与社区振兴及市民文化建设的内在关系，探讨在特定时代语境下国内公共艺术的社会价值内涵和城市文化职责，从不同维度考察在城市化和全球化背景下，艺术介入城市空间所遇到的"地域性""当代性"和"公共性"问题。此论著也从发展的视角，对于公共艺术在介入具有普遍意义的生态文化（包括自然和人文）的建设时所扮演的角色和所起的作用，予以多方位的分析和论述。

《雕塑·空间·公共艺术》主要探讨城市雕塑与城市空间和建筑的关系，强调了雕塑与城市个性及其人文内涵的对应关系，论及城市雕塑的"边界"及其意义的延伸与扩展，对于以往纪念性城市雕塑呈现的"树碑"特性和其对视觉景观的"补白"功能及其所欠缺的艺术品质等问题予以剖析和评价，并以社会对话的表述方式，探讨了公共艺术以及视觉美学的城市实践状况。作者认为城市雕塑及公共艺术的创作不仅仅意味着某种"设计"和"服务"，也不仅仅是某些外在"指标"的体现，而应该是伴随着具体的生命体成长的过程。此书在论述过程中以较多的篇幅论及古今中外雕塑形式语言的审美特性及其变迁，并结合 20 世纪晚期中国雕塑家的创作，分析当代雕塑美学对于传统文化资源的吸收与拓展等问题。

《公共艺术在中国》一书作为 2004 年于深圳召开的同名论坛的文集汇编，包含两类内容：一部分汇集了与会者关于公共艺术的基本理论和批评的研究文章；另一部分汇集了以国内公共艺术形态为主要研究对象的个案分析和相关问题探讨的文章。从文集收入的 19 篇文章来看，其焦点主要集中在艺术的公共性问题以及艺术与现代社会政治的关系上，其次是公共艺术与城市及建筑的历史性和现代性之间的文化关系。文集较为集中和真切地反映出 21 世纪初期国内部分艺术及建筑理论的专业工作者（包括部分艺术家和建筑师）对于中国城市公共艺术现状及发展问题的理论思考。

王洪义的《公共艺术概论》运用类型学和案例分析的实证研究方法，较为系统地论述了公共艺术的概念、历史、功能、特质、类型、风格、评价标准等基本理论问题。此书重点讨论了三个问题：其一是公共艺术与相应的社会历史条件的依存关系；其二是当代公共艺术与传统精英艺术的主要差异；其三是公共艺术创作的方法及形式风格的独特性。作者在对大量公共艺术作品进行形式分析和意义探讨的基础上，指出公共艺术是人类进入市民社会的文化标志物之一，是平民文化生活的组成部分；认为公共艺术与社会文化管理制度密切相关，具备美化生活、沟通心灵、增加社会认同感等社会实用效能，也是大众文化民主权利和公共文化福利的直接体现；指出当代艺术应该走出精英主义误区，公共艺术的特质是先公共，后艺术，先大众，后专家，公共艺术是当代艺术中最具有制度颠覆性的文化潮流。

王中的《公共艺术概论》主要是为当下国内美术及设计学院的公共艺术专业学生所撰写的一本基础性教材，主要以欧美公共艺术现象、问题及理论为论述对象，对后现代语境下中外公共艺术的认知、情状及实施方式予以多视角的解读，对国内艺术界对于公共艺术文化的属性及含义的某些"误读"作了纠偏。这对如何理解当代公共艺术的现象、理念及其文化含义，了解当代公共艺术实践的国际情境、相关案例具有显在的意义。

《公共艺术与城市文化》一书则重在对公共艺术在特定历史语境中的文化特性进行辨析，对公共艺术与公共领域的关系予以阐释，并对城市化背景下国内"城市雕塑"走向"公共艺术"的文化转型意义及其美学内涵予以分析。此书较为偏重于对公共艺术的历史文化沿革及其自身语义的多义性乃至矛盾性加以阐释。

除了以上提及的这几部著作之外，在近二十多年来以上作者及其同年龄层的作者也陆续发表了其他一些有关公共艺术的论著、论文及批评文章。此间，值得关注的是一些较为年轻学者的研究成果的出版。如《公共艺术的逻辑及其社会场域》主要以社会学以及政治学、经济学、城市文化学的视角，依托中外当代公共艺术的发展历程和相关事例，对公共艺术的存在与发展逻辑及其价值内涵予以探究，对公共艺术与城市社会的场域特性的关系进行解析。如参照 20 世纪法国著名社会学家布尔迪厄等人的理论及方法，分析和阐释公共艺术作为当代社会中的一种艺术文化形态，在与城市社会所突显的空间性、场域性、符号性、历史性及资本性等特征相互作用时的境遇和生存逻辑。有意味的是该书以一定的篇幅分析了国内外当代先锋艺术与公众社会及传媒效应的复杂关系，把多层次、多元形态的当代公共艺术置于特定地域（时空）及其文化语境下予以探查，试图揭示公共艺术赖以生存和发展的内外动因，论述了艺术介入具体场域时所具有的政治权力内涵，以及公共艺术与社会、文化和资本等的复杂关系，由此阐释了动态的、开放的、多维度的当代公共艺术并非所谓纯艺术、现代主义艺术或小众化（圈子化）艺术所能替代的道理。

另有一些对于公共艺术的公共性、民主性和当代性予以梳理和阐释的著述，如《公共艺术与城市空间构建》，此书重在以世界文化及政治观念的变迁为依据，阐释当代公共艺术的文化渊源及其内涵的演化，并结合中国城市化进程中的艺术案例，对于公共艺术参与城市空间形态、文化观念和意识形态构建的方式及价值意义予以多层次的分析。

从以上论著可见，它们呈现出不同的视角、问题意识，研究的主要问题较多集中在艺术的公共性、现代性和社会互动性方面，重在对中国社会转型时期的城市公共艺术的文化内涵及价值意义进行辨析和理论阐释。这在一定程度上说明，在该领域的实践与理论建设的早期阶段，学界及艺术界对于艺术生产与传播的现实情形及其权力内涵，以及当代艺术与城市空间和社会公共领域的关系的探讨，呈现出多样性、跨学科和综合性的基本趋势。从学科相关性的视角来看，它们主要基于艺术社会学、政治学、符号学、城市设计学、生态学和文化美学的相关研究。其研究内容则主要是侧重城市公共空间的艺术与社会文化历史的相互关系，艺术的本体价值与社会价值及政治、经济利益的关系，城市形态及职能的演化与城市公共空间及其视觉艺术形态的演化的关系。其中既有对于艺术的文化形态及艺术介入社会空间的方法的描述，也有对于艺术介入公共空间的价值意义的判断。总体来看，国内在此领域的著述与研究（此处并不涵盖以往所有发表的著作及专题论文，尤其是关于艺术设计的专业技术类著述），主要集中在对于公共艺术的概念、范畴、文化意义、社会作用及审美特性的概要梳理和理论阐释，较多地关注艺术与当代社会及其文化建构的关系，以及艺术观念的变革问题。这对于 21 世纪初的中国城市公共艺术的理论建设及社会实践，具有一定的社会意义和学术意义，并为国内外了解当代中国城市公共空间的艺术和景观设计的文化理论、批评和实践，提供了一定的文本资料及案例线索。而本书的目的，即是在此基础上，对于国内该领域的现实具体情形进行进一步的梳理、分析和理论性研究。

鉴于以上研究状况的概要梳理可知，对于中国当代公共艺术实践与城市社会发展状态及需求（如公共艺术的特殊性与地方社会的适切性、城市景观的语义分析、公共场所的功能建构与拓展、生态和文化遗产的维护及其公共意识的传播等方面）的研究，对于公共艺术与基层社会的文化形态（如社区文化、社群文化）及市民日常生活形态的关系的研究，尚有进一步拓宽和深化的必要。本书正是意在对相应的方面予以拓展，尽管这也许只是阶段性研究的一种有限的呈现。

概要地说，本书的研究对象更多地指向中国当代城市景观与公共艺术文化的当代性、实地性、观念性和前瞻性等问题。其中，"当代性"是指研究对象的语境及问题有别于过往时代的特性，意在指向当下的、正在发展变化的问题的特性。本书将对中国社会及城市形态的转型时期（主要为 20 世纪晚期及 21 世纪初期）艺术文化的基本状态和突出问题进行具体的分析，把研究的对象和相关问题置于当代文化语境之中，对其历史渊源、价值内涵、社会效应及发展趋向予以分析。所谓"实地性"，是指在对公共艺术个案及普遍性问题进行分析的过程中，注重其赖以存在的地域性、现实性因素，也包括研究方式的实地性观察与分析。所谓"观念性"，是指对于某些相关的思想及认识的源流（包括外来理论的影响）做必要的梳理。所谓"前瞻性"，是指依据现有的状态和问题，对于其可能的发展趋势做出预先的分析。

如上所及，本书着眼于当代城市景观文化和公共艺术的理论和实践两个方面及其相互关系的探讨，同时，对于当代已经存在的景观形态和正在进行中的艺术实践从外在形式和文化内涵两方面加以分析，力图勾勒出当代中国景观艺术的大致形貌和发展方向。

1.3 研究的核心概念与主要内容

关于景观，西方学界并无完全一致的定义，但可在两个基本方面予以理解：其一，认为它是由审美情形下的主体的观看而得到的环境景象，即"被感知的环境，尤其是视觉上的感知"（阿普尔顿 [Appleton]，1980），这种定义似乎偏重于观者的外在性和直觉性。其二，认为它应该主要是由"自我对背景位置"的审视而得出的环境感知，而不仅仅是"主体对客体"或者类似旅游者对于"风景"或"景色"（landscape）的感知，侧重于观者的内置性，以及人与环境的交互及平等关系（如思帕肖 [Sparshott]，1972；卡尔松 [Carlson]，1979）。本书的"景观"概念含有以上两方面的内涵及视角，包含了人们在日常生活实践中所触及的自然（野生及原生）景物、人文艺术作品以及人造物与自然物混合生成的现实景象。此外，本书的"景观"概念还有着近似于"景象"（spectacle）的含义，即并非仅指单纯的、直观的物质性或静态的视像，而是包含了日常生活和社会性生产以及权力支配中可以觉察的感性场面和相关景象。因此，本书的研究并非纯粹的审美观照，而试图对当代视觉化环境中的物质性和精神性层面进行多维度及综合性的审视。因为，在人们的视觉感知中，物质性的景观现象与那些由于人的介入而饱含精神性、社会性和政治性的景观内涵之间并非是相互独立和隔绝的。

城市景观是指城市形态及其空间范围内呈现的视觉与空间景象，包括土地形貌、植物及水环境形貌、人造及人际交往的场地和构筑物形态、公共设施以及人文艺术和生态系统的形貌，它们在空间范围的视觉及心理观照上可以是局部的，也可以是整体性的。实际上，对景观的认知和欣赏往往也包括听觉、嗅觉和触觉等因素。而对景观及其价值的认知则是自然环境、文化背景、社会制度、市场状态及资源分配规则等综合作用的结果。

景观文化是指景观承载和反映的社会观念形态及社会关系。正如西方学者所言："景观不是形象的集合，而是由形象从中斡旋的人与人之间的社会关系。……景观即是现存生产方式的结果，又是它的规划方案。它不是真实世界的增补，即一种附加的装饰。它是现实社会中非现实主义的核心。景观它所有的形式——作为信息或宣传、广告或直接娱乐消费——成为社会主导生活的现行模式。"[1] 从当代城市（城镇）设计的视角来看，景观及其文化具有较为明显的时代属性和规划属性，这是由于现当代"景观在一种更大的文化想象中的再现，部分归因于环境保护主义的兴起和全球生态意识的觉醒，旅游的持续增长和保留区域独特个性的需求，以及都市扩张对乡村区域的巨大影响"[2]。因而，景观文化的生成、改造、运用、赏析和批评方面会呈现出多种样貌。

对公共艺术的界定，有赖于当代社会学、政治学、文化人类学和艺术社会学等学科的发展。客观来看，国际上迄今尚无关于"公共艺术"（Public Art）概念的统一的界定。但依据以往在此称谓及相应制度下的社会实践所体现的空间特性、社会和政治含义、文化观念及法规内容来看，公共艺术主要具有以下内涵：其一，它设立于开放性（及接纳性）的公共空间。其二，它的建设资金来自政府及社会的专项资金（也包括社会或个人捐献）。其三，它的文化宗旨和精神要义在于艺术为社会和公众利益服务，即倡导在公共参与的基础上发挥文化艺术的社会价值及其惠民作用，并有助于公共领域的对话和互动。其四，它的外在形式与交流方式可以是多元的、综合的以及实验性的。就其表现形式和媒体类型而言，目前包

---

[1] 汪民安主编：《城市文化读本》，北京：北京大学出版社，2008 年，第 25 页。
[2] 〔美〕查尔斯·瓦尔德海姆编：《景观都市主义》，刘海龙、刘东云、孙璐译，北京：中国建筑工业出版社，2011 年，第 9 页。

括视觉与空间艺术，也包括表演、影像、音乐、景观以及网络艺术或经由策划的艺术事件等。

从社会学的角度来看，公共艺术实践应该具有公共参与性质。它所依托的形式载体及物化形态，可能是建筑体的造型及表面、雕塑、壁画、构筑物、视像、电子网络、公共家具、景观与城市形态设计（如公共空间的视觉识别符号、道路铺装、照明设计、文化设施与场所设计、植物生态及环境系统设计等）。当代公共艺术的创作以现代公民社会的公共利益为主体，凭借城镇公共空间、公共资源及国家和地区的文化政策，旨在促进城镇社会的整体发展，提升公众的日常生活品质。

本书的主要内容，一是扼要梳理近 30 年来中国城市景观和公共空间艺术的基本形态及其历史渊源；二是探讨当代文化环境和社会条件下，城市景观中的艺术介入与城市文化及城市功能构建的内在关系和相互作用；三是剖析当代公共艺术文化的观念、形式、方法的演变过程及其原因；四是阐述呈现于其中的艺术作品与社会的关系。总体上讲，本书立足于中国城市社会及其文化公共领域的现实需求，探究当代中国城市景观文化和公共艺术的演化过程、现实状态和未来发展趋势。

本书的研究着眼于中国当代城市景观文化和公共艺术的理论与实践这两个基本方面，以及它们与城市和社会演化的相互关系。其间，也包括相关文化观念的源流以及外国相关理论和实践的影响；同时，对于现实存在的和正在进行中的实践活动及其成果，从形式因素和价值内涵两个方面加以分析，并对研究对象及整体领域的发展趋势及予以阐释。

本书的研究范围，主要包含两个方面：一方面是以物质及空间为载体的对象，如呈现于中国当代城市建筑环境、公共空间及社会交往场所、都市生态环境之中的艺术、设计及视觉文化景象，具体涉及城市广场、公园、街道、社区、学校、商业区域、交通枢纽和一些向社会开放的文化娱乐场所、展陈空间；另一方面是艺术对话和文本形式的观念及文化形态，包括与城市景观艺术的实践和批评密切相关的理论著作、批评文章、社会舆论等。其中重要的研究对象，是当代公共艺术实践的外在形式逻辑和内在价值观念。

1.4 研究的方法

中国当代城市景观规划和公共艺术建设兴起于 20 世纪 90 年代中期，呈现出多样化、动态化和发展不平衡的特点，这就决定了本书调研方式的多样性与综合性，其中，田野式的现场调查与取证是其重要方法之一。虽有一定的随机性，却有利于点面结合地考察研究对象的实时状态和阶段性演变。

本书首先倚重于田野调查的方法，进行一定量的现实个案的实地探查。对于直观的具体环境、作品形态及事件等进行现场观察、记录，对视觉图像、文字及人员采访内容予以收集，同时对与之有关的文献资料和资讯进行分析，并将其与国内其他典型案例和国外类似情形加以比较，以便把对个别和局部现象的研究与对整体性及普遍性问题的研究结合起来，从多个维度（如艺术学、社会学、文化哲学、历史学及城市学等方面）加以考量。本书以一定数量的具有典型意义的现实情形和案例为研究对象，对其观念形态和文化寓意进行分析，主要采用的研究方法如下：

（1）田野调查。对中国主要城市和地区的研究对象进行实地调查、走访、体验和资料收集，直接探查、记录具体对象的存在方式、空间及视觉形态和社会反应（包括直接访问专业领域的专家、参与者或经历者）。

（2）文献分析。对现当代中外城市文化、艺术领域的主要相关文献和理论资料进行有针对性的研究，分析其对该领域的文化观念和实践活动的影响。

（3）图像（形象及景象）分析。通过对场域实景和具体的视觉形象的分析，梳理和解读研究对象的形式特性、文化内涵及其成因。

（4）符号分析。通过对研究对象所呈现的符号特性的分析，解读其文化寓意及历史内涵。

（5）比较分析。通过实地调查，选取一定数量的个案进行比较分析，对其间的特殊性和普遍性、地域性和整体性问题予以探查和归类。以典型的个案作为关注重点，以点带面地探查对象之间的差异性及相关性。

（6）文化批评。通过对于研究对象的文化内涵、价值取向及其赖以存在的社会因素的分析，对于其所蕴含的文化观念和价值内涵予以剖析，并结合对社会舆论的考察，探讨研究对象所产生的社会效应和文化意义。

（7）综合分析。由于研究对象及相关范畴的多重性、多层次特点，本研究将采取多视角、多学科的观察与研究方法，对所涉问题予以整体性和综合性的探讨。

需要提及的是，本书的写作，主要是针对具体场景的实际情形进行"边叙边议"的梳理和分析，以便在记叙具体空间和视觉形态的过程中对于不同类型的现象和问题予以贴切的、具体的分析与研究。

1.5 内容框架与结构

本书并非试图对中国当代城市景观和公共艺术案例逐个罗列和悉数评析，并非致力于编撰一部关于中国现代城市景观和公共艺术的专业性历史著作，而是依循城市自身所具有的社会性、历史性、功能性以及文化的交互性等特质，有选择、有针对性地进行两个主要方面的研究：一方面是从历史与现实经验、中外情形比较的层面上展开研究，以明察现实状态与理想状态的差距；另一方面，是通过对具体对象的外在形态、方法和内在观念进行理性分析，以探索此领域可能的发展前景和应有的价值取向。其中，对于研究对象的实地考察和现场取样（如图像采集及观察、走访情形的记录与分析）是本书的重要研究方式和依据。

由于城市中开放性的景观和公共艺术置于公共空间之中，当我们探究其成因、逻辑关系和理想状态时，就必然涉及城市及其空间的属性、意义、文脉、机制、功能、生态等问题，这决定了本书将以研究对象的历史和现实情形为基点，以现代国际经验和相关的理论基础为参照，以多学科交叉的视野及学术方法进行综合性的研究。

本书的写作先从特定的时代背景及所涉问题入手，第一章为诸论，交代本书研究的目的、意义、特性、主要内容和方法。第二章主要涉及西方及东方一些发达国家的公共艺术对于当代中国文化界和艺术界的影响，以及城市艺术和审美活动与社会现实的基本关系。

本书第三章，在进行专题性问题研究之前，先对城市主要空间形态及景观现象进行分析，以便对街道、公园、广场、学校等城市公共空间的景观和艺术状态的基本情形做出概要的梳理，扼要勾勒出中国当代城市景观和公共艺术的现状和特性。

国内当代城市景观和公共艺术的理论和创作实践的人才，首先来自大学。大学校园是培育具有专业知识、文化素养、审美情感和社会精神的广大青年的重要领地，也是社会文化和观念创造的前沿之地。国内大学校园的景观意象和公共艺术的实践状态，从一个重要的方面反映着本研究领域的变革与发展，本书第四章即以此为对象进行有选择性的探查。

全球化、城市化过程中的地方空间环境和视觉文化的变更与再造，是中国城市景观和公共艺术界需要面对的普遍而又重要的问题。具体而言，如何运用地方性历史、文化资源及自然生态资源，如何处理文化艺术的世界性与地域性以及历史性与当代性之间的关系，如何面对长期以来以纪念性、宣传性及装饰性为目的的城市雕塑与现当代公共艺术的实践理念及社会介入方式的差异，如何看待地域再造过程中景观和艺术的观念、方式和作用等问题，均是本书第五章需要论及的内容。同时，由于商业流通和商业文化是城市的主要机能和重要内涵之一，城市演进中历史性商业街区的延续和振兴，也是本书第五章涉及的主要内容。

随着中国当代城市化进程的加快，其原有的工业在技术和生产方式及生产空间上与当代城市的定位发生了历史性的偏差，需要进行升级与改造。对关闭或迁出市区的工业遗址的景观的维护，以及对其场所的重新利用与活化改造，成为当代城市景观和公共艺术实践的重要方面。对于中国近现代工业场所及其城市空间的转型、改造和再利用的认识，对于公共艺术介入方式和方法的多样性、差异性的分析，构成了本书第六章的主要内容。

中国当代城市化进程中，城市商业空间的社会意义、商业传播、文化形态与呈现其间的艺术形式相交织，成为当代城市景观文化的重要组成部分。有鉴于此，第七章旨在探讨商业及公众日常消费场所的景观和艺术的表现方式及文化含义。

社区景观及其社会和人文形态，在当代城市景观和艺术文化建构中尤为重要。本书第八章对于中国一些城市中具有典型意味的社区的景观环境和人文艺术状态予以观察和分析，旨在探讨在普遍欠缺社区自我管理和内部文化建设的背景下艺术的介入与社区文化需求之间的内在关系及处理方式。

在当代城市景观和艺术文化的建构中，对于城市的自然和人文生态所持有的文化态度及其表现方式，体现着一个国家或民族的公共艺术水平。本书第九章重在对21世纪以来国内公共艺术的生态观念和空间介入方式等方面予以扼要的探查和阐释。

艺术家及设计师是城市景观和文化艺术的创作主体，其个人经验及文化诉求与社会及公共领域之间，具有繁杂的历史和现实性关系。其间存在的个体与社群、精英与大众、私人领域与公共领域、艺术与社会等方面的关系，是本书第十章所涉猎的主要内容。

客观上，中国当代城市景观文化和公共艺术形态的形成和发展，并非偶然的、孤立的或纯粹自发的现象，而是国内外的经济、文化、意识形态、城市化以及环境生态因素深刻影响的结果。其中，国内外与此领域密切相关的学术理论及文化见解，对于中国城市景观文化和公共艺术的实践和批评起着不可忽略的重要影响。我们也可以深刻地察觉到其间有关艺术文化形态的实践与舆论，与当代社会公共领域的建设与理论批评有着显在的关联。因此，本书首先有必要对于国内外相关的基础性理论著述和价值观念做一概要的梳理，以便认识这些理论及观念对于中国城市景观和公共艺术领域的实践与批评的直接或间接的影响，继而展开全书的内容。

第二章
城市景观和艺术的文化维度

本书涉及的文化概念是宏观而综合性的，是指在社会、经济、政治及传统因素作用下形成的物质形态、观念形态及行为方式所构成的总体。城市景观和融于其中的开放性空间的艺术，是城市及其特定社会文化的产物。它们的存在与发展并非单纯的外在形式的需求或偶然为之，而是与特定历史阶段中城市社会的经济、政治、文化及外交等领域的各种因素有着直接或间接的关系。它们以视觉、空间和行为的方式，在不同的侧面和程度反映和构建了城市的文化诉求与社会观念。尽管我们直接面对的是有形的、物质化了的城市景观和置于其间的艺术形式，却无法不涉及构成城市内核及本质的社会文化形态，进而探究它们在城市化生存与发展过程中的社会结构及个体生活所形成的多维度关系。

2.1 城市化与社会文化

城市化，是中国于 20 世纪 80 年代以来在社会、经济、政治及生产和交换等领域综合发展的重大主题和举措。在此过程中，为了尽快缩小城市与乡村生活的差距，促进产业技术、经济增长方式和生活方式的全面发展和革新，以及信息交流的国际化，中国采取了大力建设和扩展城市的措施，并以大都市的引领及其辐射的方式，对城市化程度低的区域和乡镇施加影响和进行改造。稍加具体地说，是通过对工商业、金融、高科技产业、服务业和行政机能的改造，利用现代交通、通讯及电子网络、新闻及出版机构、影剧院、图书馆、博物馆、美术馆、高等教育机构的拓展，以及社区场所、医院、公共福利机构乃至宗教机构的建设，促进和强化城市在人口、信息、技术、设施、文化资源等方面的高度集中与高生产力，并使其成果可引领和影响非城市化区域，最终形成国家的城市化和多样性的社会文化形态，以及现代生活方式在整体社会中的普及。此间，无论是城市的物质化发展，还是文化艺术及观念的发展，都是相互促进和彼此影响的。虽然在不同的区域，它们的发展水平与状态不尽同步，却是彼此关联和作用的整体。城市景观和公共空间的艺术形貌和观念，恰是与此间社会的多方利益、文化认知及相关政策密切关联的。

2.2 城市社会及空间理论的影响

中国当代城市景观和公共艺术并非孤立的文化现象，而是从属于各有差异的城市形态、城市社会、城市文化及城市化的方式。也就是说，艺术存在于城市公共空间的方式和过程，均与掌控和行使城市空间话语的权力形态有着密切的内在关联。城市景观和公共艺术的形态是城市社会的有机产物，而非纯粹的艺术家个人意志或技术因素的偶然产物。因此，有必要在分析国内当代城市景观和公共艺术的现状及问题之前，从城市形态、城市社会及城市空间性质等方面予以整体性的关照。从思想和理论的视角来看，近一个多世纪以来的中外学界已经提供了较为丰富的理论和学术观点，这为今人针对自身城市的文化艺术赖以生存和传播的基础性问题的研究，提供了重要的理论基础和参照对象。它们或多或少、或直接或间接地影响我们对中国城市社会和空间实质的认知和探索。

城市社会的一般特征与属性

在对近现代社会文明与城市文明的关系的研究方面，19 世纪至 20 世纪的马克思（Karl Marx，1818—1883）、韦伯（Max Weber，1864—1920）、迪尔凯姆（Emile Durkheim，1858—1917）、齐美尔（Georg Simmel，1858—1918）等人均做出了重要的贡献。他们的学术成果各有侧重和不同，但均认为是城市（都市）孕育了西方的现代政治、经济和科学，也培育了市民阶级和市民社会。

其中，马克思、恩格斯从城市现象中解读城市的本质，认为城市既是资本主义弊端及罪恶的集中体现，又是社会文明得以长足发展的空间载体。马克思从现象来分析和阐释城市的特性，他认为城市的特性首先在于它是一个市场，其次在于它的部分自治机构及自治特性。迪尔凯姆则更多地从社会发展形态及生产方式的角度来阐释城市及其文明的特性，他认为人口的高度集中和社会深层分工，以及传统道德秩序的颠覆均有赖于城市。齐美尔把城市看作商品经济及货币经济的大本营，从而强调了城市社会的双面性效应，即一方面有利于个人意志、人格和创造力的实现，另一方面又由于强调竞争、效率、理性及个人利益，而造就了个人内心的孤独、人际关系的冷漠，乃至把人格及创造性的价值归于金钱的价值。马克思、韦伯、迪尔凯姆、齐美尔从不同的视角、观念和方法，对城市的内涵及社会特性进行了精辟而富有创建的论述。然而，他们的体验和理论均来自第一次世界大战之前的社会，以及城市发展所引发的矛盾。虽然他们没有建立起专门的城市学理论，却突显了社会关系根源及其演变的理论研究。并且，马克思有关城市的论述，主要是把城市作为从封建社会到资本社会历史变更中的一种对象或一种社会环境的条件而加以分析，从而把城市问题作为资本主义社会整体的、基本矛盾演绎的一种空间形态予以论述。

20 世纪以来，影响最为直接和广泛的城市社会学流派，当属芝加哥学派（the Chicago School）。1891 年建校的芝加哥大学，其历史虽不算久远，但在美国建立起了第一个社会学系，凭借对城市社会形态及其发展因素的研究而享有盛名，尤其是以此为基地而创办的《美国社会学杂志》也成为本学科权威的学术杂志。而由斯莫尔（Albion Small）缔造并由罗伯特·E. 帕克（Robert E. Park，1864—1944）赋予灵魂的芝加哥学派，从 20 世纪上半叶至今一直在全世界享有殊荣。[1] 帕克于 1915 年发表了著名的论文《城市》，文中他把城市看作一座易于研究人类本性及其社会化过程的"实验室"或"诊所"，他对特定城市形态中的人群行为方式、相互关系，以及人群与城市的经济、政治和文化结构之间关系的研究，开启和发展了 20 世纪初期的城市社会学及文化学的研究。

芝加哥学派的另一位代表人物路易斯·沃斯（Louis Wirth，1897—1952）[2] 对城市社会内涵的研究亦具有深广的历史影响。他于 1938 年发表了《作为一种生活方式的都市生活》（即"Urbanism as a Way of Life"）。沃斯认为，特殊的城市环境孕育了特殊的城市社会生活、城市人口数量和复杂的人口成分，而职业分工高度细化等造就了城市社会生活中人性内涵的激发与异化。他在文中说道：

> 依据现有的相应标准，都市生活将呈现最独特而异端的类型。于是，一个共同体的规模越大，人口密度越高，个体异质性越强，它与都市生活有关的特征就越突出……历史中的城市是不同种族、民族和文化的熔炉，是有利于培养新的社会生态和文化混合体的温床。它不仅容忍并且鼓励个体差异。它将来自天涯海角的人们聚集在一起，这是因为他们彼

---

[1] 罗伯特·E. 帕克，美国社会学家，芝加哥学派主要代表人物之一。他曾投身新闻界，热衷于城市社会问题和对贫民阶层的调查报道，出版专著《移民报刊及其控制》等，被称为"开创了大众传播研究的学者"。

[2] 路易斯·沃斯，美国著名城市学家，芝加哥学派主要代表人物之一。

此不同而相互作用，而不是因为他们同种同源或有同样的思想。[1]

在此，沃斯指出了城市作为社会生态和文化的"熔炉"和"温床"的历史功用和特性，肯定了城市社会及其生活的差异性和交互性特点。

沃斯从城市的人口规模、居民密度以及居民与群体生活的异质性等多个方面之间的变化关系，来研究城市社会关系及城市文化特性的变化。他强调传统乡村与都市化进程中的社会关系的变异与更迭，进而指出：

> 城市人口的肤色、种族遗传、经济与社会地位、品位与嗜好等方面的不同也会导致个体在空间上的隔离。由于城市集合体成员的出身和经历各不相同，在血缘纽带、邻里关系和共同的民间传统影响下世代生活所形成的情感已经不复存在，或变得非常淡薄。在这种环境中，竞争和正式的控制机制取代了俗民社会赖以存在的坚实的纽带。[2]

沃斯洞察了城市社会在现代化转型的进程中，社会生态和文化中急速而纷繁复杂的变化，以及在人际交往、人格心理及道德实践上的诸多问题。"城市人之间的接触可能的确是面对面的，但不过是非人格化的、肤浅的、短暂的，因而也是部分的。他们的交往表现出拘谨、冷漠与腻烦的特点，可以理解为抵制他人的个人请求和期待的手段。"[3]沃斯对以货币经济和市场逻辑为基础而形成的都市人交往中的肤浅性、匿名性、短暂性、功利性，以及缺乏个体情感的自然流露，缺乏公共社会精神和参与意识等"社会失范"（anomie）及"社会空洞化"（social void）问题，提出了质疑与警示。沃斯根据城市社会的流动性、功利性及异质化的事实，指出：

> 都市人缺乏归属感，且可以自由流动……（城市生活）不能使个体间维持并促进一种亲密而持久的关系。市区中的人们不会同类相吸，因种族、语言、收入和社会地位上的差异而彼此隔离的情况更为明显。城市人都没有家，临时的居住

---

[1] 孙逊、杨剑龙主编：《阅读城市：作为一种生活方式的都市生活》，上海：上海三联书店，2007年，第8、9页。
[2] 同上书，第9页。
[3] 同上书，第10页。

地不会产生传统和情感的联系，更不会有真正的邻居。[1]

沃斯观察到都市中许多高度专门化及商业化的组织体系，无法保障由个人志趣构成的具有个性的一致性和完整性，因而促使个体之间疏离，从而指出："只有符合个人归属感的群体组织才能将他们的利益和资源纳入集体的事业中来。"[2]

其实，沃斯的这些观念和理论在许多方面也适用于自20世纪末期以来的中国城市社会和文化问题。在客观上，他对城市社会问题的研究，恰为20世纪60年代以来东西方国家各自的城市公共艺术的理论和实践，直接或间接地提供了参考和帮助。他对城市社会效应的双面性、矛盾性的揭示、剖析和批判，对人们思考艺术在公共领域应尽的社会文化责任及可能性具有重要的意义。诸如景观和艺术如何促进城市生态及文化的开放性和公共性，如何提升居民城市及社区生活的参与性、多样性、共享性与互动性，也促使人们思考有形的城市空间及隐形的文化环境如何促进社会的交流、包容、凝聚和互助。

城市社会与空间性质

继芝加哥学派之后，法国哲学家阿尔都塞（Louis Pierre Althusser，1918—1990）及其新马克思主义倾向的理论，促生了新都市社会学新颖的视角、严谨的方法和深切的理论性。他以"结构因果性""多元决定"等概念及结构主义原则，对社会形态、经济基础与上层建筑的关系等做了新的剖析。阿尔都塞认为，社会是由经济、政治和意识形态等多种因素按照一定的结构方式构成的统一体。法国思想家及城市社会学家昂利·列斐伏尔（Henri Lefebvre，1901—1991）对现代空间性质及内涵的研究，做出了重要的理论贡献。[3] 他把空间形态置于资本主义社会条件之下，剖析了反映资本与国家权力的"抽象空间"和不完全由权力者控制的实践的、零碎的、物质化的、权力交错的"社会空间"。列斐伏尔对西方资本主义的领土殖民，以及对阶级、性别和异己者的支配实质进行了阐释与批判。他分析了城市空间的性质及其规划和使用的过程，强调了空间的历史性、社会性和

---

[1] 孙逊、杨剑龙主编：《阅读城市：作为一种生活方式的都市生活》，第12页。

[2] 同上书，第16页。

[3] 昂利·列斐伏尔，法国著名思想家，被西方学界称为"日常生活批判理论之父"，是城市社会学和区域社会学理论的重要奠基人。其主要著作有《辩证唯物主义》《日常生活批判》《资本主义的幸存》等。

政治性特点，质疑和纠正了那种以为都市空间及其规划是纯净的、中立的或仅是科学的对象的认识。他以政治空间和空间政治学的视角及方法阐释了都市空间的形成与意义内涵。列斐伏尔在他的《空间政治学的反思》一文中，对城市景观中的空间形态、社会历史及政治决策的特质进行了剖析。[1] 他以西方社会实践的普遍事实为依据，就现代都市空间的属性问题指出：

> 空间是政治的。空间并不是某种与意识形态和政治保持着遥远距离的科学对象。相反地，它永远是政治性的和策略性的。假如空间的内容有一种中立的、非利益性的气氛，因而看起来是"纯粹"形式的、理性抽象的缩影，则正是因为它被占有了，并且成为地景中不留痕迹之昔日过程的焦点。空间一向是被各种历史的、自然的元素所模糊塑造的，但这个过程是一个政治过程……它真正是一种充斥着各种意识形态的产物。[2]

列斐伏尔在对都市的形式进行解读的时候，注重从城市的外在形式与其间进行的社会生活的对应关系进行分析。他在《城市论文集》中指出：

> 周遭存在之间的遭遇和汇集，在这样一种环境（资产与产品，行为与活动、财富）里，都市社会因而是一个享有特权的社会场所，是生产意义和消费活动的场所，也是劳动与产品交互的场所。……同样显著的是，在相同的形式下，离散也日趋加重：劳动分化把社会群体的隔离推到了极限，物质上和精神上的分离也是如此。……因此，形式为我们指明内容，更确切地说，是各种各样的内容。[3]

列斐伏尔在人口高度集中、通讯技术加速发展及职业类别极度分化的城市空间中，强调了城市空间的形式及逻辑是都市生活中某种权力干预的产物，其空间的组配受权力干预，从而否定了城市形式的纯自然性、偶发性或纯物理性。这实际上对于后人解读城市空间形式与其文化内涵的关系，或试图改良对城市空间进行的艺术实践，都具有重要的启迪意义。

---

[1] Henri Lefebvre, *Spatial Planning* (1977), "Reflections on the Politics of Space", in Richard Peet ed., *Radical Geography*: *Alternative Viewpoints on Contemporary Social Issues*, Chicago: Maaroufa press, pp.339-352.

[2] 包亚明主编：《现代性与空间的产生》，上海：上海教育出版社，2003 年，第 62 页。

[3] 同上书，第 82 页。

20 世纪 70 年代前后，后现代主义著名文化学者、哲学家詹姆逊（Fredric Jameson）对 19 世纪晚期及 20 世纪中期以来的西方城市社会及文化形态，进行了批判，尤其是对在资本主义生产方式及其社会道德环境下形成的城市文化特质做了论述与比较。如他在《后现代主义与文化理论》[1]一书中，论及农业社会向现代资本主义及工业社会转变过程中的城市社会人的精神体验：

> 在新的城市里，过去以村庄、家庭为单位的社会共同体系统地遭到破坏，也就是说，与一大群互不相识的人生活在一个城市里，旧有的集体感消失了，资本主义制度首先要做的事就是摧毁农业社会式的社会集体，以形成资本主义生产所必需的"劳动后备大军"……迪尔凯姆的"迷惘"描写的就是这些在城市中生活，不属于任何集体的人的精神状态，一种很强的离异感、孤独感，相互之间谁也不认识，陷于不断的焦虑和不安中。[2]

以上所涉及的西方学者关于城市社会学和城市文化现象的一些理论及观点，对国内学者在宏观上认识社会转型时期的城市社会特质和空间内涵，显然具有参考价值；对中国当代设计界和艺术界最具启示意义的地方，在于警示和敦促今人必须关注现代城市和社会空间所处的权力关系中，人与社会、人与环境、行为与制度的关系，以及各种社会阶层的差异和矛盾的状态，及其原因和特性等。

在知识和信息的全球化时代，21 世纪初期国内的公共艺术研讨中，学者们对公共社会及空间问题也予以了关注：

> 在很长时期内，普通民众与空间权利处于一种分离的状态。简单地说，就是少数人的权力压制了多数人的空间权利；神权、王权、身份、地位、阶级属性等限制和剥夺了人们在社会空间中自由创造，以及分享、拥有的权利；一个人的空间权利受制于他的社会地位、社会身份和阶级属性。[3]

---

[1]〔美〕弗里德里希·詹姆逊：《后现代主义与文化理论》，唐小兵译，北京：北京大学出版社，1997 年。此著作系 1985 年 9 月詹姆逊应邀来北京大学所做系列学术演讲的文稿翻译而成。

[2] 同上书，第 190、191 页。

[3] 孙振华：《公共艺术的政治学》，《公共艺术与生态》总第 1 辑，上海：上海文艺出版社，2011 年。

伴随着公民文化水平的不断提升，公民（市民）化的社会在一些发达地区正日益形成，这也使得广大民众十分希望对如何在公共空间放置艺术品拥有发言权。从本质上看，公共艺术的观念在中国得以提出，既是中国社会民主化进程的必然产物，也是中国社会发展的内在需要。完全可以说，它实际上提出了应该由公众来掌握空间支配权的问题。因此，公共艺术又是一个带有浓厚的社会学和文化学的概念，而非纯艺术的概念。[1]

显然，不同历史阶段对社会空间及城市开放空间中艺术的权力属性的研究与探讨，对于国内相关领域的理论建构有着借鉴意义。最为重要的是，这对于当代城市公共艺术的理论与实践、批评内容及尺度，均具有延展、消化和参考的意义，因为它们均离不开对于城市社会特质及其权力结构的关切，离不开对于社会内在的关系、矛盾和现代性的价值探究。也只有如此，才可能使得相关的艺术理论和艺术批评，对城市及其社区功能、城市空间性质及其权力结构、社群文化、日常生活、市民个体及其社会交往，以及生态维护等问题进行整体性的观照，而不再把城市空间仅视为纯粹物理性的空间或仅将其作为视觉审美的对象，也非其他单一向度的关注点。不得不说欧美的城市学及社会学等相关理论对中国学界有着多维度的影响。

实际上，20世纪90年代中期以来，国内陆续发表的一些有关城市文化与公共艺术理论与批评的文章，已经开始从以往一般的局限于城市规划及工程性质的建筑、园林空间的知识性话语，逐渐走向对于现代城市特性、城市公共空间属性及其社会文化职能的研究。人们逐步开始注重城市公共空间及其艺术文化对于建构理想的城市文化生态、培育良好的公民素养的价值。这在中国近十年来召开的不同名目的雕塑论坛、公共艺术国际学术研讨会，以及理论文集中均可观察到。这与中国的学者和艺术家们不断走出国门进行考察和交流，以及频繁的城市间的国际交往活动都是分不开的。

21世纪以来，国内在相关实践领域也呈现相应的情形，例如创作于成都市府南河畔的"活水公园"公共艺术项目。中外艺术家、设计家通力协作，在此公园空间中成功地利用了当地独特的水资源净化处理方式，以及对当地植物群类的合

---

[1] 鲁虹：《空间就是权力——关于公共艺术的思考》，孙振华、鲁虹主编：《公共艺术在中国》，香港：香港心源美术出版社，2004年，第89、90页。

理配置设计，并通过景观艺术、雕塑艺术和现代生物科技等方式，将公园的自然生态河堤、众多水生植物及鱼类的养殖和观赏巧妙地融合，集自然教育、艺术观赏、休闲游戏和公众交往于一体，把城市公共空间的开发利用与自然生态和人文生态密切结合，从而造福于当地市民的城市生活，较为充分地体现了城市公共艺术的精神实质及当代性内涵。

再如本世纪初期形成于中山市岐江公园的公共景观艺术，则是将城市中废弃的老旧工业遗址与自然资源予以生态化和艺术化的改造，生成可供市民享用的城市公共空间，使得公园景区的生态景观、城市遗产及人文艺术成为当地市民社群的地方资源。又如在北京雁栖湖景区的景观雕塑群落，则以景区大地和水面为舞台，采取尽可能少的干预自然的方式，采用现代地景艺术的手法和观念，运用有限的材料和资金，以独特的创意将生态关怀的美好寓意注入景区的公共艺术创作，使得这一景区成为适宜城市居民释放个性和进行社会交往的良好场所。另如广州市白云区时代玫瑰园居民社区的公共空间，其环境、设施和艺术的整体性设计也是公共艺术介入基层社区的典型案例。它把岭南地区的建筑和住宅空间与特定社群的生活习俗、交往方式及具有现代文化气息的艺术设计相融合，使社区的公共家具、儿童玩具、绿色景观及公共文化娱乐设施得以整合，为社区文化创造良好的发展环境。另一些近年来在公共艺术实践领域较为重视社会合作、社会效应及公共参与的案例，将在后面的章节予以展开和论述，此处不再赘述。

公共领域及公共性理论

20世纪90年代中期之后，无论是出于纯粹的学术交流及研究目的，还是由于走向新世纪之际的中国社会和政治文化的视野所至，西方的哲学家和社会学家有关现代社会的民主对话和社会学、政治学及生态学的理论探讨，以及有关近现代私人领域、公共领域的阐释，渐渐被中国学界和社会所关注，并被引入、传播及部分地运用。当然，政治哲学领域对公共领域及文化的公共性的探讨，对艺术有关方面的理论探讨的影响往往是一个间接、渐进的过程，这种情形在中国的集中显现大致始于20世纪末期。其中较为显著的如美国的哲学及政治理论家汉娜·阿伦特（Hannah Arendt，1906—1975）对于公共领域以及人的"复数性"（社会性）在现代社会中的状态的研究。她对于自古希腊、罗马政治思想到近现代西方资产阶级革命以来的政治思想与社会实践的观察与剖析，逐渐被中国学界和艺术界所关注。尤其是她于 1958 年出版的《人的境况》（*The Human Condition*）[1] 一书，受到国内文化艺术界的广泛关注。其中，阿伦特对于人在政治生活及社会生活中呈现的复数性、实践性和复杂性进行了独特分析。她对人自城邦国家时代以来与家庭、社会和国家的关系，以及对"经济现代化"以来人类社会的生存矛盾和异化现象进行了追溯和批判性分析。尤其是她在此书中，对于私人领域、公共领域和权力的概念、属性及其历史的演化进行了独到而深入的阐释，为人们对当代社会形态和公共领域特性的研究提供了不同的视角。她对于现代市场及货币社会中人与人的相遇被"作为产品的生产者的相遇"所替代的情形提出了质疑，认为这种纯粹以商品和资本为动力的交换情形，实际上削弱和颠倒了自古代以来形成的私人与公共之间的关系，使得人们证明和显示自我的公共空间趋于萎缩。

汉娜·阿伦特在论述私人领域时指出：

> 家庭的私人领域是这样一个地方，在那里，个人生存或种族延续的生命必然性得到了照料和保护。在亲密关系被发现之前，私人领域的一个特征就是人在这个领域不是作为一个真正的人而存在，而仅仅是作为人类这个动物物种的一个样本而存在。[2]

这显现出阿伦特对于私人领域的重要性和局限性的揭示。而现代"完全"的人需要的不仅仅是家庭及私人生活，还应该建立并进入公共领域生活，这正是自然人变为社会人、自由人或自觉的人的必要方式，否则就只是停留在野蛮人及奴隶般的境地中。阿伦特指出，从古代城邦时代至今的公共领域的本质特性，是"人们纯粹为了显现所需的一个世界内的空间，比起他们双手的产品或他们身体的劳动来说，更是特有的'人的产物'"[3]，从而显现人类为了追求和证明自身生命和文化创造的永久性和价值意义，需要建立公共领域以持久地显现各自的存在和价值。由此，对技艺人或现代意义的艺术家而言，在技艺（艺术）的公共领域中，"一个人的产品比这个人本身存在得更长久、更像他自己……不仅倾向于把行动和言说斥 为无所事事的忙碌和闲谈，而且一般倾向于以是否促进更高目的来评价公

---

[1]　此书于 2009 年出版中译本，《人的境况》，王寅丽译，上海：上海人民出版社，2009 年。

[2]　同上书，第 29 页。

[3]　同上书，第 163 页。

共活动"[1]。阿伦特认为，是显现和证明自我与公众关系的公共领域，使艺术家或伟人可以免于仅仅在自己"做过的事情"中得以骄傲，可以自觉地在超越个人劳动的更高价值层面上表达自己是谁。阿伦特另在权力的论述中强调，权力的产生是以人们在城市社会中形成的共同生活为物质和文化基础的。

引发人们较多关注和思考的是，阿伦特在论述公共领域与私人领域的问题时，指出了两者之间的基本关系及其特性。她从经济和政治的研究中，认为社会公共领域的建立是对私人权利（如财产和人身安全）维护的必然需要。她在归纳历史的前提下认为，国家、政府和社会共同体的建立，主要或首先是为了"共同财富"而存在的。她在学理上指出了政府的公共属性和财产的私人属性的历史性过程，从而论述了私人领域是公共领域存在的基础和前提，并被公共领域所关注和显现；两个领域的并行和相互作用形成了自古至今社会发展的演变过程。同时，阿伦特针对在一切"可交换的"的东西均变成了某种"消费"对象的时代中，原先其具有的特定的私人使用价值变成了一种在不断更迭和交换中形成的社会价值，对由货币所维系和固定的价值体系提出了质疑和批判。她对近现代商业资本及货币社会中，人在公共领域的交流与人性的异化和消解，以及权力与私利的交换状态予以剖析和批判。另外，她揭示了在商业资本和舆论的操控作用下，现代社会趋向于把艺术与手工艺的概念加以分离，把天才与实际的技能加以分离，从而对把人的产品的商业价值凌驾于人的价值之上的错误予以否定。

其实，阿伦特在其著作中的思辨和论述，在许多方面是基于其内在逻辑和理想的呈现，并非一切现实与发展的再现。然而，这对于中国当代学界和艺术界对文化艺术公共领域的关注和思考，却有着重要的参考意义。20 世纪 90 年代晚期，中国学界对于阿伦特有关公共领域等方面的论述即有较多的关注和介绍。例如，在由学者汪晖等人主编的《文化的公共性》[2]一书中，即有对阿伦特的《公共领域和私人领域》一文的翻译。

在公共领域与社会理论的关联方面，艺术理论界较为关注的是德国法兰克福学派的代表人哈贝马斯（Jürgen Habermas）有关公共领域的理论及观念。[3]

---

[1] 〔美〕汉娜·阿伦特：《人的境况》，王寅丽译，第 163 页。

[2] 汪晖、陈燕谷主编：《文化的公共性》，北京：三联书店，1998 年。

[3] 哈贝马斯，1929 出生于德国杜塞尔多夫，德国哲学家、社会学家，被誉为批判学派的法兰克福学派的第二代旗手。1961 年完成教授资格论文《公共领域的结构转型》。历任海德堡大学教授、法兰克福大学教授、法兰克福大学社会研究所所长等职位。

哈贝马斯在 20 世纪中期关于社会公共领域的研究理论，无论学术视野还是方法论方面都具有独到性与挑战性。其分析的基本对象是西方（以英、法、德为历史语境的）"资产阶级公共领域"的社会渊源、理想类型和演进历程，以及系列化命题的理论问题。其研究和理论突破了传统的政治学和社会学等学科的界限，采用了比较开阔的视野和整体交叉的研究方法，对社会学、政治学、宪法学、经济学，以及社会思想史等学科的相关问题进行了一体化的探索，颇具现实意义和广阔的学术前景。

哈贝马斯的研究指出，西方在 18 世纪晚期到 19 世纪中期，以文学和艺术批评为主要特征的公共领域逐渐政治化，加之公共舆论媒体的繁荣以及公共舆论的自由，公共交往的网络变得发达起来，逐步形成了早期社会公共领域的转型，即在资产阶级取得国家统治权的早期及发展初期，由私人组成的市民社会及公共领域具有议论、批评和监督国家与公众事务的政治功能。公共领域的社交及话语空间，从 17 世纪末、18 世纪早期的宫廷及贵族的内部沙龙转向了具有市场及商业性质的城市公共空间，诸如咖啡馆、开放性质的沙龙、私人宴会和露天广场。在这些新兴的城市空间中，文人、作家、艺术家、科学家及市民出身的各类知识分子充分交流。哈贝马斯在阐释资产阶级公共领域的转型过程时，十分注重在重商主义政策和机制下的商品经济及市场不断自由发展的前提，即"在市民社会里，商品交换和社会劳动基本上从政府指令下解放出来。这种解放过程所实现的是政治制度，因此公共领域在政治领域占据中心地位也就并非偶然"[1]。社会再生产过程及商品交换领域的私有化，使得由私人组成的公共领域在 18 世纪承担起社会政治功能（如对政治决策及公共事务进行公众舆论监督和批判）成为可能。

哈贝马斯通过对 18、19 世纪垄断资本主义的作用、无产阶级革命的影响，以及公共媒体的商业化和官方化等现象的研究，描述了在自由资本主义时期建立起来的资产阶级公共领域逐渐瓦解的过程。他还阐明了原来由私人社会组成的公共领域所呈现的公共性，即个人或事务接受公开批判，使事关社会的决策接受公众舆论的监督以及"按照公众舆论的要求进行修正"的公共性原则。[2] 19 世纪中后期以来的近现代资本主义社会已经发生了颠覆性的变化，

---

[1]　〔德〕哈贝马斯：《公共领域的结构转型》，曹卫东等译，上海：学林出版社，1999 年，第 84 页。
[2]　同上书，第 235 页。

哈贝马斯用历史批判的观点尖锐地指出其间广泛存在着"批判的公共性被操纵的公共性排挤"的状态 [1]。如他在"公共性原则的功能转换"的研究中所分析的那样：

> 过去，只有在反对君主的秘密政治斗争中才能赢得公共性……今天则相反，公共性是借助于集团利益的秘密政治而获得的；公共性替个人或事情在公众中获得声望，从而使之在一种非公众舆论的氛围中能够获得支持。"宣传工作"一词即已表明，公共性过去是代表者表明立场所确定的，并且通过永恒的传统象征符号而一直得到保障；而今，公共性必须依靠精心策划和具体事例来人为地加以制造。[2]

此处哈贝马斯揭示和批判了西方近现代政治中存在的以少数人或集团利益为目的而制造和操控公共性。他指出了在权力监督失效时以及舆论空间和渠道被控制的情形下，公共性的实质和真切存在的危机。

哈贝马斯之后关于公共领域、市民社会及社会批判理论的研究，更为全面和深入地对现代西方的民主法治国家的历史成就和根本问题进行修正性审视，并觉察到早期公共领域的社会批判理论的理性依据、具体性及分析范式所存在的问题，使其先期的社会批判理论逐渐走向社会交往理论的研究与创建的道路，并使得公共领域的概念及范畴（此非指早期的资产阶级公共领域）更多地等同于"生活世界"的概念及范畴。"我们称之为'广义公共领域'概念。从公共领域理论到交换行为理论，从公共领域概念到生活世界概念（即广义公共领域概念），这是哈贝马斯理论求索中的重要转折。"[3] 从而在哈贝马斯的政治哲学研究中，公共领域、生活世界、市民社会、社会批判等一系列看似不甚相干的概念和问题范畴，得以有机地关联与整合，并从具有某些局限性的、理论推演性的境地得以迈向具有普遍性和现代实验性意义的广阔前景。

在西方哲学和社会科学理论界中，对资本主义国家中的公共领域和市民社会的研究和呼吁，主要针对的是 19 世纪晚期至 20 世纪中期逐渐突显的"国家主

---

[1] 〔德〕哈贝马斯：《公共领域的结构转型》，曹卫东等译，第 202 页。
[2] 同上书，第 235、236 页。
[3] 李佃来：《公共领域与生活世界》，北京：人民出版社，2006 年，第 195 页。

义"。其主要表现为以政治国家为核心，以各种方式和途径向市民社会的领地进行渗透和侵占，剥夺市民社会的生存条件和摧毁其赖以运行的社会结构。因而知识界以市民社会的理念及规则来反思、批判和平衡国家与社会之间的深度矛盾关系，以期重新调整和建构国家与社会、政治与经济、政治与文化及不同权力与利益主体之间的合理关系，以求恢复和推动资本主义国家的民主进程。客观上，有关市民社会的话语内涵，在20世纪80年代前后也带动了东欧国家及亚洲东方国家的全球性社会思潮的复兴。应该说，这对于部分地消解专制主义，建构社会平等和舆论监督，促进国家的民主与法制进程及政治文明的建设，具有一定的积极作用和现实意义。

哈贝马斯公共领域的理论，对于正处在历史转型期的中国社会和文化艺术领域的改革与发展，具有显在的意义。尤其是哈贝马斯着重提出并论证的一些理论范畴和学术概念，如公共领域、公共性、市民社会、社会批判理论等，对于中国文化界和美术界建构和繁荣民主法治国家中多元、多层次的艺术文化格局，促进艺术文化领域的公共参与和民主对话机制，审视和协调国家与社会、政治与文化、公共范畴与私人范畴的艺术权益之间的关系，乃至结合中国的现实情形推动整体社会的民主、健康与和谐发展，具有促进作用。它起码使得艺术理论界和艺术家比之前更为关注社会文化与政治文化的内在关系；不再把当代含义的公共艺术仅仅视为放置于开放性的物质空间中的艺术，或仅仅视为装饰和美化环境的艺术，抑或视为单一向度的国家政治纪念碑性质的艺术。公共艺术逐步主动地关切广大普通公民（及纳税人）的文化诉求、社会交往、生活方式、审美经验及情感传达的需求。人们也认识到城市景观和公共艺术作为社会生活空间，是一种与公民交流的文化方式和途径。

从中国公共艺术理论的初步探究和问题关注点来看，20世纪90年代中晚期以来已在美术理论及批评方面有了一些各自的见解和观念。如深圳雕塑院（现为深圳公共艺术院）的孙振华撰写的《公共艺术时代》（2003）一书，明显受到哈贝马斯有关公共领域理论的影响，着意强调了当代艺术文化的公共性问题，并重述了公共性与政治学和社会学中所涉及的"公共"一词的概念内涵的一致性："公共性本身表现为一个独立的领域，即公共领域，它和私人领域是相对立的，它所讨论的是公共的事项。同时，它与权力机构也是相对立的，'公共领域说到底是公共舆论领域'。"[1] 他在论及现当代公共艺术的文化态度及特性时说道："它是使存在于公共空间的艺术能够在当代文化的意义上与社会公众发生关系的一种思想方式，是体现公共空间的民主、开放、交流、共享的一种精神和态度。"[2] 他就现当代公共艺术的属性及特点，以及其与18世纪启蒙主义时期及艺术自觉时期的艺术特性进行某种比较后指出："公共艺术要解决的问题恰好相反，它是艺术向生活的回归，艺术家向公众的回归。"[3] 显然，他在理论上强调公共艺术的公共性、公益性、社会交互性，以及民主性和社会批判性。另如上海大学教授潘耀昌在其《公众触摸话语权——谈公共艺术机制》（2009）一文中指出：

> 公共艺术中的"公共"（public）实际上指的是公民社会的公民、公众，有别于一般的大众、群众、民众（masses）这类简单多数的概念……而公共艺术出现的背景是公民社会，是以公民身份呈现的主体意识和人类意识的觉醒。公民积极干预并造成一定影响是公共艺术的主要特征，这不同于传统意义上集体共享的艺术，或所谓大众艺术。[4]

在此，理论家着重强调的是公共艺术所应从属的社会结构、属性及时代背景，强调公共艺术的创造性与批判性，以及社会公共舆论的参与性。另如笔者所著《公共艺术的观念与取向》一书（2002）对当代社会文化语境中的公共艺术的观念及价值取向所进行的探析：

> 公共艺术是具有社会公共精神、创造优良的公共文化和生活环境的艺术形态……公共艺术的当代文化主体是市民公众。当代公共艺术的重要文化内涵和服务对象，不再是历史传统形态下的为宗教权力、贵族政治权力或少数精英文化霸权，而已从单向度的祭祀、表彰、纪念和宣传功能中，走向创造市民公众自由开放的公共生活空间、满足大多数人的审美与情感（交流）需求的艺术方式。

---

[1]　孙振华：《公共艺术时代》，第12页。

[2]　同上书，第25页。

[3]　同上书，第33页。

[4]　上海大学美术学院编：《中国现代美术教育的历史与展望》，上海：上海书画出版社，2009年，第244页。

从社会学意义上看，"'公共'意指一种社会领域，即公共领域。一切公共领域是相对于私人或私密性领域而存在的……从社会文化、政治生活以及（舆论）传播的角度上看，当代社会的公共艺术在一定方面和程度上，也呈现着当今大众传媒时代的报纸、电视、广播、招贴等公共领域的某种媒介特性。它以公开展示的方式去表述和传达社会公共领域的种种信息、意向、文化理念……（其）伴随着服务社会、造福公众的理想而诉诸社会公众"[1]。

此著作对当代公共艺术的价值核心及基本批评尺度进行研讨，着重指出："如把公共艺术仅作为少数人的权力斗争和政治教化的工具，就不可能使之具有人类崇高精神与文化超越意识的'大关怀'，即不会在久远意义上代表公众社会的根本利益与意志。"[2] 笔者在该时段关注的是当代语境下的公共艺术与公共领域、公民社会及现代生活环境的内在关系。尽管在 20 世纪 90 年代后期及 21 世纪初，中国的艺术理论及批评界在探寻公共艺术的性质、内涵及价值取向时，均依据自身的知识和经验储备以及观念倾向，但毕竟在努力与外部世界的学术思潮及艺术实践进行探索性的思考与对话。

中国艺术理论界在论及公共艺术的公共性内涵及其社会权力结构关系时，也有着自己的见解。如 2004 年 8 月在深圳召开的"公共艺术在中国"学术研讨会期间，四川美术学院教授王林指出："正像个人自由的优先权是现代民主国家建立的前提，个人主体性也是我们讨论公共艺术之公共性的前提。否则，公共艺术只能成为思想统治与专制教化的工具。"[3] 在论及公共艺术的社会批判作用和当代性方面，他说道："尽管公共艺术不一定是前卫艺术，但如何转换前卫艺术观念，使公共艺术保持当代思维水平、智慧高度和技艺水准，则是公共艺术是否具有当代性的重要支点。"[4] 近 20 年来，西方学术界（尤其是法兰克福学派）批判近现代资本主义社会的种种弊端和现代性启蒙理论，以及公共领域与市民社会理论，这都对中国艺术理论与批评界产生了影响，并成为其参照体系之一。由此，国内美术理论界不再把当代公共空间及公共社会领域的艺术，简单地等同于一般的城市雕塑及环境艺术，人们也逐渐关注到公共艺术在与美学相关联外，还与城市社会学、政治哲学及城市生态学等领域有着多维度的关系。这不能不说是 20 世纪 90

---

[1] 翁剑青：《公共艺术的观念与取向》，第 14、15 页。
[2] 同上书，第 43 页。
[3] 孙振华、鲁虹主编：《公共艺术在中国》，第 17 页。
[4] 同上书，第 19 页。

年代中晚期以来中国美术理论界的重要发展。

　　与理论相对应，中国公共艺术作为当代社会文化实践，也产生出了一些具有典型意义的案例。如 1999 年下半年，由深圳雕塑院参与策划和设计的公共雕塑系列作品《深圳人的一天》，以社会调查和纪实的手法，随机选取了 20 世纪末深圳市约 18 种不同职业及社会身份的代表，以他们同一天的日常生活状态为原型，进行了翻制性雕塑创作。这是一种为当代城市的建造者及普通市民建立群体档案性的纪念艺术，它一方面表现了这座新兴移民城市的时代特征及市民的主体性，另一方面也表现出不同于传统城市雕塑所擅长的主题性宣传和宏大叙事的方式，呈现了新的艺术社会学方式与姿态，这是当代公共艺术的品性。对社会现实具有警示和批判意味的公共艺术作品在当代中国也有表现。如 2002 年上海双年展上立于展馆入口处的雕塑作品《城市农民》（梁硕，图 2.1），揭示了中国高速城市化和商品化发展背景下，离开乡土到城市谋生的广大农民工的尴尬境遇，揭示和关注中国社会发展的不平衡以及广大弱势群体面临的艰难生存状态。又如曾展于不同公共空间的陈文令的系列雕塑作品《英勇奋斗》（图 2.2），着重批判了消费时代人们对物质生活的迷恋——沉浸于感官享受而丧失精神生活，对当代拜物主义罗织的生活迷幻予以嘲讽。

图 2.1　梁硕，《城市农民》，雕塑，上海双年展

图 2.2 陈文令，《英勇奋斗》，雕塑

这些个案在中国当代公共艺术实践中均具有典型意义，它们并未停留在传统审美的价值范畴，而显现出当代艺术的社会关怀和批判意味，并在公众社会和媒体中形成一定的公共舆论效应。

社会民主与包容思想

公共领域的理论和实践，必然会随着社会和政治等因素而变化、发展。中国当代社会空间和公共文化艺术的建构也正是在国内外各种因素的共同影响下摸索进行的。20 世纪 70 代之后，西方社会学及政治哲学对二战后及冷战时代的西方社会和民主政治的研讨，成为其重要内涵。其主要面对的问题是在社会生产力和财富总量达到空前地步，世界总体格局处于相对平衡的条件下，如何建构各自的政治策略以及价值理论框架。其中，西方当代著名社会学理论家安东尼·吉登斯（Anthony Giddens）[1] 关于社会民主主义及"第三条道路"（Third Way）的理

---

[1]　安东尼·吉登斯（1938—　　），英国社会学家和当代重要的思想家之一。他以结构理论和对于当代社会的本体论（holistic view）学说而闻名。

论，对东西方国家均产生了不同的影响和持续的效应。其理论的基本社会语境是20世纪60年代前后，西方国家的社会民主党及社会民主主义者、部分社会主义者，试图找到一条既不同于美国式的市场资本主义，也不同于当时苏联的共产主义的新的社会发展思路。"第三条道路"的理论和主张"试图超越老派的社会民主主义和新自由主义"[1]，试图超越传统思维中非左即右的政治和社会价值观念。进入20世纪80年代后，欧洲大陆发达国家的社会民主党和工党在改革自身理念及目标的过程中，逐渐对社会生产与利益分配关系、社会保障和持续性发展等问题予以重视，如对社会劳动生产率、政策的公共参与、宪政改革、社区的复兴与发展、国际主义道义和责任，尤其是对生态问题所引发的诸多问题的研究及对应对策略的关注和探讨。这其中事关许多具体性、公共性、日常性的事务方式和策略改革，如就业和教育机会的公平性，私人与公共部门之间的平衡关系，劳动时间的弹性制度、住房、公共设施、经济制度的民主及个人权利的保障等。

显然，"第三条道路"的价值取向主要在于，一方面肯定以市场为主导的自由经济，对于提高社会物质及经济总量所具有的现实合理性和必要性；另一方面注重社会各主体之间，利益关系所应有的正义性和公平性，注重对于市场经济下的社会弱势群体的利益保障。同时，对显在和潜在的生态危机及资源问题，主张从国家、政府到社会及个人，采取理性的策略和行为方式，以利于全社会和全人类的安全和持续性发展。这无论在西欧和北欧，还是在不同的党派及非党派组织之间，都显示出包容多元的价值观念。"第三条道路"提倡政府与社会，以及社会与社会之间的对话和协作的政治理念；强调对社会弱势群体的保护和对公民自主权利的维护；推崇政治及经济生活中的无责任即无权利，无民主即无权威，以及世界性多元化等基本原则和价值取向。更重要的是，由于生态和气候问题，节能和减排需求成为20世纪60年代进入后工业时代的欧洲发达国家在经济和社会可持续发展中必须面对的问题。客观上，似乎在哲学上趋向保守或在社会政治道路上趋于中立的"第三条道路"，一方面是为了应对20世纪70年代以来西方发达国家所面临的经济、社会、政治和国际问题的挑战和机遇；另一方面，作为一种政治哲学的社会实践，它在80年代前后已经在欧美等发达国家中被广泛地采纳和实施，体现为各种具体的政策和社会发展策略。实际上，东方国家也受其思

---

[1]〔英〕安东尼·吉登斯：《第三条道路：社会民主主义的复兴》，郑戈译，北京：北京大学出版社，2000年，第27页。

想及主张的影响。

西方社会在 20 世纪 60 年代，尤其在 80 年代之后，社会价值观念形态发生变化，从所谓的"匮乏价值"（scarcity values）到"后物质主义"（post-materialist values），也即从以往只看重单向度的经济指标增长及物质性的功利角逐，发展到对单纯的、短视的经济利益，乃至权威主义政治体制的超越和怀疑。同时，引起学界和社会关注的是，这种价值观念的变迁及其在社会人群的分布上，也不再受限于传统的党派或阶级的范畴，而是超越了党派和阶级的划分界限，超越了传统的政治意识形态下的所谓右翼与左翼的界限。犹如安东尼·吉登斯所引用的美国著名政治学家罗纳德·英格哈特（Ronald Inglehart）的研究观点：

> 随着社会的日趋繁荣，经济成就和经济增长的价值已经不像以前那样光彩照人了。自我表现和对有意义的工作的渴望已经取代了经济收入的最大化。这些关注点与一种对待权威的怀疑态度联系在一起，这种态度可能是非政治化的，但从总体上讲，它能够创造出比正统政治所能获致的更大程度的民主和参与。[1]

"第三条道路"的理论及社会主张，强调社会参与和监督公共事务。它认为所有事关公共社会问题的讨论与决策（乃至包括科学、技术、生态、空间及环境问题等之前被看作政治之外的事务），均应进入社会公共参与的方式和民主程序之中，注重社会主体的各方利益及舆论诉求，而非仅由技术性权威单方面决策。这在客观上已成为西方当代社会与政治生态的基本语境：

> 在这样的背景下，决策是不能留给那些"专家"去做的，而必须使政治家和公民们也参与进来。简言之，科学与技术不能被置于民主进程之外，不能机械地信任专家，认为他们知道什么对我们有利。他们也不可能总是向我们提供明确的真理；应当要求他们面对公众的审查来证实他们的结论和政策建言。[2]

---

[1] 〔英〕安东尼·吉登斯：《第三条道路：社会民主主义的复兴》，郑戈译，第 22 页。
[2] 同上书，第 62 页。

这样的政治性和民主性考量，实质上旨在强调对社会正义以及各主体的利益保障，从而达到促进社会和谐与团结的目的。"第三条道路"对于社会整体而言，主张在尊重个人价值的前提下树立社会共同体的观念和意识；主张公民个人积极参与社区公共事务和社区服务；提倡包容与调和国内原有居民与外来移民之间的差异及矛盾。

应该说，西方新的社会民主主义关于现实社会发展思路的观念和学说，虽然其文化语境和社会背景不同于东方国家和中国的现实情境，但对于20世纪80年代以来面临改革和发展的许多国家，均有着理论和政策上的影响。这也对正处于经济体制转型期的当代中国的城市发展和公共文化艺术建设的思路、价值取向和社会舆论，有着重要意义。客观上，中国的艺术史学界及艺术批评界对于"第三条道路"学说的关注与借鉴，主要是对其中公民参与社会事务的公共意识及权利问题的论说，包括社会公共领域及艺术文化属性和参与方式的关联性，以及有关公益性文化事业建设中公民的主体性。如中国大陆的艺术批评家及艺术策展人的一些言谈，恰是在此相关语境及语义的研讨中生成的表述：

> "第三条道路"主张建立合作包容型的新的社会关系……对西方政府在制定文化政策和公共政策时产生了相当的影响。随着公众越来越多地参与到公众事务中来，随着艺术精英主义的式微，公共空间的开放为许多西方政府所重视，制定了一系列有利于公共艺术发展的政策……"公共艺术"这个概念的出现，反映出当代社会对于人的权利的尊重，已经成为越来越多的国家和民族所共同认可的价值观。
>
> 要保证公民实现在公共空间的权利，就中国而言，重要的是在观念上，实现从"人民"到"公民"的转变。"人民"在中国是一个出现频率极高的词，但也是一个被泛化、被神圣化的名词。"人民"通常可以作为一个集体名词，成为忽略每一个具体的社会个体的理由……公共艺术在强调公民文化权利的同时，也将同时唤醒公众对公共空间的参与意识，提升公众关于公共艺术的素养……公共艺术在中国的实现过程也是中国公众权利意识的启蒙过程。[1]

---

[1] 孙振华：《公共艺术的政治学》，《公共艺术与生态》总第1辑。

在中国实施改革开放以来的 30 多年，从确定以经济建设为中心到呼吁政治文明、民主及和谐社会，从追求脱贫、致富到呼吁法治社会、社会正义和社会公平，中国社会发生了巨大变革，不同时期的中国面临着不同的发展任务。而艺术文化也从作为阶级斗争和政治意识形态的工具，向艺术本体及艺术美学价值回归；再从追求艺术文化的多元性、现代性，到寻求艺术的公共性和为人民生活服务。此历史和观念的演化过程，拓宽了艺术的视野，显现了对于艺术与现实社会生活及话语权利的关注。显然，中国公共艺术及其文化观念的发展过程，客观上促进了人们对于社会民主、文化包容和公共事务的思考与实践。

如前所及，在世界性的当代文化语境中，公共艺术所担负的文化和历史使命，已不仅仅是传统意义上的精英式的审美经验说教，而是作为公共领域之文化观念服务于公民社会的生活需求。它在艺术精神、传播方式和价值取向上，都指向社会成员的自我学习、交流、公共事务的参与和管理，以及社会批判和自我思想的解放；而艺术审美及形式表现则是其存在和交流的一种方式，并随着相关技术和时代精神的变化而变化。应该说，这些艺术及文化观念的出现和传播，恰是处于不可逆转的经济、技术及信息全球化的互动语境中。因此，任何狭隘的民族主义或简单粗浅的排外方式在现当代艺术理论及实践中均变得不可能，而当代学术和艺术文化实践则必然密切关联并面向世界。因而，吸取国际最新的学术成果和获取启示性的文化观念和方法，并与自身面临的实际问题密切结合，便显得尤为重要和迫切。由于与现代城市景观和公共艺术相关的经验首先是从国外引进的，关切和学习国际经验，结合中国社会现实进行城市景观和公共艺术实践和研究，成为必然趋势。

2.3 中国美术之公共意识的早期呈现

从"私"与"公"的属性和价值内涵的角度来看，中国的知识分子在明清时期对此议题有许多涉猎和论说。如李贽、顾炎武、黄宗羲、刘师培、章炳麟、梁启超等人的思想和言论，均在不同的角度和层面对"私"与"公"的概念和社会意义进行了探讨，成为近代中国经世思想的重要体现。

无论是明末清初还是清末民初的思想家在肯定"私"与"利"的同时，并没有放弃"公"的道德理想，仍然拥抱中国传统中"天下为公""大公无私"的目标，也反对"假公济私"等自私的行为。换言之，他们是在不抹煞个人合理的欲望和尊重群体规范的前提下，来重新思考群己关系。

　　明末与清末的思想家所肯定的"私"均为庶民的合情、合理之私，并以此来讨论"合私以为公"，亦即肯定每一个个体的合理欲望、私有财产，以及个人对于公共事务的参与，从而建立社会正义的准则。[1]

而中国社会及其文化观念的公共性较为集中地源自 19 世纪中晚期和 20 世纪初期。国内有关社会公共领域的概念和对公德等的讨论和传播，是在西方国家及日本于 18—19 世纪中晚期进行社会变革后的国家制度和社会伦理思潮的影响下渐趋显现的；而国民对于公共意识的关切和养成，是与维系共同的社会利益和秩序所需的公共道德及公益观念密切相关的。对公共意识的关切和传播，成为中国社会进行现代文化变革的前奏之一。

　　在 20 世纪最初的 10 年，中国兴起热烈讨论公私问题的风潮，其中兴起了重要的新型公共观念：公德和公益……"公德"被介绍入中国显然始于梁启超在 1902 年 3 月开始刊载的《新民说》……"公德"之外，清末还流行一个相关的新观念，就是"公益"。[2]

在当时的社会情境下，人们对于公德和公益的理解包含着不同的视角。其中，公德的内涵主要在于其有利于国家和社会，有利于维护人群的共同利益，也在于其强调个人生活与社会生活的辩证关系；而公益则主要是泛指社会公众利益以及社会自主性的助益活动，如包括"经常和地方事务、地方自治等问题发生关联，意指地方社群的公共利益，较少直接代表国家的整体利益"[3]。然而从其时的实践层面上看，则欧美国家的公民对于公共事务主动而热情，以及有着强烈的社会主

---

[1]　黄克武：《从追求正道到认同国族》，许纪霖主编：《公共性与公民观》，南京：江苏人民出版社，2006 年，第 42、43 页。

[2]　陈弱水：《公共意识与公共文化》，北京：新星出版社，2006 年，第 108—110 页。

[3]　同上书，第 111 页。

体意识，而中国的普通民众在整体上惯以对自家私事之外的"一切有公益于一乡一邑者，皆相率退而诿之于官"[1]。显然，晚清和民国早期的社会公共意识教育尚处于启蒙阶段，而对于文化艺术的公共意识和公共性的揭示与培育，则是其中重要的组成部分。

艺术的产生与发展，素来与人类社会及其生活形态密切相关，因此，艺术文化及美育的社会性和公共性是有史可鉴的。但当社会步入财富与权利的私有化及商品化阶段后，文化艺术资源的开放和共享便受到了诸多阻碍，而其在服务于少数人的利益方面则得到了扩展。

回首20世纪前期中国的艺术观念，勘察和体悟其思想言论中的公共意识及公共性是十分必要的。我们需要从历史的印迹中认识过往，以利于更为清晰地认识自身社会文化的现代基础。中国自20世纪末进入新的社会转型期以来，艺术观念及其与社会公共意识和公共性的关系，依然是当代艺术理论和实践不可回避的重要问题。

对艺术及美育的提倡与发展，从来都不仅是为了满足个体或少数人闲时的玩赏或纯粹的感官愉悦；社会、民族及人生的化育、滋养，以及自我改造，也是艺术和美育的重要文化意义和社会及历史的使命。我们注意到，早在20世纪早期的中国知识界和美术界便提出使审美文化普及于民众，成为普通人日常生活及精神活动的重要组成部分。其中，最为重要的是强调艺术及美育的社会化、平民化和生活化，并使之与现实社会及民族文化振兴相结合，服务于全社会及公共领域的成长。而对这段历史的追溯，将有助于我们审视和判断中国当代艺术在公共领域中的角色和价值意义。

这里尝试对中国20世纪初期至40年代的艺术及价值观念中公共性话语的内涵，予以概略的梳理和分析。

美育启蒙和艺术共享

认识到并倡导美术作为现代社会文化的重要组成部分，并使之成为国民启蒙、文化复兴和社会文化现代化之途径的过程，正是20世纪早期中国艺术之公共意识的重要体现之一。

我们通过中国文化史和美术史可以知晓，中国历代上主流美术的内容、功

---

[1] 同上。

用，是为文化精英及上层统治者所主宰的，是属于少数人的文化特权。而随着 19 世纪中期至 20 世纪早期西方势力的扩张和文化的输出，中国社会动荡不安，内部矛盾加剧，加速了中国的近现代转型。作为社会文化与民族精神之重要载体的美术，不可避免地受到国内外力量的巨大冲击，并引发了知识界的深切关注与反思。而这种对于美术观念形态的关切与反思，是与救国救民和振兴民族文化的目的直接相关的。其时，中国知识界和美术界的有识之士对美术的社会性作了强调。这就为中国美术、美育与社会公共领域的现实关系辨明了利害和方向。

客观来看，中国文学界的革命对于当时整个社会文化具有直接影响，也必然促进美术观念的革新。如当时作为新文化运动及"文学革命军"旗手之一的陈独秀，对于脱离时代、民众和真性情的中国传统文学的尖锐批判，即在文艺的社会性及现代性上标明了价值取向。他在《文学革命论》中疾呼：

> 推倒雕琢的、阿谀的贵族文学，建设平易的、抒情的国民文学；推翻陈腐的、铺张的古典文学，建设新鲜的、立诚的写实文学；推倒迂晦的、艰涩的山林文学，建设明了的、通俗的社会文学。[1]

陈独秀对旧文学传统对人生、社会和自然的疏远，在趣味和价值追求上"不越帝王权贵、神仙鬼怪及其个人之穷通利达"的状态予以深刻的批判。而这种对于文学精神内涵与现实社会关系的审视和批判，自然受到西方世界的启迪。其核心旨意是要文学艺术参与和促进民族文化的变革及国民思想与知识体系的改造。文学革命客观上成为中国美术观念现代性和民主性的先导。作为文化基本载体的文字与文学的现代性演变，势必触动和推进美术、建筑、音乐、戏剧等其他艺术门类及观念的现代化进程。

特别需要强调的是，20 世纪国民美育的先导者蔡元培，在促进中国美术、美育的社会化、平民化和对世界文化的开放性方面，起到了极为重要的作用。他针对当时中国社会启蒙及国民文化教育的严峻问题，寄希望于纯粹的艺术及审美教育，希望以此来陶冶和滋养国人情操，化育国民的心性与道德情感，极力主张艺术应该走出少数人的象牙塔而惠及普通的社会公众。他对中国艺术的狭隘性、局限性及私密性现状提出了质疑，对艺术审美及美育的社会化则予以肯定。他以世

---

[1] 陈独秀：《文学革命论》，《新青年》第 2 卷第 6 号，1917 年。

界的视野和公共知识分子的胸怀指出：

> 我国人之特性，凡大画家及收藏家，家藏古画往往不肯轻易示人，以为一经宣布，即失其价格，已遂不得独擅其美。此种习俗于研究画法上甚有阻碍。[1]

> 各国之博物馆，无不公开者，即以私人收藏之珍品，亦时供同志之赏览。各地方之音乐会、演剧场，均以容多数人为快。所谓独乐乐不如与人乐乐，寡乐乐不如与众乐乐……美以普遍性之故，不复有人我之关系，遂亦不能有利害关系。[2]

这里且不论美的普世性与差异性问题，但由此可见蔡元培竭力提倡美术在现代民族国家的文化教育及日常生活中的公开化和普及化。身为学者和思想家的蔡元培，对 20 世纪初期的现代文化运动及国民美育事业抱有极大的热情，但他更为注重新文化运动的根本目的和实施方法。他注意到，要实现中国的现代性需要注重提升国民素质，需要在倡导自然科学的同时，提倡和实施全社会的艺术与美育文化：

> 文化进步的国民，既要实施科学教育，又要普及美术教育。专门练习的，既有美术学校……普及社会的，有公开的美术馆或博物馆，中间陈列品，或由私人捐赠，或由公款购置，都是非常珍贵的。[3]

　　显然蔡元培的"美术"一词中，不仅指绘画和雕塑，也包括了建筑、音乐、戏剧，以及环境设计和印刷广告等诸多诉诸感官或空间的美的艺术。而意欲使美术作为开启国民文化视野及道德情感的重要方式，并纳入社会整体文化改革的历史进程，这正是这代公共知识分子所感知和提倡的社会文化使命。
　　蔡元培对于美术的社会作用及现实价值的论述，并非仅仅受到西方文化和艺术史的影响或出于短视的实用主义目的，而是基于他对人类文化的整体关怀，以

---

[1] 蔡元培：《在北大画法研究会行休业式之训词》，《北京大学日刊》，1918 年 8 月 28 日。

[2] 蔡元培：《以美育代宗教说》，《新青年》第 3 卷第 6 号，上海：益群出版社，1917 年。

[3] 蔡元培：《文化运动不要忘了美育》，《晨报副刊》，1919 年 12 月 1 日。

及对社会文明中进化观念的执着信仰。他为此而不遗余力地四处奔走和演说。他于 1921 年在湖南文化界的多次公开演讲中，均就中国的美术及美育的社会问题予以剖析：

> 观各种美术的进化，总是由简单到复杂；由附属到独立；由个人的进为公共的。我们中国人自己的衣服、宫室、园亭，知道要美观，却不注意都市的美化；知道收藏古物与书画，却不肯合力设博物馆，这是不合于美术进化公例的。[1]

由于蔡元培意识到美术所具有的社会性和宽泛性，因此，他在提倡美术的普及和公益性的同时，十分强调培养和完善美术文化的综合方式与现行机构。如他于 1920 年代初在湖南的一次关于社会整体文化建设的演讲中所提出的那样，美术等文化的教育不应仅限于学校，而是要注重发展社会上的文化机构，诸如图书馆、专项研究所、美术馆、博物馆、展览会、音乐会、戏剧演出，以及书籍与报纸印刷，以期形成公共社会中文化艺术的兴盛、国民教育和精神文化的发达。

蔡元培之所以强调美术和美育的重要性和迫切性，除为了拯救国家及解决国民精神的应时问题之外，更是着眼于全民基本的、长远的福祉与需求，意欲建设一个人人懂得美感、处处具有美感，可使民众感到愉悦、平和、幸福而拥有精神寄托和尊严的现实社会。因而他在 1920 年代末撰写的关于美育的论述中，便对美育和美术从形式到方法予以全方位的构想和阐释：

> 美育之设备，可分为学校、家庭、社会三方面……美育之道，不达到市乡悉为美化，则虽学校、家庭尽力推行，而其所受环境之恶影响，终为阻力；故不可不以美化市乡为最重要之工作也。[2]

在他的系统性论述中，民众生活的衣食住行、行为举止，以及从公共文化载

---

[1]　蔡元培：《美术的进化》（在湖南第二次讲演），《北京大学日刊》，1921 年 2 月 15 日。

[2]　蔡元培：《美育》，《教育大辞书》，上海：商务印书馆，1930 年。《蔡元培美学文选》，北京：北京大学出版社，1983 年，第 175—177 页。

体的平面到空间的诸多方面，均受到新的美育理念的启蒙。他把对美的形式和审美内涵的培育，作为成就全民族、全社会文化进步和幸福大业所必备的长期任务。

20 世纪 20 年代的中国，民权、共和、立宪改建、社会平等的思想与政治主张，在曾经上千年封建专制的国度中传播与实践。然而，当时政治文明的实践更多受到时事和权力的驱使，而非社会文化与精神的影响。因此，若要开启民智、化育民德并提升社会整体的精神文明，促进艺术及美育的普及便成为重中之重。此时，许多有见识和社会责任心的知识分子为之呼吁和奔走，但在当时的政界、商界及官僚中，则多把美术看作是雕虫小技，至多只是些可供玩赏或金钱役使的玩意儿。但如蔡元培等知识人士却敏锐地认识到美术的公共性及其深广的社会启蒙作用。他在当时的《东方杂志》中指出："美术的进化，已经由私自的美变为公共的美了。"[1]

蔡元培等知识精英认识到宗教对国人心性和行为影响的局限性，认为艺术可以在知识、意志、情感上超越俗常的功利性、极端性与排他性，以及可在日常生活中启迪和培育国人的审美及道德情感，从而促进现代社会的普遍文明、开放和团结。因而蔡元培提出"鉴激刺感情之弊，而专尚陶养感情之术，则莫如舍宗教而易以纯粹之美育"[2]，即崇尚人文而疏离偏执之患的"以美育代宗教说"。我们暂且不论此理论的完美与缺憾，就其观念所显现的社会公共性而言，可见蔡元培期望发挥美育对人的审美及道德情感的普世性作用——实现国民改造和民族文化的现代转变。1912 年，蔡元培在《对于教育方针之意见》中，为培育完全性人才而提出军国民教育、实利主义教育、道德教育、世界观教育和美感教育之"五育"并举的教育思想，其中对于美感教育的特殊意义和重要性有专门论述：

> 人既脱离一切现象世界相对之感情，而为浑然之美感，则即所谓与造物为友，而已接触于实体世界之观念矣。故教育家欲由现象世界而引以到达实体世界之观念，不可不用美感之教育。[3]

---

[1] 蔡元培：《美术的进化》，《东方杂志》1920 年 17 (22)，第 130 页。

[2] 蔡元培：《以美育代宗教说》。

[3] 蔡元培：《对于教育方针之意见》，《东方杂志》第 8 卷第 10 号，1912 年 4 月。

蔡元培的社会美育及美术济世的观念势必影响到当时的文化教育界和美术界。于 1912 年创办上海图画美术院的刘海粟，长期受到蔡元培社会美育思想的感召，在美术院的成立宣言中即申明艺术教育的社会意义和现实职责：

> 我们要发展东方固有的艺术，研究西方艺术的蕴奥；我们要在极残酷无情、干燥枯寂的社会里尽艺术宣传的责任。因为我们相信艺术能够救济现在中国民众的烦苦，能够惊觉一般人的睡梦；我们原没有什么学问，我们却自信有这样研究和宣传的诚心。[1]

中国当时一些投身于现代美术实践与教育的艺术家，将艺术实践与相关社会问题的探讨相结合。他们从西方艺术和自身的社会经验中逐步认识到，现代艺术家必须具备宽广的文化视野和对现实社会的关怀。典型的如著名艺术家林风眠在 20 世纪 20—30 年代关于美术与社会关系的认识，包括对社会现实的批判和提倡舆论介入公共文化领域，均是在此思想观念的引导下得以延伸的：

> 中国现代的艺术，已失其在社会上相当的能力，中国人的生活、精神上，亦反其寻常的态度，而成为一种变态的生活……社会前途的危机之爆发，将愈趋愈险恶而不可收拾！这不是别的影响，全是艺术不兴的影响，补偏救弊亦在于当今的艺术家！……
>
> 我悔悟过去的错误，何以单把致力艺术运动的方法，拘在个人创作一方面呢？……如果大多数人没有懂得艺术的理论，没有懂得艺术的来历的话，单有真正的艺术作品，又有谁懂得鉴赏呢？我以为，不但自己要多添一项艺术运动的工作，所有艺术界的同志们、先生们、女士们，都应该把发表艺术的言论，看作一件要事！[2]

林风眠对艺术的社会价值的认识主要基于人道主义、进化主义及浪漫主义的情怀，包括他对西方文艺复兴以来美术的社会作用，以及对中国当时艺术领域的

[1] 刘海粟：《创立上海图画美术院宣言》(1912 年 11 月)，《刘海粟艺术文选》，上海：上海人民美术出版社，1987 年，第 16 页。

[2] 林风眠：《致全国艺术界书》(1927 年)，《现代美术家·林风眠》，上海：学林出版社，1996 年，第 24、25 页。

陈腐、凋敝状况的认识，从而发出了艺术当介入社会补救行动的呼吁，以及"实现社会艺术化的理想"。在"为艺术的艺术"和"为社会的艺术"问题的讨论中，他认为两者并不矛盾，一方面"艺术家为情绪冲动而创作，把自己的情绪所感传给社会人类"，另一方面"艺术品上面所表现的就会影响到社会上来，在社会上发生功用"。[1] 在此社会转型时期尚有许多如林风眠般具有艺术和社会双重关怀的艺术工作者，如丰子恺、徐悲鸿、陈之佛、刘海粟、黄君璧、秦宣夫、傅抱石、黄显之、吕斯百、潘天寿、吴作人，以及黄苗子、张光宇、蔡若虹、廖冰兄、张乐平、鲁少飞、张仃、华君武等人，他们均于 20 世纪前期以不同的方式参与到美术创作、教育传播和社会批判的公共领域，在推动民族美术发展及社会美育的过程中发挥各自的作用。

超越私欲和纯粹的国家主义

20 世纪初期至 30 年代前后的中国美术界及文化界所面临的急迫问题，一方面是美术的社会普及和民族救亡，另一方面是如何面对西方艺术及其现代性影响，包括在世界现代进程中确立中国美术的价值及自身文化身份。对这些问题的辩论，恰是其时中国美术公共意识和公共性内涵的重要组成部分。

20 世纪早期，中国美术中的民族意识和社会公共意识并不是在各自的领域独自生发，而是受到 18、19 世纪西方资产阶级革命以来的宪政精神与全民社会理念的影响，是在中国知识界探寻科学、民主、进步之现代性的大背景下所形成的文化观念。值得我们关注的是，当时中国文化艺术界中公共意识的生发，尽管主要是出于中国自身拯国救民、抵抗侵略的现实需要，但并未因此而局限于短视的排外主义或纯粹的国家主义及民族主义观念，而坚持反对闭关锁国的政策，依然把国家和民族的变革置于世界现代知识体系及时代变革的大格局、大潮流之中。这首先可从 20 世纪早期的新文化运动的语境中得见一斑。如陈独秀在 1915 年首刊的《青年杂志》（后改为《新青年》）上的《敬告青年》中所言：

> 投一国于世界潮流之中，笃旧者故速其危亡，善变者反因以竞进……居今日而言锁国闭关之策，匪独力所不能，亦且势所不利。万邦并

---

[1] 林风眠：《艺术的艺术与社会的艺术》，《晨报星期画报》第 85 号，1927 年。

立，动辄相关，无论其国若何富强，亦不能漠视外情，自为风气……潮流所及，莫之能违。于此而执特别历史国情之说，以冀抗此潮流，是犹有锁国之精神而无世界之智识，国民而无世界之智识其国将何以图存于世界之中。[1]

蔡元培出于以美术文化育民兴邦的社会公心，于 1918 年在北京大学建立了北大画法研究会，使之成为专业美术学科教育之外的研究现代美术与普及美术教育的专门机构。而他的教研主张是兼学中西，包容古今，拓展自我。他在此研究会的演说（1919）中论及 15 世纪以来中西艺术的内在关联：

今世为东西文化融合的时代，西洋之所长，吾国自当采用……彼西方美术家能采我之所长，我人独不能采用西人之长乎？固望中国画家，亦须采用西洋画布景实写之佳，描写石膏物象及田野风景，今后诸君均宜注意。[2]

20 世纪早期的美术观念中，对于超越美术界限及门派利益而提倡美术服务于社会公众的精神，在文教、美术及批评界已有了明确的呈现。1928 年蔡元培在《杭州国立艺术院开学式演说词》中指出：

创造欲为纯然无私的，归之于艺术。人人充满占有欲，社会必战争不已，紊乱不堪，故必有创造欲艺术以为调剂，才能和平……去掉一切个人的、现实的私欲。[3]

此思想观念在蔡元培及李建勋为了社会美育、提携美术新秀而为刘海粟画展所撰写的文章中也可见一斑：

刘海粟用了十四年的毅力，在中国艺术家里创造了一个新方面，这

---

[1] 陈独秀：《敬告青年》，《青年杂志》第 1 卷第 1 号，1915 年 9 月。
[2] 蔡元培：《在北大画法研究会之演说词》，《北京大学日刊》，1919 年 10 月 25 日。
[3] 蔡元培：《杭州国立艺术院开学式演说词》（1928），《蔡元培美育论集》，湖南：湖南教育出版社，1987 年，第 194—197 页。

虽是他个人艺术生命的表现，却与文化发展上也许受到许多助力。民国十一年一月十五日至十八日，高师的美术研究会和平民教育社等，为他举行个人画展；我们写这篇文，不独是介绍刘君，并希望我国艺术界里，多产几个像他那样有毅力的作者。[1]

曾长期受蔡元培思想影响的林风眠，在1927年发表的《致全国艺术界书》中，对于当时艺术界的一些人为了强调自我，争夺地盘和金钱利益，极力抬高自身的地位而不惜诋毁和攻击同道的各种表现，以及由此加剧中国艺术家队伍和艺术运动的危机而提出警示与劝诫，体现出超越个人私欲而投身救国济民与现代艺术事业的决心：

> 我相信……艺术家无所谓利禄心，只有为人类求和平的责任心！在中国的社会情形这样紊乱的时候……中国人的同情心已经消失的时候，正是我们艺术家应该竭其全力，以其整副的狂热的心，唤醒同胞们同情的时候！……
>
> 全国艺术界的同志们，过去的我们私斗的错误还不够吗？要知道，艺术的地位一日不得提高，便是私人怎样想表现自我，也只是无聊的妄想而已！只要艺术的真面目一日不为国人所知，便怎样去咒骂自己的同志，也只是把艺术揣进泥里去而已。[2]

尤其是林风眠基于世界文化的视野和崇高的艺术理想指出："现在的艺术不是国有的，亦不是私有的，是全人类所共有的，愿研究艺术的同志们，应该认清楚艺术家伟大的使命。"[3]

19世纪以来，中华民族受到东西方列强的欺压与不平等待遇。20世纪早期中国资产阶级民主革命之"三民主义"，尤其是"五四"新文化运动，激发了中国文化界和实业界的有识之士为救亡和振兴民族而求实、求知、图强的民族意识。人们希望运用现代世界之学识去赢取民族的独立、文化的尊严和社会的光明。这在当时各类学生求学、求知的价值观念中可见一斑：

---

[1] 蔡元培：《介绍艺术家刘海粟》，《北京大学日刊》，1922年1月16日。

[2] 林风眠：《致全国艺术界书》(1927)，《现代美术家·林风眠》，第26页。

[3] 林风眠：《艺术的艺术与社会的艺术》，《晨报星期画报》，1927年第85号。

我们学自然科学的，应努力于物质文明之发展，以解决民族之衣食住行四大问题……学文艺的青年应努力于民族主义的文艺运动，积极地以唤起民族意识……总括地说，我们求学决不为一己之私，决不为社会的某一阶级，也决不为狭义的国家观念。我们求学为的是要替整个民族谋利益、找出路，以求达到自由、平等之目的。[1]

中国的知识界和艺术界对于艺术的公共性及社会价值的认识，是在中华民族救亡图存及内部社会激烈的阶级斗争的历史语境下产生的，因其显现出强烈的民族主义，民族国家主义及阶级意识的政治内涵便是自然而然的，而其同时又显现出鲜明的开放性、多元性和世界主义倾向。这看似有所矛盾的种种现象的背后，恰是由中国知识界追求现代性的方式和过程所决定的，也是通过参照西方或通过日本相关文论的翻译而实现的。正如当代文化学者李欧梵所指出的：

正是中国作家对西方或欧美异域风情的执着信奉才使西方文化在建构其现代想象的过程中成为他者。这个挪用过程对于他们追求现代性非常重要——他们是怀着作为中国民族主义者身份的坚定信念进行探寻的。[2]

在文学界如此，在美术界亦如此。但无论如何，这对于中国美术的社会意识、全民意识，以及对于美术的现代性想象与实践均有着重要作用。这在商贸和国际化发达的上海及江浙的都市文化中最为明显。民族主义和世界主义在那里的特殊结合，或并存或引发争议的不同境况，从一个侧面反映出中国现代早期美术的公共性和现代性观念的发展过程。

20世纪20年代末，时任杭州国立艺术院院长的林风眠，于《亚波罗》杂志上发表的《艺术运动社宣言》中认为，中国美术必须成为中国新文化运动的一个重要的有机组成部分，继而认为社会生活愈是不安宁时愈需要艺术为国人的情感思想提供养料和寄托。他坚定地指出："我们明白了艺术的真义，虽然此干戈未息颠沛流离之时期，仍毅然决然揭起艺术运动的旗帜在呼啸呻吟之中，宣传艺术之

---

[1] 《青年求学为的是什么》，《申报》，1930年7月1日。

[2] 见汪安民等主编：《城市文化读本》，第89页。

福音！这是我们的天职。"[1]

他在论及中国艺术的现代性和公共性时，特别强调了民族性与世界性的辩证关系：

> 我们不要忘记，现代艺术之思潮一方面因脱离不了所谓个性和民族性，他方面即在精神上而言确有世界性之趋势……目前东西艺坛之关系日趋密切，此后艺人之眼光当不能以国门为止境，而派别之争亦不宜以内讧为能事！所以我们觉得新时代的艺人应具有世界精神来研究一切民族之艺术。[2]

实际上，那种认为中国美术的现代性进程及内涵与西方没有关系的观念是违背史实的；但是，中国美术的现代性样式与演化方式也不可能完全在西方样式及经验上得以实现。中国美术的反传统和民族主义是与其倡导的世界主义并存的；其中，对西方艺术的热情乃至模仿并不意味着对西方艺术的皈依或自我同化。当时鲁迅即提倡反映现实的、民族的抑或普罗大众的美术，但同时提倡拿来的、兼容的、世界的美术。他在 1930 年代的木刻运动中的态度和行为便是鲜明的例证。

1932 年，由庞熏琹、张弦、倪贻德、阳太阳、杨秋人、王济远等在上海发起的"决澜社"，即是对西方现代美术表现方法及观念的引进，并以西方艺术所具有的现代性，去反思和批判中国传统艺术中的惰性和远离时代的弊病。其中对西方现代美术的引入及对国情的批判的逻辑基点，恰是对西方现代艺术与中国古代艺术所具有的创造性价值共性的认识。正如《决澜社宣言》的表白：

> 我们往古创造的天才到哪里去了？我们往古光荣的历史到哪里去了？我们现代整个的艺术界只是衰退与贫弱……
>
> 20 世纪以来欧洲的艺术突现新兴的气象……20 世纪的中国艺坛也应该出一种新兴的气象了。
>
> 让我们起来吧！用了狂飙一般的激情，铁一般的理智，来创造我们色、线、形交错的世界吧！[3]

---

[1] 林风眠：《艺术运动社宣言》，《亚波罗》第八期（1929），《现代美术家·林风眠》，第 119 页。

[2] 同上书，第 120 页。

[3] 庞熏琹：《就是这样走过来的》，北京：三联书店，2005 年，第 131、132 页。

此中也可见，中国美术界的民族意识和现代意识受到西方的激发，但其实质依然在于民族自身艺术的复兴和发展，并形成了向内的审视、批判与发掘的能力。但国粹主义和纯粹的国家主义观念并非当时的文化主流，当时的主流趋向于立足民族文化艺术之基础和现代之变革，进而面向整个外部世界。

促进美术的生活化与民众化

20世纪前期，中国美术观念所具有的公共意识及公共性特征，也体现在文化艺术界对美术与国民日常生活关系的探讨上。事实上，欲使美术、美育成为促进社会现代化和国民幸福的有效途径，就必须注重美术与公众生活场所、日用品、工艺及社会教育的关系，必须注重美术与生产、传播与公众日常生活和精神修养的关系。提倡美术的社会化、全民化和生活化，恰是中国美术观念的现代性和公共性的重要特征之一。

值得注意的是，对这种观念的提倡与探讨，是与20世纪初期中国学术界及美术界对于西方传入的考古学、文化人类学、民族学及语言学的研究和运用密切相关的。这对于中国美术界理解美术与人类文明进程的关系，以及拓展人们对于现代美术的文化视野和研究方法，具有十分重要的意义。

1919年，蔡元培在《美术的起源》一文中，便以人类学、考古学和民族学的视野及方法，对绘画、雕塑、图案、装饰、建筑、工艺，以及神话、诗歌、音乐、舞蹈等众多领域的人类学内涵与发展脉络予以阐释，由此向社会揭示美术对人类社会的精神文化发展有着重要影响。蔡元培尤其强调了美术在全社会及日常生活中的多方位价值，并强调了平民化的美育的意义。他在文中写道：

> 总之，美术与社会的关系，是无论何等时代，都是显著的了。从柏拉图提出美育主义后，多少教育家都认美术是社会改造的工具。但文明时代分工的结果，不是美术家，几乎没有兼营美术的余地。那些工匠，日日机械地工作，一点没有美术的作用参在里面，就觉得枯燥得了不得；远不及初民工作的有趣。近如 Morris（威廉·莫里斯——笔者注）痛恨美术与工艺的隔离，提倡艺术化的劳动，倒是与初民的境象，有点相近。这是很可以研究的问题。[1]

---

[1] 蔡元培：《美术的起源》，《新潮》第2卷第4期，1920年5月。

这种对于社会高度分工所带来的异化问题及美术与日常生活疏离现象的批判，对当时中国的美术观念和社会文化现状具有重要意义。蔡元培认识到，对于美术及美育的实施，不能局限于绘画等纯粹静态的和平面的美术作品，或限于专业美术馆、博物馆式的展览形式，而应该积极提倡发展学校、学会或社会中的业余美术活动。如他在向国人介绍欧洲经验时说：

> 市中大道……的交叉点，必设广场，有大树、有喷泉，有花坛、有雕塑品。小的市镇……大都会的公园，不止一处。有保存自然的林木，加以点缀，作为最自由的公园。一切公私的建筑，陈列器具，书肆的印刷品，各方面的广告，都是从美术家的意匠构成，所以不论那种人，都时时刻刻有接触美术的机会。我们现在除了文字界，稍微有点新机外，别的还有什么？[1]

这意味着需要注重培育那些与国民日常生活密切相关的美术门类，如工艺美术、图案及装饰艺术、建筑与景观设计、工业设计、印刷设计、服装设计等。蔡元培及同时代的有识之士认识到，它们关系着中国普通民众的日常生活质量、美学修养、精神面貌及国际化市场和文化的竞争，都是民族社会所不能轻视和怠慢的美育方式和发展方向。1918 年 4 月 15 日，国立北京美术学校得以创办，蔡元培在其开学致辞中说道：

> 以美学不甚发达之中国，建筑、雕刻均不进化，而图画独能发展，即以此故。图画之中，图案先起，而绘画继之……惟绘画发达之后图案仍与为平行之发展。故兹校因经费不敷，先设二科，所设者为绘画及图案甚合也。[2]

而美术的教学和研究，影响着国民日常生活和产品制造中最为普遍的审美需求及市场需求。这也是蔡元培基于对中国美术的传统优势以及当时具有普遍意义的社会美育的一种考虑。这直接影响了后来中国的装饰艺术及工艺美术的沿革，

---

[1] 蔡元培：《文化运动不要忘了美育》，《晨报副刊》，1919 年 12 月 1 日。
[2] 蔡元培：《在中国第一国立美术学校开学式之演说》，《北京大学日刊》，1918 年 4 月 18 日。

对设计艺术和国民生活及社会美育趋于综合发展具有历史与现实的意义。

历史已经告诉我们，中国的纯观赏性美术与集应用性和美学价值于一体的工艺美术及现代设计相结合的复杂过程，正是中国美术观念迈向现代社会和公共文化领域的重要例证。其主要原因在于美术与现代社会生产、交换及公众日常生活的关系，是衡量和判断一个民族和社会的艺术文化结构及其价值形态的显要依据，也是其现代性的一种风向标。

20世纪初期至30年代，中国美术学子的留日、留法热潮，很大程度上促进了中国工艺美术、商业美术及轻工业美术的振兴。如当年留日学习图案设计、印刷设计及涉足其他工艺美术的陈树人、高剑父、张大千、傅抱石、陈之佛、丘堤、祝大年等人，又如留法而涉猎应用性的装饰艺术、环境艺术和商业展示艺术的刘既漂、孙福熙、庞薰琹、郑可、常书鸿、雷圭元等人，他们因为实时的体会而深切地认识到在现代社会和国民生活中需要注重实用性美术的发展，包括专业教育和社会大众的普及。他们还认识到上述因素与全体国民衣食住行的品质及国民审美文化息息相关，并与世界性的商业贸易竞争密不可分。

陈之佛、傅抱石等一些艺术家，在1930年代即抱有通过提升中国工业产品的工艺、功能和美学价值，改良国货、优化国民生活品质和提升社会经济效益的观念。陈之佛曾指出要使"艺术以最实在的意味与一般民众的日常生活相关切，艺术化的制品，亦在最大价值之下而成为一般民众的生命之粮"[1]。傅抱石鉴于日本现代工艺美术（如漆器、染织、陶瓷、印刷等）学科的教育研究成就及日本商品对中国市场的大量占有，急切地呼吁中国仿效外国经验，注重本民族的工艺美术与工业产品的艺术设计，并呼吁政府实行"严行监督、励行奖进"[2] 的举措。

特别是有留法经历并一直受蔡元培美育思想影响的庞薰琹，认识到应用性与审美表现合一的装饰艺术、工艺美术的社会文化价值，于1925年秋季在巴黎领略万国博览会后醒悟装饰及现代设计的时代意义在于：

> 原来美术不只是画几张画，生活中无处不需要美……巴黎之所以能够成为世界艺术的中心，主要是由于它的装饰美术影响了整个世

---

[1] 陈之佛：《工艺品的艺术化》，《陈之佛文集》，南京：江苏美术出版社，1997年，第301页。

[2] 傅抱石：《日本工艺美术之几点报告》，《日本评论》，1935年第6卷第4期。

界……哪一年我国能够办起一所像巴黎高等装饰美术学院那样的学院，那就好了。[1]

尤其当庞熏琹20世纪30年代末进入中央博物院筹备处工作后，由于与李济、郭宝钧、夏鼐、董作宾、王振铎、曾昭燏、杨钟健、芮逸夫等学者的相识，包括后来在西南地区受到当时中央研究院学者群体的影响，从事现代美术的他对人类学、考古学和民族学都有涉及，重视中国的古代文明，尤其是历代装饰（纹样）艺术和工艺美术。他对中国古代艺术中的彩陶、玉器、青铜器、漆器、汉画、陶瓷、石窟壁画、雕刻、版画、服饰、家具等所蕴含的人类学、民族学、社会学的文化价值有了深入的认识，并对纹样图像进行了系统的梳理和研究。也正是由于他于1930年代末至1940年代初期，对中国西南地区少数民族的服饰图案、装饰工艺、民间风俗、民歌民谣的实地考察，促成了他对民族装饰纹样和艺术资料的搜集和整理。如他在1940年代初绘著的《工艺美术集》的自序中所言："从此更进而研究工艺美术，蓄以工艺与人生有密切之关系，或沟通艺术与社会之捷径乎。"[2]庞熏琹在20世纪中期前后至80年代，对于中国现代工艺美术和装饰艺术的发展，以及现代设计艺术的教育、研究，起到了里程碑式的作用。

欧洲在17、18世纪的思想启蒙运动和工业革命之后，在19世纪晚期和20世纪早期，相继出现了手工艺与动力机器生产相结合的艺术革新，形成了旨在服务国民现代生活和生产的一系列艺术运动，如英国的艺术与手工艺运动，欧美的新艺术运动，英、法、奥、德的装饰艺术运动，以及20世纪早期德国包豪斯设计学校的建立。它们均是伴随着西方的现代进程，以及社会公共领域的现代转型过程而实现的。而中国20世纪早期对于美术的社会化、生活化和产业化的思想变革及其舆论的公开化，是基于本国现实问题而形成的一段公共文化启蒙的观念史。

在中国20世纪早期的美术观念发展过程中，文化知识界和美术界出于对严酷的社会处境和中国美术出路的思考，以及作为公共知识分子的社会责任，对中国美术的现代进程及其文化转型问题进行社会舆论干预且多方行为介入，从而形成了以西方现代性为启迪和参照、符合中国美术价值的公共意识及公共性话语内

[1] 庞熏琹：《就是这样走过来的》，第43页。
[2] 庞熏琹：《自序》，《工艺美术集》，1941年。

涵。这其中所呈现的多元的、兼容的，以及批判性的和有争议的思想舆论，有赖于当时社会所具有的某种开放性、自主性，以及知识界的学术民主态势。应该说，早期以蔡元培等公共知识分子为典型和主体的美术及美育观念，已经为中国美术建构其公共意识、现代性及舆论的公共领域，奠定了重要的思想和观念基础。然而，由于此时期的中国社会尚未经历如欧洲的启蒙运动、工业革命以及整体社会的现代性洗礼，因此，中国美术及美育的观念和理论尚处在向西方现代的学习，以及对自身的反思与摸索之中，但我们已经可在其中窥见艺术介入公众社会及日常生活的文化及政治主张。应该说，这为中国艺术日后广泛介入公共领域，以及艺术的社会化、生活化，做了历史性的积累和铺垫。

2.4 国内外公共艺术的发展

美国及欧洲公共艺术概略

制度化、规模化的现代公共艺术的发展，主要得益于国家及政府的政策支持。率先推行和规划公共艺术项目的美国，在遭受经济萧条冲击的 20 世纪 30 年代，为使个体化的艺术家得到资助，并促进本国城市空间的视觉文化和环境艺术的发展，作为罗斯福新政的一个组成部分，于 1933 年 12 月建立了公共工程艺术计划（Public Works of Art Project，简称 PWAP）。艺术规划工程委托本国的艺术家和设计师为公共建筑及政府机构设计和制作艺术作品。该时期大约有 4000 名艺术家在公共工程艺术计划经费的资助下创作了 15633 件视觉艺术作品，分布在美国大中城市的公共空间中。[1]同时期，美国中央政府设立的联邦艺术工程（Fdeeral Art Project，简称 FAP）也有着典范性的作用和历史意义，它建立了全国性的艺术补贴机制，为各地方委员会和艺术家所运用。到 1943 年，由工业振兴署（Works Progress Adminstration，简称 WPA）管控的联邦艺术工程，先后辅助过 11000 余位艺术家。被聘用的视觉文化工作者中有艺术家、设计师、摄影师、美术教师以及相关研究人员和手工艺技师，他们为纽约、费城、芝加哥、波士顿、洛杉矶等城市的公共建筑、办公楼、公园及广场周边创作了许多公共雕塑和壁画作品，也

---

[1]〔英〕马尔科姆·巴纳德：《艺术、设计与视觉文化》，王升才等译，南京：江苏美术出版社，2006 年。

有陈设于公共场所的小型绘画和平面艺术作品。二战后，美国的综合国力大增，政府鼎力投入公共事业的建设，从国家层面表达了对整体性建设中物质文化与精神文化并举的重视，强调注重公共空间及市民生活环境的美学品质的追求，将之作为宏观的社会福利建设的组成部分。这为美国的公共艺术及其文化内涵奠定了基础。

1959 年费城率先通过公共艺术"百分比条例"，明文规定所有公共建设项目必须拨出 1％的经费作为设置艺术品之用。其后，巴尔的摩、旧金山等均建立了自身的艺术百分比法案条例。1965 年，美国国家艺术资助基金会（National Endowment for the Arts，简称 NEA）宣告成立，其宗旨在于培育和资助优秀的艺术家以及多元化、有创意的本国艺术，使更多的美国公民能够了解和享有艺术文化（其中包括造型艺术、影视艺术、舞台艺术、视觉艺术及展陈艺术等多种艺术门类）。1967 年 NEA 成立了公共场所艺术项目（Arts in Public Place Program），成为该时代公共艺术发展的重要步骤，旨在结合城市和区域社会的文化、经济和环境，进行多样性的艺术创作及设计活动，丰富城镇的文化景观并提升市民文化生活的品质，促使艺术融入公众生活。1966 年美国政府启动的艺术赞助计划即"国家视觉艺术家基金项目"（The National Endowment for the Art Visual Artists' Fellowship Program），同样成为国家艺术政策促进公共艺术发展的重要例子。1978 年，芝加哥市议会通过百分比艺术计划，经过 30 多年来的努力和积累，全市约拥有上千件公共艺术展品，分布在市内近两百个公共场所及景观设施中。该市还在 2007 年发布了《芝加哥公共艺术指南》，对于公共艺术项目的遴选、实施等环节和方式的管理进行了规范。《指南》尤其要求，特定的公共艺术项目应该把握好与当地社区环境及其他各种利益之间的关系，强调艺术项目的实施过程与社会的沟通与互动，以及各参与方的职责和操作程序。它虽类似于一种工作手册，却在方法及制度层面上均有助于推动公共艺术的实践，并为其他地区所参照和吸收。

20 世纪 80 年代是美国公共艺术政策重要的发展时期，以 1984 年举办洛杉矶奥运会为契机，洛杉矶重建局（Community Redevelopment Agency）作为本地区公共艺术建设的主要职能机构，将原有的百分比艺术计划升格为公共艺术政策，在公共艺术范围、艺术计划、艺术设施和艺术文化信托基金等内容、方式和方法上，具体地建构了该地区艺术发展的框架和方略，其中对于重建局、开发商或赞

图 2.3 《王冠喷泉》，芝加哥千禧公园

助商、艺术家在公共艺术项目中所担当的角色、职责、工作内容及方式等，进行了制度化的规划和实践，并在 90 年代初期再度对各项政策予以修订与完善。这对整个美国公共艺术政策的发展与实施产生了重要影响。

有关政策的实践在今天的美国依然持续生出各种果实。如在芝加哥千禧公园兴建的大型不锈钢景观雕塑《云门》及广场水景观《王冠喷泉》（图 2.3）等系列艺术作品，成为美国甚至国际知名的公共艺术案例。直至现在，美国自 20 世纪 30—60 年代以来诞生的公共艺术的成就及累积的经验，影响着欧洲和亚洲较为发达的国家和地区。

20 世纪 70 年代末期至 80 年代初期，英国的公共艺术处于重要的发展阶段。至 80 年代中期，英国各地的城市公共空间中先后设立了约两百位当代艺术家创作的近六百件公共艺术作品。该时期英国政府配合城市复兴计划而向社会征集并资助当代公共艺术景观。随着其战后经济的发展需求和城市产业结构及空间形态的转型，诸如中心城市发展活力欠缺，老城区的空间使用和其他社会问题日益突显，使得探索城市经济的发展模式和提升社区环境品质成为当务之急。而 70 年代以来，英国中心城市多以房地产集资及商业开发为主要依托，其城市复兴方式的短期性、局限性逐渐显露。英国政府在 90 年代重新调整其城市复兴政策，如在 1994 年，英国政府就城市环境和生活品质的改良需求发表了《城市质量原动力》报告；同年，还发表了《可持续发展：英国的策略》。它们分别以推进城市环境及景观的设计作为城市复兴方法的组成部分之一，或强调在城市复兴过程中对于生态和文化因素的观照。在新工党政治的推动下，90 年代后期英国政府更加强调在经济、社会、环境诸因素平衡和协调下寻求发展的道路。1998 年英国政府的《城市推进组织报告》中指出，城市美学和社会幸福感是探究城市社会和经济复兴问题的重要组成部分，强调了社会文化和整体环境建设在后工业时代的城市复兴中的重要地位。

20 世纪末以来，英国及地方政府对于公共艺术政策的制定，其目的主要是通过城市复兴的艺术设计手段，辅助和协调城市空间功能及景观的改造，创建城市的空间形态和视觉形象。如在一些标志性建筑、公共设施及新建或改建的公共空间中，公共艺术和景观设计带动着城市经济，促进旅游市场和商业店面的日常销售，促进现代文化创意产业和艺术传媒的发展。同时，上述举措体现了新工党的政治和文化理念，强调以社区为基础、由社会公众和团体参与的艺术、教育等社会活动及健康服务的重要性，从而帮助解决普通社区中经济地位低、就业能力差、健康及家庭状况较差及治安状态不佳的人群所面临的现实问题；试图以艺术的社会介入去增强社区的认同感和凝聚力；希望通过社区的艺术创作和交流过程促进社会成员之间的交往、交流。其中，公共艺术活动的开展有多种形式，如艺术家参与或指导而以社区普通居民为主体，或以艺术家为主体的创作方式。这种旨在以文化为主导的城市复兴的基本策略，可在诸如新工党于 20 世纪晚期至本世纪初期制定的城市政策，以及由城市推进机构发布的研究报告《通往城市复兴》(1999) 中略见其大要。

英国公共艺术政策在艺术家、规划师、建筑师及各种公共机构之间，就城市机能和文化形象建设达成广泛的协作，并依据各城市地区的情况，由市政机构制定相应的公共艺术及视觉景观设计政策。伦敦、伯明翰、布里斯托、纽卡斯尔、考文垂、普雷斯顿、格拉斯哥及爱丁堡等大中城市，均在不同程度上依托当地市政厅颁布的艺术政策，营造富有美学和文化内涵的城市公共空间，并在应对城市环境再造及居民生活需求的公共艺术建设方面，有着自身的实践经验。这些城市的公共艺术建设或采用来自地方政府的专项艺术拨款，或采用 1989 年英国艺术委员会发起并确立的"百分比艺术计划"的相应资金，或采用国家大彩票基金所规定比例的资金，进行该领域的社会实践。

与其他国家相似，英国公共艺术的许多项目资金来源于私人资本的商业及房地产开发项目。受资本市场和商业逻辑的驱使，在目的性和方法上往往显示出资本、商业利益与艺术的公共性、公益性的矛盾。作为城市规划和景观设计的辅助性工具，一些公共艺术作品往往缺乏对介入社会的足够重视。尽管其中许多公共艺术项目的创作与传播决策主要来自精英阶层，但公共艺术与文化主导的城市复兴策略的结合，有助于艺术为普通人群所接触和参与，有益于促进社区民众介入公共文化事务的协商机制。而在实践公共艺术政策的过程中，在不同利益群体之间的机会和利益的不平衡性，也会促使社会及舆论对其不断关注和商讨。

　　在具有悠久艺术传统的法国，展示文化古迹及传统经典艺术的博物馆艺术与公共艺术，成为国家和社会进行艺术欣赏、艺术教育和艺术创作的两个重要的领域，目的均在于使全体公民能够亲近艺术与文化。《博物馆跨财政年度拨款法》于1978年7月表决通过，20世纪70年代末至80年代初以来，卢浮宫、奥赛博物馆、巴黎装饰艺术博物馆、时装艺术博物馆得以重整与维修，以便更好地辅助艺术展示和举行多元的社会文化活动。在此前后，法国政府对于当代公共艺术同样采取了积极的辅助政策，20世纪60年代即颁布了"百分之一公共艺术经费"条例，并相应成立了"全国百分之一委员会"，起初由其委托艺术家为公共建筑环境设置艺术品，或结合各区域的艺术委员会进行艺术品的遴选与资助。一些地方政府运用百分比条例以及自筹经费的方式，解决了地方公共艺术建设的需求。20世纪60年代至今，除了首都巴黎（及大巴黎地区），外省各地也逐渐兴起了城市公共艺术的建设，如在格勒诺布尔、维特希、伊费希、维勒班市、图卢兹、马赛等市的许多公共场所，均设立了雕塑、壁画、装置、灯光等艺术作品，以及建筑装饰和具有艺术性的公共设施。有的城市在当地当代艺术中心等机构的主持下，定期举办艺术创作竞赛，为优胜者举办个人艺术展，并从中选出个别作品置于在城市的某些公共空间作为长期陈列。如在伊费希市即设立了这种结合创作和展览的艺术及建筑基金，辅助和激励社会成员参与和共享公共艺术创作。

　　20世纪70年代以来，巴黎市区的许多公共艺术，与公园、广场、街道、桥梁、建筑、社区以及办公和商业新区形成了整体性的艺术景观和视觉文化。如在卢浮宫前的杜伊勒里公园、卢森堡公园、皇家公园、维莱特公园、圣贝勒沿河大道的雕塑公园、科莱特广场、中央菜市场、阿贝尔·加缪广场、蓬皮杜中心小广场、圣维克多街、法兰西大道、丘吉尔大道、卢瓦沿河大道、国家消防局周边、艺术与职业博物馆周边、国家财政部大楼周边等数不胜数的公共空间，设置了许多各具形态的公共艺术作品。其中，巴黎的拉德芳斯（La Défense）新区的公共艺术建设尤为集中和突出。

位于巴黎城西的拉德芳斯作为中心商务区，于 20 世纪 50 年代开始开发，尤其是 80 年代初期实行新的规划和设计以来，为体现其作为新巴黎及欧洲最完美的都市商务区域的形象，集工作、居住及文化休闲于一体，在公共空间的文化氛围和艺术品质的把控方面卓有建树。除了与卢浮宫、香榭丽舍田园大道及星形广场凯旋门处于同一直线外，新地标"新凯旋门"（1984 年落成）也坐落此间，众多美学风格各异、极富现代文化意味的公共雕塑及景观设计遍布其中，使得其间的商务办公大楼、商店、娱乐和文化创意产业，以及居住社区的公共空间充满了艺术与设计的气息，吸引着当地和来自世界各地的观光者和艺术爱好者。这里形成了现代欧洲都市新区商务、旅游与生活美学相融汇的标志性景区，也成为 20 世纪 80 年代以来巴黎公共艺术的集中展示区域之一，给人留下了深刻的印象。

德国作为欧洲重要的文化和工业大国，具有悠久的历史文化和人文艺术传统。在二战后的重建和发展中，城市公共空间中的艺术逐渐从装饰建筑、美化城市环境的功能定位（即所谓建筑艺术），走向更为自主、自觉和多样化的艺术形式，以及城市公共空间与景观建构的对应关系中。如在 1970 年代，一些地方政府及策划人主张由艺术家挑选和创作公共场所的艺术作品，街头艺术开始呈现，并开启了艺术与公共空间的关系等问题的探讨。如该时期的汉诺威、慕尼黑、纽伦堡、不莱梅等地，鼓励、支持城市街道空间及废弃空间的艺术创作、公众艺术活动和艺术展览，使艺术从以往附属于建筑及装饰功能的情形得以超越，开始逐渐参与城市公共空间与社会交流，尽管大部分艺术作品是以较为短期的展览方式呈现在公共空间的。显然，二战后德国许多城市和社会的重建、产业和空间形态的转型与重组、经济和社区生活的振兴等，均需要政府力量的重新探索和共同参与。

从发展的角度来看，以往附属于建筑物的艺术是非主体性的或较为保守的、被动的艺术，而作为公共空间的艺术及其实践活动则趋向于现代性和某种前卫性。其涉及艺术与社会公众，艺术与空间权力和社会政治，艺术与审美观念的多样性、艺术与建筑环境美学和纳税人的权益，以及公共艺术的制度建设等各种问题。这些均会引起社会的关注与议论，从而成为德国当代艺术文化与城市社会生活环境相融合的重要方式。这一进程还促进了德国当代公共艺术事业的发展。

同时，政府为了使更多的艺术家在不同地域和环境的艺术创作中发挥积极作用及获得回报，加大了相关法规的建设和支持。在 1970 年代的晚期，德国政府陆续出台了关于公共建筑工程中配以艺术建设经费的百分比法规条例，以促使更多的艺术作品通过竞选而参与到公共空间的建设之中。如在柏林，政府需拨出专门的艺术基金款项，支持都市的艺术项目。1980 年代，柏林举办了一些为公园和街区征集公共雕塑和壁画的竞赛和展览；1984 年为庆祝柏林建市 750 周年，德国进行了雕塑创作活动和沿库旦街区设立雕塑大道等艺术活动，其间也有许多富有争议的前卫艺术的参与。

在此过程中，政府和文化艺术界也在关注着艺术的公共性介入和社会审美的接受能力，以利后续的发展与调整。此时期的公共艺术重在探索城市社会与空间的新美学，以及城市文化形象的建设与传播。在此阶段和此后的发展中，艺术家也注重公共艺术与市民就城市历史文化的"故事性"展开对话，即注重对各地域历史发展中的重要人物和事件的艺术表述。德国的公共艺术呈现出多元性和差异性，来自政府和社会的力量以不同的形式显现出来。如在 1980 年代，由于人们对于城市生态环境问题的关注，著名艺术家波伊斯（J. Beuys）开展了在卡塞尔市区种植 7000 棵橡树的公共艺术计划，由市民自愿捐资和参与种植。此项目在 1982 年 6 月的第 7 届卡塞尔文献展开幕式上启动，至 1987 年 7 月如数完成。这 7000 棵有 800 年生长周期的橡树将成为活的公共艺术，向人们呼吁生态和环境保护的重要性。[1] 此项目也是德国当代观念艺术及行为艺术在公共空间的先期实践和成功。

1990 年代的德国都市艺术活动中，为促进城市文化传播和提升城市竞争力，政府和艺术策展人注意到，运用公共艺术作为暂时转变城市场所性质及氛围的手段较为有效，有利于为城市创造出具有灵活性、主题性和特殊魅力的公共空间，同时，也有利于提升城市的关注度和其他多维效应。如 1995 年 6 月至 7 月在柏林国会大厦所在广场举行的《捆扎国会大厦》的公共艺术活动（由克里斯托和珍尼·克劳德 [Christo and Jeanne-Claude] 创作），为柏林带来观光旅游的盛况及高度的国际关注。同时期，德国一些城市的市民及团体为反对城市空间被商业资本

---

[1]〔德〕海纳尔·施塔赫豪斯：《艺术狂人——博伊斯》，赵登荣等译，长春：吉林美术出版社，2001 年。

过分侵占，以自发的街头艺术（包括各类具有讽喻和批判意味的涂鸦）予以回应，意在重新夺回城市空间的视觉表达。他们在一些商业及办公建筑工地的围墙上以大型街头漫画的形式，表达了自己的声音与意愿，如柏林弗里德里希的《东面画廊》壁画（总长 1316 米），由来自 21 个国家的 118 名艺术家参与绘制，显现出德国都市公共艺术及视觉文化的多样性、社会性和差异性。

进入 21 世纪前后，为激发城市公共空间的活力，以促进文化与经济事业的发展，德国公共艺术的形式及媒材表现方式也有了新的变化，如灯光、光纤以及影像装置艺术，与城市建筑景观及视觉空间的夜景设计相结合，形成富有创意和丰富表现力的公共艺术，增添了城市的艺术魅力。如 2012 年的法兰克福灯光艺术节上，在法兰克福老歌剧院、文学之家、法兰克福股市等机构的公共建筑环境中，上演了极富魅力的城市光艺术的盛典。在公共艺术的题材及社会功用的表现上，也呈现出多样和多层次的特点。其中，有的趋向前卫艺术的突破与批判，有的意在艺术形式语言的个性创造，有的追求艺术与空间场所的合理关系的建构，也有的注重为人们的日常生活需求提供服务（如某些街区壁画，通过艺术的形式，提示人们如何积极预防某些常见疾病，增强保健意识）。德国公共艺术的形式与内涵富有明显的多元性和包容性，前卫艺术与融入社区生活的日常艺术兼容并蓄。

日本公共艺术概略

亚洲当代公共艺术兴起较早并形成自身面貌的国家首先是日本。20 世纪 60 年代至 80 年代，日本经济高速发展。政府和社会认识到，高强度的工业化及商业化社会环境，会给现代城市带来诸多负面问题，企业及文化界对于城市景观美学逐渐予以关切和实践，希望通过城市公共空间的美学塑造，使城市能够更好地服务于市民。20 世纪 80 年代以来，由于政府倡导、社会参与和制度化建设，整个日本在城市景观与公共艺术建设上取得了令世人瞩目的成就，呈现出以人为本、尊重生态、注重文化传承与创造并举的文化理念。

20 世纪 50 年代至 60 年代初，日本艺术界人士呼吁建立适合当代城市生活与发展的空间，建造富有人情味和审美价值的街道、广场、公园等公共场所，从而兴起了早期的城市户外雕塑艺术活动，如 1951 年东京都政府在日比谷公园举办的首届户外雕塑创作赛事与展陈即是典型。60 年代初，位于日本本州岛西南端的山口县由于重工业和化学工业长期造成污染，促使政府机构和工商界联合致力于推动绿化城市、艺术造街和艺术造园运动。1961 年宇部市的长盘公园举办首届户外雕塑双年展，主张结合宇部市文化内涵，逐渐形成公共艺术及生态化造景的"宇部模式"。1969 年，为提升城市空间美学品质和市民的艺术修养，扩大国际间的艺术收藏，箱根雕塑森林美术馆得以建立，并举行了"第一届现代国际雕塑双年展"，吸引了日本本土和欧美国家的许多著名艺术家参与创作。这个美术馆几乎吸引了来此地旅游的多半观光客。1970 年代，日本横滨市举办首届野外雕塑展，并于 90 年代以来在横滨地标塔大厦、横滨美术馆、皇后广场及高岛屋等百货商厦一带的文化与商务中心区（即西部港的"未来区"），陆续设置了一些富有现代创意并与港区建筑环境及历史背景相关的公共艺术作品和景观设计，延续了 70 年代以来实施的"以美化社区环境为发展目标"的城市公共艺术。

继宇部模式，处于日本东北部的仙台市为了恢复二战前"森林之都"的美誉，于 1977 年建立了绿化都市环境促进审议会，以绿化和美化城市环境为宗旨，并以艺术装饰开放空间，提升市民的文化修养。[1] 至 20 世纪末，在专业化的审议委员会的掌控下，这里先后设立了近 20 座公共雕塑作品，这些公共艺术作品被严格指定为特定空间而创作，强调作品与周围环境及历史景观的对话关系和国际性的文化视野等。如此对于艺术家、作品方案和设置地点的谨慎选择，都是为了维护艺术品质以及保证公开化、专业化的遴选程序的实行，进而形成了富有成效和影响力的"仙台模式"。

随着日本各地景观与公共艺术设计的展开，管理机构和艺术界开始逐渐注重对于户外艺术品与特定空间的关系进行探究。如 1984 年在滋贺县琵琶湖召开现代雕刻国际研讨会，注重对公共艺术与指定空间相应观念和实施方法的讨论，并接纳欧美艺术家的国际经验。

20 世纪 90 年代初期，日本许多城市在关注公共艺术的质量及社会效应的同时，进一步探讨社会和企业（尤其是重工业、制造业及相关公共事业机构）在对环境美学及产业文化的建设中，如何适当地展开公共艺术活动，主动吸收国外成功经验而避免其中的各种弊端。如在 1992 年于名古屋爱知县文化情报中心设立对于公共艺术信息的收集、梳理和研究的项目，并在某些公共艺术项目的

---

[1] 刘俐：《日本公共艺术生态》，台北：艺术家出版社，1997 年。

实施中采取单独的策展人负责的方式，以确保项目的整体性和艺术品质；另如1994年在东京郊外立川市的大型公共雕塑城项目，获得当年日本都市计划学会的嘉奖；又如1995年在东京都新宿区策划的"I-Land"公共艺术项目，成为此时期日本在项目运作和艺术品质上的成功范例之一。同时，有些公共艺术项目还采取评审委员会或评审小组审议的方式，如1996年东京的临海副中心国际展示会场的公共艺术项目及其他项目的审议方式。[1]

为城市社会和社区解决某些问题，是日本公共艺术项目的主要目的之一。如在阪神大地震之后的若干年中（1996—1998年前后），为了向在地震中丧失住所的人们提供临时的公共住宅，并创造一个有艺术文化气息的新社区环境，艺术家在兵库县芦屋市的南芦屋浜社区创作了新的景观艺术，它们服务于激励灾后居民沟通情感和恢复日常生活。

21世纪初，日本公共艺术在注重艺术品与特定空间场所关系的同时，也愈加注重艺术品创作与实用性的兼容。如2002年在静冈县代井市为纪念第17届世界杯而新建的体育馆周边，由日本、韩国及欧洲和拉美国家的18位艺术家民，沿着爱野车站至体育场的人行步道，创作了各具形态且大多具有座椅功用的艺术作品，它们在场所功能、造型结构、材料、灯光及人们的使用方式等方面进行了创造发挥。另如2000年在中西部新泻县的越后地区发起的"越后妻有艺术三年展"，旨在通过开放的艺术方式开发该地区的内在潜力，振兴沿海乡镇的社会和经济，促使现代化发展的后发地区拥有独特的自我价值与发展理路。

20世纪90年代中晚期至21世纪以来，日本艺术家与国内外的建筑师、规划师、景观设计师及文化学者合作，在全国许多城市和乡村针对产业经济升级改造、文化遗产保护、生态维护和公共美学追求，进行了大量的公共艺术实践，积累了许多著名的案例和宝贵的发展经验。然而，尽管如此，针对日本公共艺术的现实状态，学界有着各自不同的看法，本来公共艺术的"公共"一词所涉及的范畴和内涵便是十分丰富和深广的。如日本的艺术活动家和评论家谷川真美曾指出："日本的公众艺术紧随美国之后发展是很自然的事，但和美国又有所不同……二战后，日本的公共场所几乎没有真正做到'公众化'。因此，日本的'公众'艺术是真假参半。"[2]

---

[1]　刘俐：《日本公共艺术生态》。

[2]　谷川真美：《序言》，《公众艺术·日本+模式》，上海：上海科学技术出版社，2003年。

20 世纪 60 年代至 21 世纪以来，日本堪称亚洲城市景观和公共艺术设计最为发达的国家，在数量、规模和品质等方面均不亚于欧美诸国。人们在日本各地的许多公园、广场、文体园区、市政大楼、商务及展演中心、企业总部、社区中心或地铁车站，均可看到富有创意和品质的公共艺术作品。然而，在公共艺术建设的经费制度上，中央和各地方政府尚没有明确规定采取欧美普遍实施的百分比条规，除了于 1991 年落成的东京都厅大厦及周边园区采用了工程总价的百分之一用于公共艺术之外（约为 1640 余万美元），其他各种公共艺术项目的经费比例均为各自决定，一般都在百分之一用于公共艺术以下。日本公共艺术的经费除了各级政府的项目拨款之外，各种企业、艺术基金组织及少数个人出资与捐赠也占了重要比重，艺术资金来源呈现多样性和多层次的特点，这也是其社会政治结构和文化政策的某种体现。

日本的公共艺术的发展途径，主要依靠各地方政府和企业的支持，而非依靠中央财政。尽管日本至今尚未制定艺术百分比法规或设立国家艺术基金，但由于各地方政府、民间社会团体和企业界人士的支持，已形成自身的发展模式和良好的社会基础，使得日本在现代城市文化和公共艺术建设方面拥有显著的成就和国际影响。

以上粗略提及的欧美部分国家和日本的公共艺术的发展状况，彼此在形式、方法和观念上也相互影响或触动。这些都为中国当代公共艺术的实践与发展，提供了重要的经验和理论参照。

国内公共艺术及其形式的转化

从 20 世纪中期以来的中国城市公共空间的艺术形态来看，主要呈现出三种基本类型：其一，纪念性的艺术。它们是在不同历史时期为弘扬主流意识形态及其价值观而设立的，意在表达政治权力的合法性和恒久性，并以此对社会进行教育。其二，审美性的艺术。它们是通过某些形式语言和审美经验的表现，作为公众审美的对象及特定时代的美学表征，同时蕴涵着某些审美情感因素和象征性意义。其三，社会性（公共性）和生活化的艺术。它们关注和表现社会存在，以及个体与社群的多重需求。又可分为两种形态，一种是试图追求和表现社会共有（或认为应该共有的）的认识及希冀，并试图建构其集体性的审美理想及道德观念；另一种则立足于社会个体的经验、情绪和思考，以显现和寻求个人与社会

（或理想与现实）之间的对话。上文所说的第三种类型往往超越了纯粹的美学诉求，而较多地涉及诸如社会学、心理学、文化人类学和文化生态学的相关范畴。

就纪念性的艺术来看，中国自古以来不乏其传统：从石器时代的岩画、"勒石为记"，到中古时代大量的宗教石窟艺术、陵墓及碑刻艺术，再到近现代以来的各类纪念性建筑和世俗人像的雕刻艺术，无不铭刻和表达着特定历史时期的价值观念形态。如1935年于杭州西湖边树立的淞沪抗战纪念碑（即原"一·二八"陆军第八十八师淞沪战役阵亡将士纪念塔，刘开渠等作）；1943年于成都春熙路树立的《孙中山坐像》（刘开渠，图2.4）；1967年建成的南京长江大桥桥头堡人物群雕（集体创作）；1970年于沈阳红旗广场（原中山广场，至今仍保留）树立的大型群雕《毛泽东思想胜利万岁》（沈阳鲁迅美术学院创作）；20世纪50—80年代间大量树立的政治人物及历史事件的纪念性雕像和建筑等。它们在政治、文化及意识形态的教育和传播中起着重要作用，留下了深刻的历史印迹和时代烙印。

一般来说，历史上东西方纪念性艺术的要旨，在于各有差异的政治理念及宏

图2.4 刘开渠，《孙中山坐像》，雕塑，成都春熙路

大叙事，构建和显现权力自身的权威性及其意识形态的神圣性。20世纪中期至70年代末，中国的纪念性艺术正是对1949年以来特定的政治历史语境的呈现（如人民英雄纪念碑上的群像浮雕、中国农业展览馆前的庆丰收人物雕塑、毛主席纪念堂前的人物群像雕塑）。它们主要采用了现实主义及民族化的写实手法与风格，从而以通俗化的叙事方式去解释艺术的内容，教育和感召观众；也往往在现实主义中糅合浪漫主义的手法，从而透出某种超越现实的理想和情绪的鼓动。这其中既有西方传统的写实性雕塑风格的影响，更有苏联时期城市雕塑样式和风格的影响。然而，在进入20世纪90年代之后，随着国家经济与整体社会的结构性变迁，社会文化趋于开放和多元。在城市公共空间中除保留和创作了一定数量的纪念性艺术之外（如2000年落成的中华世纪坛内部大型浮雕墙艺术），其后的20余年中逐渐产生了旨在为社会公众提供审美观赏，以及更为贴近当代生活内涵和意趣的公共艺术。

城市空间中的审美性艺术，在20世纪80年代初期以来的中国，得到了前所未有的发展。其重要的历史节点，当以1979年落成的北京首都国际机场候机楼壁画群为标志。它们没有沿用以往以政治意识形态为内涵的纪念性、政治宣传性的艺术模式和语汇，而是以具有中国地域特色及人文内涵的神话故事、自然风光、民俗文化为内容，以具有现代视觉美学意味的艺术语言，进行了大胆的表现和探索，给人以耳目一新的感受，这不能不说是对于以往的口号化、概念化及程式化艺术的一种纠正（如候机楼大厅中的彩色陶板壁画《哪吒闹海》《生命的礼赞——泼水节》《巴山蜀水》等作品）。[1]

此后的20多年以来，以多样化的艺术语言、形式美感和新材料、新工艺呈现于城市空间的雕塑及其他艺术作品空前增加，其中除了具有较高艺术水准的作品之外，也不乏大量欠缺创造性、时代性及思想性的东西（被艺术家们称为"菜雕""行活"乃至"艺术垃圾"），浪费了公共资源和社会财富。

客观来看，由于中国古代和近代雕塑史上除了祭祀性、宗教性的雕塑类型之外，难以看到具有世俗精神和现实意味的雕塑艺术，也缺乏指向艺术自觉和个性张扬的现代雕塑文化的基础和发展经历，从而导致改革开放之后，中国艺术家对

---

[1] 北京首都国际机场壁画群落成于1979年，由当时中央工艺美术学院和中央美术学院的部分教师和艺术家创作绘制（其中的主创艺术家有张仃、祝大年、袁运甫、袁运生、肖惠祥等人），成为中国20世纪晚期艺术领域"改革开放"的标志性艺术事件，见诸同时期国内各大报纸和杂志。

外来的早期现代主义雕塑语言的简单模仿（如在 20 世纪 80 年代至 90 年代曾大量出现以"点、线、面"构成的不锈钢雕塑）。然而，尽管这些艺术品品质优劣混杂、参差不齐且缺乏创造性，但从当代艺术史的视角来看，它们似乎也是国内对于现代艺术的一种"补课"。以往我们在艺术形式及审美意向的创造方面过于欠缺而显得单调，而这些抽象或半抽象性的艺术语言丰富了艺术表达，给新时期的社会公众提供了较为多样化的视觉审美经验。

然而，当中国城市内涵和生活方式发生巨大变化，在对城市空间再度开发与改造时，仅仅创作旨在凸显艺术审美效应的作品，显然不能契合现代社会多维度的现实需求。作为超越纯粹形式及美学诉求的艺术，强调社会性（公共性）和生活化是艺术对于历史和现实情形进行反思后所呈现的某种深化和自我拓展，其特征是在艺术创作和介入现实的视角、方法和观念上进行实验与突破。如艺术创作的问题意识逐步由自身转向社会、日常生活、个人与公众心理、城市（地域）再造及广义的生态问题等，使现代艺术中的个体、社群与更大范围的社会公共领域发生关联和多维度的对话。值得注意的是，21 世纪初期以来，中国城市公共艺术的表现主题、内容、方法和观念上，已经陆续出现了一些对特定地域予以关切的优秀艺术创作。如在一些对于公共场域的改造与兴建（如街区、广场、公园）、遗产区域的维护与利用（如工业遗产、古城及古民居遗产、宗教及古村落遗产），以及社区建设与振兴项目中，艺术开始真正有所尝试和作为。此外，以艺术家个体经验及个性化的叙事或表现方式而创作的作品，也陆续进入公共空间和公众视野之中。这些均显现出中国公共艺术在 21 世纪的发展趋向。这些内容在本书其他章节中有具体的涉及。

户外雕塑底座的淡出

人们在不经意中可以发觉，20 世纪 90 年代以来，在国内公共雕塑的形式构成中，原先经常采用的雕塑基座逐渐减少或全然消失了，雕塑以直接落地的形式存在于公共空间。这种现象的背后，不仅是艺术家出自雕塑形式及所在场地的考虑，还出于艺术在当代对于自身与社会公众关系的再认识。当然，这也与受到国外当代公共艺术的影响有关。

雕塑的"底座"（Plinth，即传统人物雕像的底座或柱基）的淡出，大约始于 19 世纪晚期的欧洲。高于观众日常视线的雕塑底座，主要是出于宗教、皇权贵族

图 2.5　罗丹，《加莱义民》，雕塑，法国加莱

或精英人物被用于纪念性或朝拜性（仪式性）观瞻的需要，高高在上而使人仰望膜拜，意在彰显权威。随着资产阶级革命以来，社会平等思想和艺术本体价值意识的觉醒，司空见惯的雕塑底座不再普遍适用于 19 世纪以来的西方社会文化语境。因而，矗立在基座上的古典雕塑渐渐让位于低基座或无底座的雕塑。这其中较为典型的是法国著名雕塑大师罗丹于 1884 年创作的城市群雕《加莱义民》（图 2.5），人物雕像直接舍弃了基座。[1]"其作品放弃了纪念碑的传统形式，被直接放在地面，六个人物的排列没有既定的顺序，亦没有身份的高低之分。"[2] 这种情形的起始，并非仅仅为了形式的翻新，而是为了适应多元、多层次的社会现实，把传统的纪念性和教诲性的艺术，与当代的公民社会和民主政治语境相契合，使得艺术在现代都市中以较为中性、平等和生活化的姿态，与各色人群进行接触和对

---

[1]　《加莱义民》群雕是罗丹应加莱市长德瓦夫兰的请求，于 1884 年创作的。它表现了 14 世纪英法百年战争中，六位法国加莱市民为保护同胞挺身而出，悲壮就义的场景。

[2]　〔法〕卡特琳·格鲁：《艺术介入空间：都会里的艺术创作》，姚孟吟译，桂林：广西师范大学出版社，2005 年，第 84 页。

图 2.6　雁群石雕坐凳，
北京雁栖湖畔

话，成为公民社会生活空间中的对话者或伙伴，而非圣贤。

　　20 世纪 80 年代之前，中国的城市雕塑基本上均是纪念性和教诲性的，绝大多数都坐落在高于人们视线的基座上，观看时观众需保持距离和举首仰望。这种情形在 1990 年北京首次举办的第 11 届亚运会的园地公共雕塑中发生了改变。一些刻画北京青年学生进行体育活动和处于悠闲状态的普通市民的塑像，即以直接落地的表现形式，与路过场地的观众比肩而立，给人以亲和、平等、生活化的感受。20 世纪 90 年代中期到 21 世纪初期前后，北京的一些雕塑公园中的作品，大都没有运用雕塑基座，而以直接落地或与实用性的户外家具相结合的表现方式，供观众近距离观赏，或允许直接的肢体接触，乃至游戏性的介入和体验。如北京红领巾公园和雁栖湖公园中的一些公共艺术作品及公共设施设计。红领巾公园的金属系列吊臂可以供游人坐在上面荡秋千，雁栖湖把湖边的石凳雕刻成正在游憩的雁群（图 2.6）。同时，纪念性的人物雕塑也较之前大为减少，而更多的是可供游人自我欣赏、参与和体验的作品。

图 2.7　跌水雕塑，成都府南河活水公园

同时，现代和后现代艺术的美学及社会价值观，也使得包括雕塑在内的艺术走向自在性、包容性和开放性。为了融入特定的环境和景观元素，发挥艺术介入公共空间的视觉与功能效应，许多景观雕塑、装置作品都自觉而必然地废弃了带底座的形式，而多与建筑、环境、植物、地景、水体及公共设施的设计相整合，达成有机的景观与空间艺术整体（图 2.7）。这其中，固然有雕塑及立体造型艺术自身形式语言的革新，更多的则是由于社会发展和时代精神的影响。

2.5　国际经验的吸收与交汇

与国外相比，中国大陆对于公共艺术的关注，首先兴起于美术院校和艺术家群体，而非政府机构，基本原因在于艺术院校对于国际资讯的关注，也由于学科建设和艺术家体现自身社会价值的需要。20 世纪 90 年代中期开始，中国大陆的艺术教育界和艺术家群体中的少数成员，即对公共艺术的理念、基本形态和社会意义予以关注、传播并进行初步的实践，先后在资讯、舆论、机构和实践上进行介入和摸索，对中国公共艺术的发展起到了重要的促进作用。20 世纪 90 年代晚期至 21 世纪初期，出于大规模的城市景观设计和公共环境美化的需要，许多经济较为发达地区的政府机构和一些从事雕塑的艺术机构以城市雕塑去演绎公共艺术（即围绕户外雕塑对城市景观形象进行传播和美化）。至 2010 年，国内先后举行的各种相关的理论研讨会，对当代公共艺术与传统概念的户外雕塑的文化属性和社会意义的认识，显现出多维度、多层次的表述，以及文化观念上的争议。其中，主要有两种趋向：一种是一些雕塑家及相关的行业管理者认为，城市雕塑即可代替公共艺术的概念，其认识的立足点在于城市环境的视觉美化和"城市营销"旨意下的城市形象；另一种是部分艺术理论学者和艺术家认为，公共艺术的文化内涵及价值取向的核心部分，在于艺术介入空间的社会目的、方法和行为过程中对于公共性的体现，以及服务于公共空间的建设和公众生活的需求。显然，前者重在以较为单一的艺术手法及理念去显现艺术的美学价值、环境美化价值与文化的灌输和教化价值；后者则注重艺术的现代性与公共性，及其"生长"的社会学、政治学内涵，注重对文化与社会事务的参与，以及对于公共空间的建造和社会主体之间的互动。实际上，20 世纪 90 年代中期以来，中国公共艺术的理论见解和实践方式，始终蕴涵着这两种基本趋向，而前一种是占主要地位的。

随着时间的推移与学界和传媒的努力，对公共艺术的文化观念、实践方法和经验的探讨，逐渐呈现出多元的面貌，这在进入 21 世纪的 10 多年来尤为突出。如 2004 年于深圳举办的"公共艺术在中国学术论坛"（深圳市美术家协会等主办），2008 年于北京举行的"奥运文化与公共艺术论坛"，2012 年 11 月于北京中央美术学院举行的"艺术的力量·国际公共艺术论坛"（与荷兰大使馆共同举办），2013年 2 月的中国芜湖雕塑公园落成仪式暨公共艺术论坛（中国雕塑学会及芜湖市政府主办），以及 2013 年 4 月于上海大学召开的"国际公共艺术奖颁奖仪式暨公共艺术论坛"。这些论坛主要对公共艺术与城市文化、公共空间、市民参与、城市振兴、审美文化、文化福利、政府相关职责及国际文化交流等问题予以关注和交流。尤其值得注意的是，2013 年 4 月由上海的专题性期刊《公共艺术》和美国纽约的《公共艺术评论》共同主办的"国际公共艺术奖颁奖仪式暨公共艺术论坛"，与会者有来自欧美、中国及日本等国的艺术策展人、美术史家、批评家，也有来自中国大陆、台湾地区、香港地区的许多大学及艺术研究机构的专家、学者，还有一些社会文化界代表。此届论坛将公共艺术作品展示和专题性理论研讨合为一体，对国际公共艺术的形式手法与价值观念，以及实践经验的交流，有着前所未有的影响和现实意义。

此次论坛以"地方重塑"为主题，所关注的主要问题是艺术在介入城市和社区的过程中，对地方社会空间环境的再造及所产生的价值和意义。其在大背景下强调公共艺术作为现代公共文化及社会文明方式之一，对各有差异的社会文化及制度的"地方重塑"的文化职责，主张艺术介入空间建构和参与解决地方社会的公共问题。这些公共艺术包括公共空间的壁画、雕塑、装置、艺术性设施，尤其是社区改造、空间及环境形态的转换、公共艺术活动与事件等多种形式。

与会者们在此次活动中注意到，由批评家与策展人或美术博物馆的学者参与评选的公共艺术项目，其内在特性和品格是均关注地域及社区公共空间的建构，以艺术的创意、形式和方法去试图解决社会、环境或心理方面的现实问题，而非纯粹诉诸美的形式和环境空间的视觉美化。

在被提名的（包括后来获奖的）艺术案例中，在艺术介入空间及地方社会生活中所显现的针对性（问题性）、公共性（参与性）和特殊性（差异性和创造性）方面，大致可分为几种类型：其一，运用社会或政府的资金，为普通居民社区营造适于生活和交流，以及具有生态品质的公共空间。其中如实施于委内瑞拉的具有典型意义的艺术项目"提乌纳的堡垒文化公园"（Tiuna el Fuerte Cultural Park）。其二，通过将富有创意的艺术表现形式与某种社会功能特性相结合的创作和展示方式，把特定地域的文化形态（过去、现在和未来）及精神内涵予以艺术化的表达或行为的演绎，主要以空间艺术（如大地艺术、建筑及景观艺术）的形态表达艺术家的情感、意志和想象力，并随之融入地方公共空间和人们行为方式的建构。其中如实施于尼日尔的"尼日尔建筑"（Niger Buildings）。其三，善于利用城市更新过程中闲置或废弃的公共设施和空间，通过艺术创意与设计的方式，使之重新获得使用价值和社会文化意义，为当地区民营造多样的娱乐与交往空间。如1990年代美国修建的"纽约市空中步道公园"（NYC High Line Park and Art）。其四，针对特定社区内部的认同、协作、振兴及利益的增进等问题，对其空间和场所资源进行运作，使得社居人员通过某种共同的劳作与交流方式（如植栽、园艺、烹饪、游戏等活动），增进文化和情感的交流，提升生活品质。如实施于荷兰阿姆斯特丹的《厨师、农民、他的妻子和他们的邻居》(*The Cook, The Farmer, His Wife and Their Neighbor*)。其五，针对发展中地区由于经济利益驱动而导致人口流失并致使地方衰微的现象，通过艺术介入而试图引起当地及社会的关注，进而激发当地社会的乡土意识以促进地方振兴。如实施于墨西哥的《2501 个移民》。其六，将某种形式和观念结合的创作（如装置、行为及事件等作品），揭示社会及文化中存在的公共性问题，以警示社会并进行社会批判。如实施于澳大利亚悉尼邦迪的《21 海滩单元》(反种族歧视及空间隔离)。其七，以某种形式或行为方式，唤醒人们的生态意识或直接参与生态环境的建构与维护。如实施于墨西哥坎昆国家海洋公园的《无声的进化》(*The Silent Evolution*)。其八，通过某种理念和景观方式的介入，对原有空间及场地的功能属性予以改造和置换，使之产生新的或更具包容性的功能效应及社会文化效应。如实施于中国重庆的四川美术学院虎溪校区建设。

也许以上归纳尚不足以完全涵盖此次参会的公共艺术案例，但由此可见，这些作品所具有的基本特质，在于对特定地域的社会、文化和生态等的关注与对应性介入，以及试图从空间形态、文化观念、行为方式或美学实践方面去干预和解决问题，促进地方社会的文化及经济发展。而随着中国城镇的现代化、城市化，其对审美和公共性建设的客观需求逐渐提升，类似的影响和思考仍将发展和深化。

此次在上海举行的公共艺术论坛值得关注的另外一点是，西方学者在会议的讨论过程中指出：中国与会学者的讨论似乎较多地在反映艺术的公共性问题，而西方的与会学者则较为注重对公共艺术的创意和形式手法等的探讨。[1] 然而，我们通过观察和思考即可发现，此现象恰恰是由于西方已经在公共艺术领域有久远的历史和丰富的经验教训，而中国公共艺术的兴起与尝试尚不到 20 年，尤其在公共艺术的公共性内涵、价值寓意和法律建设方面尚处于研讨与发轫阶段。因此，由于各自面对的历史阶段和相应问题的差异，此次论坛议题的多样性和差异性的呈现成为某种必然。

公共艺术对于城市基本功能和城市日常生活的介入与响应，是其在当代发展

---

[1] 此观点来自杰克·贝克尔（Jack Becker），美国《公共艺术评论》(*Public Art Review*，其总部设在明尼苏达州圣保罗）杂志主编，美国非营利性机构"预测公共艺术"的创始人和执行董事，公共艺术家及项目管理者。

的必然需求和趋势。原先由艺术专业人士从事的视觉审美活动，迈向积极服务于现实生活和解决（或协助解决）城市诸多功能性问题的道路。也只有这样，当代公共艺术的社会性、公共性和公益性才能得到更好的体现，并具有良好的发展前景。在公共艺术较为发达的美国，也可见相关的历史经验。

20 世纪 70 年代前后，美国公共艺术经历了单向度的美化及与功能需求的脱节后，文化艺术界对于这种有别于传统博物馆艺术和画廊艺术的新艺术的社会文化职能有了清晰的辨识：

> 艺术将城市里的空间定义为让民众坐、站、玩、吃、阅读，甚至做梦的地方。新艺术就以此为基础，主张将一系列不同的层面联接起来，使其成为一个连续的整体……新艺术起初是将艺术与实用性的问题两极化，但现在则是超越两者间的区别，创造出既是艺术品，又是实用物体的作品。此外，它主张通过实用性，使艺术符合社会及大众的利益。一般认为，实用性能确保艺术与社会之间的关联。[1]

艺术在介入城市空间时，注重审美价值与实用价值的融通，提倡具有不同学科背景的专业团队共同协作，这些成为美国都市自 20 世纪 70 年代以来在公共艺术实践过程中的重要认识："公共艺术作品是美丽、实用、共享，且由专家所创作的……事实上，似乎从一开始，合作式公共艺术的兴起，就与都市再开发的加速同时发生。"[2] 如此注重艺术性、实用性与社会性三者密切结合的观念，必然导致在城市空间环境和公共设施的设计中，提倡艺术家、规划师、设计师、工程师及当地社会代表的共同介入与合作。这种由注重城市环境的视觉美化，进而转向艺术与实用性和公共性的有机结合的观念和经验，在 2010 年前后开始影响中国的公共艺术观念及舆论。而这种微妙的影响，实际上与中国城市快速发展、改建的现实需求密切相关，也与多层次的社会主体的经济、政治和文化生活需求的不断提升密切相关。尽管在 21 世纪之初，一些从事建筑及规划的专业人士已经提出注重城市景观和空间中设施的功能性设计，但由于工科背景的设计师对景观的艺术

---

[1] *Critical Issues in Public Art: Content, Context, and Controversy*, edited by Harriet F. Senie and Sally Webster, New York:Icon Editions, 1992, p.163 .

[2] Ibid., p.165 .

性及综合性的处理效果往往不尽人意，未能普遍地说服专业艺术家们，加上国内的城市景观设计和艺术的介入项目没有建立起相关专业人员的广泛合作机制，使得艺术在介入城市再开发的过程中时，尚处于较为初级和被动的状态，易流于表面形式的视觉美化。而这些问题意识的显现和价值观念的形成，一方面来自国内社会自身的发展需求与实践，另一方面则在客观上受到国际相关领域的影响。

小结

当代中国城市景观和公共艺术的形态与观念的生成和演化，是与20世纪80年代以来社会的改革开放进程密切相关的。在此期间，欧美国家关于现代城市社会和公共领域的理论和观念，以及国际公共艺术实践的多样性和经验，均在不同层面和程度上成为当代中国城市景观和公共艺术产生、发展的时代背景。客观上，在现实文化政策的斟酌和基础性的理论探索方面，西方的现代城市理论、新马克思主义的相关理论及西方社会的相关理论，早已成为国内相关领域关注、研究和理论参考的对象。而就中国社会内部而言，有关艺术及美育的公共意识，以及艺术与现代社会文化价值建构的一体化思维，已经在19世纪晚期至20世纪早期的中国知识界和文化艺术界萌生并传播。这些均证明，中国城市景观和公共艺术中的现代化和公共性，既有外部文化思想的影响，也有内部先行者的极力倡导和促进。

因此，现代化、城市化和全球化的语境，以及社会内部的利益需求与矛盾，均是这一领域存在的现实基础及条件。其间，公共艺术的利益主体及其当代实践方式，包括其在形式和文化理念上的拓展与博弈，均已成为政府、社会、艺术家、批评家及赞助人需要面对的重要问题，也成为艺术界在观察和体悟相关现象时的切入点。

第三章
城市空间的表情与意味

3.1 城市生活与空间艺术

初始的城市是人类社会出于集市交易、资源与权力的守护、战争防护以及区域行政管辖等方面的需要而建立起来的。不仅如此，城市历史的发展与实践显示，除了经济、政治和军事等因素的推动之外，追求更为自由、集中、舒适、便捷和精彩多样的生活方式与利于创造性的资源优势的发挥，是促使城市形态不断发展演变的最为根本的动因。它渗透与体现在城市生活的诸多方面，如社交、教育、艺术、娱乐、会展、竞技与各种方式的交换和消费活动。除了城市的一般性生产与交换活动之外，城市文化中最能融入和长期影响市民的精神与审美活动的，要数介入城市开放性空间中的艺术及其景观文化形态，包括城市空间、建筑环境、视觉图像、造型艺术、表演艺术以及融于日常生活环境之中的城市家具、公共设施。

然而，承载和显现城市文化的生产与消费的公共空间，在中国当代迅猛的经济大潮的冲击下，大都在资本和权力的作用下被私人化、商业化或部门化（被一些"机关""单位"或"公司"所独占），使得城市中供普通民众游憩与交往沟通的公共空间严重匮乏，国内一些城市中由于中老年人（他们往往在经济能力和社会地位上处于劣势）在短缺且有限的公共性游憩空间玩耍或集体"跳广场舞"而形成"扰民现象"，进而与周边社区居民发生冲突，或改用群体"暴走"的方式健身及寻求社群归属感。[1] 这些现象从一个侧面反映出当代城市公共空间及其场所文化的匮乏和潜在的社会问题，显然，空间的资本化和权力化容易导致城市生活权利的差异化和不平等现象。此种情形在全球化时代的西方社会首先凸现出来。正如美国社会学家麦克·戴维斯（Mike Davis）在对美国城市景观的研究中指出的："开放的公共空间被高墙和公司驻地代替"。他还就公共空间被不断蚕食的现象指出：

　　　　巨型建筑和超大型购物中心组成的权力空间被集中在中心地带，街

---

[1]　　例如 2013 年 3 月，南京雨花南路邓府山村小区；2013 年 4 月，成都一小区；2013 年 10 月，武汉一小区；2013 年 11 月，郑州政汴路一小区；均因"广场舞"引发社会冲突。2014 年中期温州新国光商住广场的住户购置"高音炮"设备与广场舞音乐同时播放，形成互扰与对峙（见《华西都市报》，2014 年 4 月 27 日）。另，江苏徐州自 2013 年以来市民集体为健身和社交而长期"暴走"云龙湖沿线道路，高峰时达到 1.4 万人，时而引起景区交通阻塞及舆论热议（见《京华时报》，2014 年 7 月 15 日）。据笔者察访，未见报道的类似现象和事件在国内一些城市中多有发生。

道两边变得空无一物，公共活动被分类安排在具有严格功能定义的房间里，不同等级人士间的碰面仅仅发生在由私人警卫严密看守的室内走廊中。[1]

同时，现代大城市中各类保护与隔离性空间的大量产生，使得城市私人空间和公共空间形成不同程度的"封闭性岛屿"效应。"它有意和无意地把个体和团体阻隔在一个个可见或不太可见的城市孤岛上。"[2] 在全球化背景下的东西方国家（包括中国）的城市社会中，均有类似的情形存在。从城市景观文化和公共艺术的视角来看，城市一方面需要尽可能满足普通市民公众对游憩与公共交往空间的需求，同时还需要培育和建构这些公共空间的文化与精神内涵。因而，对于城市公共空间的文化形态和场所精神内涵的关切显然是十分必要的。实际上，城市公共空间面临着物质性功能和精神性及审美性表达的多重需求。

从实践与认知的层面来看，街道、广场、公园、地铁的艺术，均是城市公共空间中的艺术。它们的功用及效应主要呈现在两个基本方面：一方面是作为审美对象或兼有某种应用性价值（如地标或场域引导）；另一方面则具有意识形态和社会文化教育的性质。而街道及工厂等开放空间中的艺术所涉及的文化层面及含有的空间象征意味却是复杂多样的。此中的情形有如美国文化和艺术批评家麦肯·迈尔斯（Malcolm Miles）在研究城市街道等空间的艺术时所言：

> （它们）引发了两种空间的冲突：一者……好比是现代美术馆及画廊内部，是一种"价值中立"的空间……（即列斐伏尔所称的"空间的表征"）以至于在艺术与实质空间设计之间多少能够保有较为轻松的关系。而另一者，则是一种较为非正式且变动性高的公共空间形态，即那些围绕在城市住民身体周围的空间，列斐伏尔称之为"表征性的空间"，这种空间总是会和价值观、个人人际关系、使用、排他与招揽，以及与他人分享和辩论的公共空间议题等息息相关，是一组被使用者"错乱搅动"（disordered）后层层相叠的空间。[3]

---

[1] 〔英〕安东尼·吉登斯：《社会学》，赵旭东等译，北京：北京大学出版社，2003年，第567页。
[2] 〔美〕Edward W. Soja：《后大都市：城市和区域的批判性研究》，李钧等译，上海：上海教育出版社，2006年，第400页。
[3] Malcolm Miles, *Art, Space and the City*, London and New York: Routledge, 1997, p.59.

这其中，"空间的表征"意在对于一个空间存在的提示与强调；而"表征性的空间"则意味着对于空间的属性及其内在精神含义的表达或象征。这两类空间形态的存在，使得其间的公共艺术显现出不同的姿态和意味：其一，是把以往惯常在艺术美学精英圈子里的东西引入向普通民众开放的空间中，并通过长期不断的艺术展示和互动方式，使更多的市民可以欣赏其间的艺术，接受其文化价值观念和美学经验；其二，需要结合当地市民的街市生活习俗、节庆活动及日常生活等方面的需求，使之成为能够融入和表达当地城镇景观和各种社会价值观念的丰富的文化形态。这其中，既包括长期的或纪念性的艺术，也包含较为短期的、贴近人们在不同阶段的审美和文化交流需求的艺术。

我们探查和评析城市景观形态和公共艺术的价值内涵及其得失，需要从两个最为基本的方面入手。其一，空间形态及艺术景观的建构是否有益于当地市民的公共生活与交往行为，市民公众是否乐意介入和共享此空间环境；其二，艺术的介入对于特定空间环境中的人们的行为、心理以及公共生活具有何等积极而有益的影响和作用（包括显在和潜在的影响和作用，如有益于增进空间的场所感与识别感，有利于空间文化内涵的建构及情感的认同等）。前者侧重于城市公共空间场所的功能元素与特性的建构；后者则侧重于空间场所的人文与社会精神的塑造。客观上看，这两者都是旨在满足现实生活需求和理想的城市公共空间及文化个性的基本要求。以下部分，将以当代中国城市中具有典型性的一些景观形态和公共空间艺术为例，就其与城市生活中不同区域及空间的对应关系予以有限的探查，以审视其所蕴含的社会价值含义及美学文化特性。

3.2 城市街区

艺术介入城市街区，除了有助于街区招揽游人和提升人气之外，还有助于提升街区的可辨识性和文化氛围，满足街区居民或游客在日常生活中对休息、娱乐和彼此交往的需求。不同的城市环境及街道（街区）在试图实现以上基本功能方面，存在着许多的差异，这也使得艺术介入其间的理念、目的及方式具有多样性。

从一个城市或地段的街道及其连成的整个街区的景观形貌，包括其使用和管

82 | 景观中的艺术

理的状态，大致可以看出该城市区域居民的基本生活状态及秩序。在实际生活中，影响街区形态和内在品质的因素多种多样，而建筑及物质方面的条件仅仅是造就良好街道及街区的一种有限的表面因素，重要的是生活在其间的人的精神状态、素养和人际关系，以及其他因素（如受教育的程度、经济水平、交往方式与自我管理状态等）。犹如加拿大著名的建筑与规划理论家简·雅各布斯（Jane Jacobs）所言：

> 一种流行的看法是，诸如学校、公园、清洁的住房建筑等衡量良好生活的重要指标将有助于建立一个良好的街区，那我们的生活会是多么简单！只要给一些看得见摸得着的好处，就能控制一个复杂和麻烦的社会，这是一件多么有魅力的事！在实际生活中，原因和结果却没有这么简单。……在好的住宅建筑和良好的（街区里的）行为方式之间没有直接的、简单的联系。[1]

在现实的观察和调研中均可以发现，一个街区的荣与衰、治与乱以及美与丑的呈现和变化，与多种因素有着密切的关系，不是单一元素可以决定的。艺术的介入方式也是如此，若仅仅是为了环境景观的点缀、视觉美化或道德说教，并不一定能产生良好的实际效果。而艺术如果恰当地融会于环境之中，则往往能产生重要的积极作用和现实意义。物质环境的改善与文化观念的引导，在一定程度上会影响生活于其间的人的观念及行为方式；同时，不同的人群也影响或改造着他们所处的环境。这是一个双向的、长期的而又潜移默化的社会文化演变过程。

在笔者大范围的实地观察中可见，中国的许多城市街道，尤其是居住、交通、商业功能较为集中和相互交叉的街区，经济和社会地位较低的居民所在的老旧社区的街巷，以及大量的城乡结合区域的街道，公共设施较为缺乏，建筑环境不太好，普遍存在"脏、乱、差"的现象。这不仅在经济及文化教育事业不甚发达的中小城市，而且在一些大都市（包括北京、广州、武汉、南京、重庆等）也很常见。这种情形在 20 世纪晚期和 21 世纪初以来，由于地方经济的发展、国际交流的增加、城市基础建设与管理的逐渐强化而有所改善或有较大的提升。随着

---

[1] 〔加〕简·雅各布斯：《美国大城市的生与死》，金衡山译，南京：译林出版社，2005 年，第 122—123 页。

大中型城市人们的居住条件的改善以及中高档的商业环境品质的大幅提升，城市街道的形貌、功能及生态被逐渐重视，公共艺术成为街道形象和街区公共文化生活营构的必需品。在21世纪初的十多年里，在政府机构、房地产开发商、商业组织、社区街道管理机构等的支持和参与下，经过改造和新建的一些城市街道及街区由于公共艺术的介入，形成了各种街道景观，成为具有某种文化意象的城市公共空间。以下结合笔者对此类空间场所及景观的实地观察和体验，对其情形、内涵、特点及效应予以概要的分析。

北京华侨城街区

2008年6月29日，在北京市朝阳区东南部的华侨城的主要街区，举行了"公共艺术街"的开街仪式和一系列的公共艺术活动。它由中央美术学院城市设计学院和北京世纪华侨城实业有限公司的公共艺术项目决策者共同策划，其他一些大学的雕塑艺术专业人士和媒体也参与其中，旨在通过一系列的展演与传播活动，使公共艺术在此街区与普通市民大众相接触，产生社会和文化影响力，激发社区活力，使北京华侨城成为一个具有当代文化内涵并富有活力的城市场域，形成一种具有特色的公共艺术街区景观。

中国公共艺术对于城市空间的介入与实践，是伴随着城市建设以及商品经济的发展而开展的。北京华侨城的"公共艺术街"活动也不例外。它是当代市场经济、产业资本与艺术界自身发展需求的共谋与合作。同时，它对促进此地区的房地产业、旅游业和服务业的发展，提升此地区的人气与知名度发挥了重要作用。从城市空间所含有的业态来看，北京华侨城是深圳华侨城集团2002年进入北京所开发的大型游乐综合地产项目，该项目由1平方公里、七大主题的旅游生态乐园暨北京欢乐谷和超过80万平方米的主题居住区所组成，为这一区域的经济发展与城市建设带来了新的机遇。

北京华侨城"公共艺术街"活动的策划者们看到，在当今较为发达和知名的城市中，都市经济和社会的发展与艺术文化的发展之间的关系日趋密切。在未来的中国大都市，以艺术文化为主导的产业与消费集中区域将逐步向城市中心区发展。建构一处以公共艺术为主题的街区公共文化空间，将会使城市呈现出一种新的场域精神和具有时代特性的文化观念，并为产业文化和经济的发展创造出良好的氛围。

艺术及设计进入此街区时，正值华侨城新的一片商业及娱乐区落成并招商之际。街区的东部主要为住宅楼盘与商业服务区，西部主要是演艺及展览场馆和"欢乐谷"游乐场；中间由街区主干道划分，街口两边的步行交通则由空中的过街廊道构成。这座带有游乐与休闲色彩的过街廊道，成为此次开街活动的中心地带。在华侨城"公共艺术街"开街典礼的当天，同时还举行了两项活动："都市互动·中国当代雕塑艺术展"和"2008全国艺术院校毕业生优秀雕塑作品展"的开展仪式。前者作为中国与瑞典的文化合作项目，由瑞典马尔默市政府和北京华侨城共同主办，在瑞典的马尔默和中国的北京同时展出中国十五位著名雕塑家的雕塑作品。后者是由中国《雕塑》杂志社、中国教育学会美术教育研究分会主办的全国艺术院校毕业生优秀雕塑作品展，共展出100余件作品，集中了国内各大院校硕士和本科毕业生的优秀雕塑作品，并作为年度各院校毕业生与指导教师合力的创作成果加以展示。这除了使在校大学生的优秀艺术作品能够进入城市公共空间与社会公众见面之外，也对促进国内各大学艺术教育的交流、展现相关艺术院校的教学成果、提高学生的艺术素养以及毕业生步入职场之前展示自我有着现实的意义。

值得关注的是，如此的艺术介入街区和社会空间的事件，不仅仅是一种单向度的艺术展示活动，而是包含着多样社会群体的交往与协作关系。这也恰是艺术的公共参与及社会化所带来的社会交流与融会。活动引起了北京文化发展与城市建设领域相关人士的关注，得到了社会不同层面的支持。参与其中的有全国城市雕塑建设指导委员会、中国雕塑学会、中国工艺美术学会、首都经济研究会、中央美术学院、清华大学美术学院以及国际创意产业联盟（ICIA）等专业机构及教育研究机构。在艺术开街活动中邀请了来自全国各地的艺术家、艺术教育人士、政府行政官员、社会知名人士、学者、企业家、当地社区人员以及北京的新闻媒体和众多参展的国内艺术院校的大学生。其展览一时间成为北京华侨城和艺术界的一件文化盛事，公共媒体随即进行了报道和演播。

在此展示中，街区的居民和外来游览的人士，在花园、街道、廊桥、店铺及住宅建筑的内外自由自在、兴致勃勃地观赏着艺术家和艺术专业大学生的大量作品（图3.1、3.2）。由于作品布置在不同背景和空间氛围之中，人们有机会零距离观赏到不同题材、样式、材质和风格的艺术品，以及正待启用的具有丰富形式美感的街区建筑与空间形态，获得了一种富有创意、激情的艺术形式与城市生活空间交互的别样体验。

图 3.1 《变形大卫》，雕塑，北京华侨城艺术展览现场　　图 3.2 《重庆生活》，彩塑，北京华侨城艺术展览现场

　　在开街活动的艺术展示中，不同形式、题材和材质类型的作品极大地丰富了观众的视觉感知和审美体验。参展作品主要来自艺术院校教师和职业艺术家以及通过遴选的大学毕业生作品，在总体上呈现出强调作品的艺术创意与个性，注重艺术的技艺、探索性和表现力的倾向。其中有的通过特殊的材质和形式元素的构成手法，呈现出独特的创想与象征性意义（如表现机械、电信和数码的时代寓意）；有的通过对中外经典艺术作品的把玩和解构，表现当代文化与审美的多元和俗化趋向；有的通过刻画地方社会中世俗生活的众生相，呈现普通民众的精神与道德状态，同时蕴涵着对于社会问题的某种讽喻和批判；有的通过对于自身的日常经验、内心思绪的艺术体现，呈现出某种生命情感的焦虑、激荡；有的则围绕青年学生时代的理想、困惑与成长，呈现出青春情怀与社会生活的遭遇；有的通过对于传统及民间艺术题材和形式的再创造，呈现出现代人的情感与审美意象。这些陈列在崭新街区公共空间中的艺术作品，给这个以往接近城市边缘区域的地方，带来了显在的活力和富有想象力的文化气息。

　　令游人印象深刻的是华侨城的过街廊桥，它具有风雨廊桥的建筑特征，可供人们滞留和观景，成为此地区的象征性建筑之一。活动期间，在桥上两侧的廊道空间中布置了许多艺术院校大学生的雕塑作品，供人们自由地欣赏和品评；并请画家在桥体建筑的隔扇墙面上绘制了一些彩色壁画，表现富有情趣的居家生活及青年人的情感（图 3.3）。这些短期陈列的立体作品和持久性的装饰壁画，给街区的公共建筑环境以及商业和生活空间带来了生气与浪漫的气息，激发了人们到此游乐、消费和生活的情致和兴趣。

　　华侨城"公共艺术街"项目的策划方意识到当代艺术传播与日常公共生活的

密切关系，认识到公共艺术的形式
和内涵并不局限于纯粹静态的城市
雕塑、壁画，也包括城市公共空间
中具有人文和艺术价值的构筑体，
还包括与人们的社会生活和互动
性审美活动密切相关的艺术文化形
式，如公共性的艺术事件、展演活
动、互动性体验活动以及新媒体和
网络传媒方式的艺术展示与交流活

图 3.3　北京华侨城过街廊桥

动等。而这些正是易于融入城市公共生活和市民文化活动的公共艺术形式，并可
以成为城市及社区文化"生长"过程中一种有待激发与培养的萌芽，尽管它起始
时往往受到外来力量和经验的影响或支持。在此活动中，策划方试图构建起立体
化、多层面的艺术形式，以吸引公众关注与参与。同时，为配合大学艺术创作实
践的需要，开展了周末公共艺术市集活动，为艺术院校学生展示和销售其创意作
品提供了平台。此次展览也把华侨城的"欢乐谷"主题内容包含其中，包括以主
题性卡通人物为主的绘本、广告和音乐作品，并由此衍生出时尚卡通玩具、学生
创意产品以及动漫故事会的表演剧等系列产品。另有关于 2008 年北京奥运会主
题的"文化衫"创意绘画以及时尚数码创意作品的展卖活动，为艺术院校学生展
示和销售其创意作品提供了平台。在晚间还上演了大型经典舞蹈史诗剧《金面王
朝》，举办了"华侨城公共艺术风情夜自助晚餐会"。

　　显然，北京华侨城"公共艺术街"活动，着意于"去商业化"或在"半商业
化"情境中构建街区生活与人文艺术环境，但在我们随后的跟踪察访中，却发现
并没有完全实现这样的计划和愿景。此间的原因是多方面的：其一，发起者和合
作者之间尚欠缺长期的合作规划与合作机制；其二，双方对其互惠及利益点尚没
有达成共识；其三，欠缺政府方面及社会（或社区）非营利性组织的协作与支持；
其四，活动策划本身没有建立在社区居民参与的机制之上，而是主要依赖本地块
的发展商以及外来的艺术家和相关行政机构，这就使整个活动显现出有始无终、
虎头蛇尾的效果。事实上，在一段"黄金期"过后，一般性的餐饮消费空间和娱
乐业占据了华侨城的主要街区，日常性的艺术生活气息所剩无几，只剩下一些在
开街仪式活动中留下的墙体壁画和带有艺术设计意味的公共设施。

尽管这样，这种带有明显的短时性的公共艺术展示和展演活动，依然对于试图使一个城市区域的公共空间具有人文属性和美学品质，或是"让艺术融入生活的休闲港湾"以及"为企业积累人文财富"，具有积极的现实意义。而我们在其中也特别感受到现代城市社会结构（包括城市群体文化艺术活动在内）的短暂性、流动性和不稳定性，这也是当前我国城市景观和公共艺术的特性之一。

　　实际上，在人口迅速增长和各种企事业飞速扩张的当代北京城，各种社会群体在空间资源、人脉及商业机会的角逐中必然快速流动、瞬间变化，而整个社会也呈现出从传统的族群化的乡土社会向资本集中及效率化的城市社会转变的趋势。这在一定程度上类似于美国著名城市学家路易斯·沃斯（Louis Wirth）关于20世纪上半期西方城市社会特征的表述：

　　　　肤浅、匿名与短暂是城市社会关系的特性……生活中的每个人都首先是实现自己目标的手段。在这种意义上，我们认识的人习惯于和我们保持功利的关系。因此个体在某种程度上摆脱了亲密关系群体对个人与情感的控制；另一方面，他也失去了那种整体性社会中自然的自我流露、集体精神与参与意识。[1]

　　在现代城市社会中，人的行为会出现失范和异质化的情形，都市人需要面对快节奏和各种技术复杂化的现实。这也必然导致如此的情形："都市人的流动性很强。个体一方面被置于其他人的影响之下，另一方面在构成都市社会结构的社群中沉浮。"[2]客观上，无论是公共艺术的策划者、艺术家还是参与其间的普通市民，一方面在这种艺术的公开化、社会化和公共参与性活动中试图寻求、体现和印证自我个体的情趣、意志与价值观念，寻找同质性的群体与情感；另一方面，也在这样的公共活动或事件中被他人影响或在群体竞争中体验成功、差异与挫折。公共艺术作为一种社会公共文化活动，本身就可能具有复杂性以及不同的含义与多样的效应。北京华侨城"公共艺术街"活动在城市社区文化、商业文化、大众时尚文化及当代学院文化方面，正显现出多义性、交叉性乃至矛盾性。至于当代城市公共艺术方式的短时性及多样性问题，我们还将在另外的章节涉及。

[1]　孙逊、杨剑龙主编：《阅读城市：作为一种生活方式的都市生活》，赵宝海等译，第10—11页。
[2]　同上书，第12页。

北京清华东路街区

北京城北海淀区清华东路的景观改造，东起八达岭高速公路，西至双清路，长约 2.7 公里，曾是 2008 年北京奥运会场馆之间的重要连接线。街道两侧分布着多个学校、住宅小区、中小商店以及公司建筑。21 世纪初拓宽后的道路承载着每天的机动车、自行车和周边生活、工作的众多行人。此街区两侧原来一直是以学校宿舍区和居民社区为主体，以内部安全为由，笔直的全封闭的围墙把街道"夹持"在中间，在社区一望无际的围墙与马路之间，仅有一条狭长的树木绿化带，没有任何可供人停留的环境条件，使得街区仅成为一种"通过性"的空间，大墙内的社区居民无法更好地享受街区生活或与流动的街道发生联系。其实，这种街道形态在中国各城市中并不少见。尤其在 20 世纪晚期之前，中国城市景观中几乎到处可见那些由厚重而冗长的围墙所分割出来的街道环境。

北京市海淀区政府为了配合百年一遇的奥运会的举行，在 2008 年 2 月至 5 月期间，在此街区沿线绿化带的基础上，出资修建了清华东路的街区带状公园，自学院路至双清路，全长 1.2 公里，总面积 3.5 公顷。街区公园兴建的目的，一方面是为了改善街区道路周边的景观及环境品质，另一方面是为了给附近居民提供良好的生活和休息、交流的空间。在建设中，原有的围墙被拆除，采用了通透的网状隔断和自然的灌木墙相结合的方式，使得沿线社区与街区公园可共享内外的风景而又互不干扰。在沿街的狭长园区内分段设置了学院广场、棋牌广场、健身广场、童趣广场等多个不同功能的活动场地，以满足周边社区不同人群的休闲、娱乐需要。

除了利用原有的绿化条件之外，在公共设施及户外娱乐设施方面也有较好的设计，尤其值得关注的是，其间公共家具、娱乐设施和儿童游乐设施的设计，尽可能地把使用功能与艺术性、人文性及科学性（便利性及效率性）结合起来。如为儿童设计的木制玩具、动物题材的雕塑或棋牌游戏桌椅，均满足了实际使用和审美的需要，显现出公共艺术的特有魅力。在儿童玩耍的区域，设计了富有童趣和艺术意味的游戏、健身设施以及小猪、蜗牛、壁虎、河马等不同造型的动物雕塑，它们既是富有创意的艺术观赏对象，又是可供孩子们玩耍、嬉戏的器具（图3.4）。棋牌游戏桌椅的艺术设计，还体现了中国棋牌文化的精神内涵，使娱乐性与知识性奇妙结合，增添了景观的人文色彩。不同位置的座椅或因势围绕树荫及灌木，或可依据来访者的临时需要而自由组合变化（如在座椅下安装了滑道，既

图 3.4 · 路边公园的动物雕塑及器具，北京清华东路

可以防止家具丢失，又可满足青少年聚会玩耍的需要）。并且，为打破街区景观及色调的单一与沉闷，街区公园内设置了彩色陶瓷镶嵌壁画，以自然而抒情的半抽象的表现方式，给公共空间带来了轻松、闲适的气氛，吸引着青少年和成年人前往（图 3.5）。园内的道路铺装也兼顾形式美感与实用功能，除了几处集中的广场区域之外，地面的铺装趋向于有限性控制，而在更多的土地上植栽灌木和草坪。

　　显然，清华东路街区公园的公共艺术介入，在有限的资金投入下更多地注意到居民、儿童和游客的休闲生活与娱乐需要，注重实用性与文化艺术的结合以及人性化的设计，而不仅仅在视觉的艺术性效果上做表面文章，这样就有利于提升街区公园的吸引力和实际使用效果，加上街区商店的消费活动，使得此街区具有多样的景观内涵和非凡的空间活力，而艺术的魅力和意义也悄然隐现其中。在城市景观可能产生鲜明的意象方面，美国著名城市规划及设计学家凯文·林奇在其论著《城市意象》中曾指出，在城市空间与景观元素的设计中，"形状、颜色或是布局都有助于创造个性生动、结构鲜明、高度实用的环境意象，这也可称作'可读性'"，也即通过清晰而生动的外在形式，营造出具有实用、审美和易

图 3.5　路边公园的组合座椅及壁画，北京清华东路

于感知特性的景观意象。

不过，此街区公园的实际利用率并不是很高。其主要原因在于，它处在一条通过性的、以机动车交通为主的街道的旁边，且与相邻的社区有防护隔栅，不方便多数居民来往其间。另外的原因在于此空间周围不同类型的商业网点不足，尚难以成为一个吸引人们较长时间地停留和游憩的场所。

哈尔滨中央大街（商业步行街）

地处哈尔滨老城区中心地带的重要商业与观光区域的中央大街，典型地显现了哈尔滨城市近现代历史文化景观及其别具特色的建筑与人文风貌。1997 年 6 月经过对街区建筑、空间环境、公共设施的整修与改造后，它被专门设立为商业、娱乐与旅游观光的步行街。由于集中地体现了哈尔滨近一个多世纪以来的沧桑变化和发展历程，中央大街一直倍受当地市民及外来游客的重视。据实地察访及地方资料显示，中央大街始建于 1898 年，最开始叫作"中国大街"，1925 年才改称"中央大街"。它北起松花江防洪纪念塔，南至经纬街，全长 1450 米，宽约 21米，用花岗岩方块石铺就的中间行车道约为 10 米宽。[1]整条大街沿线拥有欧式及仿欧式建筑约 70 余栋，其中包括 13 栋欧式历史建筑，分别呈现出西方文艺复兴、巴洛克、折衷主义、新艺术运动等曾流行于西方 19 世纪中晚期的建筑样式。它们成为殖民时期遗留下来的具有鲜明历史痕迹和异域文化风情的哈尔滨城市建筑文化遗产，在整个 19 世纪中晚期至 20 世纪中期的中国城市建筑史上具有十分重要的历史与文化地位。经过改造后的中央大街步行街区，重新呈现出百年老街的风韵，无论是建筑环境、空间形态还是公共设施，均显现出独特的个性色彩（图3.6）。应该说，历史建筑的视觉形式美感与历史感奠定了其场所环境的品质与人文魅力。中央大街沿途两旁有十余条与之垂直交叉的支线街巷，设计师在这些道路节点设计出了一些适宜公众逗留、观望与休息、娱乐的公共空间。它们一方面减弱了整条大街临街建筑立面延续过长而引起的封闭感和单调感（主街道与辅助街道交叉点的许多转角处的建筑呈现出多个立面的视觉美感）；另一方面有助于激发人们对于辅街空间的探游兴趣，丰富步行街区的空间形态和视觉向度，增加街区的商业与旅游文化活动的边际效应。步行街不同路段空间的收放、张弛状态，

---

[1]　参见哈尔滨市道里区地方志编纂委员会编纂：《道里区志》，哈尔滨：黑龙江人民出版社，1993 年。

图 3.6 哈尔滨中央大街欧式建筑景观

与其间人流活动的快慢及各种行为方式之间形成了相应的节奏关系，使游人的购物、餐饮、观光与交流等各类活动获得了恰当的空间场所及心理体验。

公共艺术在中央大街的存在形式及主题，主要是顺应步行街的商业营销与休闲娱乐活动。游人在大街沿线节点的公共空间中可见一些富有激情与欢乐气息的景观雕塑。如在每年夏秋季举行的哈尔滨啤酒文化节餐饮廊道前，设立有异国风情的敞篷观光马车雕塑，与1900年就诞生的哈尔滨啤酒品牌及其商业传统文化主题相呼应；另有街头音乐表演题材的青铜群雕作品，以体现哈尔滨夏天的音乐，以及啤酒的激情与浪漫，为游客的餐饮、聚会和娱乐活动增添欢愉的气氛（图3.7）。沿途街边的小型节点空间中立有欧式跌水喷泉雕塑与花坛，与街区两旁纯正的欧式建筑及其极为丰富、细腻的细部装饰相辉映，给人以特殊的视觉享受。这些设立于道路节点和街头广场的公共艺术作品和环境装饰小品，为其周边的休闲茶座、啤酒花园、街头文艺表演及露天影院等公众文化娱乐活动场所营造了良好的人文艺术氛围，吸引着人们在轻松、浪漫的心绪下参与其中的各类活动。

街区北端临近松花江的终点广场，竖立着建于1958年的"哈尔滨市人民防洪胜利纪念塔"。它为纪念哈尔滨市民及当地驻军在1957年共同战胜特大洪水的

图 3.7 《四重奏》，雕塑，哈尔滨中央大街啤酒花园

袭击这一历史事件而设立。防洪纪念塔的主体以欧式单立柱与塔顶圆雕及塔身浮雕艺术构成，并附以半圆形的柱廊景观建筑。塔身底部的 11 个半圆形水池中有1957 年最高水位的标志，塔身下部的人物浮雕群像生动描绘了当年军民们团结奋斗，一起战胜洪水的历史性情节。纪念塔成了中央大街上承载城市历史片段及公共精神的重要景观和远近闻名的江岸地标。

整体上看，中央大街的建筑景观和公共艺术的形式和文化内涵，均与步行街的历史、性质和文化的呈现相关联，它与其所在区域存留的拜占庭风格的著名建筑索菲亚教堂（1907 年建成）等历史遗存景观（内部设有哈尔滨近代历史文化展陈），共同构成了令人印象深刻的哈尔滨城市中心区域景观，尽管其中似乎欠缺一些富有创意的景观艺术作品。

从客观情形来看，哈尔滨中央大街步行街景观与公共艺术的成功之处，首先在于街区规划的整体性与合理性。由于它保留了街区传统建筑及其风格样式的完整性，这就使得街区历史建筑风貌及其文化形态得到了视觉上的延续，从而保留了街区的历史感和其特有的形式美感（从特定的角度来说，主要是城市建筑的美学品质与人文价值决定了城市公共景观艺术的基调与品质，而公共建筑本身就是公共艺术的一种重要体现形式）。同时，为满足当代市场开发和公众活动的需要，设计者在局部空间的改造及街区节点的艺术创作方面采取了一些相应的举措，以丰富街道局部及细部的美学形式与内涵，使得厚重的历史建筑街区显现出时代的特性与艺术气息。值得注意的是，由于此街区20世纪90年代的重新整治与修建重视规划的执行，采取了循序渐进的保护与改造方式，从而避免了中国许多城市步行街建构时的随意性、无序性及突击性情形。虽然对中央大街中的一些历史建筑的学术研究与修缮保护工作尚有明显不足之处，但城市商业步行街的整体景观和公共艺术建设，仍不失为中国当代城市步行街改造案例中的佼佼者之一。

我们关注哈尔滨中央大街及其周边景观和公共艺术形态的原因，不仅在于其间存有许多对于显现城市街区历史及视觉美学富有重要意义的建筑、雕塑及环境装饰艺术，更重要的是其题材和形式的选择以及在历史进程中的"上下文"关系。它们承载和反映了这座城市的主人们在不同的历史时期的政治、经济、文化和社会观念、审美经验和话语（权力）情境。我们注意到，中央大街及其周边的诸多景观和艺术品的类型和含义存在差异，具有杂糅和并存的特点。

我们看到，在中央大街北端临近松花江畔的斯大林公园，有20世纪50—80年代惯于表现的红领巾少先队员参加义务植树劳动的群像雕塑（图3.8），以及表

图 3.8 《少先队员》，雕塑，哈尔滨松花江畔

现工人和妇女劳动者的塑像。作品表达了那个特定时代强调国家权力及社会主义制度、强调社会阶级性的历史内涵，展现了工农劳动者和少先队员的朴素形象及其以体力劳动为荣的价值观。另有以天鹅、梅花鹿等当地动物为题材的雕像，显现出传统文学的记录、叙事和唯美特性，迎合了大多数普通观众的审美需求，真切地显露出中国 20 世纪中期以来占主流地位的艺术题材、意识形态及大众化的审美内涵。其中，不乏苏联雕塑艺术及其观念形态的深刻影响，或许这正与此公园所特有的历史背景及传统语义具有内在的关联。

而在 20 世纪 90 年代以来于中央大街陆续树立的雕塑中，出现了一些典雅、浪漫且带有西方传统和现代艺术韵味的作品，诸如《四重奏》《顽童与花坛》《街头艺术家》（图 3.9）、《马车》，以及一些为烘托街区西洋建筑环境和当下浓烈的商业及旅游氛围而树立的西方古典雕塑题材的男女人体塑像、环境装饰雕塑和建筑浮雕（图 3.10）。这些偏重艺术形式及美感表现、追求诗意的雕塑，恰逢中国 20 世纪晚期以来社会经济开放"搞活"的时代氛围，反映了城市商业经济、大众文化的勃兴以及多元文化的现实需求，不再是以往传播政治意识形态的工具。在这些艺术作品中，精英文化、大众（娱乐）文化、商业文化（在此表现为借助城市文化旅游与消费的需要而极力复制西方古典艺术的样式及符号，以广告的艺术效果吸引外地游客前来观赏，以提升商业街的人气和销售业绩）彼此混杂、并列，

图 3.9 《街头艺术家》，雕塑，哈尔滨中央大街

图 3.10 古典雕塑题材的人体塑像、浮雕，哈尔滨中央大街

构成了丰富错杂的视觉景象，体现出这座城市的社会和文化形态的多元化特征，同时反映了普通市民在商品经济和大众文化的大环境中追求新奇、娱乐、异域性等具有享乐和猎奇特点的心理趋向，其中不乏各种拿来主义、模仿、怀旧以及杂糅的艺术创作方式和审美态度。然而，这些似乎缺乏统一性和独特性的艺术景观，却从一个方面显示出当代哈尔滨城市文化的多样性、随机性和包容性。它们既不同于20世纪90年代以前较为刻板和说教性的艺术景观，也不是为了刻意追求街区的地方性而采取单一化或统一性的艺术样式和符号体系（尽管中央大街的建筑风貌具有历史的统一性和艺术特性），而是希望游客们在此得到多样的视觉文化体验，以便"各取所需"。这正如中央大街作为开放的商业、娱乐及公众消费区域本身所具有的含义和特性，显现出城市历史文化的沿革及其与现时文化的交错和叠加，其视觉文化内涵已超越了一个既定的街区的观念。这种情形犹如西方城市文化学者所言：

> 城市中的人，不会受到街区概念这样的地区主义的羁绊，他们干吗要那样呢？广泛的选择和丰富的机会不正是城市所要提供的吗？……这种自由的丰富多彩的选择和对城市的使用，正是大多数城市文化活动和各种特色行业和商业的基础，因为这些活动能够从很多地方为城市带来技术、物质、顾客。[1]

因此，中央大街区域的雕塑与建筑装饰艺术乃至其间的各种广告艺术的历时性、多样性和混合性，一方面反映了城市街区的历史文化与社会意识形态的变迁，另一方面也印证了商业娱乐区域的景观文化特性及其存在的某种普遍性。

成都春熙路商业街

公共艺术在城市街区的介入方式，会因街区的业态、住民及其历史文化和现实生活等方面的差异而有所不同。关于当代具有历史性的商业街区的公共艺术，本书除了在第五章有专项论述之外，此处就成都春熙路商业步行街的公共艺术景观予以探讨。

---

[1] 〔加〕简·雅各布斯：《美国大城市的生与死》，金衡山译，第126页。

春熙路是民国十三至十四年（1924—1925）建成并命名的，距今有近百年的历史。据有关资料查证，春熙路在晚清和民国时期商贾云集，官府和富庶的上层社会市民居于此区段，也是成都人和外来游客销金游乐的重要场所。此区域曾是首饰铺、绸缎铺、皮货铺、钟表铺、影剧院和著名茶楼、餐馆聚集的城市商业中心。一些街面建筑外观模仿了西方巴洛克建筑的装饰风格。民国后衙门废止，街区的业态、建筑和商业环境趋于无序、陈旧和杂乱。[1]

在20世纪80年代后，经济的转型及市场化使得春熙路街区再度繁荣，并复兴了大众消费的夜市，商业活动趋于活跃。至本世纪初，为满足城市经济发展的需要，市政府启动了春熙路商业步行街的大规模改造和扩建项目。经过近一年的施工改造，春熙路步行街于2002年2月10日重新开街，十余万市民当天涌入其间游览和购物，成为当地市民生活中的一件盛事。

在春熙路商业街区的改造和重建过程中，设计方考虑到街区的历史性及人文脉络的当代意义，通过对于此街区曾拥有的繁华景象及商业精神的艺术表现，回溯了城市历史及地方文化，烘托了街区的商业氛围。其间的公共艺术形式主要是石雕壁画和地面铸铜浮雕作品。如在春熙路北口的太平洋百货商店的对面，以花岗石雕构成的浮雕艺术墙表现了成都的地域风俗和市井景象，刻绘了唐宋时成都的八大文化景观，集中反映了成都古代历史中曾经辉煌和引以为荣的传统工艺、民俗文化和审美意趣：织锦、濯锦、芙蓉、花会、酿酒、庙会、采桑、灯会等（图3.11）。而春熙路商业街区中山广场附近的地面，则铺装了系列化的历

图3.11 反映街区历史文化的浮雕艺术墙，成都春熙路商业街

图3.12 记载春熙路商业文化历史的地面浮雕艺术，成都春熙路商业街

[1] 参见成都市地方志编纂委员会编纂：《成都市志·建筑志》，北京：方志出版社，1993年。

史主题的铸铜浮雕作品
（图 3.12），重在追溯成
都市及春熙路街区周围
在清末、民国和 20 世纪
60 年代之前当地著名的
"老字号"商铺、民众娱
乐场所、民间工艺作坊
和丰富的市井生活场景。
在考察中我们见到许多
富有再现性和纪念性的
地面铜雕画面，题材内
容丰富多样：建立于 20

图 3.13　街区彩色人物群雕，成都春熙路商业街

世纪 20 年代的科甲巷蜀绣作坊，1924 年落户和开张的新明电影院，1925 年浙江
帮开设的上海及时钟表眼镜公司，建于 1927 年的成都老凤祥金银饰品店，建于 20
世纪 30 年代的大科甲巷儿童玩具店，30 年代四川帮开设的协和百货行，1934 年
创立的三益公大戏院，20 世纪 40 年代设立的廖广东刀剪铺等。

　　如果说，这样的历史题材壁画对于城市商业和市井文化历史的述说，意在希
望把曾经的繁荣与辉煌保留在现代人的心目之中并重振街区的重要地位及商业经
济的活力，那么，在壁画附近的空间中设立的游走于闹市街道的当代市民的彩色
雕塑群像，则反映了当代城市普通市民阶层的主体性及非等级化状态（图 3.13）。
这些在商业闹市中随意游览、消费、交往和玩赏的青年男女雕像，正是城市街道
上"看人"和"被人看"的参与者和行为主体。而他们装束形式与色彩的多样，
从一个侧面体现出在我们这个时代的艺术观念中，人们允许并欣赏把普通人的样
貌、日常生活状态直接作为艺术创作与公共展示的对象的行为。这也显现出艺术
舞台与生活空间的穿越，社会身份等级的某种淡化与消隐，呈现出社会交往空间
的多样与包容。显然，这样的城市景观象征着社会空间的多变性、混杂性和交互
性，它使得城市规划图册里平面化和概念化的空间变得立体，具有生动而复杂的
内涵。这些自在行走与观望的行人塑像，虽然并不具有某种明确的故事和价值倾
向，却呈现出对于原来只有少数文化艺术专业人士擅长介入的审美领域的超越，
也有助于提升普通市民公众的审美体验。艺术作品与街市空间和街头生活场景的

贴合，体现出城市使用者对于空间属性和城市价值意义的认知。

　　街道是一个供人们交往、展示和相互观赏的舞台。这些公共艺术作品的设立，虽从一个侧面可见当代城市文化和商业街区的繁荣，但也同时需要历史记忆和人文意识的伴随，需要精神的滋养和审美的愉悦。虽然成都春熙路商业步行街区的景观艺术过于注重商业化的包装和视觉效果的渲染，对街区的历史文化形貌与内涵尚欠缺整体、细致的梳理和发掘性保存，其公共设施和周边的交通系统也尚待进一步完善，但毕竟呈现出当地城市历史及公众文化意识，对于提升商业街区的视觉识别性和城市文化内涵具有特定的时代和社会意义。

昆明市南屏街

　　昆明南屏街位于昆明市中心主要商业区内。市政府于 2004 年 3 月启动此商业步行街的改造与兴建工程，于 2005 年 1 月完工。其基本动因在于试图通过南屏街的兴建，解决此街区长期存在的公共交通与商业空间之间的矛盾，解决拥堵、凌乱及人车混杂的基本问题。原交通干道改入地下行车隧道部分，地上则建成了井然有序的商业步行街、广场和绿化景观。工程用地总面积 36700 平方米，步行街全长 400 余米，宽约 40 米。此商业步行街的空间设计，采用了"老昆明的家"的概念，力图通过街区的景观设计及公共艺术显现昆明市的地域历史文化特色及具有亲切感的人文氛围。

　　这条新改建的东西向的商业步行街（南屏街）与南北向的正义路及三市街的景观风格形成某种明显的差异。前者显现出现代商业街的文化与视觉艺术氛围（如新型的户外雕塑、水景、壁画，以及商铺门面的时尚设计等），而后者则保留了传统街市建筑及过去时代的文化符号和意蕴（如当地民国时期的街区牌坊建筑及刻有诸如"正义""忠爱"字样的字符和传统吉祥雕刻纹样等）。步行街在近日公园的道路节点处形成了街心广场。

　　游人在南屏街可以观览到一些以城市怀旧与儿时记忆为主题的街区雕塑作品，如表现 20 世纪初中期昆明市旧式照相业的营业场景的雕塑（图 3.14），表现昔日少年在街头玩耍跳格子竞技游戏的雕塑，表现农民挑担叫卖水果（呈贡宝珠梨）等市井情结的雕塑，还有艺术家以铜雕的方式把旧时老昆明富贵人家堂屋里的檀木雕花椅（当时作为某种身份的象征物）排列在街心休闲区，如今普通的游客可以坐上去体验一番或驻足留影（图 3.15）。街心人工水池则吸引着游客现

图 3.14 《老式照相的回忆》,雕塑,昆明市南屏街　　　　图 3.15 《雕花八椅》,家具雕塑,昆明市南屏街

场垂钓,在闹市中获得随性的欢愉和体验。引人注目的是,参与设计的艺术家把云南地区的民间风俗作为创作题材,以墙体系列壁画的形式表现当地传承已久的"十八怪"的生活情形与趣味,如所谓"竹筒当烟袋""有话不说歌来代""斗笠反着戴""粑粑叫饵块""鸡蛋串着卖"等民间习俗及生活情形,极富地域文化特色和旅游看点(图 3.16)。

同样,为了表示对城市历史及地方文脉的尊重,在昆明市许多老街区的路标指示牌的下方,均有文字告知路人此街道的原名及历史典故,让今人了解街区的历史沿革与变迁过程。如正义路及南屏街附近的人民中路路牌下的提示文字:

> 此路原名武成路。明清时,其东段名土主庙街,因有此庙(今华山小学)而得名;中上段因近城隍庙故称城隍庙街;中下段因有武庙(今武成小学),故称武庙街;西段称小西正街。1938 年将四段合并,统称武成路。1998 年更名为人民中路。

在考察中可见,每条老街路牌下的文字,均会给当地市民和外来游客提供关于城市文脉的简要信息,触发人们的人文情感和自我想象。应该说,这也是城市公共艺术及景观文化的重要组成部分,它们以更为直接的言说方式唤起人们对于街道及城市历史的关切与珍重。

追溯城市历史,留下城市记忆,成为 21 世纪中国城市公共艺术建设的重要内容之一。在南屏街西端与正义路交叉的街心广场中央,设计者采用地面浅浮雕

图 3.16 《云南十八怪》，表现地域民间风俗、风情的壁画和雕刻，昆明市南屏街

的铺装方式，对昆明市明清城区地图予以展现，向来往于广场的行人展示了昆明老城池的街巷、庙宇、寺院、集市、商铺、教场、衙门、军营、当铺、私塾、作坊、钟鼓楼、铁道、邮局、工厂、河渠、城门等城市结构，把"昆明古城定于元、成于明"的历史渊源及其自然地理环境形象地表现了出来。此间，"故城"成为广场艺术的主题和地域性公共文化的内涵。

对于社会道德的关注和宣扬，也是公共艺术文化显在的一面。在南屏街步行道供游人娱乐、休憩的空间中，树立了几根石柱，上面雕刻了一些古今诗词、文赋、箴言、警句，其内容除了对于昆明春城的历史典故和人文精粹加以歌颂之外，也对社会道德及人生价值意义作了表述，试图显现一座具有文明历史的城市所倡导和尊崇的价值内涵，同时显现出时代意义。如其中一根石柱上刻有"方于教授慧语：要为多数人做事，诚心去帮助比你痛苦的人，你自己就不痛苦了"[1]。另有一石柱上刻有清代名人赵光的书迹片段:"能勤能俭创家者也,不勤不俭败家者也。"[2] 这些箴言、警句出自云南或昆明本地(或曾供职、生活于此)的社会贤达、学者,突显了其社会历史与人文积淀,同时也具有公共教育与社会问题警示的现实意义,呈现出艺术在审美价值之外的社会价值。另有意味的是,在这些新建的类似远古图腾柱的石柱柱头和柱基位置,设计者饰以中国传统建筑装饰符号以及云南古代滇文化中的铜鼓纹样,意在呈现其文化的地域性和独特性,显现出鲜明的地域历史意味。

与南屏街区的正义坊遥相对应的忠爱坊,曾是旧时昆明城边商业区的一个重要的地标性木结构古建筑,在19世纪中期和20世纪早期因战争和火灾而两次被毁,直至20世纪末期由昆明市政府在忠爱坊的原址上,按其原貌重建了这一本地历史文化名坊。据有关史籍记载,忠爱坊建于元朝时期(原在鄯阐城中,即今昆明城),以纪念元咸阳王、平章政事赛典赤在云南执政时期的功德与仁政。"忠爱"二字意在彰显其对皇帝的忠诚和对黎民的仁爱。而今重建则意在纪念城市历史、彰显儒家传统文化的政治伦理和精神。在旧时,昆明南城外建有忠爱坊、金马坊、碧鸡坊三座牌坊,因三座牌坊呈"品"字形布局,故称为"品字三牌坊"。在重建的仿古建筑忠爱坊的石刻和彩绘装饰艺术中,人们可见许多寓意高洁、清廉、和谐与美满的荷花、莲蓬、蜡梅、葡萄、鸳鸯以及卷草纹和其他具有吉祥意味的古代几何纹样,具有浓郁的文化内涵、审美特性以及传统的美学意蕴(图3.17)。

然而,这些重建的仿古建

图3.17 重建的仿古建筑忠爱坊

[1] 方于(1903—2002),著名文学翻译家、音乐教育家、教授、云南艺术学院顾问,江苏武进人。
[2] 赵光(1797—1865),昆明人,嘉庆二十五年(1820)进士,官至刑部尚书,善工诗文。

筑，在整个街区景观和视觉艺术中，难以与其周边形貌各异、风格杂陈、色彩纷杂的商业建筑群相协调，显得有些唐突、孤单和怪异。当牌坊的历史内涵及功用被今人所漠视之后，加之现今处于热闹的商业楼宇密集的街市，人们只是匆匆地路过而较少驻足端详，它原有的文化感、仪式感和纪念性也就消失殆尽。忠爱坊的南面是休闲步行街，街面两旁排列着一些当地和外来务工的个体自由职业者的摊位，当街行使按摩、推拿、理发等手艺，从一个侧面显现出当地街头文化与个体服务行业的传统情境，以及当代市民就业局限的社会客观生态。街区水景观设施周边也有旅游垃圾产生，其景观品质、舒适度和卫生状况不尽如人意。这些均使得重建后的忠爱坊虽形式精美、工艺制作精良，周边的绿化和公共设施也较为充分，但由于其间业态及环境的管理和游人的行为方式等问题，街区景观的美学效果大打折扣。

如若从外在形式及风格上看，南屏街及其附近改建的街巷（如兴华街及文明街沿线）的面貌呈现出各种新老、中西样式及文化符号的混搭与拼凑，形成了特殊而又有普遍意味的后现代城市景观形貌。真正"生根"于本地文化且"自然生长"起来的历史文化街道的形迹和风貌，在昆明市基本上已经不复存在。迫于近二十多年来的人口、商业经济及城市升级压力而建造的城市街区景观，是在各种投资商、开发商、业主和管理者的意志与审美认知下拼凑与堆砌而成的。

青岛台东三路步行街

山东青岛市台东三路商业步行街景观艺术以街区建筑壁画为主要呈现方式。此街区建筑群外墙壁画的实施目的，一方面是为了改善原街区建筑及环境的陈旧与杂乱，使之具有某种统一性和当代气息，不至于因其陈旧、驳杂而与青岛市新时期的景观建设整体相脱节；另一方面是为了营造具有显著特色的商业步行街及当代市井文化生活氛围。在形式手法上，并非采用那些即兴的或先锋意味的"涂鸦"绘画，而是采取具有装饰性和设计意味的各种绘画和图案，在达到"遮丑"和"美化"效果的同时，形成了富有鲜明特色和新意的视觉文化景观。这多少是由于壁画项目的策划与创意人借鉴了美国洛杉矶或日本横滨等地的室外墙体壁画的艺术方式所致。

在实地访查中可见，在长约1公里的青岛市台东三路步行街两侧近20栋临街楼体上，绘有3万多平方米的楼群建筑壁画。它是在2004年该区政府机构采取

图 3.18　青岛台东三路街区景观壁画之一、之二

项目委托及招标组合的方式，由全国艺术院校中的 30 余位艺术家、设计师共同设计和集体制作而成。壁画的题材和内容包括民俗图画及传统图案、各种海洋动植物的装饰画、传统的民间舞蹈和戏曲脸谱形象、时尚的卡通造型和符号，也有半抽象的造型和抽象的色彩。应该说，楼群壁画混合了传统文化与时尚文化、海洋性的地域文化和都市的商业文化，并加以演绎，成为街区商业氛围和当地社区及市井文化的一种集中性的视觉阐释。完成后的步行街楼群壁画，有着丰富多变的色彩和内容繁多的图像，呈现出十分显著的景观效应，成为一种极富地标性和城市活力的公共艺术图景（图 3.18）。

　　由于此街区是普通市民的住宅区与商业区混合并存的区域，艺术家在设计和制作楼体壁画时，尽量不影响到楼上居民的实际生活及整体的视觉环境品质。他们把伸出窗外的晾衣架和空调室外机部分予以整体的形式处理，使得居民晾出的衣物也成为"立体壁画"的组成部分。另外，他们对街区的夜市景观照明和公共设施也做了相应的设计，使得街区的景观艺术形式和商业及娱乐文化的内涵得以有机地融合与相互映衬，在很大程度上改善了街区住宅生活和商业经营的环境及视觉文化，提升了街区的识别度和知名度。这在国内外同类街区的艺术化改造及景观样式的建构中均有独特的地位和时代意义。它的实践传达出一种信息：在以较为节俭和特殊的方式来改造陈旧的、非经典性的社区建筑群的时候，平面化和富有成效的室外壁画艺术是一种值得考虑的方式。重要的是艺术与街区的建筑环境以及生活氛围和文化内涵之间，要形成恰切的内在关系。

3.3 城市广场

从最初的古城到现代都市，都是人类社会文化符号大量制造和集中展示之地，是宗教、政治、商业和公共事务信息汇集与发散的中心。而城市的广场又是这种中心功能的集中体现，担负着国家和地方重要的神灵祭祀、城邦典礼、仪轨展演、商业展示、政令传播或军事检阅等各种功能。

西方古代城市广场的兴起，在很大程度上与城邦举行神灵祭祀活动有关，即在建有城邦保护神的神庙等建筑群落之间，设置可供人们集中举行祭祀、祈祷、占卜及重要议事活动的公共空间，其间往往设置庄严而神圣的纪念性及叙事性的艺术作品。

> 城市的祭坛被围垣所环绕，希腊人将其称作公共会堂，罗马人则叫它维斯太的神庙。[1]

> 希腊式的想象将人们的注意力更多地转向壮丽的神庙、丰富的神话和漂亮的雕塑，但在罗马……城市的命运是与代表诸神的圣火相联系的。……公共祭坛是城市的圣地，城市由此而生，也由此而永生。[2]

而祭坛、圣火的仪式又与可供不同社会群体参与的广场形式和广场文化的建立有着重要的关系。直到现代，类似的传统依然在欧洲一些古老城市的著名广场上延续着，只是祭祀的对象及内容有了不同的时代内涵和象征意味。

当然，西方文艺复兴时期以来的城市广场的形式及其功能特性，并非都是宗教和祭祀文化的产物，它们多与城市的建立和发展过程中的文化信仰、权力象征和公共交往活动密切相关，其文化渊源可追溯到古希腊和罗马时期。那时及后来的城市广场承担着丰富的社会交往、议事、集会演讲或选举投票等公共职能，具有开放性、公共性及民主性的文化品格。正如俄罗斯著名史学家科瓦略夫在其《古代罗马史》著作中对公元前 3 世纪至前 2 世纪前期罗马共和国的

---

[1] 〔法〕菲斯泰尔·德·古朗士：《古代城市——希腊罗马宗教、法律及制度研究》，吴晓群译，上海：上海人民出版社，2006 年，第 176 页。古罗马的"维斯太的神庙"即是一个祭神的炉灶。
[2] 同上书，第 176—177 页。

人民大会及其活动形式的论述："特里布斯民会是最民主的一种人民大会……特里布斯民会大多是在广场上举行的，地点是在它那称为 Comitium 的一部分，有时则是在卡庇托里乌姆山的广场上举行，投票的程序和在百人团民会中的情形一样……"[1]

在西方的中世纪和君主时代，广场往往是宗教活动以及政教合一的行政机构的活动中心。随着 18 世纪西方资产阶级和市民革命的开展，城市广场的职责和内涵发生了演变。在这方面，荷兰阿姆斯特丹的水坝广场（即宪法广场，17 世纪初期逐渐建成）具有典型性意义，它从早先的水陆码头及商贸区，逐渐发展成市政厅、贵族及上层社会的宫苑、外交礼仪和商务中心所在地，并逐渐成为市政办公（计量、税收及市政管理）、农工商贸集市、政治集会、文艺展演、社群交往和旅游休闲的中心场所。广场由宫殿、教堂、市政机构、国家纪念碑、博物馆、旅馆、商务机构和餐饮娱乐设施所簇拥，成为阿姆斯特丹的城市历史文化、社会生活与景观艺术的集中之地。它在古代和近现代历史上，都是欧洲城市广场发展演变的一个典型。它和其他欧洲的城市广场一样，是城市多元文化和社交活动及多样信息的集散地。

进入全球化及大众消费时代的城市广场，常被人们形象地喻为城市的"客厅"，在功能上一般起着集聚和发散人群的作用。这种集聚往往意味着城市社会中的市民交往、竞选或宗教集会、节日庆典、商贸往来、文艺展演；而发散则意味着人群集聚后的消散或流动，以及信息的流布。

中国当代城市广场的景观与艺术形态，是与社会政治态势及经济活动的发展密切关联的。应该说，广场作为一种市民自由集会或自发性交流的城市公共场所，或者作为一种市民文化的重要载体，并不根植于中国的传统文化。在中国传统的行政中心城市的空间格局中，除了一些为满足宫廷、官府机构的特定需求，以及为民间必要的物质流通而设置的广场（集市贸易空间）之外，只有供官府举行检阅、庆典、祭祀、操练、行刑活动，或供寺庙机构举办法会、布道等活动的广场。中国传统民间社会的集会与交流，则更多地集中于家族性的宗庙、乡镇的茶楼、戏园，或集宗教与经济活动于一体的庙会等公共性空间。因此，中国传统社会并没有培育出类似西方自古希腊、罗马时期尤其是近现代

---

[1] 〔俄〕科瓦略夫：《古代罗马史》，王以铸译，北京：三联书店，1957 年，第 135 页。

资产阶级革命以来所形成的城市广场形态及其文化语义。然而，随着西方（包括苏联及东欧国家）近代城市文化形态及其空间规划、设计对于中国的直接或潜在的影响，以及当代中国城市自身的发展需求，广场及其景观作为城市空间和公共生活的一种重要形态，逐渐被各地政府及社会人士所关注，并进行了大规模的资金和公共管理的投入，产生了各种不同的效应。以下部分，本书将就我们实地走访和探查的几处具有典型性的中国当代城市广场的景观和视觉艺术形态，予以扼要的分析与解读。

济南泉城广场

济南泉城广场位于山东省会济南市"千佛山—趵突泉—大明湖"这条具有城市传统特色的旅游区中心地带上。泉城广场东起南门大街，西至趵突泉南路，南临泺源大街，北依环城公园，东西长约780米，南北宽约230米，其平面呈东西向轴线对称形状，占地约250亩。

泉城广场落成于1998年，它是省市两级政府在跨世纪之际力图改善济南城市面貌和提升城市形象、显现城市经济发展成就和综合服务功能而启动的重点建

图 3.19 《泉》，景观雕塑，济南泉城广场主题性艺术地标

设项目之一。这意味着对于济南这座具有悠久历史的古城和作为人口大省的都会而言，兴建具有现代城市意味和功能的主题性广场，是一件应对实际需求的市政和文化要事。泉城广场自西向东延伸，由若干部分组成：趵突泉广场、济南名士林、泉标广场、下沉广场、颐天园及童乐园、滨河广场、荷花音乐喷泉、四季花园、文化长廊、科技文化中心及银座购物广场等十余个部分。广场的设计形态、文化符号及视觉艺术形式等方面，显现出 20 世纪晚期国内较为典型的省会城市广场的某些特征，具有时代性和地方性特点。

从艺术文化的创意和形式表达来看，泉城广场的视觉要点主要是由广场西部的大型主题性雕塑《泉》以及东部的荷花音乐喷泉和文化长廊等景观艺术组成。由此我们可见此广场景观艺术的内涵和旨趣重在表达传统文化和审美，同时注重对当地景观和文化资源的凸现，并兼顾市民及游客的日常生活与社交等功能性需求。其中的大型雕塑《泉》的创意，来自中国篆书古体写法，意在强调济南作为中国乃至世界著名的泉城的自然和人文特征（图 3.19）。雕塑周围配以喷泉组合，寓意泉城拥有 4 大泉群和 72 名泉。荷花音乐喷泉则采用了 20 世纪 80 年代以来被选定为市花的荷花作为主体符号，展现城市水文化的美雅和润泽，并以音乐联动的方式活跃景观气氛。而大体量的文化长廊则是半圆弧状的柱廊建筑，长约 150 米，设于广场东端的高处，以中国古代齐鲁文化为源流，将众多的历史人物以肖像雕塑的形式逐一陈列于长廊之中，供今人观瞻、崇仰。其中塑有大舜、管仲、孔丘、孙武、墨翟、孟轲、诸葛亮、王羲之、贾思勰、李清照、戚继光、蒲松龄等 12 位山东历史文化名人，塑像底座上刻有名人介绍（图 3.20）。另设有 14 幅石材浮雕组成的《圣贤史迹图》，以图像艺术的形式表现古代圣贤的业绩，彰显山东地区历史文化的悠久与荣耀，寓意其在当今社会经济中的重要地位。另又在荷花音乐喷泉的西面设有表现济南城市风景名胜的大型浮雕壁画，对大明湖、珍珠泉、大灵隐寺、

图 3.20　历史文化名人长廊，济南泉城广场

齐烟九点、五龙潭等景点予以形象表现，以显现城市景观环境的灵秀和壮美。

在泉城广场南北两侧，南侧花园以草本和宿根花卉为主，春、夏、秋三季均有绿色和花卉呈现；北侧花园花、草、树木相结合，全年均有葱郁的自然气息。广场周边和内部还设置了可供游人休憩、观景和交流之用的多种座椅及其他卫生设施，以满足广场活动的某些需求。在夏秋时节的晚上，广场上常聚有市民，在此跳交际舞和健身舞，部分弥补了城市中欠缺供普通市民集体休闲游乐的场所的不足。由于其毗邻著名的趵突泉公园及周边部分居民社区，吸引了众多市民和游人光临。

广场的西部还设有下沉广场及商业娱乐空间。设在地下一层的银座购物广场，经营面积 3 万余平方米，分为大型超市区、精品区和餐饮娱乐区。游人在游览泉城广场后，可在此间休息、购物和娱乐。这样也增添了广场的用途和特色，充分利用了城市空间。

应该说，在 20 世纪末实施的济南泉城广场建设，具有地域性、开放性和园林化的特点，然而由于广场基本上处于四周汽车道路的围合之中，加上广场周边的建筑和业态除一些旅馆外，主要是一些行业及行政部门的办公大楼，或是房地产总部等机构，使得此区域人们的活动内容和行为方式与广场之间难以产生良好的互动关系。而就广场的景观艺术形态及样式而言，基本上延续了以往大型的主题性、纪念性及装饰性景观环境的思路，采用轴线对称的平面布局，运用宏大而厚重的传统文化主调以及宽泛而唯美的形象符号，构成了多少有些文化祭坛意味及庄严仪式感的空间氛围，而可以更好地激发进入其间的游人展开互动性、多样性及休憩性、娱乐性活动的景观设计则明显不足。广场的绿化植栽形态难以很好地满足游人的休憩性需求，而主要注重观赏性和装饰性。好在有以泉水文化为主题、辅以当地山水名胜形象的艺术表达，可以给游人们带来轻松愉悦之感和各自想象的空间。这种把偏于审美及游憩的情调与具有某种纪念性及文化教诲的情调予以叠加的"调式"，似乎由于强调了设计内涵及形式的"周全"与"宏大"而显得有些生硬牵强。而对于一座到处有着泉水景观的城市而言，在广场上大量采用旱地人造喷泉的方式制造景观，其经济性和空间利用率都值得商榷。

但从总体上看，作为大型省会城市的主题性广场，泉城广场以地方性资源为艺术设计和创作的依托，着重表现和宣扬本地区独特的自然条件和人文典故，形成了自身的审美符号和视觉艺术表征的序列，并部分考虑到广场公共活动场所的基本功能及绿色生态需求，从而在包容性、开放性和综合性等方面，成为中国 20 世纪 90 年代大型城市广场及公共景观艺术设计中较具典型意义的案例之一。

杭州钱江新城波浪广场

中国一些重要的城市广场景观与公共艺术的建设，往往是以城市空间与功能的扩展、新区的设立以及行政、商务、会展中心的迁移为契机的。这一方面是为了在新的空间场域与建筑环境中进行建设性的规划和具有现代审美文化形式的建构，另一方面在于吸引社会各方对于城市新区的关注和昭示新区的未来愿景。2008 年 10 月，正值浙江杭州市钱江新城核心区的落成与开放典礼以及省市政府办公机构的迁移之际，杭州市委市政府和中国美术学院联合国内外的雕塑艺术家及艺术院校的创作力量，在新落成开放的新区行政、会展及商务中心区的钱江新城波浪广场，举办了题为"第三届杭州西湖国际雕塑邀请展暨钱江新城雕塑展——钱潮时刻"的大型广场公共艺术展示活动。其时代背景在于杭州市的空间、职能、经济总量以及区域战略地位处于快速扩展阶段，也即从传统意义上的"西湖时代"迈向"钱江时代"的城市发展阶段。也正是在此机遇中，政府机构（出资及赞助方）、策划人、艺术家、媒体和社会公众共同获得了享受视觉艺术盛宴的机会。

与国内大多数广场公共艺术的形式一样，钱江波浪广场的艺术展示还是以雕塑作品为主。在新城开放的盛大庆典活动中，由当地政府出资，在与地方有着密切的行政及人际关系的艺术院校和社会性雕塑机构的组织下，在广场区域展出了众多富有创意和个性的中外艺术家的现代雕塑作品。

从作品的艺术题材（及素材）来看，有的显现了信息时代技术及交流方式对于当下人们生活行为的重要影响；有的着意表现城市的流动性和交融性特征；有的重在强调现代都市人与自然及生态的关系；有的表现人们对于农耕文化的回顾与反思；有的注重以文化符号去显现雕塑作品及艺术家自身的文化身份特性；有的表现现代消费文化的美学与社会寓意；而更为多数的作品则是以某种抽象性和象征性的雕塑形式语言（包括空间结构、材质、制作技艺），展示创作者的艺术志趣、美学倾向和价值观念；也有一些作品注重艺术与空间环境的整体关系以及与观众行为的互动。这给节日般的广场和其他活动现场增添了气氛和活力（图3.21）。不过，这些雕塑艺术的展示是一次应景的活动，尚没有进入广场形式与内

图 3.21　雕塑艺术展现场之一、之二，杭州钱江波浪广场

涵的规划之中，而是作为一种机会式的陪衬和场景点缀，也缺乏社会不同阶层的
"非专业性"参与，而是局限于自上而下的政府与专业艺术家之间。

　　这种情形也可从整个庆典活动现场的标语中见其一斑："雕塑城市，雕塑生
活，艺术沙龙"。其中"沙龙"的含义，依旧停留在传统时代少数精英圈子的意
趣上。从活动现场的庆典演讲、剪彩、演出和社交活动方式中也可见出，整个活
动主要是围绕着显现政府官员及行政机构的政绩，向当地各主要媒体提供新闻资
讯及视觉图像而展开。也就是说，广场雕塑艺术展览活动的主办方和策划方关注
的重心尚在于政绩的外在化宣扬和美学层面上的感官诉求，包括艺术家获取展示
机会及必要的资金回报，尽管展示活动期间有大量的非专业的普通市民和游客光
临。这样的活动事件向人们展现了波浪广场中宏大、新颖、美观的现代公共建筑、
空间、设施、设计、艺术，抑或对于新区未来景观的畅想。其主要问题在于一般
市民和非专业的观众并没有参与此等艺术活动的发起与商议过程，缺乏在知情、
对话及评议基础上的参与性和自主性。同时，这些景观艺术也与特定城市及其社
会文化缺乏关联和对话。

　　显然，这样的认识是基于社会及政治的视角。因为作为公开和共享之物的现
代公共艺术，其价值必然超越了艺术家及资助方的视域和利益范畴。正如西方文
化学者对于精英及权力主导下的文化现象的论述："视觉文化的鉴赏和评价，既不
是'个人'也不是'纯美学'现象。它们是'社会上对社会产生影响并可以建构

社会的活动'，它们之所以是'对社会产生影响的活动'，是因为只有某些受过某种教育的社会群体才有资格进行艺术和设计评论，其他没有受过这种教育的群体则很少关心或压根儿就不关心。"[1]

在当代中国社会，艺术进入公共空间，非专业的民众参与艺术的鉴赏和评价，是社会向着开放和包容的方向发展的必然要求，需要在中国社会的民主政治建设和文化自觉的全民教育过程中渐近实施。显然，广场公共艺术的实践在当代美学、艺术社会学及政治哲学等方面的意义与作用，有待于人们去认识和探究。

颇有意味的是，进入 21 世纪的中国社会，毕竟经历了诸多现代性文化观念的洗礼，知识界和民众的思想不再被改革开放之前的意识形态所束缚。在围绕此次广场的雕塑艺术活动而同期举行的"钱江新城雕塑展学术研讨会"会议论文集《湖山见证》（预览册）中，显现了某些对于包括国内当代公共艺术在内的现时艺术状态的批判性言说："种种言论的背后不过是现行体制的策略，是市场经济的力量，是操控者的既得利益和对于言说者的功利诱惑。"[2] 在此言说中，也包括了对于中国当代公共艺术及其理论的公众性和公共性被扭曲、被操控的担忧；同时，也可看出其把当代艺术文化现象及其含义予以二分和截然对立的思维，如对于现代精英文化与大众文化的关系的认识就是如此。这从一个侧面显示了艺术理论界对于当代艺术文化的精神寓意与权力内涵的认识，虽然还未能对现实情形的复杂性和多面性作出准确的概括。

福州五一广场

福州五一广场位于城市中心地区的于山南麓，占地约 7 万平方米。它是当代福建省会城市中最大的中心广场，蕴含着重要的政治和文化内涵，具有特殊的象征意味。据史料显示，此地在唐宋时期曾是闽王护城河边的荷塘莲池，后来成为农用良田，明代辟为官府练兵演武的校场（即南校场），也曾作为重要战事的庆功典礼场所。[3] 清末，此地成为福州地区辛亥革命的重要战场之一。在民国时期

---

[1] 〔英〕马尔科姆·巴纳德：《艺术、设计与视觉文化》，第 98 页。

[2] 龙翔、孙振华主编：《湖山见证》，杭州：中国美术学院，2008 年 9 月，第 29 页。

[3] 见清代林枫所著《榕城考古略》。另，现今在其正北方向的于山上存有纪念抗击外敌的明代功臣戚继光的"戚公祠"及"醉石"等景观遗迹。

图 3.22　福州五一广场

（约 1915—1938），这片昔日的校场被辟为福建省会城市的体育活动中心，也曾是五四运动期间福州学生举行集会、游行活动的空间场所。1945 年抗战胜利后，恢复了其原有用途。1949 年改称为"福建人民体育场"。[1] 在 20 世纪 60 年代的"文化大革命"时期（1968 年 11 月），为满足浩大的政治运动的需要，当时政府用十万块水泥方砖铺设出 7 万平方米、可供十余万人集会的城市广场，专供福建省及福州市举行重大的政治庆典活动和特大型的群众团体操。由于广场处在五一路的西侧，故称为五一广场（图 3.22）。

　　在 20 世纪 60—70 年代，广场北侧原是鼓楼区第二中心小学的校园，为建广场而被拆迁。之后，特仿照北京天安门金水桥前的设置和布局，依于山南麓的坡地建成东西两组阶梯观礼台，后在中间树立起政治领袖毛泽东的巨型汉白玉雕像。这种手法及空间样式在中国"文化大革命"时期很普遍。在塑像后面兴建的于山堂，是政治宣传教育和政府领导会见重要宾客的场所。它们同两边呈对称结构的观礼台构成一个整体，居高临下，坐北朝南，可俯瞰广场的全貌。这里曾上演过许多现代政治文化的宏大戏剧，也曾见证福州城市的变迁过程。或许是对最初广场性质的某种延续或是出于历史的巧合，现在广场的南侧仍建

---

[1]　参见福州市地方志编纂委员会编：《福州市志》（第二册），北京：方志出版社，1998 年。

有一座较大的体育馆，算是保留了广场历史的一丝记忆。客观上看，城市广场的空间建构与特定时代的权力话语的内涵存在关联，正如被称为"思想系统的历史学家"的法国哲学家米歇尔·福柯（Michel Foucault）所言："空间就是关于权力和知识的话语被转换进权力的实际关系的地方。这里最前沿的知识是美学、建筑职业和规划科学。但是这些'条律'从来没有建立起一个与世隔绝的领域。"[1] 城市广场和其他空间的规划及其美学形态的表现均与特定时期的政治、经济和文化管理体制有着必然的内在关系。国内类似于福州五一广场的诸多空间的历史演变也不例外。

由于原先广场的空间与环境条件未能满足周边民众日常活动的需要，广场上也没有设置必要的绿荫和公共家具设施，尤其在酷热难当的夏天，很少有人涉足这个空旷而乏味的广场。到了 20 世纪 80 年代，国家实行"改革开放"政策，逐渐注重经济发展和民生的一般需求。政府机构在 1989 年开始着手把五一广场部分地改造为公园化（园林化）空间。此后，把广场西侧的硬质性方砖撤去，部分铺植上草坪、灌木和乔木，营造出可供市民健身、休闲和娱乐的空间，同时把主席台两边的观礼台改为绿色草地景观。

现今五一广场主体空间的布局采取的是轴线对称的设计手法，广场的景观及其艺术品的形式和内涵，鲜明地反映了城市在不同历史阶段以政府为主导的设计观念和艺术形态。它们集中地体现在自北向南排列于五一广场轴线的四件雕塑作品上。第一件是前所提及的建于 60 年代的毛泽东立像，意在象征领袖至高无上的地位与威望。第二件是一座用汉白玉雕刻的有两层平台和护栏的旗坛，基本是仿照北京天安门广场的旗坛样式建造的，约建于 90 年代初期，是承载国家含义和符号的附设性建筑体。第三件是一座用汉白玉雕刻而成的城市主题性群雕《八闽茶女》（又名《采茶扑蝶》，图 3.23），作品风格浪漫而抒情，以福建地区重要的茶文化为背景，表现了八位正在采茶扑蝶、欢歌起舞的姑娘。雕塑坐落在富有装饰性的大型喷水池中，并配以音乐喷泉，营造出一种唯美而温馨的喜庆气氛，为广场增添了平和、欢愉和清新的气息。它设立于 90 年代中晚期，与当时政策强调以经济建设为中心，倡导"树立城市形象""打造城市文化名片"的指导性思想密切相关。作品重在显现城市的地域特性及其文化风韵，不再是一味地把艺

---

[1]〔美〕Edward W. Soja：《后大都市：城市和区域的批评性研究》，李钧等译，第 62 页。

图 3.23 《八闽茶女》，雕塑，福州五一广场

术作为政治口号般的宣传工具，这不能不说是一种时代演变的结果。第四件是采用现代抽象性语言制作的不锈钢雕塑，名为《三山一水》，高约 24 米，是福州市的标志性雕塑。作品把福州市著名的三座山麓（乌山、于山和鼓山）和一条闻名的大水（闽江）象征性地表现出来，以显示福州市的自然生态与人文意蕴（图3.24）。较之广场上以往的作品，《三山一水》更加注重对于特定城市文化内涵的表达和艺术形式的现代性表现。在这座似乎相对有些欠缺现代艺术气息的城市中，它显现了某种时代与艺术发展的典型关系。虽然这种不锈钢的抽象性雕塑曾在中国很多城市批量地出现过，但在此处，其意义和得失似乎已经超越了艺术作品本身。从一定的视角看，福州五一广场景观中的这四件具有时代特征的作品，为人们勾画出一条艺术与景观以及艺术与城市社会的关系演变的粗略线条。它们正处于城市广场的轴线上。

福州五一广场更多的公益性则体现在广场西侧绿荫下的空间的营造上，每天早晨，大量周边的居民都会来此参加集体性的体育健身以及私人间的交流活动。也只有此时，才显现出广场的活力和公共参与的情景。

图 3.24 《三山一水》，雕塑，福州五一广场

贵阳筑城广场

　　贵阳筑城广场是贵阳市乃至贵州省当代最具标志性和典型性的城市广场，在空间规模、功能性、主题性及城市景观设计的综合效应方面均是如此。所谓"筑城"，是古时贵阳的别名。筑城广场位于贵阳城市中心地带，它襟连南明河，毗邻甲秀楼，总面积16.07万平方米。广场由贵阳市政府于2011年4月正式启动营建，在原住民的配合和设计、施工机构的努力下，于2012年1月竣工。其规模很大，可容纳10万人，兼具集会、休闲、娱乐、展演、文化纪念等集中活动场所的功能，现已成为当地居民和外来旅游者的知名去处之一，也被当地人誉为"城市大客厅"。

　　贵阳筑城广场的景观和视觉文化元素，主要由中心部分的巨型雕塑《筑韵》（由民族乐器芦笙的造型组合构成）、《六祥兽》青铜雕塑系列、"二十四节气"浮雕灯柱、《中国十二生肖》青铜雕塑系列、广场园林植物及一些公共家具所组成。广场的设计构思和表现形式偏重传统文化及美学，而地域性也是其关切的要点。如广场艺术设计者为强调贵阳地处西南少数民族区域，选择了苗族等少数民族所善用的乐器芦笙作为广场公共艺术的主题性文化符号（图3.25）。另因贵州自古

图 3.25 《筑韵》，景观雕塑，贵阳筑城广场

多竹，竹文化深入人心，广场景观符号中采用了大量的竹子图像，强调竹子所寓意的坚毅、高雅及气节，并在广场周边广泛栽种竹、梅、兰、菊等具有中国传统文化精神符号意义的植物。

巨型金属雕塑（建构物）《筑韵》与坐落其四角的《六祥兽》（由虎头、牛蹄、羊角、凤翅、狗身、豹尾构成的民间吉祥瑞兽）构成了可上升的广场的观光台及下沉式演艺舞台的天棚。《筑韵》主题雕塑下面成为一个表演与集会的公共空间，吸引了一些游客驻足观览、休闲或纳凉。排列于广场轴线两侧并刻有二十四节气名称及图像的灯柱具有仪式感，显示出自春秋战国以来当地传统农耕文化中天文历法知识与自然的密切关系，也寓意着自然节气变化与千家万户的生活和生产的密切关系（图 3.26）。从置于广场上的雕塑及造型艺术系列来看，它们倾向于表达中国传统文化和地域性、民族性文化内涵，强调和谐、吉祥、喜庆以及人与自然的协调关系等观念。广场上除了轴线末端的贵阳民族文化宫建筑下站立的政治领袖雕像（建于"文革"时期）之外，不再以宏大的政治性叙事为宣传内容，而是旨在显现具有当地历史、民族文化及其审美内涵的城市景观，着意突出地域生态与历史文化的主题。尽管这样的广场项目的决策和设计过程取决于政府和设计师，欠缺普通市民的广泛参与，但在城市景观文化及艺术内涵的选择方面，筑城广场体现了注重地域性艺术的独特价值及其文化传承的理念，反映出社会转型时期广场景观和公共艺术内涵的"在地性"和大众化及生活化的意向。

　　然而，此广场除了规模的硕大与壮观之外，也存在平时的利用率问题，它与中国绝大多数城市中心广场一样，追求面积和外在气势的宏大，不甚关注其与市民日常生活及社交需求的内在关系，也与周边社区及业态之间缺乏日常性的联系，从而造成了平时的闲置与空间的浪费。自然，这与国人没有养成自身的广场文化有关。在中国城市中，除了政府主持和举办的重大政治性节庆日（如国庆节、建军节、劳动节）活动以及特殊的文艺展演之外，城市广场并没有成为市民之间经常性、自发性的社群文化活动的场所（除了近十多年来老年人进行的"广场舞"）。随着当代商业大潮的兴起，广场更多地被商业销售活动所利用，或被周边交通和停车场所侵占。新建的筑城广场虽具有其独立性和美化环境、容纳休闲人群的基本功能，但由于广场周边的社区和行业机构均与之保持了较大的间隔，平

图 3.26　二十四节气灯柱，贵阳筑城广场

时只有少量的中老年人和外地的游客光顾。中老年人主要是在广场边上的园林中闲坐聊天或做集体健身操，外地游客则是出于新鲜感而游览一下广场的主体雕塑或留影纪念。超大面积的广场的绝大部分空间在平时并没有得到有效的利用。而此中的景观形态依然重在视觉的张扬和仪式感的营造。

天津海河广场

天津城市近现代历史的演变，是当地地域文化与西方文化相碰撞与融会的结果，在此背景下产生的码头文化、工业文化、市井文化、建筑文化和民间文化，在当代城市文化和公共艺术的建构中成为重要的历史底蕴和创作资源，在城市公共空间的营造中得到运用和传扬。如在 2008 年建立的新的天津站前广场（另称为"海河广场"）的照明灯柱底座上，艺术家和设计者便以天津城市近现代文化为题材，以浮雕石刻的叙事性造型艺术为表现方式，对公众的城市记忆予以图像化表达。具体地看，这些镌刻于公共家具上的浮雕画面向游客表述了天津不同历史时期的重要事件和城市记忆片段。它们以艺术的方式嵌入天津站前广场的公共空间中。

它们有的表现 13—14 世纪天津最早的聚落——金代的直沽寨和元代的海津镇的相继出现与发展，涉及现代天津城市胚胎的话题；有的表现 1404 年天津设卫筑城、1731 年设府置县、1928 年设市并成为国际性大都会的城市发展历程；有的表现元明清大运河的开通与北京建都，南北运河与海河交汇处的三岔成为天津成长的摇篮，以及 20 世纪初经裁弯取直形成今天的三岔河口的历史变迁；有的表现 1866 年机器局在天津成立，此后成为世界上规模最大和设备最新的火药厂，产量可供全国军队之需的往事；有的表现 1907 年最早的工业品展览馆劝工陈列所在天津开幕，辛亥革命后更名为直隶商品陈列所及河北省国货陈列所的典故；有的表现 1903 年中国第一家国家级造币厂——铸造银钱总局在天津成立，1905 年更名为户部造币总厂，1905 年更名为度支部造币津厂的经过；有的表现 20 世纪初"北洋实业"兴起，工业设备不断增多，促进和带动了天津乃至中国北方工业与技术教育的发展的史迹；有的表现天津作为全国的轻工业基地，中国的第一台自动电话机、第一辆自行车、第一台缝纫机、第一台电视机、第一块手表均先在天津创造成功的荣耀；有的表现 20 世纪初天津轻纺工业异军突起，投资额、织机总数为东北、西北和华北之首，一跃成为中国北方最大的纺织工业中心的自豪感；

有的表现 20 世纪 20 年代天津
的铸铁业和机器制造在"铁厂
街"和三条石迅速发展，成为
华北地区铸造业和机器制造业
基地的往事；有的表现 1860 年
对外开埠通商的天津口岸景观，
记录了海河上游两岸对外商贸
的码头情景及其作为中国北方
最大的港口贸易城市的历史画
卷；有的表现 1914 年天津久大
精盐公司、永利制碱公司的创
办，黄海化学工业研究社先后
在塘沽和天津成为中国海洋化
工的创始和研发基地的史实；有
的表现 20 世纪 50 年代后的天
津发展历程，把 1984 年天津建
立经济技术开发区以及 2006 年

图 3.27　灯柱基座浮雕，天津站前广场

天津滨海新区被纳入全国总体发展战略布局作为历史拐点；有的表现 1952 年万吨
级油轮首次驶入天津新港，2007 年天津港建成为世界最大的人工深水港的重要史
实……

　　总之，这些表现天津历史文化和众多辉煌业绩的画面，成为城市记忆的一种
载体，成为后来者解读天津的通俗的图像"读本"（图 3.27）。它们把叙事性、纪
念性和装饰性手法加以融合，构成了天津站前广场视觉景观的组成部分和城市叙
事形式的若干片断，契合了当地车站广场迎来送往及城市信息传播的场所意味。

　　在设立这类纪念性、叙事性艺术作品的同时，在广场近旁的海河南岸沿线，
设立了一批具有西方浪漫主义情调的雕塑作品，以作为沿线欧式风格建筑群的景
观艺术元素。其中既有对法国雕塑家罗丹的情爱题材雕塑的复制品，也有循其风
格及题材类型而以本土人物形象为依据的雕塑，构成了海河景观带的艺术风景，
显现出天津城市文化的多样性、历史性和包容性（图 3.28）。它们以地方历史文
化和景观艺术的形式激活了海河沿线的游憩性公共空间。

图 3.28　海河沿岸的景观雕塑，天津车站附近

深圳市民广场

　　深圳市民广场于 2006 年 10 月落成，位于市民中心与深南路之间，是深圳市重要的城市中心广场及南中轴景观建设的重要组成部分。它以"城市与自然的崭新结合"为主题，可供市民游憩、休闲、娱乐。为了有效利用能源，整个广场的照明系统都采用了节能、环保设备，还利用大量绿地来美化和优化环境，这对缓解城市热岛效应发挥了积极的作用。

　　市民游客徜徉其中，可以领略到广场良好的绿化环境，游憩于广场东西两侧大面积的绿地和铺装舒适的路径上。众多高大的乔木形成了"绿色之云"的意象，呈现出一种都市"树海"的绿色景观。市民广场及周边所选用的绿化树种约有 300 余种，草皮种植面积约为 10 万平方米。游人们在成群的树冠连成的绿云之下，可享受到"城市大客厅"的舒适之感（图 3.29）。

　　漫步其间，可感受到不同时节的景观变化。在绿地与广

图 3.29　深圳市民广场绿化带一角

场中轴线之间，设有两个大型的生态集水洼地，既可收集广场及绿地的雨水，还可种植各种水生植物供市民观赏。被包围在钢筋水泥高楼之间且生活节奏很快、追求实际效益的深圳市民，需要的正是自然与轻松愉悦的景观环境。广场东西两侧各竖立着三个晶莹剔透的光塔，可在夜间照明。在广场的中轴线地砖及台阶上，安装有太阳能显示灯及星光灯，这种装置白天可吸收太阳能，晚上自然发光，不需额外用电。据了解，整个广场的照明亮度按平日、节假日和重大节日庆典三种模式进行控制，采用的都是高光效照明光源及高效节能灯具。同时，为了给市民提供方便，广场上还设置了4个观景台和若干卫生间。在城市广场的实用、美观、方便、绿色和节能等方面，深圳市民广场在国内现阶段是具有典型意义的。

广场周边有许多地标性的商业和金融机构的高层建筑，也有一些公共文化机构的建筑，如深圳书城、市音乐中心、市博物馆、市少年宫、会展中心、工业展览馆、大会堂、艺术展览中心等机构。广场周边既是市政府主要的行政办公区及中心商务区，同时也是市民娱乐活动的重要场所之一。广场上有着设计优良的绿化与休憩、娱乐空间。游者进入广场，可见集中的树荫绿化区域，开敞的公众游乐与聚会区域以及可供人们倚坐、交谈、观览的区域。广场中间的空旷区域的地面分别由草坪、卵石和石板铺成，可进行多样的公共活动，如聚会、展示、游戏及漫步。较之许多大城市的广场而言，深圳市民广场的实际面积有限，但它在绿化和休闲娱乐设施的布置方面却很到位。我们注意到，由于广场上并没有设立永久性的艺术作品或大型纪念性的雕塑，使得它更易于作为不同主题的社会活动的举办地，而平时则成为市民观光、散步、会友、纳凉或健身的场所。这些年来在广场上曾举行过不同社群的艺术展览、表演、音乐、体育活动及青少年的聚会，如2013年12月举行的"质变——深圳2013公共雕塑作品展"活动。

"质变"展览是由策展人及当地艺术家策划、深圳市规划和国土资源委员会（市海洋局）主办、深圳市公共艺术中心承办的广场公共艺术活动，展览利用广场中间的空地，对国内外12位艺术家创作的十余件不同题材、风格、材料及内在诉求的雕塑、装置作品进行了短期性安置与展示。这些艺术作品从不同的视角去表现和指涉当代社会生态、道德及公众心理等问题。如《另外的景观》系列作品，基于深圳发展成为计算机及电子产业的重要基地的过程中，科技及其经济效益给人们带来利益的同时也对自然和社会造成了危害的事实，表达了对于工业废弃物尤其是电子废弃物不断产生而成为困扰生态环境的巨大污

图 3.30 《另外的景观》系列雕塑之一，由电子废弃物包裹的枯树干，深圳市民广场

染源问题的关注与反思。作品以电子产业废弃物和受到生态环境影响而坏死的树干为材料，塑造出一种人们既熟悉又陌生的形态和肌理，表现出人的活动和欲望与自然生态之间的矛盾和冲突，也包含着现代都市文明与自然生命之间的对立。作品从形式手法的运用到观念的表达，引发观众深思（图 3.30）。同样关切都市生态问题的作品《黑脸琵鹭》由金属和纱布材料制作（图 3.31）。黑脸琵鹭属于朱鹭科的飞禽，它是深圳湾重要的越冬鸟类，也是深圳自然生态的晴雨表，在深圳湾的数量约占全球总量的 15%，属于全球濒危物种之一。据统计资料显示，2013 年初，全球有近 3000 只黑脸琵鹭，深圳湾约有 350 余只，较 2012 年减少了 11%。这与深圳城市扩张中填海造地以及高速城市化、工业化带来的环境污染有着内在的密切关系。艺术家的雕塑作品一方面注重形式手法的艺术表现力，另一方面注重表达深圳湾及香港海岸的生态问题。作品在质疑：为经济的高速发展而牺牲生态环境，是否值得？也有的艺

图 3.31 《黑脸琵鹭》，雕塑，深圳市民广场

术家倾向于表现初生婴儿的懵懂、率真与生命力。具有超现实及象征意味的婴儿雕塑《觉》，既表达了作者对于生命本真及其意义的叩问，也表达了其对生命精神的敬畏和对未来的某种希冀。大尺度的金属雕塑婴儿，引来了广场观众的围观、思索和议论。有的作品创作基于市场全球化及工业资本主义竞争的背景，反思和讽刺了全球及地域多种资源的分配和交易的"合法化"（如《深圳气候交易所》，装置）。特别令人关注的是用中国汉字造型构成的立体作品《人人为我，我为人人》，以文字语言的直观形式强调了个体与社会的关系，表达了普遍性的社会和政治理想，引发了人们对于当代社会道德和其他公共性问题的思考，显现了作品的公共精神。

策展人和艺术家们考虑到在公共空间中设立的艺术作品难以让所有观众都理解，因此利用展览开幕式和后续的互动环节以及当地的大众媒体，向观众解释作品创作的动机、方式和内涵，并与观众进行现场对话。其间，为了让更多非艺术专业的普通观众有机会了解艺术作品创作的方式及制作过程，艺术家在广场上举行了临时性的艺术工作坊活动，使观众有机会与艺术家进行不同话题的交流，在观赏和娱乐中获得感性的和理性的认识。策划方会征求公众对于广场展出的雕塑的个人评价和意见，受访观众可举荐两件自己喜爱的优秀作品；另外，也会征询观众哪些雕塑适于放置在深圳市的哪些区域的建议及相应的理由。在互动中，策展人和艺术家为当地社会教育机构召集来的少年群体导览了作品，并由艺术教师指导二十多位 8—12 岁的少年学生用废弃的木块制作雕塑，体验雕塑创作的方法和过程。国外参展的艺术家也参与了现场互动和艺术实践的指导活动。这样的活动方式和内容在国内的广场公共艺术中尚属少见。

此外，当地政府规划机构和城市设计部门的官员、专家与来深圳参展的国内外艺术家和理论家一道，针对城市文化与公共艺术建设的诸多问题进行了专场的学术性研讨和意见征求，以搭建开放性的艺术文化平台，逐渐积累经验。

显然，这种广场艺术实践和研讨活动的开展，既活跃和丰富了广场文化，也使得城市、空间、艺术和公共性等方面的综合性问题有了社会协作探讨和解决的契机。如果说，以纪念性及单一主题性艺术为主导的广场可能成为某种仪式性和教育性空间的话，那么，以非纪念性、非主题性艺术及各类短期艺术实践活动为主导的广场，则更像一个供普通市民日常交流的城市客厅或公众舞台。相对而言，深圳市民广场更多地具有后者的功能与特质。

深圳海上世界广场

有些城市广场的面积虽不大，却能够聚集人气，开展丰富多样的交往活动。位于深圳南山区太子路段的海上世界广场即是如此，其平面为长方形，长约200多米，宽约60米。海上世界广场地处深圳南山区蛇口工业区附近的滨海旅游区，周边设有众多的咖啡馆、酒吧、餐饮店、音乐厅、舞厅、时尚物品商店，滨海旅游区的南端停泊着万吨级豪华游轮"明华轮"，建有诸多海景观光游乐场所，与其遥相对应的北面是可便捷抵达海上世界广场的地铁车站及沿线各路公交汽车站点。广场棕榈树下的露天咖啡座，聚有许多当地市民和外来游客，许多青少年在广场上玩耍独轮车、滑板、健身车，观赏灯光游戏装置或变形金刚景观雕塑，充分享受着多样的广场活动以及"看与被看"的闲暇时光。广场东西两面的商业游乐场所的建筑装饰，有着欢快而又和谐的色调以及域外的风情样式，给人以轻松愉悦的感受。这样的中小型广场显现出良好的利用率和文化气氛，激发着人群的多样活动和情感交流。不同社会层次的人在此均可找到可供自身介入的空间及行为方式。

海上世界广场的家具设计和景观艺术设计也有其特点，其中的露天座椅的造型为鲸鱼尾翼，配以绿色的棕榈树和色调淡雅的建筑环境，与海滨游览和休闲的主题相契合（图 3.32）。广场上设有固定的脚踏车灯光装置，供游人登踏

图 3.32　鲸鱼尾翼造型的广场露天座椅，深圳海上世界广场

图 3.33　声控灯光艺术装置，深圳海上世界广场

玩耍。广场地下通道入口处设立了声控灯光艺术装置，随着游人的言说或触摸，其立面会显现出大小不等的心形灯光图案，具有良好的游戏和互动效应（图3.33）。为满足少年儿童的观览需求，广场上矗立了两座大型的金属机器人装置（变形金刚造型），地面的铺装饰以富有艺术性的曲线图案和表现深圳城市发展变化的浮雕。停泊在广场尽头的巨型客轮，给人以随时遨游世界的浪漫联想。显然，多用途的城市广场及其景观艺术的设立，应该重在满足特定环境和场所中人们的行为和心理需求，培育广场文化特色，尽可能与周边的建筑景观及业态产生良性的互动或互补的关系。而这往往是中国城市的大多数广场及其景观设计所欠缺的。

3.4　城市公园

城市中的公园（Park），是西方近代城市文化的产物。其传统的概念是建立于城市中一片有着绿荫的可供公众娱乐和游憩的地块，抑或一片有花草、树木、池塘及建筑物的公共园林。它也曾指西方早期乡间别墅区周边辟出的共享性花园及林地。应该说，近现代公园是人类城市化过程中满足社会（社区）公众交流、娱乐与休闲需求的产物，也是人们在脱离自然化的乡村时代的一种带有生态意义的自我补偿方式。现代意义的中国城市公园是随着 19 世纪中晚期以来的西方殖民文化的输入而形成的，沿海口岸城市如上海、广州、厦门、青岛等城市的公园的建立便是突出的例证。

当代城市公园的性质、功能、形式及内涵，已经随着其所在城市的政治、经济、文化形态及国际化程度的发展而发展着。它们往往成为城市或社区生活及公众文化形态的一种载体或镜像，也往往是具有城市美学和当代公共艺术文化特征的集中性园地。这里重点关注上海徐家汇公园、上海九子公园及北京奥林匹克森林公园、芜湖雕塑公园、青岛市区海滨景观带，探查其景观构成的基本理念和文化内涵，研究其包含的艺术文化的公共性语义和时代特性。

上海徐家汇公园

上海徐家汇公园位于徐家汇广场东侧，北起衡山路，南至肇嘉浜路，西临天平路，东抵宛平路，占地面积约 7.27 万平方米。它作为在当下"寸土寸金"的上海城市副中心区的一处较大尺度的开放性公园，在中国当代都市公园的基本功能及文化特性方面的确有明显的现实效应和典型的时代意义。我们通过实地探访和体验可知，公园景观的建构首先在于改善城市局部的生态效应，在庞杂喧闹的都市商业与交通环境中为市民提供一处相对幽静的休闲娱乐场所，并在此基础上进行具有现代都市和当代市民文化特性的公共艺术的表现。

徐家汇公园的建立主要是通过置换该地块上原有的大型污染性企业来完成的，其中有原大中华橡胶厂、中国唱片厂以及部分企事业机构和周边居民旧住宅区地块（用地面积约 8 公顷）。从 21 世纪初期徐家汇地区的绿地结构来看，公共绿地只占其总用地面积（50.94 平方公里）的 1.12%，比例很小。在建筑密度偏高的徐家汇商圈内，约有 100 万平方米的建筑总量，给人以拥塞和局促的感受，缺少供市民休憩娱乐的公共空间。

经过 1999 年至 2004 年的持续建设，徐家汇公园的景观形貌得以完成。从公园应用的实效看，一方面对于改善局部区域的生态环境，即通过密林及植物配置优化区域的空气质量、减低城市噪音具有重要作用；另一方面对于建构徐家汇地区的城市景观以及公共空间的人文环境具有积极的意义，对于整合此区域的商业环境及周边住宅区域的公共文化形态发挥了作用。

从 20 世纪 90 年代前后国内的许多公园景观建设来看，为了寻求视觉上的开阔与纵深效果或表面化的"绿色"效果，建造方往往大肆铺陈草坪和花卉，重在造就华而不实的表面绿地效果，维护成本高且公共利用率低。而在徐家汇公园景观的设计过程中，建造方听取了市民中有识之士的呼吁，采取了种植大树、少种草坪，注重公园的生态效应的主张。这实际上是上海市区内长期欠缺较大面积的绿色树林的现实所决定的，因此，注重生态效应和生活环境品质在其景观设计中具有优先的地位。与此同时，建造方在生态景观和人文艺术作品的建构上延续了此地段原法租界花园住宅区的美学特色及历史意味，造就了具有时代气息的公园景观艺术。

徐家汇公园的绿色生态景观建构，遵循树木及其他植物的地方适用性原则，并考虑到当地四季的植物景观的美学需要，采用了各类密度较高的大型乔木、花灌木以及低矮的地被植物。其中显见的有高大且四季常青的松树林，有季节感分明的栾树林及梧桐树林，有显现热带风韵而被适当引入的椰树和海枣树林，有体现南方传统文化意蕴的茂密竹林和富有田园诗意的桃李果木，以及飘逸多姿的水岸垂柳，也有利于观赏和水体净化的湖边芦苇丛和其他适时展示的花卉等，在四处商厦高楼林立的都市环境中呈现出一片葱郁、丰富而美观的公园景观，为其他景观元素、公共设施和人文艺术作品的置入营造了合理而良好的生态氛围。

徐家汇公园不同于一座普通的新建城市的公园，其设计除了注重自然生态元素的建构之外，也注重人文及历史元素的显现。考虑到对于原址上历史文化的保护和利用，设计机构在公园绿地北侧的中心地块着重保留了中国 20 世纪 30—40 年代最早的一家唱片公司（50 年代后成为中国唱片公司上海分公司）制作产品的西式楼房，它是中国乃至东南亚殖民时期音乐文化生产与传播的历史见证者，承载了本土音乐文化国际化、现代化的大众记忆，并与其相邻的衡山路地段的西洋建筑群历史景观形成了自然的呼应（图 3.34）。在公园的东南侧则保留了上海同时期建造的石库门民居建筑，呈现了大上海开埠以来形成的中外文化兼容并蓄的城市生活及建筑景观。公园的设计创意中也融入了显示当代上海城市发展过程的景观缩影，如在贯穿公园的人工湖泊上架设了 4 座小桥，以象征城市交通发达的徐浦、南浦、卢浦和杨浦大桥，并在桥的中央设计了上海老城厢的象征性景观，寓意着城市文化的地域性、人文性及时代特性。

作为徐家汇公园景点之一的烟囱，在现代商圈和都市生活环境中显得非常特

图 3.34　原中国唱片公司上海分公司建筑"小红楼"，上海徐家汇公园

图 3.35　原大中华橡胶厂烟囱，上海徐家汇公园

殊而又别致。它曾是原址上的大中华橡胶厂工业建筑的一部分，在公园建设中并没有予以拆除，而是作为城市记忆和公共艺术创意的一部分得以保留及再创造，烟囱的顶端内部被设计者加入了光导纤维设施，成为当代光纤艺术的靓丽之作，其显现的彩光烟雾弥漫于公园附近的夜空，为公众所喜爱（图 3.35）。

公园中尤为令人注目的是贯穿其间的长约 200 米的观景桥"时光隧道"——游人置身其间，犹如穿越上海的过去、现在与未来。它运用现代钢材、玻璃及木材建造，有着鲜明的时代感和实际的应用价值。人们在游园过程中借助它的高度和跨度，可以把公园内外的城市景观尽收眼底，也会产生对未来生活的遐想。它厚重而又通透的身躯与上海的重工业及开放口岸城市历史形成某种内在的呼应，同时，它也以一种建构物的形式，成了公园景观中一件有分量的公共艺术作品（图 3.36）。

　　掩映在徐家汇公园公共空间中的多处雕塑艺术作品，在艺术题材、形式及语义上从不同的侧面显现出自身的特性和意味。它们有的表现人间的亲情、母爱或青春的爱恋；有的表现与上海有关联的国际体育界明星的英姿；有的表现当代艺术创作的个性及探索性的语言；也有的表现现代人文化生活中的激越与感动的情

图 3.36　景观桥走廊，上海徐家汇公园

图 3.37　农耕时代的石磨盘，上海徐家汇公园　　　　图 3.38　孩子们的轮滑游戏，上海徐家汇公园

绪。有趣的是，在此公园的现代景观语境中，散落着一些具有农耕时代乡土文化特征的石磨盘、石碾，它们也可成为游客休闲的座椅，似乎在暗示着 19 世纪中期徐家汇的城市化文脉与历史情结（图 3.37）。这些雕塑在艺术语言和文化观念上体现出时代性、地域性、多样性和公共性，与公园整体的景观及其场所精神之间有着自然、和谐的对应关系，也从一个侧面体现出，作为中国最大的现代商业之都的市民，上海人乐于接受新生事物，具有国际眼光，善于在竞争激烈而又快速变化的都市生活中寻求实在的幸福生活。在现代艺术品陈设的空间中，许多中老年人在悠闲地散步交谈，青年人在进行集体武术操练与相互比试，学龄前儿童在家长的呵护下学艺和嬉戏（图 3.38），不同的社群在聚谈交流。在上海这个社会阶层多样复杂、个人平均资源有限的城市中，建造这样的公园，对于普通市民大众来说的确是十分需要的。

　　从城市社会学的视角来看，往往是类似徐家汇公园这样的公共空间，可以为当地居民提供相互了解、交往、学习的场所和机会，对于人们彼此之间的社会接触、认同以及知识和观念的碰撞与转换，具有积极的实际意义，也因此，这样的公园具有超越景观和艺术本身的社会价值。实际上，近现代东西方城市的发展也显示："公共空间是市民性的标志形式，它使得城市不至于变成社区的拼合与互不往来的单纯的小团体的混合体。因此，我们可以理解，要对付造成各种社会团体的隔离、各群体的冲突、性别的分割的种种力量，公共空间变为一个决定性的因素。因此，公共空间也是一个政治问题。"[1]

[1]　〔法〕伊夫·格拉夫梅耶尔：《城市社会学》，徐伟民译，天津：天津人民出版社，2005 年，第 87 页。

上海九子公园

上海市在 21 世纪初期建成的一些公园，普遍满足了普通社区市民休闲娱乐生活的需求，用地虽较小，但往往具有创意、实用价值和自身的特色（比如带有某种主题性）。地处黄浦区的上海九子公园就是如此，以较小的空间营建出主要为青少年活动服务的、富有鲜明的游戏文化特色及生活意趣的主题性公园。

上海九子公园建于 2005 年 11 月至 2006 年 1 月，北靠苏州河，西近成都北路，南临成都北路 1050 弄，东至市果品公司仓库，是当地区政府为改善周边环境品质和开辟适宜少年及老人就近娱乐休闲活动的公共空间而兴建，总投资约 700 万元。公园的设计显然是艺术家与景观设计师协作的成果。公园内没有设置当今到处泛滥的时尚而刺激的游戏设施，而是以 20 世纪上海老式弄堂内少年儿童的"九子"传统游戏为题材，展开公共场所与公共艺术的设计。所谓"九子"，是指往日孩子们异常熟悉且热于玩耍的游戏项目，用上海方言称之即是打弹子、滚轮子、掼结子、抽陀子、顶核子、造房子、跳筋子、扯铃子、套圈子。这些在当时物质比较匮乏和娱乐方式有限的情形下易于实现、给弄堂里无数少年带来乐趣的游戏，成为一代人及一个时代的寻常生活与情感记忆。在这个仅有 7700 平方米的公园中，位处中心的九子运动场运用几何化线条的布局，以"主题九子大道"的形式将不同形状的场地予以串通，在大道两侧立有以"九子"题材为创意的 9 件现代雕塑，它们对于入园玩耍的孩子具有观赏、启迪和激励其体验等多种意味。在整体设计上，设计师注意到"九子"运动的游戏方式与空间需要，对于不同游戏场所的大小、形状和铺装材料均作了合适的处理，很好地满足了少年儿童在园内嬉戏、竞赛、观赏、休憩、集散的需求。有趣的是，为了更好地推广传统的"九子"游戏，艺术家在公园出入口西侧的墙面上以写实性的金属版画《弄堂里的记忆》对"九子"运动予以图文并茂的诠释。

使人感到舒适和惬意的是，在绿地占 4778 平方米的公园中，配置了以乔木为主、针叶与阔叶林相间的树木，形成四季绿色佳景；种植有适于春季造景的山茶、红叶李、杜鹃、石楠、垂丝海棠、结香、日本早樱等树种，也有适于秋季造景的银杏、桂花、无患子、水杉、池杉等树种。公园的周边有以乔灌木和竹林结合构成的树篱，营造出幽静的半封闭式空间，在防尘、隔音、改善局部空气质量以及视觉景观方面均有上佳表现。

九子公园的视觉景观和公共艺术建造，既注重对普通市民的生活意趣和地方

图 3.39 《扯铃子》，雕塑，上海九子公园

图 3.40 《跳筋子》，雕塑，上海九子公园

历史记忆的表达，也注重公园性质与民众日常生活的内在关系，并强调艺术创作介入时所需要的创造性、想象力和娱乐性。它们并不只是对往昔生活场景的再现和回忆，而是融入了少年儿童的心灵律动，予以创造性的表现。九子公园的9件反映"九子"运动的主题性雕塑，在材料的使用上各有不同，如铸铜、彩钢板、塑板、彩钢管、花岗岩等。这些作品既明确了它们与日常生活经验的密切关系，又超越了生活表象，给人以新的视觉与心理体验，具有审美的价值。其中如《扯铃子》（即《抖空竹》，图3.39）、《跳筋子》（即《跳皮筋》，图3.40）、《抽陀子》《掼结子》等雕塑作品，采用了不同的创作手法，具有抒情的意味和形式上的美感，显现出艺术走向生活、融入生活并演化为生活的观念性意向。这些作品意在让人们"尽多体验生活中的种种微妙过程，使生活本身成为艺术，让艺术成为人人都可以从事的活动"[1]。这也意味着："艺术品优于其它产品的特殊地位被取消了，因为它失去了超凡脱俗的辉煌，它不再是崇拜的对象，也不是愉快的施予者，而是特定历史时期人的思维方式、世界

[1] 滕守尧：《艺术社会学描述》，南京：南京出版社，2006年，第153页。

观、价值观的展示的产物。"[1] 九子公园的艺术作品的创作虽来源并受制于社会的日常生活，但毕竟不同于日常生活，实现了对日常生活形态的突破与升华，创造出了合乎受众内在心理机制的艺术形象。

北京奥林匹克森林公园

北京奥林匹克森林公园创建于 2008 年，是为迎接 2008 年北京奥运会而作为奥林匹克公园的一个景观组成部分兴建的。此公园的建造强调三点：其一是改善奥运主场馆区域的生态环境，其二是为游客与当地市民提供一处环境优良的娱乐、游玩和健身的场所，三是作为长久保留奥运会期间置入的公共艺术作品的文化展示场所。由于它的地理位置和特殊的品牌效用，在 2008 年奥运会期间及之后，迎来了数量可观且来自不同国家和地区的游客，成为一种国际级重大体育文化活动催生的公园。

北京奥林匹克森林公园的景观在设计之初，就秉持着表达奥运文化中的"体育、生命、自然"以及体现举办地（国家与民族）的"历史""现在""未来"三方面内涵的设计理念，在景观构造和空间形式上强调对人文、生态、科技、时间变化、运动和情感主题的表现。

在现今的实地观察中可见，奥林匹克森林公园坐落在北京古城的中轴线上，位于北三环与北四环之间的奥运村主场馆的最北段。令人关注的是，在北京城区这片缺乏水体的地面上，公园中央设置了较大面积的人工水面和象征中国古代宇宙观的"萌丘"山体，后正式命名为"仰山"（它与北京古城中轴线上的景山相呼应，受到《诗经》语句"高山仰止，景行行止"的启发）。为了体现四季的变化和生态的多样，园区培植了大量的树木、灌木、花卉和水生植物，引入了鱼塘、茶园、果林和草甸等整体性的农林与田园景象，并在其中大面积地植栽了水稻、油菜花、甘蔗，以及随四季的变化而呈现不同色彩的其他植物，如向日葵、日光菊以及低矮野生花卉，随着季节的更迭，不同的花卉次第开放，形成了形态和色彩不断变化的"野趣花田"。森林公园结合自然林木及不同的灌木和水域的生态多样性设计，保护和培育了北京本地的乡土生物群落，通过对于园中的林地、草地、湿地和水域等的系统规划和管理，有益于恢复本地区动植物群落和生物的多

---

[1] 滕守尧：《艺术社会学描述》，第 156 页。

图 3.41　乐跑健走道，北京奥林匹克森林公园

样性，为本地区和迁徙途中的生物提供了良好的栖息环境。人们在隆冬季节，也可以在仰山脚下的大片奥海、洼里湖及人工湿地中看到成群的野鸭和大雁。为强调全民健身的理念，在园区丘陵地形及傍水的环线上设置了塑胶铺就的乐跑健走道，喜爱健身的市民及游客可参与其间，在四季的变更中一边浏览园区的美景，一边进行个人或集体的长跑健身运动，以得到身心的愉悦（图 3.41）。

为体现"科技奥运"的理念，公园的景观设施、器材亦做了相应的设计和处理，如园区内的照明设施运用了光导照明系统。为满足公园地下空间的照明和节能需要，此系统通过采光罩导入、导光管传输、强化和漫射装置，把自然光高效、均匀地引入室内，以减少白天照明的电耗。在园内覆土码头建筑内采用此系统，年节电 1063 度。此外，公园景区应用了太阳能光伏发电、地源热泵、生物降解、人工湿地等十余项绿色低碳技术，并在相应的装置和设施旁设置了说明性看板，以提高公众的节能环保意识。为节约和储藏园区植物灌溉用水，森林公园运用了雨水收集系统，利用园区内的市政河道及湖泊水系收集雨水，以蓄为主，蓄排结合，用于多种植物的灌溉和滋养，实现了雨水在园区内的循环，年雨水回收量约 1.34 万立方米，相当于节约了 4.47 万人的年生活用水量。它们以实景和看板的方式向游人展示和强调了生态化的科学理念，不失为一种提升公众的节能和生态环保意识的有效方式。

令人注目的是森林园区及周边的公共艺术作品，它们是整个奥林匹克公园中呈现出北京奥运体育文化及其公共精神的重要景观之一，因其突显的人文艺术气息和独特的纪念意义而被公园长期保留。除了在奥运主场馆（鸟巢)与游泳馆（水立方）建筑之间较为集中展示的奥运景观雕塑群，在森林公园内及周边也设置了雕塑艺术，成为景区的重要看点。而这些由中外艺术家创作的作品是 2006 年之后从百余件预选入围作品的公开展览中被逐次选入的，也有一些是奥运艺术项目机构邀请艺术家创作并经过项目专业委员会评选后选取的。为了配合奥运公园公共艺术的传播与评议工作，北京的一些杂志、报纸及专业刊物对其作品内容和基本含义进行了刊登。[1] 并且，在北京市规划委员会、全国城市雕塑建设指导委员会以及北京城市雕塑建设管理办公室的组织和主持下，由中央美术学院、清华大学和北京大学等学术机构协同，举办了题为"奥运文化与公共艺术"的研讨会，召集艺术家和社会文化界人士探讨公共艺术与奥运会及现代城市精神之间的关系，其后出版了题为"北京奥运公共艺术"的论文集，向社会进行传播。[2] 应该说，奥运会的举办为北京城市公共空间留下艺术作品并进行公共艺术的传播和当代审美文化的建设，以及与世界艺术进行交流提供了宝贵的契机。而这在相关的理论研讨中也进入了国际艺术家的视野，正如瑞士艺术策展人及国际动态艺术协会主席拉尔方索（Ralfonso）所言：

> 中国举办了多次与奥运相关的艺术展和艺术节……北京成功举办了两次大型公共艺术活动，即北京奥林匹克公园城市雕塑设计大赛和北京 2008 奥运会雕塑比赛。这些公共艺术向全世界展示了奥运精神和公共艺术这门世界语言之间的完美结合。[3]

这些置入园区的公共艺术作品，在当代性、国际性、主题性和艺术性方面具有一定的典型意义。如美国艺术家乔纳森·博洛夫斯基（Jonathan Borofsky）创作的大型彩钢剪影雕塑《人塔》，表达了艺术家对于来自不同国度及文化背景的人类共同体的建设性力量的信心与赞美，它拓展了古老的神话传说，把当代世界所寻求的和平、沟通与合作互利精神以现代艺术的形式演绎出来（图 3.42）。由

---

[1] 《北京奥运百件雕塑项目作品选登》，《中国雕塑》2008 年第 4 期。

[2] 北京市规划委员会编著：《北京奥运公共艺术论文集》，北京：中国城市出版社，2006 年。

[3] 〔瑞士〕拉尔方索：《动态艺术和全人类的奥运大联合》，北京市规划委员会编著：《北京奥运公共艺术论文集》，第 64 页。

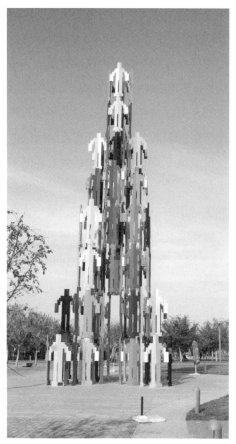

图 3.42 《人塔》，雕塑，北京奥林匹克森林公园　　　图 3.43 《图腾》，雕塑，北京奥林匹克森林公园

布鲁斯·比斯利（Bruce Beasley）创作的镜面不锈钢几何形雕塑《月影》，运用现代主义雕塑的美学形式和计算机三维数码技术，把中国传统文化中象征亲密情感且颇具诗意的月亮以丰富而又巧妙的多维空间形式表现出来，也表达了艺术家对于北京奥运盛事的美好祝愿。以色列艺术家迪娜·梅哈芙（Dina Merhav）创作的钢材剪切焊接雕塑《图腾》，以稚拙而又深沉的手法把大自然中的飞鸟与游鱼相结合，呈现出一切生命需要栖息与守望的大地、天空、河海的千古意象，表达了希冀地球生命永恒的愿望（图 3.43）。中国香港艺术家文楼创作的不锈钢雕塑《三度空间的演变》，则以中国文化中象征文人君子人格情操及生活态度的竹为题材，把人文意蕴寓于三维空间的虚实关系中，体现出艺术家的本土文化积淀和现代美学的象征意味。日本艺术家创作的钢质雕塑群《生命场》，在公园滨水的坡地草

坪上运用简约与象征的现代艺术手法，把自然生命生发、交织的意象和微妙的情韵予以视觉呈现，令观者驻足浏览或缓步遐思。这些雕塑给公园中不同的场所带来了丰厚的人文意蕴和视觉上的美感，展现出现代世界艺术的创造性魅力。

特别值得一提的是，坐落在奥林匹克森林公园西北区的比利时艺术家创作的巨型景观雕塑《运动员之路》（图3.44），其创作思维、美学观念及其与景观环境的关系，对当代中国的公共艺术创作有着特殊的意义。艺术家采用长短粗细和形态不同的金属线材进行了极富想象力和创造性的艺术创作，整个雕塑群呈现出抽象而又空灵的形态，犹如自然造化所涌现的气流、风云或是急速运动中的生命体留下的优美轨迹，它的造型、体量、材料和整体结构与其所在的景观环境融为一体，显现出全新的审美意象和当代艺术精神。作品在很大程度上超越了国内绝大多数室外雕塑惯用的那种说明性、叙事性表现形式和实体性、封闭性的空间占有形式，以抽象的表现性创作理念创造出一种自然而又自由的生命律动之美，并与特定空间环境以及人们的行为形成了呼应。应该说，从作品的艺术创作精神到景观效果，都对当代中国的公共艺术创作具有借鉴意义，为其引入了新的形式类型与审美体验。

此外，在北京奥林匹克公园（位于奥林匹克森林公园的南部）序列空间环境中的公共艺术与公共家具的创作和设计，在显现人文意蕴的地域性和历史性以及艺术的创造性方面也颇值得关注。由于2008年北京奥运会是首次在中国举行的大型国际性体育文化盛会，因此，在面向来自不同国家、民族及文化背景的人们的来访时，有必要展现具有悠久历史和独特艺术文化传统的中国国家形象。处于奥林匹克公园中段下沉广场的空间艺术与景观形态（包括雕塑、建构物、建筑及其装饰等元素），就呈现出浓郁的中国传统

图3.44 《运动员之路》，雕塑，北京奥林匹克森林公园

图 3.45　锣鼓，墙体，北京奥林匹克公园

图 3.46　青铜编钟，方塔，北京奥林匹克公园

艺术的美学意蕴。例如在下沉广场空间中设立的由中国传统样式的众多锣鼓所构成的立体景观墙（图 3.45），由中国古代青铜乐器编钟所构成的方塔形建构物（图 3.46），以及从中国古代马车的车轮形态中抽取的圆形符号构成的景观柱阵（犹如中国古代民间或府衙建筑前的旗杆或标志物），都是如此。并且，在公园轴线上的 7 个连续的下沉空间中（在公园场地标高 9 米以下），设计师运用了中国传统的庭院建筑的样式和装饰特性，在空间造型、结构和布局上展示了中国地域性建筑（北京四合院民居建筑）的艺术魅力和"第五立面"（屋顶）的视觉美感，传

图 3.47 玲珑塔，灯光信息塔柱，北京奥林匹克公园

达出特殊的文化与美学内涵，着意展现"一种将历史与现实，全球与地域混合后生成的时空文化"，而"将历史与文化因素融入建筑景观创作，不但能使建筑具有特色，还能使其更具有亲和力和根基"。[1]

在公园的主体性场馆鸟巢与水立方之间及偏后的位置上，另有一座用以景观欣赏、立体照明和传递信息的信息塔柱——玲珑塔，以金属线材和玻璃斜向构成9层塔体（近乎中国菱形粽子的造型），在夜晚可以运用 LED 现代照明技术及计算机程序，展现出富有形式变化和特殊美感的灯光照明艺术景观，传达出某种视觉信息，成为公园广场上的一处艺术性设施及地标性景观（图 3.47）。另外，公园广场道路两旁的照明灯杆具有浓郁的现代美学意味，设计师秉持仿生设计理念，利用钢材和现代加工技术，创造出有着生动活泼的树形造型的灯柱，实用而又优美，营造出富有生机的公园氛围，传达给公众鲜明的生态意味和现代美感

[1]〔瑞士〕拉尔方案：《动态艺术和全人类的奥运大联合》，北京市规划委员会编著：《北京奥运公共艺术论文集》，第 64 页。

图 3.48　树形灯柱序列，北京奥林匹克公园

（图 3.48）。这种把人文与艺术美以及功能与科技之美加以创造性结合的公共艺术作品，对中国当代城市景观艺术创作实践具有一定的启示作用。

客观上，无论在北京乃至中国市民的当代审美文化教育方面，还是在城市景观及主题性公园文化的建设上，北京奥林匹克公园及其森林公园中公共艺术的介入都有着重要的时代意义。它在提升城市公共空间的人文与美学内涵的同时，也为中国艺术界人士和普通民众直接接触众多世界现代公共艺术作品提供了难得的机会，并在文化观念、艺术形态以及运作经验方面为中国公共艺术的发展提供了重要的参照。这些由于奥运会契机而长久设立在公园中的公共艺术作品，使得公园景区的文化气息和精神意味得到了前所未有的增强，也增加了公园的个性魅力及其对国内外游客的吸引力。

芜湖雕塑公园

主题性公园在中国的出现始于 20 世纪 90 年代，其时正逢国家经济处于快速发展的时期，城市公共福利事业的重要性初步得到强调。主题性公园的产生，一方面是为了突出公园景观及其文化内涵的特点，通过其资源优势形成自身的品牌效应；另一方面是为了区别于其他类型的公园，以吸引具有不同需求的游客群体，使公园得到更好的经营和管理。此间，中国陆续出现了诸如上海东方森林公园、北京奥林匹克森林公园、上海世博公园、上海九子公园、北京红领巾公园、长春汽车公园、长春国际雕塑公园、杭州西溪湿地公园、成都活水公园、秦皇岛汤河红飘带公园以及其他不同名目的主题公园，分别侧重于凸现城市人文和生态景观文化、青少年及中老年人休闲文化、现代城市的变迁与公共艺术文化，以及地域历史文化，开展了多种多样的主题性社会文化活动，成为当代城市文化和社会环境建设的重要组成部分。

芜湖雕塑公园始建于 2010 年，坐落在芜湖市东部新区，位于神山公园的东面，依山傍水，起伏的丘陵地貌与众多的植物群类构成了山林坡地与湖洼之间宜人的生态环境。雕塑公园毗邻鸠江北路和神山路，周边拥有农业和城市商务景观、新兴住宅社区、大学校园，成为市民游览大自然的优美去处。芜湖雕塑公园由当地政府部门与国内雕塑艺术机构（中国雕塑学会）及艺术学院（中国美术学院）携手兴建，以中国现代著名雕塑家刘开渠为名的雕塑奖项及国际雕塑展作为品牌依托，试图形成融地方自然山水景观、历史文化、公共艺术为一体的主题性公园。自 2011 年起，已经举行了五届"中国·芜湖刘开渠奖国际雕塑大展"，雕塑展的部分优秀作品被永久地收藏、陈列在雕塑公园中。政府、学会和艺术院校三方人员及其专家组成雕塑艺术的评审委员会，秉持"公平、公正、公开"的评议原则，注重作品的独特性与创新性、公众审美与环保性等，把遴选后的作品置于公园景观之中供游人观赏，使得历史上专供宗教寺庙、陵墓及宫苑建筑陈设的雕塑艺术，得以直接进入当代公众的公共空间和文化生活之中。公园从 40 多个国家及地区的艺术家参与的国际雕塑展中选取了一两百作品予以陈列，旨在提升普通市民公众的审美意识和审美经验，改善城市的自然与人文环境，激发市民对城市的喜爱和自豪感，扩大城市的美誉度与影响力。用主办方的话说，这是"对城市与文化、艺术与人民生活和谐发展新模式的有益探索和实践，它必将为这座具有深厚底蕴的美丽园林城市带来永恒财富"。从芜湖雕塑公园的第二届国际雕塑大展中可见其当代性和国际化特点，最终入选的 43 件雕塑作品从全球 35 个国家和地区的 553 名艺术家创作的逾 2100 件投稿作品中遴选而出，为人们了解东西方艺术文化的同异提供了许多视觉样本。

从艺术的文化内涵及形式语言来看，芜湖雕塑公园的雕塑形式及风格样式呈现出多样化特征。其中，有文学性及历史性题材的偏重叙事性及纪念性的作品（如《渔归》《文人中国》），有意在探索雕塑形态以及时空构成关系的抽象性作品（如《永恒的瞬间》《涟》《风驰》[图 3.49]），有注重人与自然生态之关系的夸张与象征性作品（如《山神》《妈妈，你在哪？》），有注重表达生活感悟的作品（如

图 3.49 《风驰》，雕塑，芜湖雕塑公园

图 3.50 《美丽轮回》，雕塑，芜湖雕塑公园

《岁月》），有注重雕塑材料及技艺实践的作品（如《宇宙之门》《一方水土》《会唱歌的石头》），也有注重运用不同的动能构成运动雕塑的作品（如《美丽轮回》，图 3.50），还有作为系列作品介入公园场景的公共艺术雕塑。相比中国大多数雕塑公园的作品而言，芜湖雕塑公园的作品中倚重叙事性及纪念性的传统写实性人物雕塑明显较少，而较多的是基于艺术家自身对于自然、时间、空间的认知以及对内在情感和心理的艺术表现，注重对材料的处理、注重艺术形式自身的内涵与感人力量的作品。而且，在关注艺术与地域文化及场域特性的相互关系、艺术与人文及生态的关系上，较之前建造的雕塑公园有一定的进展。

从公园中作品与其周边空间环境的关系来看，虽然设计者部分地注意到两者的相关性及融合性，但在园区的整体规划和布置上依然过于突出雕塑作品的主体位置，雕塑放置的密度较大，数量偏多。尤其是雕塑艺术作品在体量、形态、材质上与其所放置场地的自然环境及情状难以有机融合，也未能很好地满足公园游人的游览、观赏、交往、运动及休憩等多样性需求，没有把众多雕塑自然地"嵌入"自然景观的具体场景和游人活动的空间中，不善于使之"掩映"和"生长"在非人工所能造就的自然环境中，而依然是把公园作为一种露天的"美术馆"，重在突出雕塑本身的显要地位和独立的艺术价值。显然，在园区的整体规划和设计上，设计者尚没有真正把处于山地和水泽中的公园自然景观的美学价值、地域文化及场域特性与雕塑艺术进行深入细致的整合处理。这也反映出以艺术家为主导的景观艺术项目，往往没有与景观规划专家、环境艺术设计师及建筑设计师、艺术批评家进行充分的事前沟通与协作，而产生了以艺术作品为本位和展览目的的普遍性问题。从操作方法的层面上看，作品也并没有依据各自行将就位的环境形态进行"量身定做"，这似乎与国内尚没有类似的操作经验作为参照有关。因此，在公园中除了雕塑和植物景观之外，很少有为游客休息、交流、玩耍或进行其他必要的旅游消费而建造的活动场所与公共设施。换言之，雕塑公园若除纯粹的艺术观赏之外，兼有自然化、娱乐化和生活化的景观形态及场所功能，将会更好地发挥其原有景观生态和地形空间的优势，满足不同游人群体的多种内在需求。尽管存有一些不足和遗憾，但公园的创建方及其艺术项目的策划方毕竟在自然与人文意识的结合方面有了一定的进步。

值得关注的是，在芜湖雕塑公园的作品中，具有创意及娱乐性的动态雕塑《美丽轮回》的设立，在国内公共景观雕塑实践中不能不说是一种具有典型意味的发展。作品运用中国传统文化元素和动力机械原理，以园区灵动的水体景观为基本条件，采用活动装置的形式，使得雕塑在水流的循环作用下成为一曲艺术与自然的欢歌。它的结构形式、视觉与心理效应以及对待艺术与生活之关系的态度，令人耳目一新。作品与其场所和景观形成了有趣的对话，成为人们关注的重点。作品富有活力、智慧及幽默感，一扫以往静态雕塑常有的单调性。另外一件作品《撑竿跳》的景观效应也与以往一般的雕塑有着明显的差异，留给观众很大的想象空间，使人感到意外和惊奇，并与地面上其他的雕塑形成对比，成为公园的一处地标性作品（图3.51）。

图3.51 《撑竿跳》，雕塑，芜湖雕塑公园

另外，值得关注的是历时性的系列公共艺术雕塑作品《行囊》，艺术创作者基于对当代城市生活的同质化及其与自然的疏离状态的观察和思考，认为有必要把某种对于乡土家园、绿色家园的依恋和亲近自然而远足的精神情感予以系列化的艺术呈现。创作者启用当下生活中司空见惯的各类手提包、挎包、篮筐和双肩背包作为系列作品的形式及观念的载体，在运用不同的材质进行超大尺度的仿真处理后，在不同样式的"行囊"内置入当地的泥土和可以栽培的花草，意在表达对绿色自然和健康生活的向往。艺术家借助城市公共艺术项目把系列作品逐个在不同城市的公共空间中加以展示，并试图与当地社会的人群和媒体产生交流与互动（有关《行囊》作品及相关事件，本书另有涉及）。其外在形式手法似乎与20世纪60年代流行于欧美的波普艺术相近，赋予现实生活中的工业产品或器具以当下生活文化及美学的内涵。与传统的叙事性、纪念性或唯美倾向的雕塑作品相比，《行囊》显现出注重当代艺术的公共性和与当地受众进行互动的特点。

从芜湖雕塑公园的建立与其跨地区协作及品牌化发展的模式中可见，当地经济和社会的发展状态以及当地政府机构的决策是关键性条件。从当地政府公开的资料来看，芜湖市在21世纪初以来的第10年，年生产总值1341亿元，年均增长16.3%，其总量由20世纪90年代初期安徽省的第10位上升到第2位。地方财政收入达219亿元，年均增长24.5%。城乡居民人均收入分别达18727元和7145元，年均分别增长14.2%和15.3%。市区建成区面积由以往的95平方公里发展到135平方公里。城镇化率达54.3%。[1]应该说，芜湖作为中国东部的沿江开放城市，在地理、交通、经济、区域产业及多种资源的配置方面具有后发优势，在综合性的城市竞争力上显然居于中国中东部地区非省会城市的前列，发展到了应该强调自然与人文环境的优质化程度以及城市形象、地域文化特性和市民幸福指数的地步。曾作为长江巨埠及徽商门户的芜湖，其深厚的历史文化底蕴如何传承与发扬，势必成为其当代城市形象及文化软实力建设的一个重要课题。

而当地政府对于雕塑公园的建立以及学术机构与政府合作建设户外雕塑的"芜湖模式"的意义也具有清晰的认识："对于提升城市品位，提高市民文明素质，促进我市文化大发展、大繁荣起到了积极的推动作用"，"对于推动城市文化建设，

---

[1]　见《中国·芜湖第二届刘开渠奖国际雕塑大展》（专刊），中国雕塑学会、中央美术学院、芜湖市人民政府，2012年10月。

丰富群众的精神文化生活，有着十分重要的意义"。[1] 显然，对于城市环境及文化形象的建设而言，政府的政策支持与资金投入十分重要。因为在目前的中国，社会及企业对文化艺术捐赠的参与机制以及艺术基金制度尚没有建立起来，政府成为较大规模的公共艺术建设项目最主要的资金投放者和决策者。

青岛市区海滨景观带

青岛市海滨景观文化及其公共艺术形态，在国内城市建设中有其独特的意义。青岛在19世纪末期还是胶东地区的沿海乡野和渔村聚落，随着后来德国和日本的入侵、移民、传教以及工业和贸易的发展，逐渐成了一个独具景观及文化特色的中国滨海城市。进入21世纪以来，青岛凭借其雄厚的经济实力、良好的生态和旅游环境，尤其是得天独厚的山海型城市资源和大量西方殖民统治时期建造的传统建筑，成为2008年北京奥运会的海上帆船赛场，在沿海的城西区（从栈桥周边起）到城东区（石老人附近）近20公里的滨海旅游热线上，陆续建设了众多的沿海观景木栈道、沿海景观走廊、沿街公园、沿海广场以及不同形式和内容的公共景观雕塑与富有艺术性的公共家具。

青岛当代城市景观及公共艺术的重点建设区域是其海滨旅游区，其景观序列由沿线的节点串联而成，从栈桥、汇泉湾、太平湾、浮山湾、国际帆船中心延展到老龙湾和石老人景区。其间，可供游人观景、休闲、娱乐和集体性活动的公共空间主要集中在沿海的东海路。它们自西向东形成多个公园景区：鲁迅公园、海涛园、海趣园、海风园、音乐广场、五四广场、海韵园、海洋公园、青岛雕塑公园等区域。其中设有雕塑及艺术景观的区域总面积约为26万平方米。就景观雕塑融入的空间面积之大而言，在全国的中小型城市中是不多见的。这些富有设计和艺术内涵的园区与依山傍海、红瓦绿荫的旅游景观带一道，构成了众多市民和外来游客观赏、逗留、健身和娱乐的公共空间，也构成了青岛城市最具魅力的重要景观。青岛市的景观文化和公共艺术最值得称道之处，并不在于其自身的唯一性或独特性，而在于它们与天赐的当地山海景观和人文历史有机地融会在一起。

在著名的栈桥东侧、鱼山以南的滨海坡地上，有20世纪50年代命名的鲁迅公园，濒临美丽的汇泉湾。园区内，形态各异的赭红色礁石突兀嶙峋，形成各种

---

[1] 见《中国·芜湖第二届刘开渠奖国际雕塑大展》（专刊），中国雕塑学会、中央美术学院、芜湖市人民政府，2012年10月。

天然丘壑，海浪拍岸，涛声连连，景色蔚为壮观，加上茂密的黑松林以及面海的凉亭和古朴的水族馆等传统建筑的点缀，构成了一幅得天独厚的海滨景观图画。尤其是在 2001 年之后，为纪念鲁迅先生诞辰一百二十周年，海滨风景区管理处对鲁迅公园进行了大规模的改建与园林景观的完善工作。在景区步道沿线增设的鲁迅诗廊，增加了景区的人文和艺术意蕴。整条诗廊长约 75 米，高 3 米，以红色花岗岩为墙面材质，上面以鲁迅的书体刻写了著名诗歌 45 首及其他文论章节。诗廊以素朴、典雅而又具现代气息的表现形式，给游人提供了一处具有人文感染力的公共艺术景观，也使得鲁迅公园的主题性和实质性内涵得以体现。加之园内傍海坡地上起伏蜿蜒的小路、潮水出入的礁石、桥榭和凉亭，整体形成可供游人观潮、听涛、赏诗、垂钓的理想境地，成为著名的青岛十景之一。

　　青岛的景观与公共艺术是随着时代和城市形态的发展而发展的。在实地考察中可知，青岛市现代公共景观艺术作品的设置主要始于 20 世纪 90 年代中期，如在东海西路上设置了华夏历史文化浮雕立柱走廊，其艺术表现内容为中国古代的文化、政治、经济、军事及历史传说，从"三皇五帝""汉唐盛世"到"四大发明"和"民间百工"，融入了华夏民族大历史的图像叙事，意在配合青岛城市景观和旅游文化的建设，向人们显现中国五千年的历史图卷，寓教育于艺术审美之中。然而，这些立柱图卷的叙事不免流于宽泛和唯美，与青岛城市自身的历史文化和当代社会似乎没有内在的联系，只是作为一种景观元素而存在。其实，这种表现方式不过是延续了中国 20 世纪 80 年代以来公共场所艺术的宏大叙事和环境装饰手法，具有泛化的教育内涵。

　　在青岛，也有一些景观艺术是围绕其场所性质设计的。如在青岛市妇女儿童活动中心附近的海趣广场，北面是东海西路的闹市街区，南面紧临滨海步行街及浮山湾景区，是当地妇女儿童集体活动的主要空间之一。此广场在 1997 年设立了一批启迪和愉悦少年儿童的景观雕塑作品。其中除少数是具有现代感或卡通形式的雕塑之外，大多是以中国传统文化及文学作品为题材的雕塑，如《孔融让梨》《司马光砸缸》《伯乐相马》《曹冲称象》《岳母刺字》《猴子捞月》《龟兔赛跑》等适合少年儿童启蒙教育和观赏的雕塑作品。另外，为体现童趣及海滨生活，在广场朝海一面的台阶上设置了《螃蟹上岸》的石雕（图 3.52）。客观上看，这些偏重古代典故、具有教育功能的雕塑，固然在道德教化和公众美育上具有其自身的意义，但在适应少年儿童的心理方面则显得说教有余，可参与性、体验性和娱乐性不强。这种做法或者说"套路"沿袭了几十年：伦理道德的说教重于自我体验下的身心愉悦，重造型的观看而轻身心的自由体验。应该说，在中国当代公共艺术实践的初期阶段，它可能还会延续较长的时间。

　　同在浮山湾的青岛音乐广场，是具有浪漫风情的公共文化场所和旅游观光景点。除了拥有大量的绿色植物之外，广场的中心设有白色帆布构成的音乐厅，在北面商业大厦和南面海景的映衬下，犹如海湾中雪白的巨帆，典雅而又浪漫。其向海的一边设有中国现代音乐家聂耳、冼星海和西方乐圣贝多芬的大型雕像，以音符及各种乐器图案装饰的广场周边地面和以花坛点缀的广场外围走廊，与音乐广场的主题和氛围相契合，构成了富有艺术风采的海滨公共空间。其中也有为纪念"中日韩旅游部长会议"（2007 年召开）的历史性事件而设立的现代彩钢雕塑《风景线》（图 3.53），把中日韩三国的标志性历史图像与人文景观镂刻其上，是青

图 3.52 《螃蟹上岸》，雕塑，
青岛海趣广场

图 3.53 《风景线》，雕塑，
青岛浮山湾音乐广场

岛作为开放性旅游城市的标识之一，也成为游客观赏和留影纪念的重要景点。公共艺术的介入，使得音乐广场更加富有活力和人文色彩，同时也给周边的居民社区和商业服务机构提供了良好的景观环境。

处于青岛市政府办公大楼所在城市轴线上的五四广场（总占地面积 10 公顷）立有城市标志性雕塑《五月的风》（钢板，彩色喷涂，高达 30 米，图 3.54）。它设立于 1999 年，以第一次世界大战后青岛及山东的主权回归之争成为 1919 年五四运动的导火索为题材，展示了岛城的现代历史变迁与革命文化发展的足迹，并含有城市迎接新世纪的到来而蓬勃向上的发展之意。其造型采用简约的抽象性语言，以旋风之势向上螺旋升腾，展现出腾空而起的"劲风"形象，给人以速度和力量的震撼。高大体量的红色雕塑与浩瀚蔚蓝的大海及周边典雅的园林相互映衬，并配以浮山湾海景中壮观的"百米喷泉"景观，呈现出律动之美。它成为五四广场乃至青岛市的地标性作品及精神象征，也是青岛城市景观中具有现代形式意味的重要作品之一。应该说，以近现代中国民主革命作为公共艺术创作的题材，更易得到政府的立项和支持。不过，《五月的风》并不属于那种图解历史的作品，并未落入一般的文学性叙事的套路，而是属于当时国内为数较少的具有创意、讲究艺术形式和内涵的景观艺术作品。

在东海东路滨海步行街附近，设有雕塑公园和青岛雕塑馆，它们利用极佳

图 3.54 《五月的风》，雕塑，青岛五四广场

图 3.55　观海栈道，青岛海滨旅游区

的海滨环境，把园林、海景和景观雕塑作品集于一体，成为青岛石老人旅游度假区的一个风景亮点，也成为青岛城市的一个文化符号。雕塑公园中陈列了全国各地的艺术家的作品，为城市的旅游文化和艺术家事业的发展提供了有利的条件。

　　与以上景观艺术密切相关的是，青岛市在 20 世纪 90 年代就在漫长的滨海旅游线上架设了观海栈道，它一方面极大地方便了游客观海，成为公众欣赏和体验大海的重要场地；另一方面在保护海岸基础和人身安全的同时，自身也构成了具有景观艺术价值的作品（图 3.55）。正是它的建构，使得城市海景得以延续及一体化。这些努力最为显要的意义在于，通过更好地利用濒临海洋这种城市景观资源和稀缺的自然生态环境，为市民和外来游客创造出了具有观光、休闲、疗养功能的滨海公共空间。

3.5　城市地铁

　　在世界的现代化进程中，城市地铁（轻轨交通）是 20 世纪西方社会高度城市化、工业化的产物。它们自 20 世纪 50 年代以来在英国伦敦、法国巴黎、德国柏林（及法兰克福）、俄罗斯莫斯科和日本东京、大阪等城市和地区得到了长足的发展。客观上，西方发达国家的城市地铁的兴起，首先是由于中心大城市的规模不断扩大、人口高度聚集、城市产业及办公区域与一般居民的居住地高度分离而引发的。起初，城市地铁的出现使得城市地块的功能性、专业性划分更为明确，经营者的经济效益以及市民大众的生活和工作效率得以提升，城市交通拥堵得到缓解，市民出行成本得以降低。许多原先在市中心地区（商厦、广场及办公场所聚集之地）交错杂居的社会中下层普通市民，可以迁居到远离城市中心的居住区，通过地铁较为快捷地往返其间。

这种适应大都市的生产和生活的技术性设施，逐渐成为城市发展的重要公共交通及福利项目，成为现代大都市运行模式中普通大众生活和工作的重要"帮手"和"功臣"。西方国家的市民在近一个世纪的地铁使用中，逐渐从要求地铁班车安全、准时、便利到要求地铁车站和车厢设施完备、干净整洁、舒适，再到要求地铁整体环境及其视觉形象具有艺术性和场所自明性，经历了从讲求单一的交通便捷功能到注重其作为城市文化和艺术载体的公共视觉艺术廊道功能的认识过程。

当今国内大城市的地铁成为市民社会交往和日常上下班的便捷工具，介入其中的流动人群具有极为多样和重复的特点。虽然地铁只是不同的人群为着不同的目的而暂时汇聚和经过的场所，但它的环境及功能和美学品质对于促进城市经济的发展、方便市民的日常生活、吸引更多的市民采用地铁作为市内出行的交通工具、减少地面交通压力、倡导低碳化的都市生活均具有明显的意义。一般地说，搭乘地铁的公众对于其时空的基本体验是封闭、拥挤和单调，地铁是被迫暂时进入的流动性空间。在快捷、方便、准时、干净、宽敞等方面达到使用要求的前提下，具有独特的空间和文化品格，去除单调乏味、冷漠生硬的面孔而具有一定的愉悦性、审美性和场所自明性，恰是地铁空间艺术所需要实现的目标。

以下以北京地铁、上海地铁、南京地铁（南站）、广州地铁（APM线)的景观艺术为例，以点带面地概要探查近四十年来国内城市地铁艺术的演变过程，及其发生的阶段性、地域性和观念性变化。

北京地铁

概略地回溯，北京地铁公共艺术主要经历了三个大的阶段：第一阶段为1980年代中期至2000年代中期；第二阶段为2000年代中期至2008年；第三阶段为

2008 年之后。三个阶段的地铁公共艺术在题材、形式、观念上呈现出明显的差异和变化。

第一阶段，北京的环线地铁（2号地铁）的公共壁画艺术成为 1980 年代初中国最早在地铁中运用公共艺术的范例。环绕北京二环的多个地铁站点月台的墙壁上绘制有不同主题的

图 3.56 《燕山长城图》，壁画，北京地铁

大型壁画，如《中华文明（四大发明）》《燕山长城图》（图 3.56）、《大江东去图》《华夏雄风》《走向世界》。此时期地铁公共空间的艺术创作，是在十年"文化大革命"结束之后破除极"左"政治、实行较为宽松的文艺政策以及恢复经济建设的大背景下进行的。2 号线地铁壁画是继北京首都国际机场壁画群完成后的又一次较大规模的艺术实践。当时设立地铁系列壁画的基本目的，是重在美化与装饰地铁公共环境，以展现首都的文明和现代化。从地铁壁画的主题及题材来看，主要集中在表现中国具有经典意味的山水风光、人文历史、传统文化及古代科技发明，以及预示中国走向现代和国际舞台的文化和体育活动。从一定的视角来看，此阶段的地铁壁画在反映和促进当时社会文化艺术的多样和开放、显示艺术自身的形式美价值以及服务于城市公共环境方面具有历史性意义，给市民和游客带来了新颖的地铁视觉环境和具有时代感的文化气息。但由于时代的局限性，此时期的壁画与地铁交通的功能及场所特性之间尚缺乏内在的对应关系，重在表现艺术自身形式的视觉美学价值、民族与国家的政治意涵，对地铁车站的环境特性、场所的自明性和引导性没有明晰的认识，对于地铁旅客人群所具有的文化多样性、娱乐性和感性的视觉识别需求等方面明显欠缺考虑。

在地铁的视觉引导设计方面，直到 2004 年前后才陆续在 1 号线、2 号线的站台上补充了公共导视系统（主要包括地铁的运营路线图、站点预告、各站点地

面交通图、站内交通线路及公共设施导视图等）。但此阶段北京地铁壁画的落成，在一定的层面上看，是对中国"文化大革命"时期极"左"文艺政策的一种突破，也是作为审美文化的艺术重返社会的一种时代性标志。客观上，在现代城市空间中，政治意识形态无所不在，并且往往起着决定性的作用，空间及其语义的生产方式从未摆脱主流政治话语的影响。法国社会学家亨利·列斐伏尔认为："空间一向是被各种历史的、自然的元素模塑铸造，但这个过程是一个政治过程。空间是政治的、意识形态的。它真正是一种充斥着各种意识形态的产物。"[1]北京地铁壁画从一个有限的层面反映了国家政治文化和意识形态，以及国家在实施改革开放政策的早期容许表现艺术的形式美这一较为宽容的文化姿态。

第二阶段，为迎接和配合2008年奥林匹克运动会的举行，北京在2005年前后加快了新的地铁网络以及部分地铁公共艺术的建设。如在10号线、5号线、8号线的若干站点的公共空间中实施了公共艺术创作方案，显现出不同以往的一些艺术特点和设计观念，较之前更多地强调艺术与地铁建筑空间环境和公共设施的密切结合，在显现艺术的东方韵味及民族文化情结的同时也注重其现代性，并在技术方式方面显现出某些新意。如在10号线的一些站台墙面的装饰艺术中，采用了LED光带等具有动感、时尚性及节能效用的现代照明技术和媒介形式，使之既具有光束流动效果，又能有效传达相关的公告信息（图3.57）。有的运用玻璃烫花及光照明的形式对站台环境予以个性化的装饰。在10号线转2号线的雍和宫站台的环境设计中运用了中国古代木结构建筑及装饰手法，寓意此站是具有京城重要历史与宗教文化积淀的站点（图3.58）。它除了凸现地铁环境的个性化特点和美学品位之外，相比北京早期的地铁壁画艺术，也更具整体性和现代气息。这些设计不再刻意强调宏大的、主题性及文学性的叙事与表现方式，以及过于直白的关于民族和国家政治概念的视觉图解，而是较为注重地铁空间环境的美学品质和多元化的审美文化需求。

在地铁10号线与通往奥运中心的8号线的换乘处（北土城站），采用了一些显现中国传统文化与工艺美学的形式及符号元素，在站台的立柱、隔断、信息板背景等建筑体上，运用蓝白相间的中国古代青花瓷色调和优美的纹饰对环境空间及公共设施予以艺术性的装饰，以期在奥运会期间及当代国际化背景下显示中华

---

[1]〔法〕亨利·列斐伏尔：《空间政治学的反思》，包亚明编：《现代性与空间的生产》，上海：上海教育出版社，2003年，第62页。

民族文化艺术的悠久历史及其特质。在此站地下人行通道的墙体上，采用了具有现代感的形式结构和不同尺度的古城墙青砖，显现出此站所在的古城墙地段的场所标识性和历史感（图3.59）。尤其是5号线奥林匹克森林公园南门站的站台设计，注重对于自然生态及其形式美感的表现，站台的列柱与天顶的视觉处理以及用于安全围挡的玻璃墙体的装饰均运用了森林景象的创意，形成了具有高度识别性、雅致而又有美感的车站空间，并与此站的主题性公园意象相呼应，给中外游客留下了特殊的记忆（图3.60）。这些设计虽然较多地注重外在形式的装饰美效果，但较第一阶段的北京地铁艺术更多地显现了艺术与环境的整体关系，强调了舒适性、现代感和国际性，摆脱了以往惯常的主题性及宏大叙事的环境艺术创作模式。

值得注意的是，在2007年至2008年修建的北京地铁5号线中，出现了一些具有鲜明的当代大众文化特性及都市商业色彩的大型喷绘壁画作品。这些壁画表现了当代都市社会的消费文化和大众的娱乐生活景象：热闹的街市，绚丽的色彩，张扬的时尚，狂热的消费，以及当代都市青年群体的容颜与服饰，"新生代"自我自在的生活形态，生动地刻画了当代

图3.57 地铁站台灯光及信息艺术，北京地铁

图3.58 雍和宫地铁站台设计，北京地铁

图3.59 北土城地铁站砖墙艺术，北京地铁

图3.60 森林公园南门地铁站台设计，北京地铁

都市大众文化和商品经济潮流中的芸芸众生（图 3.61）。它们以图像的方式从一个侧面反映出，中国在 1980 年代之前经历了严重的物质匮乏之后，物质商品空前丰富，都市社会人群开始追求消费享乐和个性化的生活。5 号线地铁壁画对此的写照，契合了这一时期国内的大环境，并迎合了东城区中心地带的商业需求。这对于烘托都市的消费、旅游、娱乐及时尚生活氛围具有一定的现实意义，是中国地铁公共艺术中前所未有的一种表现。它显然不再如 2 号线早期壁画那样，把严肃、重大的国家、民族及政治文化内容作为艺术的主题，而是呈现出对于时尚、轻松、逍遥及个性化消费场景的欣赏与鼓励，这或许也是所谓后现代文化的一种展现，包含了多样的文化内涵以及道德和价值取向。应该说，这也是中国社会转型之际经济及政治生活发生一系列巨大变化的必然结果。5 号线的地铁壁画有限而又生动地表现了当代社会生产和市场交换模式的变化所形成的较为宽松而多元的文化与物质消费形态，显现出中国公共空间的艺术创作从单一的政治宣传逐步走向多元、多向度的文化显现。

图 3.61 《都市时尚景象》，壁画，北京地铁

第三个阶段，在 2009 年秋季落成的北京地铁 4 号线中（安河桥北站至公益西桥站），公共艺术（壁画、雕塑及环境艺术设计）的创作发生了一些新的变化，值得注意。其主要特点是较以往的地铁艺术更加强调沿线站点的自明性，注重对其所在场所的文化和历史内涵加以表现，而不再仅仅追求对艺术自身的形式美的表现。如在 4 号线的一些主要站点——圆明园、北京大学东门、中关村、国家图书馆、动物园、西四、西单、北京南站等创作了系列性的壁画、浮雕、圆雕和空间装饰艺术，它们均是以各站点拥有的历史典故、事件或传统及现代文化资源为题材创作的艺术作品，一方面明示了地铁站点的视觉传达功能，另一方面传达了地铁沿线的历史文化内涵，提升了地铁空间的人文与艺术品格。如菜市口站的金属板丝网印壁画集中表现了此地区老北京的坛庙文化、戏曲文化、会馆文化、工

图 3.62 《菜市口历史景象》，壁画，北京地铁　　　图 3.63 《圆明园》，壁雕，北京地铁

商文化、平民文化，以及民居（和名人故居）建筑文化的传统与辉煌，把近代北京南城文化中的"中西合璧，古今并存；雅俗共赏，文商俱兴"特点以图像和文字的形式展现出来，加以传扬（图 3.62）。在西单站点突出了该区域曾有的各类"老字号"商铺的记忆。曾经拥有"万园之园"的圆明园站则以高浮雕的墙体艺术形式，表现了圆明园在 1707 年至 1860 年间的风姿与屈辱的历史残像（图 3.63）。国家图书馆站的壁雕以中国古典文献为题材，以远古的文字与文化经典以及《四库全书》《永乐大典》等典藏文献作为艺术表现对象，对其所在站点的文化意蕴予以视觉性的表达。

富有特色且令人关注的是，在 4 号线地铁经过的北京大学东门、菜市口、人民大学、圆明园等站点的流通空间中设立了微型的"4 号美术馆"，它们处在地铁内部的通过性空间之中，展览空间约在 20 平方米左右，轮流展示一些不算知名的艺术家的小件美术作品，可供乘客间歇性地随意观赏（图 3.64）。其中有些作品展现了地铁沿线原有街区的历史建筑风貌和文化遗存，也有小型的青年艺术家的个人作品，包括系列性的素描、水彩、水墨（或彩墨）以及摄影和油画作品，并常配有艺术展览的前言及通俗化的文字解释，其艺术内涵和形式大多表现出轻松、温馨、抒情或时尚的特点。并且，微型的"4 号美术馆"还延展到 4 号线的车厢内壁（即"4 号线列车艺术馆"），把一些当代大学生和艺术家的作品以平面悬挂的展示方式介绍给广大乘客，营造车厢的文化氛围，给人以轻松而又知性的审美

图 3.64 "4 号美术馆"地铁空间，北京大学东门站，北京地铁

享受。2013 年，地铁公司与中央美术学院等机构合作，除在车站和车厢内分期展示绘画艺术作品外，还适时地向乘客告知美术界的艺术创意和展陈活动信息，使之成为北京地铁流动空间中的公益性艺术文化场所，增添了地铁公共场所的审美文化和人文气息。另外，4 号线沿途站点的公益性灯箱广告，也将 4 号线地铁艺术的形式、内涵及创作方式展示给正在站台候车的旅客，体现出京港集团（地铁公司）对于地铁空间及其公众文化环境建设的关切，在一定程度上呈现出当代都市艺术的生活化、平民化和大众化特征。

2010 年末落成通车的 4 号线的延长部分——大兴线（新宫至天宫院），则在 11 个沿线站点设立了不同形式的公共艺术及环境设计艺术作品。大兴线地铁艺术的创作理念及方式，一方面延续了之前的 4 号线地铁艺术关注其所在站区的场所特性及文化内涵的做法，另一方面在艺术作品的材料、规模以及空间环境的艺术设计和公共设施的设置上作了拓展，使得地铁公共环境的舒适程度、艺术审美方面均有了大的提升。如西红门站行人天桥的艺术形式的处理，有助于站点的视觉识别和记忆。高米店南站的墙体艺术作品《天籁之声》，采用了不同的工业化材质和抽象化的形式语言，试图体现都市文化的多元、开放、交叉以及现代生活创

图 3.65 《田园奏鸣曲》，壁画，北京地铁

意的无限。枣园站的大型壁画《田园奏鸣曲》，采用了明代以来北京所特有的铜胎掐丝珐琅工艺，以传统的工笔重彩和现代的空间构成形式表现绿海田园中的自然生命，以象征大兴地区原有的农业田园与绿色生态景观（图 3.65）。在黄村西大街站点，采用近似民间剪纸手法创作的镂雕壁饰作品《欢天喜地》，以当地的民间活动，如放风筝、舞狮、踩高跷、跳秧歌等为题材，显现了大兴的民俗文化及地方生态（图 3.66）。义和庄站的壁画，采用了彩釉陶板与青花瓷板画相结合的方式，以水墨画的形式显现大兴当地的自然和人文景象。大兴线各站点的公共设施（卫生间、电梯、垃圾箱、座椅、时钟、视觉引导系统、无障碍设施等）的设立与管理都十分到位。这些

图 3.66 《欢天喜地》，壁画，北京地铁

均标志着首都地铁公共空间的艺术文化和便民服务有了时代性的进展。

与此同时，北京地铁艺术的创作与方案征集、遴选等方面也有了新的变化。2014年1月中旬，针对即将兴建和续建的北京地铁6号线、7号线、14号线和15号线的沿线站台壁画及视觉空间设计，在北京轨道交通建设管理公司和首都规划委员会公共艺术办公室主持的系列公共艺术方案评审会议上，艺术家、设计师、艺术批评家及咨询专家团队、规划与管理机构的行政官员，以及专业设计公司的代表等，就当下行将实施的地铁公共艺术方案的题材、形式、技术方式以及与特定空间环境和乘客人群的对应关系等问题，进行了多方面的商讨。其中显现了一些不同的意见和观念：有的认为应在曾发生重要的历史事件或拥有非凡的文化历史积淀的站点设置相应的纪念性、叙事性及教育性内涵的壁画作品；有的认为不应把地铁空间设为类似"地方志"式的图解画廊，而应注重有助于激活空间场所的艺术功能；有的指出应该体现地铁艺术的时代性，在形式、内涵、材质和工艺上体现其艺术的创意及表现力，使乘客获得轻松、愉悦及个性化的感受；有的主张地铁艺术应与特定环境的功能需求和场所意象相结合，以利于乘客对地铁空间的视觉辨识和心理感知，而非一味地追求作品的审美价值及装饰意趣；也有的认为当代地铁公共艺术应适当强调其情感温度及信息传媒的特性，通过不同的视听或触摸方式与旅客产生对话和互动，让地铁艺术场所变得更为知性和富有城市情调；也有的认为地铁往往客流量太大，不宜创作容易导致人滞留的视觉艺术，而应该在场所的视觉引导性或记忆性方面进行良好的设计等。有人认为初审中的有些方案过于注重形式的因素和装饰感，而缺乏与站台空间环境的对应关系，需要更多地考虑各条线路之间的壁画的差异性，以及与以往三十多年来北京地铁壁画艺术的区别。尽管各方的意见或主张存有明显的差异，但从不同的视角来看，都有其各自的合理性。无论如何，这样有着多种知识背景的群体从不同角度提出的不同意见，比以往的艺术作品征集和遴选方式有所改进，体现出一定程度和范围的民主性和公共性，也有助于地铁公共艺术的建设。

上海地铁

上海地铁公共艺术的兴建，始于21世纪初期。近十多年来，上海地铁的许多站台及换乘通道中出现了各种题材、风格、材质和工艺技术的壁画、浮雕、镶嵌艺术，成为上海城市文化中重要的艺术景观之一。上海地铁艺术与北京地铁艺术的差异，在于前者在总体上更倾向于表现城市自身的文化历史以及站点空间装饰的形式美感，更注重艺术的时尚感和材质工艺的技术性，注重对上海不同场域的历史文化和都市现代生活场景的具象或抽象化表现，没有北京地铁早期壁画中较浓的国家性、民族性等政治色彩。

图 3.67 《静安八景》之一，壁画，上海地铁

上海地铁艺术主要以不同材质的壁画为主，利用地铁的一些站台和换乘通道的墙壁空间予以展现。就其壁画的题材类型而言，主要有历史文化故事、都市景象与生活剪影、自然山水景观、纯粹图案的视觉装饰等。在艺术风格方面，有倾向于较为具象及写实的表达，也有趋于概括或抽象化的表现，另有着重于现代材料和工艺技术的美感展现。实际上，2010 年上海世博会前后，是上海地铁艺术快速发展的时期，这与政府及相关机构和当地社会艺术力量的共同参与密切相关。下面以有限的实例，概要记叙上海地铁艺术的典型状态。

依据地铁站的地点和环境，以相关的主题性壁画叙述城市历史文化故事，是上海地铁艺术的主要表现手法之一。如途经浦西的中山公园到浦东张江的上海地铁 2 号线，分别在其中的 7 个站点设立了壁画。其中，静安寺站的浮雕壁画《静安八景》（图 3.67）是展现城市历史文化的典型性公共壁画。它以三国时期至元明时期静安寺（原名重元寺）所在地原有的文化名胜景点为艺术表现对象，即讲经台、芦子渡、沪渎垒、涌泉、陈朝桧、绿云洞、虾子潭、赤乌碑。作品以石刻浅浮雕加金箔等材料制作而成，配以偏金黄色的毛面花岗岩背景，兼有明显的东方传统文化韵味和现代美感，意在把车站所在地的历史背景及文化底蕴传达给来到此地的人们，既具有地理位置的标识作用，又给人以形式上的美感。

上海地铁 1 号线的上海马戏城站的《海之娱》壁画，是上海地铁早期壁画作品之一，它主要采用线描及色彩平涂的方法，以绘画长卷形式表现了近现代上海

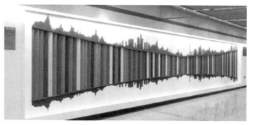

图 3.68 《海之娱》，壁画，上海地铁　　　　　　　图 3.69 《浦江丽影》，壁画，上海地铁

市民阶层的娱乐、交往等市井文化形态，与上海马戏城站的历史背景相贴切。作品以小丑的形象为主角，色调轻松活泼，呈现出令人愉悦的视觉意象（图 3.68）。

　　4 号线是上海地铁较早实施公共艺术方案的线路，沿线的城市文脉及区域景观的变迁成为其反映的对象。上海火车站的《车轮滚滚》以富有激情和动感的形象构成，体现了上海铁路交通的历史意涵和审美意象。大木桥站的《百舸争流》，以晚清江南造制造局及江南造船厂的历史文化为背景，绘以黄浦江码头、船舶及重型机械等形象，体现了此站周边曾是中国近代民族重工业发展的重要基地，显现出其昔日的繁盛。临平路站壁画《犹太人在上海》，以 20 世纪 30—40 年代犹太人旅沪的特殊时代背景为依据，以多个画面展现了二战时期犹太人在上海受到庇护的历史场景，如上海人的热情、仁义，以及提篮桥的摩西会堂和其他历史建筑形象，显现出上海这座城市很早就具有包容和开放的性格。东安路站的综合材料壁画《医药之光》，契合其周边设立的中医药机构（如上海肿瘤医院等），运用锻铜、烤漆和丝网印刷技艺表现了各种中医药材的图典画像和历史名医的肖像，具有历史文化的知识性和艺术的观赏性。

　　9 号线地铁松江新城站的壁画《老民居建筑》和七宝站的《古镇风韵》，均以当地的历史景象和民间文化作为站台艺术表现的内容。6 号线作为运行于浦东新区的地铁先驱，其壁画艺术犹如新区多姿多彩、日新月异的发展，兼具抽象与具象风格。如蓝村路站的壁画以抽象的表现手法，用不锈钢材料和素色烤漆的椭圆形的渐变组合，表现了日出升腾的景象及其水中的形影演变，呈现出光影相生相随的抽象意境之美。上南路站的《浦江丽影》（图 3.69），着力表现浦东沿江的城市天际线，在单纯的城市高层建筑的轮廓剪影及其水中倒影之间，以多彩的菱形立体色带构成富有激情与变幻的浦江意象。龙阳路站的壁画《海上霞光》也表现了城市天际线的景象，以彩色玻璃马赛克镶嵌拼贴地铁标志，构成江岸上下具有几何形美感的建筑群剪影和富有韵味的天际霞光，显现出闪烁绮丽的海天丽景。

在其后所建的上海地铁 7 号线中，也有一些富有抽象意味的地铁壁画，如穿过上海世博园区的后滩站的壁画《城市动脉》，用 68 根透明纤维材料的圆管组成横向的序列，运用数码控制技术形成了一个随着音乐声的变换而使管道中的球体及光晕发生悬浮变化的艺术装置。类似这样的地铁作品，把富有新意的艺术形式和审美意趣传递给地铁的乘客，也使车站空间具有了较高的视觉识别性。8 号线延吉中路站的壁画《纳新》等作品，在形式语言及材料的运用方面都比早期的上海地铁壁画更加富有变化和新意。

然而，与北京等地的地铁壁画环境一样，上海地铁空间一直是商业广告激烈竞争的公共空间，广告及灯箱分布的密度过大，视觉上的渲染过于浓重，站区通道和换乘空间过度装修，使得地铁公共艺术的展示效果大打折扣。也有些艺术家把这种往往难以自主的政府项目作为一般的装修工程来对待，导致部分作品的艺术质量不高。但无论如何，上海地铁艺术在很大程度上体现了当代中国城市地铁公共艺术的发展状态及不同层面上的成就。

南京地铁（南站）

如果说北京地铁壁画是从以往国家政治文化的宏大叙事朝着市场经济背景下的娱乐化、生活化和场所美化方向发展的话，那么在 2011 年年中落成的南京南站（城铁 1 号线与京沪高速铁路的衔接站点）的壁画艺术作品《博爱墙》，则是重点强调对于民族、阶级、阶层、职业、性别、年龄及政治信仰等概念的超越，以普世性的人类大爱为主题，在中国当代具有特殊的时代意义和社会价值内涵。设计师结合车站这种典型的服务场所的特性，意欲建设蕴含当代公民相互关爱之意的"博爱车站"地铁文化品牌。《博爱墙》成为一种具有时代创造性意义的公共艺术，受到众多市民、旅客和公共媒体的关注。这一定位与作为管理方的南京地铁运营公司长期推行的品牌车站方略有着直接的关系。

南京南站的《博爱墙》（图 3.70），是 2005 年南京地铁开通以来的一处具有突出特点和社会效应的公共艺术作品。它以素雅而圣洁的白色大理石为材质（墙体长 21.6 米，高 3 米），整体表面采用类似浅浮雕的凹凸处理手法和现代构成主义的形式语言，形成了不规则的块面形体的堆砌与组合。在《博爱墙》上，铭刻

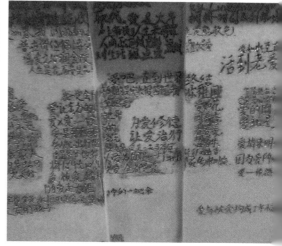

图 3.70 《博爱墙》浮雕镌刻局部之一、之二，南京地铁

了4000多条来自不同人群的"爱的箴言"和"爱心寄语"，其中，所有的"爱的箴言"均在雕刻后用中国传统艺术中的朱砂色勾填。壁画通体由各种手写的文字（其中有汉文、西文及阿拉伯文、日文和盲文）和绘画的篆刻组合而成。《博爱墙》在车站西厅空间中产生了极为纯净、庄重而又丰富的视觉效果，成为国际上至今表现博爱主题的规模最大的墙体艺术。整幅壁画（壁雕）由六段画面组成，每段画面均由表达爱意的两只手的手势构成。壁画的基底有"仁爱""兼爱""博爱"六个突起的大字，它们分别代表着孔子、墨子和孙中山提出的关于"爱"的思想及文化主张，意在集中显现南京作为"博爱之都"的城市文化精髓和人文理想，昭示作为公共服务窗口的"博爱车站"的精神追求。

《博爱墙》的设计汇集了来自世界各地的不同阶层和职业的人的心声。其中既有各种社会贤达、职场名流及成功人士，也有普通民众、无名人士。《博爱墙》上难以计数的"爱的心语"，其内容包含了对于恋人、伴侣、父母、亲友、家庭、故乡、祖国之爱，也包含了对于人类、动物、自然以及社会职业之爱，意在倡导建立在普世性价值观基础之上的人类之大爱。客观上，欲作为新的南京城市精神表征的《博爱墙》，恰是继南京中山陵景观中的"博爱"牌坊之后表现博爱主题的又一件当代公共艺术作品。不过，这也从另一个侧面反映了这样一种事实：中国社会在近三十年的发展中，虽然物质水平有了明显的提升，但社会精神文明和道德规范却显现出显的危机，当代中国欲建构正义、公平、和谐而又富有爱心的社会文化，建立起更为文明、富庶而有普遍的幸福感和凝聚力的公民社会，就必须倡导和传播具有普世性的大爱精神。这也是《博爱墙》公共艺术作品的创作旨意和价值所在。

广州地铁（APM线）

广州市珠江新城核心区市政交通项目旅客自动输送系统（Automated People Mover System，简称 APM 线），是一条沿着广州新中轴线运行的无人驾驶且可供大量乘客在林和西和广州塔站与 3 号线换乘的城市捷运线路，其车厢和车站内外空间的设计富有生活情趣，令人感到温馨。2005 年以来，地铁沿线的城市建筑环境、公共设施、生态景观等方面均有了显著的提升，在珠江两岸的广州塔广场与花城广场区域形成了重要的城市中心景观地带，成为广州举办大型公共活动的核心地区。

与中国许多大城市的地铁视觉艺术惯于表现宏大的主题，具有较为严肃的教育意味不同，广州地铁 APM 线的车站壁画以人们似乎熟视无睹的都市居民的日常生活形态及都市人的心境作为艺术表现的核心（图 3.71）。人们在广州塔站台壁画上可见卡通漫画式的都市生活场景及众生互动的"分镜头"长卷：有的市民在

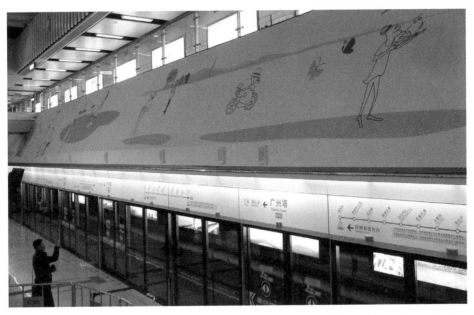

图 3.71　地铁壁画，广州地铁 APM 线

用手机拍摄朋友后被对方叮嘱"待会儿发上微博!",有的朋友在慢生活的棋盘对弈中问询朋友"今晚去哪里吃饭?",有的在花园里随兴阅读书籍或无目的地观景,有的在街边咖啡座上品评着饮品的味道,有的在游览车上表述着男女之间的爱情,有的在珠江岸边演奏着心爱的小提琴,有母亲拉着将要迟到的儿童奔赴学校,也有少年带着自家的宠物奔跑在扑蝶的游戏之中,不一而足。如此内容平凡而又轻松、真实而又带有幽默感的壁画,意在提醒人们在紧张、快节奏的城市生活中去寻求具有个人生活意趣的"慢生活",并在其间积极而乐观地面对当代城市生活。显然,这样的地铁公共艺术与广州市民的生活方式、生活态度是相关的,它在一定的意义上解构了以往一味追求重大主题、脱离地方生活经验和大众诉求的地铁艺术模式,通过看似平淡无奇的日常生活图景,呈现出特定时代和地方的文化景观,勾勒出城市生活中芸芸众生的平日情状、生活体验与内心希冀。

因篇幅所限,本书不再专门论及机场空间的艺术,但鉴于机场艺术的历史性变化,在此要提及 2013 年新建的深圳机场 T3 航站楼(由意大利福克萨斯公司设计)的公共艺术。如果说,建于 20 世纪 70 年代末期的北京首都国际机场航站楼的公共艺术偏重于表现壁画群自身的形式美和民族化的人文之美,体现中华文化的底蕴及首都空港的视觉美感的话,那么,深圳机场 T3 航站楼的空间艺术则注重将富有科技含量的现代建筑美学、生态美学和艺术设计美学相结合,在结合本地环境气候条件的前提下,注重用材、采光、通风及优化空调等方面的绿色节能设计,同时也很注重建筑内外的空间形态和美学意味。在大跨度且外形灵动的"飞鱼"状的航站楼内,旅客流线上的空间标识清晰可见,并匹配了电子网络的街景式引导系统,方便旅客行动。航站楼大厅过渡区域的公共家具颇值得一提,设计师对花坛和座椅进行了整体性设计。大厅内的通风设备采用了仿生造型的设计,成为一种雕塑般的树干形通风装置,产生了活化空间的艺术效果,兼有通风和审美的作用,并与航站楼的建筑风格和空间形态形成了良好的协调关系(图 3.72)。航站楼的顶篷形式与材料,均有利于自然采光,也具有美感,给出入深圳的旅客留下了深刻而美妙的印象。可以说,无论在绿色建筑、公共家具还是空间艺术方面,深圳机场 T3 航站楼都是国内机场航站楼的楷模。

在深圳机场 T3 航站楼一侧的大厅中设有长条幅的壁画(长约 50 余米),其内容和形式与首都国际机场早期的壁画大为不同,表现的不是概念化或唯美性的艺

图 3.72　深圳机场 T3 航站楼内通风及调温装置

术主题，也不在于凸现艺术形式的传统性或经典性，而是重在突出深圳特有的城市生态、商贸中心、旅游景点及文化娱乐景观，以类似卡通化的长卷形式展现在空港旅客的面前。画面内容分为若干单元，如宝安国际机场、海上世界、深圳大学、深圳湾口岸、野生动物园、红树林、世界之窗、创意市集、民俗文化村、欢乐谷、会展中心、深圳书城、园艺博览园、市民中心、设计之都、市博物馆、新城市广场、罗湖商业城等，表现了丰富多彩的城市景象和富有生机的地方文化。显然，壁画的主旨是艺术地写照和推广深圳，在城市的空中门户歌唱城市。壁画的格调轻松欢快，热闹而又充满希望（图3.73）。当然，深圳机场T3航站楼的壁画与三十五年前落成的著名的首都机场壁画群相比，因为一个属于地方性、商业性及口岸型城市，另一个则属于国家的政治和文化中心，两者在城市位置、历史文化及职能结构上有着重要的区别，其标志性艺术的创作意旨不可同等视之。但这也从一个侧面反映出，中国改革开放三十多年来，随着社会的发展和时代及观念的变化，公共空间的艺术更多地趋向于表现普通民众的文化观念和生活情感，

图3.73　深圳机场T3航站楼壁画局部

与地方特色和城市生活的关系更为密切。在这方面，深圳机场 T3 航站楼应该是一个典型的时代例证。

小结

自 20 世纪 80 年代晚期以来，中国内地的大都市和大部分城镇的街道、广场、地铁、商业中心区域的建筑及景观形态较前有了很大的变化和发展，商业步行街、各类广场及文娱展演中心得以大量营造。其中，除了绿化环境及添置公共设施之外，公共空间中的雕塑、壁画、灯光艺术设施等得到了前所未有的增加，对城市的经营、城市文化的显现及场所氛围的营造起到了前所未有的作用。政府拉动地方经济及环境建设、促进城市职能的转换、提升城市的竞争力和商业区域及旅游环境的视觉美学效果，成为公共艺术发展的现实背景，而社会的发展及城市生活的变化则是其发展的根本动因。在考察中可知，中国当代城市景观和公共艺术的状态，与欧美、日本等发达国家及地区相比，在总体上还处于一个"量"的时代，而非"质"的时代，即大量艺术和设计项目对于城市空间的介入，主要是追求视觉形式的效果，而欠缺与城市环境及具体场所功能的有机契合。许多城市的步行街及广场的雕塑艺术，在题材、形式及介入空间的方式上大多比较雷同或似曾相识。一些城市景观艺术项目急功近利，或忙于应付眼前任务，习惯于模仿其他城市的公共艺术创作样式和经验，程式化地图解"城市故事"，缺乏对地方文化情愫的发掘与个性表现，从而欠缺真正意义上的地方相关性。在此值得一提的是，在题材和符号系统上脱离了政治性主题，并非就是公共艺术应有的特性和当代性，因为公共艺术的文化价值核心恰恰是它的公共性、民主性和时代性，重要的是在不同的时代（时期）运用相应的艺术主题、形式和方法去体现公共社会应该倡导的文化内涵及政治理念，体现多元的文化形态和精神文明。

从审美层面来看，城市景观空间中具有主体地位的建筑环境的视觉影响力往往是首要的，艺术作品及园林装饰等其他元素则往往居于附属性的位置（除以艺术品为主体的建筑环境之外）。常见的现实情形是，许多城镇包括大城市的公共建筑环境和公共场所的建设缺乏对于建筑美学的认知，缺乏应有的场所秩序和整洁感，大量无序的商业广告、机动车、自行车、建筑垃圾以及商贩的摊点随意摆放在沿街的建筑物周边，造成城市建筑环境混乱污浊和交通拥堵，毫无美感可言。当然，这与城市社区、街道、旅游场所等公共空间中的商业、农贸市场的合理配置和管理有着密切关系。这也意味着，如若我们当代的公共艺术和景观设计不能与城市空间的功能设置和综合管理相协调，那么，仅仅增加一些城市雕塑或空间的视觉装饰，是远远不能满足城市空间形态的人性化、功能化和审美化需求的。

当代中国城市中众多的街道、广场、公园和地铁艺术，较二三十年前有了量和质的提升，但其中许多是纯观赏性或带有浓重的主题"说明"色彩的艺术作品，并且许多作品的入选和评议主要由行政官员和少数艺术专业人士操持。在激发当地更多的普通民众参与、听取其意见、与其沟通方面，整体上还处于初级的、非制度化的阶段。尤其是涉及公共空间中的前卫性艺术作品的展示时，还欠缺相应的社会文化积淀和宽容的文化态度，欠缺多样性的社会群体的共同参与。而这恰是国内公共艺术走向民主化、生活化和多样化发展之路需要重点解决的问题之一。

我们在调查中发现，中国许多城市广场的尺度、形态及设施，并没有从满足当地社会公共活动和市民日常生活的实际需要的角度去建构，而往往趋向于表现空间尺度及视觉感受上的"宏大"和"气派"（如山东泰安市政府办公大楼前的中心广场堪与首都北京的天安门广场的尺度相比，而当地居民人口却仅为北京的0.2%），并且在激励市民开展户外文化活动方面没有起到应有的作用。许多广场虽然占地面积广大，但由于其设计理念、空间形态、视觉符号及环境设施等着重于围绕政府的政治形象或仪式感而展开，缺乏实质性的广场文化内涵和可以吸引市民介入其间的场所魅力，致使其大部分时间处于闲置状态，有些干脆被用作停车场或堆放货物之地，有的则被商业活动所侵占。实际上，中国城市更需要具有多样化文化内涵与场所特点的中小型广场，以及能够与广场周边业态、居民社区及市民日常社交和文化活动发生密切关系的"城市客厅"般的广场。从世界历史的视角来看，"在中古时期或文艺复兴时期，城镇中的广场对社区生活而言具有活力与功能，因此，广场与周边公共建筑物便产生了休戚与共的关系"，"广场大小应该与当地居民的数量成一定比例，才不会因面积过小而无法使用，也不会像沙漠一样渺无人烟，徒然浪费空间"。[1]富有人气和文化魅力以及个性色彩的广场是在城市社会生活中"生长"出来的，是具有生命力的广场文化及其公共精神养育出来的，而不是那些与广场功能及其内涵不甚相干的建筑群或超大体量的空间所能成就的。

---

[1] 〔英〕克里夫·莫夫汀：《城市设计——街道与广场》，王淑宜译，台北：创兴出版社，1999 年，第 126 页。

第四章
当代校园艺术的萌发与差异

综合类大学校园
单科类院校校园

学校是为社会文明的发展而授业、传道、解惑的机构，是培养有知识、能力和文化素养的人的场所。因此，学校，尤其是现代大学，应该是汇聚科技、人文和艺术的文化熔炉及人才孵化器，也应该是景观文化和公共艺术的时代引领者。然而，由于国内的院校长期受制于学历教育或职业技术教育，疏于培养学生的人文及美学素养，导致大学教育常常沦落为学生们职业化和物质化生存的敲门砖。从一定的层面来看，艺术及设计文化的介入，对于校园环境的人文及美学品质的提升，对于大学生文化生活氛围的建构具有显在的意义和必要性。

然而，在20世纪80年代以前的中国大学校园中，除了那些历史遗留下来的具有文化遗产和艺术欣赏价值的建筑及园林之外，余下的大多是一些功能性的校园建筑及欠缺艺术设计与人文内涵的附加物，并无多少突出的或特别值得关注的景观艺术作品。既有的60—80年代留存的一些雕塑主要是表现政治领袖、英模或反映现代政治斗争的作品。而反映中国社会改革开放以来的审美文化及带有现代观念形态的公共艺术作品，则主要出现在21世纪前后。本章试以几所大学如西南交通大学、清华大学、上海大学、北京大学、同济大学、云南大学，以及汕头大学艺术与设计学院、中国美术学院、四川美术学院的校园景观和公共艺术情形为例，对其形式和内涵予以有限的分析和阐释，以考察景观艺术在中国当代大学校园中存在的基本方式、情状和意义。

需要加以说明的是，由于国内文、理、工科综合类高等院校与专业性（单一学科为主）艺术院校在学科招生、办学理念和管理模式上存在着差异，其校园景观和公共艺术也呈现出明显的差异。因此，本章将其大致分为综合类大学和单科类院校（主要指艺术学院）两个基本类型予以分析和阐释。

4.1 综合类大学校园

综合性大学往往规模较大，学科种类较多，且大多以理工、经济及工商类学科为主，文史类学科为辅，而艺术类学科在其中多是处于附属性或点缀性的位置。这是基本以市场需求及就业率为价值导向的结果。然而，由于综合性大学在自然科学及社会人文科学方面具有优势，使得院校中学生的知识结构及文化修养较为多样化，许多学生出于非专业学习的目的喜爱艺术及文娱活动，而部分校方也逐渐意识到提升高校学生的艺术修养及普及美育的必要性。因而，尽管总体上国内综合性大学的校园公共艺术建设在资金投入、施行举措、设计理念等方面还存在不足，但也有一些院校的相关实践值得我们关注。

西南交通大学

作为综合性大学的西南交通大学，在迎接建校一百一十周年之际，于 21 世纪在其兴建的成都新校区设立了多件大型景观雕塑作品，它们以委托创作的方式由几位与学校具有专业交往的外籍艺术家完成。这批用现代艺术语言及彩色钢材创作的校园景观雕塑，与新建的大尺度的校园公共建筑、空间环境及浓厚的工科文化氛围形成了某种对应。其中引人注目的作品有《波》《树与森林》《结》《抱负》，以及以建筑物形式出现的纪念校庆的《钟亭》和以植物及水体为表现形式的校友纪念园林。

成都西南交通大学新校区的公共雕塑既注重对艺术个性语言的美学表现，也注重对人文意蕴及其与特定环境的关系的表达。校园师生在观赏这些具有浓郁的现代风格意味的雕塑之际，也可欣赏到创作者们为普通观众所做的如诗的文学性阐释。如在抽象性雕塑《波》（图 4.1）的近旁设立的文字看板上，镌刻着几行中英文对照的文字，其中文如下：

图 4.1 《波》，雕塑，西南交通大学校园

由着生命的律动

不管是天还是地

在万物有灵的世界里

光电声音物质能量……

还有思想和心灵的波

一切都在运动着

数学家物理学家

地质学家天文学家

还有画家音乐家与哲学家

他们都迷恋着"波"

让我们在迷恋中创作吧

这里显现出专业的艺术创作者（即诗文中所指的"他们"）期望用艺术灵感和文化精神去激励前来观赏的公众（即诗文中所泛指的"我们"）一道去进行各自不同领域的创造活动。

另一件题为"结"的大型作品近旁的看板上刻着如下文字：

来自交融与汇合

交通网络信息与传播

活生生的交融与汇合

知识精神和意志

情感人性与责任

成为大学存在的意义

教与学　实践与理论

我你他与我们

"结"在一起广而博学

工理经管文法

"结"在一起便是

我们的大学

图 4.2 《抱负》，雕塑，西南交通大学校园

再如一件形如两把交叉的钥匙的抽象性雕塑，题为"抱负"（图 4.2），它近旁的文字表述是：

直觉创造与分析

大学理性与科学的王国

站在辉煌历史的尽头

门由钥匙的象征符号所构成

将我们带进新世纪的生活

让我们紧握走向未来的钥匙

开启未知领域的大门

而努力和奋斗着

值得注意的是，尽管在美术馆里进行的现代艺术作品展览并不提倡乃至反对用文学的方式对作品进行任何的阐释，但在此校园里的景观雕塑采用的是现代抽象性的艺术语言，顾及艺术欣赏的公共交流与普及性，通过附加诗化的文字，赋予作品以某种有意味的阐释。它们被许多欣赏者欣然接受，尽管这些文字语句并

图 4.3　西南交通大学校园里的"三潭印月"景观

不是那样精妙和完美。在此，我们注意到，这源自公共艺术传播的现实需要，体现了艺术精英品鉴与大众通俗理解的一种通融与"妥协"。它们既满足了艺术家近乎纯粹的艺术语言表现需求，又在展示方式上考虑到现阶段中国大学中非专业公众的欣赏方式及审美水准。"博弈"中的"妥协"，在社会公共领域是普遍存在的情形。

　　在成都西南交通大学的新校区中，除了新建的宏伟的体育馆、图书馆、教学楼、实验楼和一些景观雕塑之外，也设有老校友及同乡会寄托其对于母校情感的艺术性景观。比如"西南（唐山）交通大学浙江杭州校友会"集体捐赠给母校的桂树园林"浙园"，勒石为纪："三潭长印月，母泽并师恩，百十浙园桂，林风齐后昆。"为表现浙江校友会的校友与母校的不断情缘，特意在校园的湖面上仿造杭州西湖的"三潭印月"景观，建构了饶有兴味的视觉符号，令人遐想（图 4.3）。这种重在表现历史与人文情感、增强社会认同与凝聚力的景观艺术及视觉形式，感动、教育和激励着他人和后人。校园中的钟亭（由唐山市政府赠送）更是如此。人们可在四方形结构的钟亭四个立面的上檐，分别看到山海关、唐山、峨眉山、成都等成都西南交通大学曾辗转迁徙的地名以及相应时段的记载，它郑重而简要地向人们"倾诉"着这所中国最早创办的土木与交通工程高等学府之一，自1896年成立以来的一百一十年里，辗转经历的几个不同的办学地点及重要的历史时段。这种纪念性建筑立在花树如荫的风景中，在庄重中显出浪漫。在那镌刻着厚重的校史的大钟内壁，现今的学生们用各色粉笔以涂鸦的方式挥写了各种祈愿、对爱情及青春的寄语，使人亲临时不禁为之动容（图4.4）。

图4.4 钟亭，西南交通大学校园

清华大学

位于中国首都北京海淀区的清华大学，校园景观显现出规整、实用及理性的色彩。除去民国时期留下的中西合璧的建筑、部分园林及纪念性雕像之外，主要是近二十多年来新建的教学和宿舍楼，而其新的景观艺术的介入主要是通过一些节庆及展览活动来实现的。在2011年4月9日，清华校方及其美术学院以"人文·科学·艺术"为校庆文化主题，以"水木清华·国际校园雕塑大展"为专项活动的标题，向公众展示了100件雕塑作品。在清华大学一百周年校庆活动期间（2011年4月），校方从5万校友的校庆捐款中拨出部分款项，专门用于校园公共艺术的建设。其基本操作方法是在校方百年校庆办公机构的统领下，由清华大学美术学院设立的项目组来征集和选购国内外雕塑家的诸多雕塑作品，展览于清华校园的各个区域。这些展示的雕塑作品由校方专门机构提前一年面向国内外艺术家公开征稿，先后"收到32个国家近450名艺术家的897件雕塑作品方案"[1]，最终由项目组专家从中选出100件作品，其中国内入选作品60件，国外入选作品40件。它们在校庆活动

---

[1] http://www.edu.cn/gaojiaonews（马海燕撰稿）。

期间放置于校园的各个景点区域，以增添校园的人文景观，其中一小部分作品被校方永久性收藏，长期展示于校园之中。

在清华校园景观中，留有不同时期创作的雕塑艺术作品，其中既有20世纪70—90年代立的作品，如"荷塘月色"景点的人物纪念雕像《朱自清》（图4.5）、清华讲堂旁的雕像《闻一多》以及由1924年毕业的校友捐赠的雕塑《日晷》，也有在20世纪初期增设的一些具有校园环境点缀性质的雕塑或纪念重要事件的雕塑。而此次校庆之际新增设的大量雕塑作品中，有著名老校长梅贻琦、建筑学家梁思成及林徽因等人的塑像，有纪念清华大学学术发展史上著名的"国学四大导师"的雕像，有表现普通大学生的生活与精神风貌的《水木年华》《毕业时刻》，有表现传统文化及其现代意蕴的《后屏风——梅兰竹菊图》（图4.6），有表现现代艺术观念与精神的中外艺术家的雕塑作品，如《飞翔》《岁月如歌》《福禄寿》，以及一些抽象风格的作品，如《持续》《风起》（图4.7），还有意在表现包容、开放的大学精神的作品，如《大觉者》把老子、孔子、释迦牟尼、耶稣、苏格拉底

图4.5 《朱自清》，雕塑，清华大学

图 4.6 《后屏风——梅兰竹菊图》，雕塑，清华大学　　　　图 4.7 《风起》，雕塑，清华大学

和马克思等存在于不同时空之中，但均代表着人类思想高峰的智者同构于一组作品之中。这些来自不同国度、地区的创作者的雕塑作品，在形式、结构、材料及艺术观念上，呈现出丰富多样的形态，在较为宽广的层面上显现出当代中外雕塑艺术创作的基本状态。在一定的意义上说，此次校园雕塑展览也成为国内当代雕塑界的一次艺术盛会。尤其是其中一些富有创想的抽象性作品，对于激发大学生的想象思维、培育他们的人文和艺术情感、激励青年学子的独立个性和创造意识均有着特殊的积极意义。

　　无疑，作为现代大学校园公共性的视觉文化景观的一部分，这些雕塑作品的设立与展示具有积极的时代意义。然而，人们也注意到，清华大学此举与其在 21 世纪初期增设人文学科和美术学院（即并入原先独立办学的中央工艺美术学院）的重大举措是密切相关的。清华大学在 20 世纪中期后作为中国理工科综合性大学的典范，却长期空缺人文学、社会学、历史学及艺术学等学科，在现代综合性大学的学科配置、校园人文氛围的营造以及学生的综合素养培育方面呈现出某些缺憾，尽管清华大学在 20 世纪 90 年代晚期设立了人文、哲学和社会学科。在并入专业的美术学院后，虽然校方与美术学院在教学及科研的评价方式和管理模式上出现了一些冲突，但毕竟为清华大学及其重新建构的美术学院带来了前所未有的资源整合优势和发展机遇，而这次百年校庆雕塑大展活动也从一个方面显现了学校自身的艺术资源与能量。不过，人们也应看到其中的问题：具有悠久的建筑学及规划学传统的学校，在进行校园的人文及视觉文化建设时，为何会一夜之间就置入上百件雕塑作品，而不是以渐进的方式使艺术从校园的公共文化生活中自然地"生长"出来？毕竟，艺术对于特定的校园公共空间的介入，首先要考虑的不仅仅是一个艺术事件的震撼力和短期的新闻效应，而是校园师生的公共生活需求以及校园整体的生态环境。固然，作为短期的公共艺术活动，大批量集中展示的方式未尝不可，但与校园文化生活和环境氛围密切相关的公共艺术建设，却绝对不是一蹴而就和一劳永逸的事情，也不是通过举办一两次轰轰烈烈的展览集会或应景的宣传活动就能实现的。由此可见，重要的不是艺术本身，而是艺术介入的方式和过程，是艺术与校内普通师生的对话和沟通。

上海大学

与其他大学相比，上海大学的公共艺术更为注重艺术的社会教育和环境美化作用。在整洁有序的上海大学宝山校区的公共空间中，设立了许多青铜人物雕塑，（大多是在世纪之交前后陆续设立的），表现了中外历史上不同领域中的杰出人物的风采，如哲学家庄子、老子、亚里士多德，科学学牛顿（图4.8）、门捷列夫、

图4.8 《牛顿与苹果的故事》，雕塑，上海大学

哥白尼、居里夫人，文
学家陀思妥耶夫斯基、
托尔斯泰，艺术家米开
朗琪罗、达·芬奇、齐
白石、徐悲鸿等。它们
分别被设置在学校的图
书馆前面、学校交通主
干道一侧、各学科分院
和公共教学楼周边，以
及美术学院门前的广场
周边。雕塑的风格大都

图 4.9　建筑环境的符号及装饰艺术，上海大学

是写实、庄重和纪念性的。显然，上海大学宝山校区的文化名人雕塑群的设置，
意在营造校园的人文气息与文化氛围，期望学生们以这些杰出的历史人物及成功
人士为楷模努力成才。这些雕塑试图通过表现主题性和纪念性的内涵，采用艺术
景观的形式，实现校园艺术观赏与教化职能的结合。从艺术介入空间的方式及效
果来看，这样的艺术形式及展示方式显然还是注重人物肖像雕塑的户外陈列和静
态观赏，以求得观众的仰慕和膜拜，达到类似博物馆的展示、教育和审美的效
应。这体现了较为传统的精英主义的启蒙与教诲的方式和姿态。

　　在此校园环境中，另有一批富有装饰及美化意味的建筑浮雕作品，它们创作
于 20 世纪 90 年代晚期，多为墙体浅浮雕壁画，以概念化及符号化的图案形式表
现人们对于自然、科学、技术、人文及教育事业的崇敬，以及对于青春与探索精
神的歌颂。这些墙体浮雕多以装饰性的人物、生物、景物形象和符号，构成具有
现代视觉形式美感的环境艺术作品，装饰着新建的教学楼或校园空间（图 4.9）。
这些装饰性的校园景观艺术，沿用了 20 世纪 70 年代晚期落成的北京首都国际机
场装饰壁画的艺术形式与表现手法，重在表现艺术自身的形式美及符号化的人文
情感，以期达到美化视觉环境和装点建筑空间的目的。它们显现出特定历史时期
人们对景观艺术的追求和对景观价值意义的强调。若从其美学品质和制作技艺来
看，它们在特定时期的国内大学校园艺术中属于水准较高的部分；而从其创作观念
和属性来看，则基本上是以形式美与环境装饰为本位，与特定的校园文化及学校
社区的社会内涵并未产生直接或密切的联系。这也恰恰反映了长期以来，中国校

园公共空间中的艺术创作大多是基于传统审美经验的形式美和主题性的思想教育，采用某些概念化或近于口号的视觉符号进行道德教化，与特定人群的日常生活缺乏有机联系，也难以使具有不同生活阅历的人们得到独特的体验或介入其中。

北京大学

北京大学作为 19 世纪末引进西学内容及现代学制的中国第一所国立大学，具有"上承太学正统，下立大学祖庭"的特殊身份和学术地位。它在中国开启了汇集文科、理科、政科、商科、农科、医科等学科的综合性高等教育之先河，在知识教育、学术研究和促进社会进步及革新等方面具有卓越成就，在中国近现代历史进程中具有显在的文化影响力。由于蔡元培先生在 20 世纪 20—30 年代大力提倡美育，北京大学在艺术、美学教育方面走在时代的前列。然而在 20 世纪 90 年代前后，正当国内许多艺术院校在艺术教育、艺术实践以及公共艺术建设方面多有发展和建树的时候，北京大学却并未出现大的发展。这或许与其没有设立致力于培养艺术创作实践人才的专业，而是致力于纯粹的理论及学术研究有一定的关系。就校园景观艺术而言，由于北京大学拥有原燕京大学校园优美的传统园林、建筑及水景观资源，以致较少引入现代公共空间艺术作品。在 20 世纪末和本世纪初期，为配合百年校庆，满足个别学院装点建筑环境的需要，在校园户外设立了若干纪念性或装饰性的公共雕塑作品，它们继 20 世纪 80 年代晚期设立的革命烈士纪念碑、蔡元培雕像等作品之后，丰富了校园景观艺术的形式和内涵，但与国内其他一些著名大学校园的公共艺术景观相比，依然显得较为单薄，这似乎与以人文学科著称并有着美育传统的大学校园不甚匹配。其实，这种情形与国内大学教育长期习惯于强调单向度的专业知识的教育及看重学历教育的观念有关，也与文科领域重理论、重文本化的成果而轻视付诸物化的、感性的和技能的实践（如艺术创作与体验）有关。

公共空间设立艺术品由谁说了算，这是一个带有普遍性的重要问题。2009 年在北大光华管理学院新建的教学和办公楼前，树立了一尊体量较大的裸体男子雕像《蒙古人》（图 4.10）。这是经学院领导人同意，由校外一位知名艺术家创作的作品，意在体现人的本来属性及其具有的尊严和力量，很有视觉的张力和艺术性。在北大校园内出现硕大的裸体雕像是前所未有的事情，一些人看了感到惊奇或不解，一些人则认为很有观赏意味和艺术价值，不同的人群对之产生了不同的看法。有意味的是在学院内部以及北大教职工代表大会的分组提案讨论会上，有部分教师代表对于此雕像的设立方式提出质疑，认为首先不在于此作品的艺术品质如何，重要的是为何事先没有在院校公众层面上进行必要的商议，以便对设置方案予以讨论。但由于决策权在上层，裸体《蒙古人》雕像在事

图 4.10 《蒙古人》，雕塑，北京大学

后三年依然放在原地，后由于舆论不断而在 2012 年移至校内一处较为偏僻的空间之中，但此举依然没有经过学校内部的公开商议。不过，由此也可见校内教师和学生对于公共空间和景观艺术决策权的关心，以及希望民主参与校内公共事务的意识。

北京大学另有一些校园艺术作品是基于艺术普及与多方沟通而呈现的。在 2013 年初，由校方及学生管理机构出面协调，由本校艺术学院教师策划，在新建的第二教学楼内部通往各层教室的楼道墙壁上，展出了业余美术作者绘制的北京大学校园风景画以及国际上其他著名大学的校园风景作品，为大家的学习和交往空间增添了艺术的氛围，给人以适于驻足交流的场所感。一时间，在原本没有任何艺术品陈列的教学楼环境中，大学生及教师成为校园艺术作品的观赏者和议论者（图 4.11）。尤其是在 2014 年 4 月，由本校的哲学及艺术教师策划和组织，一批具有专业素养和成就的艺术家制作的较大尺度的现代绘画作品（大都为抽象风格及综合材料的平面性作品）被装配在第二教学楼的几个区域的墙壁上，并配有策划人书写的有关画展和艺术史知识的文字看板，成为北大教学环境中引人注目的公共艺术景观。这使得许多终日埋头读书或惯于网上阅览的学子们，以及匆匆

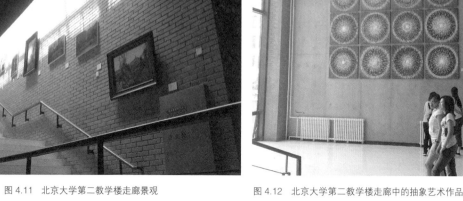

图 4.11 北京大学第二教学楼走廊景观   图 4.12 北京大学第二教学楼走廊中的抽象艺术作品

奔走于教室之间的教师们，有机会驻足观赏这些"送上门来"的艺术品。这些偏重抽象或半抽象以及表现主义风格，或带有东方意蕴以及国际性特征的绘画作品（图 4.12），与这座倾向于后现代格调的第二教学楼的建筑空间奇异地交织在一起，成为北大校园景观文化中一个波澜不惊的公共艺术事件，也与这所具有学术和思想高度的大学的文化氛围形成某种暗合。

　　特别有意义的是，此次公共艺术事件不仅把艺术引入大学校园的公共空间，而且由此引发了后续的关于公共活动和公共话题的交流。如策展方利用教学楼的公用廊道连续刊登关于世界艺术史及艺术思潮方面的知识，以辅助公众欣赏和解读其陈设的作品。同时，考虑到大多数学生欣赏这些有着抽象形式的艺术作品可能存在某些困难，参展方决定随之进行相应的艺术传播及对话活动。其中典型的事例是 2013 年 5 月 20 日在第二教学楼 107 阶梯教室举行的艺术交流活动，由"第二届教学楼走廊艺术展览"的策划者主持，多名入选作品的艺术家与校内外的众多学生（大部分是非艺术专业的学生）进行了现场交流。策划人先是对西方现代艺术的发展历程作了简要介绍，之后便是艺术家与师生之间的互动交流。有意味的是，对话和谈论的内容较为宽泛：从抽象艺术的发展历史及其当代境遇到东西方艺术精神的异同；从艺术家个人的创作动机到作品进入大学公共空间的意义和必要性；从观赏者的视觉感受及体会到艺术家的职业选择的缘由；从我们的生活为何需要艺术到艺术可能给人们的当代生活带来何种启示。显然，这样的现场对话使得原本具有不同知识背景和生活阅历的人群相聚一堂，谈论起艺术与生活、个体与社会以及事业与人生等诸多话题。艺术家和学生以及策划人表达了各自的见解和感悟。公共艺术的介入带来了不同认知的交流和分享，体现出艺术文化的公共性、当代性和包容性。应该说，正是如此的公共参与和对话活动，使公共艺术得以超越纯粹的物理空间及有限的展览时限。大家逐步意识到，有必要将类似的公共艺术展览和对话活动延续下去，使之成为北京大学常态化的校园公共文化活动。

同济大学

坐落于上海杨浦区四平路及赤峰路一带的同济大学，创立于 1907 年，是以工科、医科等为主的著名综合性大学，具有悠久的校史和自身文化传统。其校园的景观显现出国内工科院校较为典型的特征，讲求秩序、功能、效率及审美。校内的建筑、空间形态及公共设施具有明显的设计感、功能性及理性精神，显得紧凑而有序。校内河渠两岸挺拔耸立的杉树林给人以严整有序和奋然向上的感受。给人鲜明印象的是，同济大学校园的美感主要来其建筑景观环境的设计以及公共设施和公共家具的设计，而非来自单独的观赏性艺术品。

架设在校园河渠上供师生步行交通的几座小跨度桥梁，体量小，以自然材质为主，经济实用，富有形式美感和亲和力（图 4.13）。其中有的小桥以不规则的整块毛石作为桥墩，实用而又富有自然的美感，类似乡间小河或溪涧上搭桥的简

图 4.13　同济大学校园的小桥之一

朴做法。桥身运用了原木材质及其肌理,桥上护栏则由朴实的木桩和手工制作的麻绳索构成,富有自然清新的形式意味。另有小桥的桥面主体及护栏以轻型板材和螺栓构成,护栏采用舒展的曲线造型,给人以轻快的动感。也有的小桥采用双孔拱券结构及砖石材质,保留了江南水乡传统桥梁的韵味,简约、自然、舒适且美观,传达出传统建筑文化意蕴,却又含有现代美学的韵味。这些小桥与校内原有的中式园林及现代建筑景观元素形成了有机的联系与对话,成为掩映在校园景观中的局部亮点。

在这面积不大的校园中,除了自 20 世纪晚期至今设立的教学、实验及办公楼之外,设有大片的乔木、灌木林和富有中国传统园林韵味的竹林,以及凉亭、滨水景观和公共休闲区域,其地面的铺装既注重实用及雨水的吸收,也注重形式上的变化与美感,与咖啡厅、茶吧等公共交往空间及设施一起,营造出较为宜人、舒适的院校绿色空间和富有情调的人文景观。

同济大学校园的滨河堤岸的景观设计也颇有特色,设计师把一些地段的堤岸与道路设计成具有高差和多种曲线美的阶梯形式,一方面避免了僵直河道及堤岸的单调感,另一方面也借此形成过渡性空间中的小广场,可供人们课余休憩、观景(图4.14)。此外,同济大学校园的一些绿化坡地的护坡具有休闲座椅的功能,

图 4.14　同济大学校园滨河堤岸景观局部　　　　图 4.15　简约、实用的公共家具,同济大学

可方便人们随时休息（图4.15）。校园内的许多公共家具简约、实用并具有设计感，为师生的日常生活、休憩、交流提供了良好的、具有美学价值的环境与场所。有限的空间具有如此效应，这在大都市的国内大学中尚属少数。

　　尤为令人注目的是，在同济大学实验室与河渠之间的滨水景观区域，设计师把供师生休憩、观景的场所的功能与校内人工湿地的保护以及科学实验产生的污水的净化予以结合，呈现出寓教于乐的景观与艺术效应。设计师在狭长的景观带中，运用稍高于地表的木质板块构成具有造型及韵律感的人行步道，以保护其间的灌木、花草，并

图 4.16　人工潜流湿地，同济大学

以同样的方式架构了可供人们散步、驻足的木廊。而在其一端的地面上，设计师用地槽及玻璃覆盖的方式，构成了一种利用人工填料中的植物根系及日光照射来净化污水的生态装置。人们可以直观地了解这种人工潜流湿地的生态保护方式及原理，从而激发人们的生态意识和社会责任感（图4.16）。在此景观的提示性看板上书有文字："人工湿地被证明是一种有效的、低廉的、环境友好的污水处理装置，它可以通过各种物理、化学以及生物的机制来去除水中的有机物以及氮磷。"游人徜徉在这片狭长的滨水景观带中，难免会被这样的户外小型净水装置所吸引和感动。它给人们增添认知的同时，也给人以形式和精神上的特殊体验。它显现的形式和意蕴超越了传统艺术，更加贴近当今的生活美学并面向人们共同的社会问题。这也反映了当代景观和公共艺术设计界正在更加自觉、深入地认识和探索城市景观艺术的建构。正如2009年夏季在同济大学举办的一次学术研讨会上主办方所言："很长时间以来，艺术家、画家和诗人在诠释着景观，而今天，某些艺术家已经不再建议重新表现景观，而是注重景观的形成过程和景观的体验过程。因

此，我们的贡献在于景观的探索、投入和理解的过程，而不是对于景观设计模式的研究。"[1]

云南大学

相比地处国内中部和沿海地区较有声望的大学，一些地处边远地区的大学似乎并不为大多数人所关注（包括其校园的景观艺术形态），云南大学即是一例，它似乎在当代中东部经济和社会发展的喧嚣中渐渐淡出多数人的视野。然而，这所地处西南的大学，对于当地青年和公民的知识教育和文化启蒙负有重要的职责，具有不可替代的历史地位与现实作用。作为教学育人、开展科研和传播文化知识的重要阵地，其校园景观和审美文化对于一方社会的意义，同样值得人们关注。由于各类资源条件所限，以及历史的原因，云南大学校园并没有什么时尚和宏伟的现代景观艺术，但它的历史文化遗产却成为一种难得的公共文化艺术资源，别具一格。

云南大学始建于1922年，当时为私立东陆大学，1934年更名为省立云南大学，1938年改名为国立云南大学，是国内西南边疆最早建立的综合性大学，也是当地第一所正规的综合性私立大学。其前身东陆大学由时任云南省省长的唐继尧（出身书香门第，是20世纪民主革命时期"护国战争"和"护法运动"中的政要人物）创办，校长为知名学者董泽。1949年，国家在东陆大学的基础上建设了新的云南大学。[2]

今天人们来到云南大学校园，感触尤深的仍是20世纪20年代初建成的学校主楼会泽院（以其名誉校长唐继尧的家乡命名）。它建立在旧学乡试的贡院附近的明远楼旧址上，紧邻贡院的衡鉴堂、至公堂等历史建筑群。会泽院是一座具有鲜明的西式风格，同时结合了中国建筑元素的优美的校园公共建筑，由曾留学法国、比利时的张邦翰（1885—1958）主持设计，有着厚重而实用的形体结构、丰富而优美的立面形式，在造型和装饰元素上显现出鲜明的欧陆情调和时代气息（图4.17）。其设计博采中西建筑法式与神韵，"存古而不泥于古，尚新而不专骛于新"。在主楼南向的位置依山势建有通往主楼主入口的95级步行台阶，寓意远古《易经》中的卦象意境，即"九五飞龙在天"。而其"会泽"的文化内涵恰是云南

---

[1] 引自同济大学建筑学院举行的"2009年上海室内外环境设计研讨会"开幕式上主办方的致辞。

[2] 参见昆明市地方志编纂委员会编：《昆明市志》（第九分册），北京：人民出版社，1999年。

图 4.17　会泽院，历史建筑，云南大学　　　　图 4.18　《创业东陆》，油画，云南大学

大学长期秉承的办学与治学精神，即"会泽百家，至公天下"。会泽院的文化精神及其建筑的主体格调被学校认同，其后校内新建的建筑均在不同的方面与之保持了某种相关性和协调感，从而构成了学校景观文化历久弥新的"上下文"关系。

为了纪念学校创始者及前贤，云南大学于 2009 年夏季在主楼大厅右侧悬挂了由本校艺术家创作的大幅古典风格油画《创业东陆》（图 4.18），并举行了由学校师生和省政府官员参加的作品揭幕仪式。此幅油画中的 5 位人物均是云南大学的缔造者，即唐继尧、董泽、张邦翰、王九龄、杨克荣，他们都是清末民初的海外留学者，对于振兴国家和民族的教育事业具有强烈的历史责任感，开启了云南现代高等教育的航程。作品也揭示了创业者筚路蓝缕、奋然开拓的精神和当时意在"发扬东亚文化，研究西欧学术"的办学宗旨。《创业东陆》依据历史文献及图像资料创作，5 位历史人物跨越时空，汇聚一堂。油画的创作旨在缅怀云南大学的奠基人，纪念学校八十六年的峥嵘历程，也正值学校召开"世界人类学民族学大会"之际，学校师生及外来参观者可通过对会泽院的建筑和油画作品的欣赏抚今追昔、饮水思源。而突破时代的局限和摆脱政治意识形态的羁绊，直接追溯和再现校史及祭奠具有贡献的前贤的举措，在中国改革开放之前是难以实现的，进入 20 世纪晚期才有了实现的可能，这与近三十年来国内社会与经济的多元发展以及国际文化环境的变化有着密切的关系。

在 20 世纪晚期和本世纪初期，学校管理方和师生逐步意识到校内历史建筑及景观遗存的人文和美学价值，主动倡导和配合当地省和市政府维护它们。如保留和重修大学校园内遗留的建于明代弘治年间的云南贡院东号舍，这些砖木结构的两层联排房舍，曾是旧时官府专为举行人才选拔的科举会试所建造的考生居所和考场，它们在紧凑、素朴与灵巧中显露出明清地域性建筑的风格和工艺美学，在建筑学和历史学方面都具有重要的研究价值，也成为云南大学校园历史文化景观的一部分（图 4.19）。1987 年，贡院东号舍被列为云南省级重点文物保护单位。

　　由本校土木系教授设计、建于 1955 年的钟楼，成为云南大学校园整体景观的一个历史性地标建筑，它采用民国时期中西合璧的手法，以石材、水泥和青砖建构成 7 层四方体建筑，具有鲜明的线脚和轮廓以及耐看的细节，呈现出简约、庄重而又优美的审美意象。它作为 50 年代初建成的理科实验楼的配套建筑，兼作水塔和钟楼之用，因其挺拔向上的身姿常与霞辉相映而被命名为校园一景"钟铎接晖"，总被游人投以关切的注目礼。

图 4.19　贡院东号舍历史建筑，云南大学

大学要获得发展，首要的是拥有人才和大师，云南大学在历史上也曾英才济济、大师云集。其校史记载，1937年，著名数学家、教育家熊庆来教授担任校长期间，遵循"思想自由、兼容并包"的方针，罗致人才而不讲学派，广纳百家以博采众长，唯求学问而不究资历，一时间使得钱学森、吴文藻、楚图南、刘文典、严济慈、华罗庚、冯友兰、陈省身、费孝通等许多知名学者先后汇聚云南大学，奠定了其较高的师资基点和深厚的学术底蕴，成就了学校发展史上的第一个辉煌时期，也为其在20世纪40年代后发展成为包括文、理、法、医、工、农等学科在内的中国著名大学奠定了基础。校方为纪念学术前辈和激励后来者，特在校园内保留了熊庆来、李广田故居。校园内一座民国时期的二层坡顶砖楼曾是著名数学家熊庆来任云南大学校长时（1938—1949）的住所，也曾是数学家陈省身的寄居地，以及文学家李广田任校长时（1952—1968）的居所。另有1925年在贡院旧址上重建的风节亭（为纪念明朝官员及学人王锡衮的忠贞气节），意在勉励读书人砥砺风骨品格、崇尚气节操守，而今成为学生们读书和交流的去处。校园内其他具有历史文化典故的建筑空间和环境，也为培养人才、陶冶性情的大学校园增添了人文气息。考察中可见，虽然目前的云南大学校园并没有十分显赫的现代化建筑与设施，也没有能吸引人们长久关注的现代艺术或众多有分量的景观雕塑作品，但其涉及公共意义的视觉景观及建筑艺术却在有限的条件下为人们展现了学校的历史文化和人文审美意蕴。云南大学及其校园在国内不是历史最为久远、名望最为显赫、规模最为宏大的，但它却以其稀缺而独特的资源，点化出其独有的厚重、幽然和优美特质。由此可见，学校的景观文化和公共艺术的建构，会因资源、形态、资金和决策上的差异，呈现出不同的效果，其间的得失与成败不宜一概而论，更不应在外在形式和规模上相互因袭或攀比。

4.2 单科类院校校园

所谓单科类院校，此处主要指专门从事学科分类中的"艺术学"门类下的美术学及设计学等学科教育、创作及研究的高等院校。这些院校的学科结构及教研范畴与综合型大学相比，较为单纯和集中，在人才培养目标、办学模式、管理方式及文化氛围营造等方面具有自成一体的专门化和独立性特点。尽管在21世纪之际，许多美术院校增设了部分新的学科及专业（如人文、建筑、艺术管理、城市设计、文化创意等），具有了一定的学科交叉性及多元性，但其校园视觉文化、景观样式及其建构方式和观念，确实有其自身的特点。这里因篇幅所限，仅对国内具有不同背景和特点的三所美术院校（汕头大学长江艺术与设计学院、中国美术学院、四川美术学院）的有关情形予以有限的观察和分析。

汕头大学长江艺术与设计学院

有些艺术院校的历史、规模和知名度并不突出，但其对公共艺术和设计教育的重视程度却是一些"老大哥"级的院校难以企及的。其基本原因在于，这些院校在设计艺术和建筑艺术方面拥有相应的学科设置和专门人才，具有开放的办学理念和管理制度，对于当代城市文化和设计问题十分敏锐。此如汕头大学长江艺术与设计学院，虽然隶属于综合类大学，但由于处于独立的校园空间，且地处中国改革开放较早的广东省潮汕地区，注重吸纳海内外各类资源及中青年艺术文化人才，在办学模式上注重开放性、市场化和自主性，因而在当代公共艺术人才教育与实践方面十分引人注目。

汕头大学长江艺术与设计学院在20世纪90年代中期至21世纪初期的办学重点，在于发展设计艺术和纯艺术及艺术教育。在为粤东地区培养了许多设计和美术教育人才后，便开始拓宽办学思路和方向，把部分重点转向适应时代和社会发展需要的公共艺术，并着力把注重应用的设计艺术与注重城市社会形态、人文及审美文化建设的当代公共艺术教育密切结合起来，以形成自身办学的时代特色。

值得一提的是，通过一些文化与学术事件可以在一定的时期促进大学校园公共艺术的建设。汕头大学在2008年秋季举办了一届"公共艺术国际论坛暨教育研讨会"，参会的学者及艺术家主要来自中国内地及香港的众多艺术院校和综合性大学，也有美国、德国、澳大利亚等国的知名艺术家、学者及教授参会。与此同时，汕头大学结合其优美的建筑和山水景观，举办了校园公共艺术创作与观摩活动，其中有长期设立和短期展示的各类公共艺术作品，为校园师生和参会者奉上了一道当代艺术与人文景观大餐，也对学校的艺术专业教学、创作和研究以及公共艺术学科的建设起到了明显的推动作用。

2008年秋季的校园公共艺术作品展，展出了许多为配合学校教学和迎接国际专题学术会议而创作的公共艺术作品，约有50余件。展览呈现出这样一些特点：

其一，作品在艺术形式手法和观念表达上具有明显的当代性和国际性。其二，部分作品注重与学校的自然环境及人文景观相融合相协调，以构建富有美学价值和精神内涵的大学校园公共空间。其三，作品富有艺术的创造性与探索性，注重艺术创意以及制作材料、方法和展示方式的多样性。

　　此次展览展出了雕塑、绘画、装置、影像、平面设计、建构物以及公共设施等方面的作品。其中一些作品具有当代公共艺术的典型性，值得关注。例如以多个彩色抽水马桶（塑料材质）构成的类似装置的作品，被放置在校园的空地上，引来众多观者注视、思索和介入式地游戏其中。这些抽水马桶原本来自封闭的私密空间，意味着隐私和非公开的行为方式，而当它们以圆形围合的布局陈列在开放空间中，则意味着私人空间和事务的重要性，及其与公共空间和事务之间的转换。另外，马桶所代表的空间（卫生间）是专供人们排泄与放松之地，与现实中高度制度化、等级化和效率化的社会生活形成鲜明的对比（图 4.20）。它不同于20 世纪 20 年代现代主义艺术家杜尚的"小便池"作品，前者除了显现其在形式手法上的现代性之外，重在表达作品的社会象征意义，而后者（杜尚的作品）则重在观念上颠覆传统艺术概念及纯粹美学价值。有的创作者运用现成的生活用品，把学校教师及行政人员的轿车以一字型排列在学校的步行道上，每辆汽车都披上车衣以表达暂且封存的意涵，它们以异样的形态提倡：出于环境保护和缓解城市

图 4.20 《彩色马桶》系列，汕头大学

图 4.21　披挂车衣的汽车行列，汕头大学　　　　图 4.22　树上的"蜘蛛网"，编织艺术，汕头大学

道路拥堵的需要，让我们尽量少用私家车出行，低碳生活（图 4.21）。也有作品以微叙事的艺术表达方式，在学校林荫道上的绿树枝间用纤维编织出一片"蜘蛛网"，提醒人们关注自然、生命和我们的环境状态，注重生命和生态系统的和谐关系，同时也为人们带来意外的欣喜（图 4.22）。一些创作者注重作品与其所在环境的对应与契合关系，借助校园景观形态营造作品的美学意境。有的作品利用校区濒临的人工水库及周边优美的山林驳岸，在清澈秀美的水库中置入现代语言的几何形抽象雕塑群（红色彩钢的锥形塔体），产生了不同凡响的视觉与心理效果，为库区景观增添了独特的诗意和艺术美感。另有设置在水库堤岸高处观景台上的一组雕塑，表现的是一群行色匆匆的来客（学者、政要或是商界的访客）正在"雨中"或"阳光下"观赏着其面前秀美如画的山水景观，作品似乎是专为此场景特设的，十分耐人寻味（图 4.23）。也有的作品把校园水岸的风光与渔翁独钓的画境及禅意相结合，并把艺术化编织的鱼篓作为视觉符号悬挂于湖岸边的杉树上，格外富有诗意。在游人到达此处时，会有艺术家充当"渔翁"为其在水岸边奉上潮汕地区的"工夫茶"，让人体会城市"慢生活"的意境，并尝试一起讨论其感兴趣的话题（图 4.24）。

　　此外，在汕大校园展出的一些公共艺术作品，注重显现校园师生们的生活与精神内涵，显现他们的时尚、敏锐、真诚以及对自身和社会的关切。有的学生把自身的成长经历以形象而幽默的形式表达出来。有的把青春活力与善于追索的寓意通过晾挂一系列的牛仔裤的方式来展现。有的采用课堂上的椅子叠加构成具有序列感和寓意的现成品雕塑。有的以计算机键盘及英文字母等元素创作出抽象的立体图形，置于教学楼的厅堂地面上。有的则以几何化的抽象造型序列构成景观雕塑，放置在校园的堤坝露台上，为游人营造出具有艺术意趣与品位的环境空间。也有的用当地的日常用具花伞构成绣球状的软雕塑，使之融汇在绿色环境之中（图4.25）。同时，我们也注意到，有些作品运用绘画与电子影像的手法，表现出对现代城市化、工业化过程中普遍存在的环境污染及精神文明比较匮乏等社会问题的关注。

从总体上可见，以上作品在形式语言、艺术内涵和公共精神的表达方面，均做出了自己的探索与尝试。这显然不同于那些仅以单一而传统的雕塑形式进行校园环境美化或侧重于社会教化的做法。

正如此次活动的策划方所言，我们"有一种对于公共艺术的独立的认识，这次艺术节即成为展现这种认识的一个契机。出现在校园中的，无论是被主流公共艺术理论所认可的传统造型，还是反传统的新观念、新媒体，都成为一种独立的话语，并且期待框架之内与框架之外的对话"[1]。展

图 4.23 《不速之客》，群雕，汕头大学

图 4.24 《湖岸品茗》，观念及行为艺术，汕头大学

图 4.25 《伞球》，软雕塑，汕头大学

[1] 靳埭强主编：《集·公共艺术国际论坛暨教育研讨会》，桂林：广西师范大学出版社，2009年，第4页。

品中既有倾向于写实及传统审美经验的作品，有注重现代主义形式及风格的作品，也有强调观念、技术和媒材运用的实验性作品，更有注重公共艺术与社会语境及空间内涵的关系的作品。应该说，这样的展览正是由于在大学这种可以接纳新事物、新观念的知识话语环境之中举行，从而拥有了宽容的展出环境，使校园中产生的某些艺术认同和经验得以逐步走向更为广阔的社会空间。正如展览主持方所言："如果期待进一步的发展，我们的目光将开始注意到校园以外的世界，毕竟公共艺术的观念是以整体社会发展为范围的。"[1]

汕头大学的校园公共艺术作品展的目的和意义，一方面在于促进人们对于大学中的艺术及设计教育的深入思考，另一方面在于培育更多地关注、理解和参与公共艺术文化活动的青年学子，以便他们未来走向社会时，成为具有更为多样的审美经验和宽阔的文化视野的现代公民。

中国美术学院

专门从事美术学科教研和创作的中国美术学院，在杭州象山校区的校园景观和公共艺术实践具有一定的典型性。其校园公共空间的视觉元素建构，并不仅是陈设大量的户外雕塑，而是较为充分地利用当地特殊的自然环境条件，并加之以后现代设计色彩和人文意味的多样性建筑景观，以及近乎超然的田园景致，使得校园社区的整个公共空间和视觉环境具有独特的美学意趣和公共艺术特色。

中国美术学院（原浙江美术学院）在杭州这座十分秀美的城市已有八十余年的历史，在 2004 年和 2007 年分期在杭州转塘镇象山校区兴建了新校区，建构了一处掩映在杭州地区所特有的山水及田园之中的优美校园。象山校区占地八百多亩，校园建设的基本旨意是校方所强调的"山水校园，人文家园"。学校从杭州的孤山到南山再到象山的迁徙过程，也是寻求学校中心校址的理想环境及文化精神氛围的过程，因而校方十分重视构建转塘镇象山校园的人文艺术精神和景观美学品位。

中国美院象山校区没有高楼大厦或国际化的现代主义建筑群，而是在自然秀美的山水怀抱中，采用本地乡土建筑惯用的青瓦、毛石、原木、竹，并加以水泥、钢筋材质，以近似传统四合院的空间构造及江南民居的坡顶、素面的建筑外

---

[1]　靳埭强主编：《集·公共艺术国际论坛暨教育研讨会》，第 4 页。

图 4.26 结合当地风格、材料和工艺建造的教学楼，中国美术学院象山校区

形、杉木板材的廊窗立面，建构出具有想象力的不同形态的教学楼、图书馆、博物馆和办公楼群，汇聚了一些具有实验性的当代建筑材料、营造工艺，以及个性化的建筑形式与景观形态。校内一些教学楼底层的外墙以石块干砌，其建造方式如当地龙井茶园的石坎，一些四层高的教学楼以三面围合的 U 形方式面向校园中的自然山水风光，就连木质外窗上的风钩和插销构件也是由转塘镇上的铁匠手工打造的（图 4.26）。面向象山的 6 号教学楼的顶盖材料，启用了从浙江各地被拆老旧房屋的现场收集来的 200 万余片不同时代的砖瓦，使被视为垃圾废料的东西再度循环利用，并降低了新建筑的造价（图 4.27）。校区的建造，超越了纯粹的个人创作和建筑师的专业掌控，而是发展为由大量手工建造者集体参与的艺术性劳动。这其中蕴含着规划和设计者对于校园所在地域的自然特性和人文精神的思考："从一种本土人文意识出发，以扎根于土地为选材原则，以选材推论结构与构造，以'仍在当地广泛使用，对自然环境长期影响小，且正在被大规模专业设计和施工方式所抛弃'为民间手工建造材料和做法的选用标准。……不是让建筑决

图 4.27 6 号教学楼顶部俯瞰，中国美术学院象山校区

定，而是让设计追随因大量手工建造所导致的全建造过程的修改与变更。"[1] 艺术院校内部建设项目的营造与施工的自主性和特殊性，给了设计师的营造观更大的自由表现空间。

　　校园中的诸多建筑，尤其是 2013 年落成的水岸山居综合体建筑的视觉景观，明显体现出现代主义艺术与地域性乡土文化元素的有机结合（图 4.28）。许多集合了钢材、混凝土、玻璃、木材、石材、竹材、砖瓦等材质的建筑，通过采用现代设计手法，把建筑的实用功能和地域性建筑美学体验及人文意蕴相结合，构成了自然山水元素与现代技术和艺术观念相结合的实验性建筑群落，为象山校区的景观艺术增添了时代的寓意以及相应的场域含义。校园建筑空间中随处可见别具风

[1]　中国美术学院设计学院编：《新设计丛集》第一集，杭州：中国美术学院出版社，2006 年。

格和创意的教学工作室、图书馆、展览馆、学生食堂或各功能区域之间的空中廊道，其建筑立面大都呈现出素朴、单纯却又富于想象和变化的现代感和创造性，形成了鲜明的空间符号体系（图4.29）。一些建筑内外通道采用了倾斜的不对称排列的艺术形式，有的楼外墙面和过廊设置了遮阳隔热的木竹百扇窗，以及用青瓦构筑的雨棚（遮阳棚，图4.30），这些建筑的立面大多是石墙、砖墙、夯土墙、水泥本色墙，显现出自然的生趣和生态的美感。学校建筑学院的建筑的建造，在遵循浙江当地传统民居样式的同时予以当代的创造，并把浙地农村的田园水乡韵

图4.28 水岸山居建筑局部，中国美术学院象山校区

图4.29 非规则、非对称形态的建筑立面局部，中国美术学院象山校区

图 4.30 学校图书馆建筑上的青瓦雨棚，中国美术学院象山校区

图 4.31 建筑学院的一角，中国美术学院象山校区

味融入当代校园景观之中，充满自然的气息和诗意（图 4.31）。

与较大体量的校园建筑群相对应的是，人工适量介入而形成的缓坡与谷地，以及各类乔冠木及植被、水渠、荷塘、水岸和田埂（图 4.32）。在象山北麓及其谷地边的建筑与建筑、办公区域与自然景观之间，建造有观景廊桥，从而将它们连接起来。为了在快速商业化的城镇环境中取得田园般的宁静和乡野劳作的诗意，校园的东端保存了原有的稻田、鱼塘、茭白地和其他的菜地。人们在不同的季节游走其间，可观赏到向日葵、麦子、油菜、大豆等农作物，以及长居于校园山水

图 4.32　荷塘水景，中国美术学院象山校区

间的白鹭、白鹅、鸽子及鸟雀，令人心旷神怡。

其中颇有意味的一景，是为新校区的建成而设的小型纪念性广场，在葱郁绿色的环抱中，纪念墙体上以篆体书法刻着"中国美术学院象山中心校园落成纪念"等文字。小广场的建筑材料多来自原址上废弃的民居建筑的瓦片及陶片，其砌法和表现形式与当地的传统文脉存在着内在关联，表达了对于学校历史和当地艺术精神的敬重，同时显现出材料和形式的创造之美，呈现出素朴而厚实的人文和审美意象，成为许多学子和游人来此驻足或留影的公共空间。

放眼望去，这片建构于当代"桃花源"中的校园，为师生们的工作和学习提供了富有诗意和艺术灵性的氛围。整个校园俨然由一幅幅江南山水图景所构成，同时又给人以前卫与传统、现代与田园、学校与家园、功能与审美的交织感。应该说，把校园整体营造成公众可游、可学、可赏、可居的审美化社区，恰是当代景观和公共艺术建设的追求之一。

值得关注的是，象山校区的建立客观上占去了原地区（转塘镇）的大量土地及景观资源，原来这片土地上的许多农民在"新农村"建设及"城镇一体化"改造的过程中迁入了学院周边林立的高楼住宅中，能被用作乡镇居民的公共活动场

图 4.33 来自校园周边的游憩人群，中国美术学院象山校区

所的空间少之又少。鉴于此等情形，象山校区的内部空间成为面向社会的开放性空间，尤其是在周末和节假日期间，成为当地乡镇的民众和外来参观者游览、休闲、聚会乃至举办婚庆活动的公共场所（图4.33）。因而，传统意义上的学院禁区成了可供一方社会居民共享的人文与自然景观。在城市化开发过程中原有的乡镇土地及景观资源被挪作他用且日渐稀缺的现实情形下，中国美院象山校区的对外开放和主动接纳姿态无疑十分可贵，这也体现出它的公共性及趋于生活化的价值取向。

四川美术学院

　　客观上看，大学校园的景观美学品质及其对于地域文化资源的运用，与大学所在的地区、地理条件及其规划策略、经济实力和学科特性等因素有着密切的关系。位于重庆虎溪大学城的四川美术学院的校园景观和公共艺术形态，是迄今国内大学建设中别具一格且引人注目的一例。这首先在于其校园规划和设计对于当地的农耕文化及田园景观的创造性利用和艺术性呈现。它以看似粗拙和率意混搭的艺术手法，勾勒出学院的田园生态与当代新的美学形貌。自 2010 年前后四川美术学院与其他十余所大学入驻重庆虎溪大学城之始，由于前者校园建设理念与美学追求的独特性，使得它的景观形貌和视觉艺术符号体系独显个性，成为重庆地区乃至全国大学校园景观中别有意味的特例。如果说，曾长期坐落在重庆市黄桷坪的四川美院老校区的景观形貌更多地显现出浓郁的人文色彩和老城区的工业及市井气息的话，那么，虎溪新校区则更多地显现出地域性的田园生态和后现代的文化景致。

有意味的是，四川美术学院虎溪新校区的教学区、图书馆、美术馆、办公区、学生宿舍、教工住宅以及若干公共活动区域的规划和设计，是基于虎溪原有的山丘、坡地、农田、河塘、水溪、农舍及绿色植被而构建的。它没有像国内许多在城市远郊新建的大学校园那样，在建设之初推平坡地，填掉河塘，去除树木，取直道路，实施大量的硬质化、密集性和外表精致化的建筑工程，而是因地制宜、因势利导地利用自然和乡土资源，把校园建筑和景观置于原本拥有的山坡、洼地、菏泽、水塘和山林等多样化的自然环境之中，使整个校园掩映在当地自然与乡土文脉的诗意之中（图4.34）。

引人注目的是艺术家和设计师采取了突显地方精神以及"博采与融汇"的表现方式。其对于地方精神的显现，首先体现在校园景观构造及物象内涵的表达上。校方及设计的决策者有意留存和显现新校址所在的四川东南地区的人文历史和乡土文化。他们大量收集了在城市化进程中业已废弃、散落在蜀地村落和乡野中的传统建筑构件，包括庙宇、祠堂、驿站、会馆的石刻、砖雕、石门套以及传统农家生产和生活器具，使之再度应用到校区公共空间的造景和造园艺术中。在满足学院自身的教学、交流、会展等活动的一般性功能需求的同时，尤其注重景观与公共空间的地域性、历史感及其与自然元素的关系，并突出艺术的当代性和创造性，以实验的方式在自然、建筑、空间、景观、艺术和设施的相互关系及整体效果方面加以探索，力图摆脱纯粹的功能主义、自然主义及现代主义的束缚。人们

图4.34　校园中保留的乡村河塘及菜地，四川美术学院虎溪校区

图 4.35　校园景区的风雨廊，四川美术学院虎溪校区

在校园中可见，蜀地乡镇传统的木结构风雨廊形式被用于校园空间流通的步行廊道上，成为素朴而别致的景观元素，在山林、坡地与现代建筑之间形成自然的过渡，兼有实用功能与审美效应（图 4.35）。在校园保存的原有河塘、田野和沟渠之间，应用了在本地乡间收集到的被遗弃的清代及民国时期的平板石桥及拱形石桥，令今人可以重温当地先民喜用的龙、麒麟、狮、象等瑞兽石刻艺术与民间文化 [1]（图 4.36）。毕竟，地域传统文化艺术是弥足珍贵的稀缺资源，它们与四川美术学院的人文和美学追求密切相关，也与当地人足下的土地属性和环境条件相关联。

　　在校园坡地林间搭建的木结构风雨廊，也取材于四川乡村演变中废弃的木料、砖瓦、石材，依照其原有的结构及插接方式重新组配，采用了当地传统的营造法式和手工艺制作方式，其材质、肌理、色调和形式呈现出鲜明的乡土和自然意味。廊道的木架之间，还陈列着当地农村的生产器具，如木构脱粒机、木盆、竹篓、竹筐、铁铧犁、水车木构件以及乡间的雕花木床架等，这些点缀其间的老

---

[1]　以龙首、狮首及其尾部石刻作为乡镇或寺庙环境中平板石桥的建筑装饰构件形式，在四川东南部地区较为多见，如明代洪武年间设立在四川泸县龙脑镇九曲溪河上的龙脑桥，以及嘉靖初年建于江阳区石棚镇方山云峰寺附近的迎龙桥即是典型的例证。

图 4.36　有瑞兽雕刻的古桥，四川美术学院虎溪校区

旧物件生动地体现了农村社会的文化、技术、历史与人文，以符号化的方式保留了人们关于特定时空的记忆。而周边的山林、田垄和菜地，则体现出城市人对于田园和自然的向往与尊重。

这里显现的"博采与融汇"，主要在于为适应现有条件和尽量利用当地资源，把周边区域不同时期和类型的历史和人文遗物加以艺术地组构和再创造，使之在留存原有特质和某些符号信息的同时，呈现出当代（或所谓后现代）艺术的形态。这虽然部分是由于本土传统文化的断流、自身现代文化的缺失、外来文化的冲击，以及中国社会的变迁所致，从而主动采取了包容性和实验性策略，但其效果确实值得人称道。

四川美术学院校园内的诸多山坡、路段的挡土墙的立面处理颇有创意，采用当地乡村生产、现已废弃的土陶制品，如酒坛、泡菜坛，以及石磨等作为构件，显现出独特的地方色彩、符号特征和视觉效果，在实用、素朴及化废为宝的同时，透出文化与艺术的力量。这与校园中对于建筑的过渡性空间以及公共空间界面的处理方式有异曲同工之妙。后者也是把从当地各处收集来的老建筑石构件、旧砖瓦、土陶器、残旧石刻雕像进行艺术的再创造，以建构富有当地文化特色和当代艺术气质的公共空间，以垒砌的石头拱券门廊和混合材料的墙体艺术向人们

图 4.37　石拱券门廊，四川美术学院虎溪校区

提示其校园景观的自然性、地域性以及拙朴而又富有鲜明个性的特质。在这些独立的或依附于建筑的拱券和墙体上，艺术家们以当地民间传统建筑和装饰艺术元素为依据，采用现代及后现代艺术的表现手法和综合的材质、混搭的风格，建构起当代校园的公共艺术景观。其中，当地乡土民间的花窗、神龛、桥拱等建筑装饰样式以及砖石的垒砌形式，并非仅仅供外人观赏或猎奇，而是部分地承载着美术学院师生员工的审美意趣及其学校所设学科的特性（图 4.37）。它们从一个方面证明："使用最佳的可用方法和技术来满足特定的居民的特定需要；而相应的结果是特定形式的产生。……每一个环境的每一个要素都对各自环境中的居民有着特定的影响。"[1]

　　此外，这种拙朴和近乎粗野的形式，并非仅仅意在艺术的风格追求，而是一方面出于对国内许多建筑及校园景观一味盲目地追求宏大、气派、精细或搬用他

[1]　〔美〕马克·特雷布编：《现代景观——一次批判性的回顾》，丁力扬译，北京：中国建筑工业出版社，2008 年，第 105 页。

人样式的做法的反叛，另一方面考虑到以自身有限的财力、物力去满足其特定服务对象的需求，适应当地的自然与人文环境，并在其间展开富有想象力的创造，以成就自身的独特性。这种方式类似于二次世界大战后西方曾一度践行的"粗野主义"（Brutalism）理路，即对现代建筑设计偏重建筑的功能及近乎千篇一律的简约化、几何化的国际主义风格的做法加以反思和修正，对其纯粹的理性主义设计原则予以充实和扩展，以便在各有差异的不同环境和条件下，对与建筑及环境相关的自然、社会、技术、经济及美学形式等方面的问题予以整体上的考量，力求在建筑和景观的功能、技术、形式或材质上探索出可行的新经验。四川美术学院校园建筑及景观艺术的建设近乎"粗野主义"，体现在它并不追求建筑和景观形式的精美、细致和华丽，也不追求建筑表面的精细、光洁、晶莹，而主要是以较为简约和实用的建筑造型以及钢筋混凝土结构和红砖、灰色波纹瓦组成的墙面，形成朴实、单纯而又富有力度与情感温度的建筑与景观艺术。步入校园的人们可从其不加修饰的钢筋混凝土以及二次使用的毛石、砖瓦、旧建筑构件的混合搭配所呈现的粗重、毛糙与率意效果，领会其顺势而为、兼收并蓄和另辟蹊径的建筑策略。它与西方的粗野主义并非全然一样，而是在自身环境和条件下的一种当代尝试，其朴厚、机巧而又放达的景观风貌恰好显现出蜀地民间文化灵动而又豪放的气质。

在察访中我们注意到，四川美院校园公共空间的艺术性建构呈现出不同的风格特征。如滨水景观与教学区之间的人行廊道和观景台立柱，采用了富有生气的彩色马赛克镶嵌的装饰手法。在田埂及荷塘与教学区的过渡段，采用了不同材质和符号混搭建构的围墙，对传统的建筑装饰纹样、图案进行了现代的演绎，仿佛寓意某种时空的延续或跨越。校园中的公共家具和广场地面的铺装，朴实中见华彩，功能中含美学（图 4.38）。校园起伏的坡地

图 4.38 马赛克镶嵌的户外圈椅，四川美术学院虎溪校区

图 4.39 土陶罐与毛石砌构的景观界面，四川美术学院
虎溪校区

图 4.40 学生生活区小广场的石拱墙与当地的土陶罐，
四川美术学院虎溪校区

中，梯田般的挡土墙采用了不规则的毛石和当地乡间烧制的土陶器，形成饶有兴
味的原始情调和古朴生动的景观艺术。它们与那些石结构的拱券廊道和墙体艺术
一道，成为校园景观符号体系的组成部分，给人留下了深刻的印象（图 4.39）。学
生住宅区及生活服务区广场的石拱廊界面及其艺术陈设也保持了这种粗犷、丰富
而又统一的形式和格调（图 4.40）。

学校图书馆、教学楼和学生宿舍楼前的小广场的景观形貌，均给人以自由、
轻松、多样的感受，且富有美学的意味。它们周边的坡地、廊道、阶梯座位及林
荫绿化带，设置了标识公共场域特性的地标性建构物，如石结构的拱廊结构和墙
体界面、随坡地延绵的石雕构件、与校园文化和学生生活有关的群雕作品，以及
座椅、海报栏和卫生设施等。这些公共空间和场域的营造，有益于活跃学院的文
化气氛，激发校园生活的活力，也有助于学生个人和社团之间的交流以及各类群
体文化活动的展开。反之，校园的公共生活与交流也为其公共空间注入了新的内
涵与魅力。

令人关注的还有校园外围建筑上的涂鸦艺术，它们表现出学院自身的特性和
面向社会的态度。许多充溢激情和挥洒才华的涂鸦漫画，成为虎溪大学新城的一
道显眼的风景线，对于活化街区、聚集人气，以及把以学生为主体而创办的设计
与创意企业推向社会，具有积极的意义（图 4.41）。

使人感兴趣的另一方面，是四川美术学院在把乡野空间改造为现代大学校
园的同时，采取了接纳部分原住民作为学院园丁及辅助工作人员的做法，并原

图 4.41　校园外墙的壁画长廊和景观雕塑，四川美术学院虎溪校区

地保留了少量农民的原有宅院，使之成为学校田园景观的有机组成部分。这样一来，一方面为部分农民提供了就地就业的机会，另一方面为学校的田园景观和绿化事业留住了一些有技能和经验的"农民工"，可谓一举两得，两全其美。而保留下来的农家宅院也为城里来的学生和客人们了解和观赏蜀地乡村的民俗提供了真切的实景（图 4.42）。这也是在中国城镇化建设及城乡社会一体化发展中，原住民和原有景物与新的社区和环境相互接纳和融通的一个微小但具有积极意义的典型事例。

图 4.42 校园中保留的农家建筑和宅院，四川美术学院虎溪校区

小结

　　校园公共艺术及其景观设计的实施，其意义除了倡导和实现艺术对于校园空间环境的美化之外，更为重要的是呈现人们对于学校的教育职能以及对于未来走向社会的学生的人生理想和生活的关切。因为现代大学教育的经验告诉人们，大学不仅仅是传授知识或培养某些行为方式的场所，更为重要的是，它是学生自我发展完善的场所，是学生最终迈向现实社会的前沿驿站。正如美国著名哲学家杜威所言："最好和最深刻的道德训练，恰恰是人们在工作和思想的统一中跟别人发生适当的关系而得来的。""在理想的学校里，我们得到了个人主义和集体组织的理想之间的调和。……坚持学校是社会进步和改革的基本的和有效的工具，是每个对学校教育感兴趣的人的任务。作这样设想的教育标志着人类经验中所能想象得到的科学与艺术最完善、最密切的结合。"[1] 公共艺术介入校园，正是人文思想、美学经验、道德情感及科学精神在个人意志与集体社会层面碰撞与融汇的重要方式。它不仅带来了丰富的美学形式及感官的愉悦，更是学校内部公共社会生

---

[1] 〔美〕杜威：《我的教育信条》，何光沪等主编：《大学精神档案》，桂林：广西师范大学出版社，2004 年，第 28、32 页。

活的一种演练。当代校园公共艺术的呈现方式，已经超越了以往那种偏重于单一的纪念性和说教式的名人、伟人或英雄塑像的陈设，而是注重通过集体的参与和创作，对多元的社会文化、美学经验及艺术个性予以包容，给学校的师生和社会人士以思想情感的激发与美的享受。这也在一定程度上显现出中国实现改革开放三十多年来，学校尤其是大学在促进人才的多方面教育和人文艺术发展上迈上了一个新的台阶。

　　大学校园的景观设计和公共艺术陈设，可以与校外社会景观和公共艺术的建造方式保持某种距离，更加灵活自主。这样，在进行公共艺术的设置、呈现及互动方面，就具有更多尝试或超前的可能，尤其是在专业性艺术学院的校园中。然而，学校毕竟是现实社会的一部分，限于大的社会环境，在促使景观和公共艺术与校园公共文化生活及审美教育产生更密切的关联方面，中国普通高等学校在整体上还处于初级发展阶段，尤其是非艺术专业的综合性学校。也就是说，对于在经济建设已经取得显著成效的中国社会来说，理应具有社会文化先导作用的大学的艺术及环境建设，尚有较长的路要走。

第五章
地方文脉与场域符号

进入 21 世纪以来的十多年中，中国的城市景观和公共空间在全面拆除（毁弃）大量老旧建筑的基础上重新构建，而后逐渐对于景观和艺术介入的地域和具体场所的内涵及特性（如历史、社会、人文、自然等因素）予以必要的关注、保留与运用，尽管现在尚没有成为普遍的情形。

由于以往的城市景观和公共空间艺术建设的目的，主要是满足城市开放性空间的一般性功能需求，如人群的聚集与疏散、休憩与交通以及环境的视觉美化与装饰等，其中的艺术品也重在对概念化、程式化及口号化理念的诠释与图解，因而在具体项目的立项、调查、设计和实施过程中，一般很少用心考虑景观和艺术设计对特定地域的历史文化的揭示、传承，以及对自然生态的维护和再创造，继而出现了中国城市形态普遍雷同化、缺少地域特性及历史感、缺乏人文个性及美学意涵等弊端。大量城市的区域规划、建筑景观设计和公共艺术建设与地域社会及自然生态缺乏有机的联系，呈现出相互模仿和趋同的似曾相识感。

中国内地自 20 世纪 80 年代初至 90 年代中期快速的城市化建设，使得乡镇及外地人口大量涌入大中型城市，而城市自身并没有做好接纳及扩容的准备，更缺乏具有其自身文化生态和创造性意义的城市景观建构，从而在住宅、商业网点及交通设施粗质化、规模化营建的过程中，出现了所谓"千城一面"的城市景观状态。在 80 年代初期实行开放政策以来，随着西方国家的资金、产品、品牌、技术的大量涌入，以及国内经济和社会的急速发展所带来的大众消费热潮和产品"山寨"化现象的风行，使得世纪之交的中国城市景观和视觉文化形貌在很大程度上趋于外在的模仿（主要是模仿西方的古典、现代及后现代艺术和设计的某些外在形式和符号），或简单照搬和零星挪用中国传统建筑和园林的某些样式及符号。而源自本土的自然和社会生态的传统文化、视觉符号及其认知体系，则处于迅速消亡的状态，即便有所保留，也往往只是在民族化口号下对传统文化符号加以把玩与铺陈。如此使得中国当代城市的景观文化形态缺乏历史内涵和时代特性，也难以显现地域文化特性和差异。

人们可以在日常生活中普遍感受到，由于当代资本、权力与大众传媒体系的密切合作，普通大众的文化消费及视觉审美日益被动化、趋同化、缺乏应有的想象力与判断力，也使城市景观和视觉文化的消费与再生产陷入同质化、单一化和浮泛化的境地。而随着经济条件的改善、对外交流需求的增长和公民意识的逐步觉醒，社会精英和文化艺术的教育者们认识到建构当代城市的文化形象与个性、显现地方历史文脉及其符号语言、建立不同地域居民的社会主体意识和文化认同的必要性和迫切性。21世纪后，一些城市的广场、公园、博物馆、街道、车站、学校及旅游景点等场所的景观、公共艺术及公共家具的设计逐渐对于其所在地域的社会文化、历史文脉、生活习俗及生态资源等予以更多的关注，并在此基础上进行创造性的发挥。

当代知识界和部分艺术家、设计师对于地域性景观和文化形态的差异性、多样性的关切，是出于对社会和文化可持续发展的考虑。人们逐渐意识到世界存在差异的重要性，意识到尊重和保护艺术的地域性及历史传承性的重要性，以增进必要的社会认同、文化识别，加强地方社会的团结。这也意味着当代艺术需融入特定的社会场所和公共空间之中，而不仅仅是修饰一个缺乏文化寓意和社会功能的纯粹的物质空间，也就是说："艺术空间不再被视为一块空白的石板，擦拭干净的书写板，而是一个实实在在的地点。处于这种上下文中的艺术对象或事件，是要让每一个观看主体通过亲临现场，对空间拓展和时间延续的感官即时性进行此时此刻、独往独来的体验。"[1] 关注艺术创作与传播的地方性和场域性的原因，还在于当代全球化背景下不同地域的社会利益诉求和地域性文化身份的建构。此间的情形正如英国著名人类学家罗伯特·莱顿所言："人类学研究表明，那些诸如文化、理性和进步的术语是因为它们对应着自然、迷信和停滞才获得意义。然而，甚至就连人类学也是因殖民压迫而出现的学术形式，是借着异国情调，在我们自己二元对立的认知系统中重构出来的。"[2] 作为城市景观和文化形态的公共艺术，应该通过可视的形式去表达地域文化内涵和现实社会生活中人的观念和情感，而非仅仅满足人们的审美需求。也正如美国当代哲学家史蒂文·布拉萨所指出的："行为（包括审美行为）的文化基础是通过语言和其他工具实现其社会性传承的。这些文化交往工具本质上是符号性的。实际上，文化群体的同一性正是通过符号取得的。没有符号系统去表现那个文化，就没有文化可言。"[3]

近二十年来对艺术的地域性及场域意识的强调，对于中国城市景观文化和公共艺术的实践产生了多方面的影响，其中除了积极的影响之外，也夹杂着类似于国家主义、民族主义或偏狭的地方主义的价值取向。另外，带有泛化的政治

---

[1]〔美〕佐亚·科库尔、梁硕恩编著：《1985年以来的当代艺术理论》，上海：上海人民美术出版社，2010年，第32页。

[2]〔英〕罗伯特·莱顿：《艺术人类学》，李东晔等译，桂林：广西师范大学出版社，2009年，第4页。

[3]〔美〕史蒂文·C.布拉萨：《景观美学》，彭锋译，北京：北京大学出版社，2008年，第128页。

意识形态及国家权力话语色彩的纪念性公共艺术作品在 20 世纪晚期的艺术实践中发生了形态上的变化，呈现出更为多元和多样化的情形，这与中国知识界对于全球化背景下城市景观样式及审美体验的趋同化所做的反思与批判不无关系。客观上看，注重城市景观和公共艺术的地域性及文脉价值保护、创造性地运用本土自然和文化资源、尊重当地社群的生活习俗及文化经验有着显在的合理性与必要性，同时对城市及社区的特性和文化身份的建构具有重要的意义。本章试就人们对艺术的地域性及文脉价值的认识及其对中国当代城市景观和公共艺术建设的影响加以探讨。

5.1 城市记忆与艺术转型

所谓城市记忆，是指城市形成、变迁和发展过程中具有保存价值的历史记忆，包括一些视觉形式的物象，在这方面主要是指城市建筑景观、环境艺术作品、生产与交换性场所（如作坊、厂矿、车站、集市等）以及城市地景、地貌和植物景观等。

自 1949 年新中国成立以来，众多城市中树立了大量以国家权力、政治意识形态和政治领袖的个人宣传为主旨的雕塑作品；在 20 世纪 80—90 年代前后，设立了许多表现某些审美意识和美化城市环境的雕塑或装饰性的艺术作品。这些作品大多流于概念化和模式化的形式表现，趋于雷同，与普通民众的现实生活缺乏内在关联，也缺乏艺术的个性和创造性。而在 20 世纪末和 21 世纪初，随着城市经济和社会文化的逐步发展、对外文化艺术交流的增多，人们开始反思国内城市景观和艺术的发展策略，并在借鉴西方有益经验的基础上，展开具有地方历史内涵和人文关怀的公共艺术创作。尽管这期间开展的公共艺术项目在创作深度、社会互动和运作机制等方面存在某些缺陷，但它们毕竟体现了这个时代的发展与变化。

在这方面，北戴河车站的公共艺术项目建设具有典型性。2011 年 9 月，在河北的北戴河车站的一侧，设立了题为"对接与启程"（显现北戴河作为中国现代旅游文化与铁路专线开发城市的历史变化）的公共艺术作品。它的呈现在三个方面具有较为突出的意义：其一，注重艺术的公共性；其二，注意到艺术的地域性；其三，考虑到艺术与场域的互动。

《对接与启程》的创作者在查阅相关史料及图像资料后，仿制了一列曾启用于1917年的老爷式摩格尔型蒸汽机车，运用了超现实主义的手法，使之成为超越历史时空、可把当代乘客带入"时空隧道"的游戏列车。有趣的是艺术家选取了古代与近现代历史中与秦皇岛至北戴河一带有着密切关系的中外著名人物或平民的形象，作为此作品的表现对象和素材（图5.1）。

《对接与启程》所选取的人物身份多样，如有曾因探求长生不老仙丹而到此（并由此而使该地得名秦皇岛）的秦王嬴政（前259—前210），有曾东临碣石而挥写著名诗篇《观沧海》的魏武帝曹操（155—220），有1923来北戴河游览而在《晨报》写下《北戴河海滨的幻想》（1924）的著名作家徐志摩，有1923年夏在此地留下赞美北戴河的诗篇及"天开图画成乐土，人住蓬莱似列仙"佳句的清末社会改革家、思想家康有为（1858—1927），有曾任民国内务总长及交通总长、完成了北戴河车站至海滨旅游支线建设的许世英（1873—1964），有民国

图5.1 《对接与启程》景观艺术作品局部，北戴河车站广场

时曾为代国务总理、于1919年创建北戴河海滨公益自治会以独立行使地方行政职权的朱启钤（1872—1964），有国民政府驻法英大使、曾任海牙国际法院副院长、被誉为"民国第一外交家"、与北戴河有过往故事的顾维钧（1888—1985），有最早来华从事路矿经营并受聘于李鸿章而担任设于山海关的北洋官铁路局总工程师（1891）、对秦皇岛及中国铁路建设做出贡献的英国人金达（Kinder Claude William，1852—1936），有被誉为"中国铁路之父"、与北戴河铁路事业有缘的詹天佑（1861—1919），有于1928年受美国基督新教美以美会的派遣、到北戴河海滨创办了东山园艺场、为当地园艺和农林事业做出贡献的美国园林学博士辛柏森（W. J. Sinpeson，1898年—？），有1929年偕夫人来海滨度假并引起当地社会关注的著名京剧演员梅兰芳（1894—1961），有1934年夏偕夫人来此地旅游、写下游记赞许北戴河的著名文学家和诗人郁达夫（1896—1945，图5.2），有中国晚清及民国文学女杰、与京津及北戴河文化圈有着密切联系的吕碧城（1884—1943），还有曾与北戴河有过历史情缘的其他著名公众人物如梁启超、胡适、张学良、周学熙等人。同时，《对接与启程》中也有取样于当地社会中的普通民众或参与和

图5.2 诗人郁达夫夫妇雕塑，《对接与启程》景观艺术作品局部，北戴河车站广场

协助此公共艺术项目的当
地人物的雕像，如站在车
尾的列车长、正在检票的
列车员，以及车厢内正手
持数码相机为历史人物雕
像摄像的少女等。

　　这样的人物选择既顾
及了历史文化故事的时空
跨度和人物社会身份的多
样性，也考虑到历史文化
名人与特定地域及铁路主
题的相关性。而在艺术表

图 5.3　老火车模型，北戴河车站广场

现和叙事方式上，作品则采取了超现实的浪漫手法。艺术家并没有采用常见的形
式铸造和现成品搬用的方式去再现历史情景或描述一段逻辑化的故事，而是跨越
时空和传统审美惯性，立足地方性历史文化资源，体现出当代国际文化视野。作
品的社会价值取向超越了国内近半个多世纪以来惯用的阶层乃至阶级的分野，代
之以历史的、世界的以及全社会的交融与共享，呈现出当代所提倡的社会和谐以
及继承与发展多元文化的时代精神。

　　《对接与启程》公共艺术作品，设立于具有现代感的北戴河新车站广场的一
侧，主题和形式与其所在场所高度契合。它给人以今昔时空的反差与链接之感，
同时也令人在怀旧中思考艺术与车站和城市的内在关系。作品的介入，使得北戴
河车站广场具有更好的场所自明性、标识性和娱乐性等公共性质。许多前来乘车
和出站的旅客来到这里，通过观摩、乘坐、游玩或短时休憩和摄影留念，感受到
艺术带来的乐趣，也合理利用了旅游途中的闲暇时光。作品与车站广场以及周边
的商业消费环境相得益彰，尤其是老式机车与站前广场的西式建筑群（北戴河海
滨西式别墅区的建筑）形成了某种对应关系，点化出北戴河新旧时光对接和现时
再出发、再建设的时代语义（图5.3）。

　　《对接与启程》的公共性还体现在对地方历史文化的公共传播上。老机车的
车厢内壁挂有一系列图像和文献照片，其中有1896年夏天刊布的北戴河旅游广告
招贴画，有1921年商务印书馆印行的旅游手册《北戴河指南附秦皇岛指南》的

图 5.4 老火车模型上的介绍性图片，北戴河车站广场

图片（图 5.4），有介绍 1925 年北戴河海滨公益会干事管洛声编辑、梁启超署检的《北戴河海滨志略》的刊行使得当地 24 处旅游景点知名度大增这一史实的图文资料，也有关于朱启钤为张学良兴建莲花石小高尔夫球场的历史图片和文字内容。这些图像和史料的呈现，为游客了解地方历史和城市文化提供了帮助。车厢内还准备陆续加入相关主题的动漫视像作品，以便游客更好地了解当地的历史文化与典故，正所谓寓教于乐，在游乐中共享资讯。

作品的创作注意到艺术与城市文化记忆的关系、艺术与其所在场域环境和游人行为之间的关系。创作者不仅注重采用艺术的形式和展示手法，而且在创作前期了解了相关的地方历史和典故，征询了当地多种人群对于作品的创意及创作目的的看法和意见，在作品落成前后也注重运用当地媒体阐释作品的内涵和意义。客观上看，这是继 1999 年末在深圳市落成的市民人物群雕《深圳人的一天》以来，国内艺术家在进行公共艺术创作时较为重视地方文化资源及社会情感因素的又一重要案例。

5.2 地缘性雕塑与城市标识

20 世纪 90 年代以来，户外大中型雕塑成为中国城市景观艺术的主要表现形式和载体，这是雕塑（及雕刻）与建筑环境的传统关系以及艺术介入城市公共空间的以往经验所形成的惯性使然。"城市雕塑"一词，是近二十多年来国内的一种习惯性称谓，尚不能确切地表达和涵盖其在形态、主题、空间、场所及文化等方面所具有的特殊属性，但从一定视角来看，它与"公共艺术"的概念存在着关联或交叉。本节借此名称展开相关问题的讨论。古今中外设立在城市户外空间的雕塑作品，往往从某些层面和角度显现出城市的历史文化、精神气质、地方特性及价值取向，成为人们观赏和解读一座城市的视觉符号，也有许多城市雕塑随着时代的变迁而沉浮。

自20世纪80年代中期以来，尤其是90年代晚期至今，伴随着中国社会的城市化、国际化、商业化发展进程，各地方政府为了营造适合经济增长的环境，树立城市形象，传扬地域文化以及显现自身的"政绩"，先后在城市雕塑建设方面予以投入。各直辖市和省会城市，以及一般的中小城市乃至地方性城镇，大都长久性地设立了城市的标志性雕塑，它们部分地、有选择地显示着城市的历史文化和时代语义。应该说，这是中国城市户外空间雕塑大规模迅速发展的年代，取得了许多经验和成就。但就现有的城市雕塑的艺术品质（如艺术的公共性及创造性）以及文化诉求和价值取向而言，明显存在着良莠不齐的情形和许多值得关注的问题。此处就当代中国城市中一些与地域文化和历史富有内在联系并具有城市标志性的雕塑作品的创作予以概略的分析。

自20世纪50年代以来，中国城市雕塑的题材可分为以下几种类型：其一，历史文化及神话传说。其二，政治文化宣传与主题性纪念。其三，地域性文化传扬及场域标识。其四，审美形式的塑造及环境装饰。应该指出的是，有的城市雕塑的创作并不局限于某一题材类型，而是融合了几种题材类型，而且，不同题材类型的雕塑的创作方法经常是相互借鉴或交叉的。

就历史文化及神话传说题材类型的城市雕塑来看，它们多以本地区古代历史或神话传说为资源而创作，意在追溯城市文脉，弘扬文化精神。沈阳市的辽宁博物馆广场上的《太阳鸟》雕塑（1998年设立，图5.5）和广州越秀公园中的《五羊石雕》（1959年设立）就是典型的两例。前者是以沈阳新乐地区新石器时代遗址考古发现中业已炭化的木雕形象为依据所进行的创作，意在把它作为一座城市所崇仰的生命精神及其文明发端的标志，弘扬远古部落文化中伟大的生命精神。而后者则是依凭当地神话传说（公元前9世纪周朝所建城邑在天灾中得到五位仙人及五只仙羊下凡拯救而摆脱饥荒，成为岭南地区最为富庶之地）所进行的"羊城"的标志性雕塑创作，同时也寓意广州自古以来就融入了北方人等外来移民，具有多元的文化特色。此类型的城市雕塑借助古代文化来表达当今城市的精神文

图 5.5 《太阳鸟》，雕塑，辽宁博物馆广场

化，传扬城市的历史文脉，意欲促进人们对自身城市社会的认同。这些作品试图超越现实题材和内容的某些局限，以更为悠久的历史文化精神意涵作为创作的出发点，在强调地域性的同时也体现出人类传统文化精神的普遍性。

　　政治文化宣传与主题性纪念类型的城市雕塑，是中国内地 20 世纪 90 年代之前户外空间雕塑的主要形态。事实上，政治文化作为一种社会文化，在人类建立中央集权制度以及现代民族国家以前即已广泛存在。这类雕塑重在表达某种政治意识形态、权力意志等，以实现政治教化功能，这在古今中外重要的公共建筑空间中都不乏其例。在现代中国，此类雕塑创作在 20 世纪 60 年代至 21 世纪初期最为明显。例如 1970 年在沈阳市中山广场（"文革"时称红旗广场）安置的特大型群雕《胜利向前》（图 5.6），以及 1998 年在武汉二七纪念馆广场安置的二七烈士纪念碑浮雕。前者以政治领袖为主体，以中国革命历程为题材，以主题性纪念及宏大叙事的方式创作而成，成为一个时代的城市广场的视觉标志；后者以中国现代历史上的大革命事件为题材，以某种浪漫主义和纪实性的表现手法创作而成，以期纪念历史事件和人物，教化民众。又如广州市海珠广场的广州解放纪念碑（80年代重设）也是此类城市雕塑的典型之作。它们作为特定时代政治宣传的产物，与一座城市的政治及社会历史具有密切的关联。当然，现存的纪念性雕塑并非都具有纯粹的政治文化性质，有些作品还会同时具有一般的道德伦理和人文历史内涵，因而难以一概而论。

地域性（及地缘性）文化传扬及场域标识类型的城市雕塑，主要是运用特定城市及其所在地区的地理、历史、风俗、人物或事件等自然和人文资源进行创作。这种类型的雕塑在20世纪末和21世纪初得到较大的发展，原因主要在于社会呼吁尊重和维护城市自身的地方性特色和文化记忆，避免城市视觉景观趋向概念化和雷同化，也是为了满足当代城市旅游经济、文化发展和城际、国际交流的特殊需要（明确城市自身的独特形象）。在前文中所涉及的山东济南市泉城广场的《泉》是典型的一例，意在突显其城市的自然和人文符号特性及其给人的视觉印象。另如2010年立于湖南岳阳市高铁车站广场上的《赛龙舟》大型雕塑，对

图 5.6 《胜利向前》，雕塑，沈阳市中山广场

图 5.7 《赛龙舟》，雕塑，岳阳市高铁车站广场

岳阳市自 20 世纪 80 年代以来举行国际龙舟大赛活动的传统民俗予以纪念和传扬，以显现地处洞庭湖畔的岳阳楚地所传承的质朴与奋发的人文精神，突显其城市独特的气质以及国际化的视野（图 5.7）。设立于广东珠海的《珠海渔女》同属于注重表现地方文化内涵及其典型形象的知名作品。有的城市景观雕塑则是强调其所在场所的内涵及精神。如 2007 年设立在湖南长沙市贺龙体育馆广场上的系列雕塑《人与自然》（图 5.8），以个性化的现代形式语言及审美态度，塑造了生命运动的节律与美感，点明和强化了其所在场所的精神内涵和意蕴，成为当地的地标性雕塑作品。而于 2000 年设立在天津火车站广场附近的机械性装置《世纪钟》（图 5.9），

图 5.8 《人与自然》，雕塑，长沙市贺龙体育馆广场

图 5.9 《世纪钟》，装置，天津火车站广场附近

以"时间与星座"为主题，寓意着现代天津城市兴起过程中，东西方文化因素的交融，也表达了人们对世纪之交的感念，同时具有报时的功能，成了海河边具有艺术性的城市地标及公共设施。此外，近二十年来，各城市商业街区步行街中的雕塑，大都以当地民间风俗及传统社会生活情景为创作依据，试图再现城市历史中的平民文化图景，出现了一些佳作。不过，也有许多作品相互效仿，无甚新意，品质不高。

重在审美形式的塑造及环境装饰的作品，着眼于雕塑形式及风格、语言自身的表现力，强调其独特的视觉美学价值，兼有美化周边景观环境的装饰性功能。此类城市雕塑是自 20 世纪八九十年代以来人们引入及借鉴西方现代艺术所致，也是对以往过于强调城市雕塑的政治与叙事功能的某种历史性校正。应该说，追求和展现雕塑艺术自身形式的独立性与美感，是现代艺术创作的一个重要方面，这一点也必然体现在城市雕塑上。此类作品自 20 世纪 80 年代至今多有设立，其形态有别，毁誉不一。例如 2009 年于河南郑州郑东新区树立的大型雕塑《如意》，

图 5.10 《如意》，雕塑，郑州市郑东新区广场

在注重抽象形式结构与材料肌理的同时，也显现出其与中国传统文化语义的关联（图 5.10）。又如设立于广西桂林市愚自乐园的众多户外雕塑，大都以较为纯粹的艺术语言强调雕塑自身的表现形式、创作手法、材料及观念，同时也对其周边的环境起到了装饰作用。另有大量所谓的"装饰雕塑"或"雕塑小品"，只意在装饰，在此不作专门论述。客观上看，着眼于局部美化功能的城市雕塑作品在当代城市大空间的建筑环境中一般是难以兼顾审美效用和人文内涵的，往往显得零散、琐碎、做作和缺乏时代感。从艺术本体论的角度或就特定人群的审美创造意志而言，对形式本身的探索和创造是必要的，至于它与社会价值和城市景观美学的关系如何，则需另加考量。

在人类文化中，雕塑是较为直接地表达特定人群的希望、敬畏、崇拜、记忆、庆祝及权力意识的空间视觉形式。它们往往与特定的文化语境、权力（权利）内涵、空间形态及审美趣味存在逻辑上的联系，城市中的户外雕塑尤其如此。城市雕塑是城市社会和文化发展的产物。现代城市是集中性的人群生活、交流、娱乐、生产、交换的"超级容器"，是现代人类多元、多层次的社会体制及其文化模式的孵化器。城市雕塑作为一种物态的视觉形式，是现代城市社会文化的有机组成部分，以一定的形式及风格反映和表现着特定时期城市社会结构中主导性力量的希冀、信仰、权利主张与审美趣味。应该说，这类城市雕塑中，有些作品在主题、形式和立意上都有上佳的表现，也具有较好的城市地标效应。但总体来看，这类雕塑不宜过多或相互效仿，因为对古代历史文化符号及涵义的借鉴与挪用，毕竟不能全然替代对当代城市文化生活的表现。有生命力和感染力的雕塑应该是在特定时代中自然"生长"出来的,是反映和表现其自身时代的东西。因此,我们一方面应该认真保存和维护古代遗留下来的雕塑作品;另一方面,当代新建立的意在传承传统文化精神的城市雕塑,也应该具有当代文化的形式语言和时代语义,在社会思想、人文内涵、技术特征和外在形式上尽可能地体现出当代性与创造性,与当代城市的文化和公众生活产生密切的联系。一般地说,市民或来访者除了希望看到一座城市历史上遗存下来的艺术作品之外,也希望看到能够反映或表征当代城市文化与精神生活的作品。因此,每座城市应该拥有一批可以反映其各时期文化历史且具有创造性的作品,而非大量建造在形式或内涵上仿古、拟古或托古喻今的作品。

进入 21 世纪之际,中国内地出现了较多强调作品的主题、形式、风格及材料因素的地方性城市雕塑。这一方面是因为近半个世纪以来的城市雕塑中主要是宣扬政治文化的主题性、纪念性雕塑,人们需要更为多样的艺术文化形式;另一方面是由于在全球化背景下,人们开始意识到艺术的地域性及多样性的重要性。不过,由于当代中国的城市建筑及视觉空间尚没有建立起具有自身文化特性的样式,与当地城市文化及市民生活经验缺乏深层次的内在联系,使得许多景观雕塑欠缺真正的创造性。上世纪末以来,许多城市街区设立了表现传统社会的民间风俗、商业集市以及百姓市井生活的雕塑(浮雕墙),但其表现形式和叙事方式均较为雷同。我们认为,雕塑艺术的地域性及民族性不应该是中国当代城市雕塑追求的根本目标或文化目的。实际上,文化艺术的地域性(地方性)是特定历史条件下自然形成和长期孕育而成的,是一个城市和地区社会生活态度的自然流露。客观上,在现代商业、通讯、交通、产业、教育和经济全球化的时代,企图完整地保存和真实地再现一个地区或城市原有的风俗、文化形貌及其特有的资源,已经不可能。若勉力而为,也往往是陷于表面化或弄巧成拙。当代城市文化艺术的一大特点恰是趋于开放、兼容、多元、交互与渗透。但这并非否定或反对那些尊重和合理运用城市历史上的人文资源、自然资源,以显现城市传统和个性色彩的做法。问题在于,它应该是自然而然地生发的,而不是刻意表演给他人观看的。因此,我们在城市雕塑创作中既要尊重和维护地域文化生态的差异性、多样性、特殊性,也要注重当代城市人类文化的共同性、兼容性和普世性。

从人类学的视角来看,自现代大都市产生以来,人类社会已从个人化或小集体的部落时代进入到"超级部落"的时代,也正因如此,人类为了应对新的社会发展模式而建立了种种法规、道德和行为规范乃至审美学说。然而，人类的社会性差异比之动物性差异要大得多，因此，人们始终在适应社会性规范的同时，尽力地寻求个体之间的相似性和共同性。人类历史上被称为"伟大"或"永恒"的艺术，并不仅仅是因为其形式或技巧的非凡，而往往是因为它们以自身的形式手法深刻地显示了人类共有的情感、经验和生命精神。我们现在强调"地域性"的主要目的是强调艺术文化模式的多样性，而多样性只是一种外在的表现，况且它的内涵与边界也在变化和发展。"所谓多样性，是指文化行为与文化行为之间的差异——文化行为的作用就在于它们相互有别。但是，当我们对于它们的多样性感到惊异之际，切不可忽略了它们之间根本上的相似性。"[1] 也就是说，艺术的差异性不是目的，重要的是以自然形成的差异形式（方式）去揭示人类共同的生命体验、社会理想和精神追求，从而使得人们得以彼此认识、交流和协作。当代城市雕塑恰恰需要具有这样的基本品性与追求。

随着时代的发展，当代社会语境与公众需求均处在变化之中。在提倡和谐与文明进步的时代，当代城市社会应该多为普通市民公众建造适宜其生活、娱乐和交流的公共空间与场所，以造福公共社会。这就需要在建立城市雕塑及相关场所的过程中广泛听取市民公众和专业人士的意见和建议，使之真正成为市民大众公共文化生活中的"公事"和"盛事"，并注重雕塑与其所在城市空间及建筑环境的对应关系。也只有这样，才可能使城市雕塑的建造具有较好的公共性和公益性。

就城市雕塑的艺术形式和审美意蕴而言，我们应该提倡多样性和差异性。因为当代城市社会是由众多的利益主体及不同文化层次的公民所组成，不同人群的不同审美趣味和审美态度是由其不同的社会分工、生活经历、教育程度以及社会地位和观念意识所决定的。城市雕塑毕竟不是少数人的沙龙艺术，而是动用公共空间和资金且要与公众分享或共勉的艺术，因此城市雕塑的美学及文化寓意应该是多样的和多层次的。

注重城市雕塑自身的形式美学价值或强调其"高雅"特性，主要是艺术界人士和持有特定文化价值观的社会群体的一种价值取向。它一面可以激发艺术家的创造力，另一方面也会使得一部分拥有文化特权和社会地位的群体或个人垄断话语权。其实，即便把城市雕塑作为重要的审美对象，人们依然会注重其外在形式

---

[1] 〔英〕德斯蒙德·莫里斯：《人类动物园》，刘文荣译，上海：文汇出版社，2002年，第17页。

背后的思想与精神内涵。正如德国哲学家康德所言："作为美的艺术，审美艺术是把反思判断作为标准，而不是把感官的感受作为标准。"[1] 况且，在实践中，处于公共空间中的艺术作品的社会价值历来先于或重于其审美价值。

作为当代视觉艺术与空间文化权力话语组成部分的城市雕塑，会随着国家经济、政治和文化的发展而发生变化，同时它也将诠释和建构我们当下的城市文化语境和语义。任何以单一的视角去评价和解读城市空间中的雕塑的方式，都是片面的。而欲使当代中国城市雕塑的文化建设及制度建设更为合理化，就需要解决其中所存在的基本问题。这其中，文化观念是首要的问题，比如城市雕塑方案的规划者、审议者和创作者对于城市的本质及其社会结构和特性的认识，对于城市的历史文化与当代文化的关系的认识，对于城市公共空间和公共文化的现实需求以及特定场域特性的认识，以及对于城市人文生态与自然生态的关系的认识等。其次，重要的是城市雕塑艺术的规划与决策制度及其机构自身的建设问题。我们有必要认真审视那些给城市雕塑的遴选和创作发放"通行证"的体制、机制以及专家队伍。正如现代艺术理论及批评家迪基指出的那样："在分类意义上，一件艺术品（的属性及成因），其一，是一件人工制品；其二，是代表某种社会体制的某个人或一些人，授予它作为鉴赏候选者的身份。"[2] 进入美术馆或画廊的当代艺术品是如此，进入城市空间的雕塑也是如此。从特定的层面上说，当代中国城市雕塑的成败得失，在较大程度上取决于相关的体制、机制、专家队伍等因素。再者，参与创作的艺术家个人的文化素养、公民意识和社会责任感也同样十分重要。

5.3 地方因素的融入与显现

具有自身文化传统及习俗的城市和地区，在进行现代城市景观和公共艺术建设时，必然存在着如何尊重、承接和延展其地域文化艺术的历史学及社会文化学问题。20 世纪末期中国的城市化改造与发展，恰恰由于规划和设计界没有整体且深入细致地对待城市规划、建筑形态以及公共空间中艺术文化形态的新旧承接和现代性重造，使得大量城市的景观及视觉形态趋于同质化和贫乏化，未能合理传

---

[1] 〔美〕奥斯汀·哈灵顿：《艺术与社会理论》，周计武等译，南京：南京大学出版社，2010 年，第 88 页。

[2] 同上书，第 25 页。

承与创造性运用当地历史文化中具有一定特色和人文意义的资源，盲目抄袭和套用外来文化样式及艺术风格，或进行无厘头的形式元素的拼凑，沦为了没有生命力的符号化装饰。

　　不过，好在也有一些地方的城市公共艺术景观建设体现了对具有地方历史文化内涵和地域特性的传统资源的个人化和艺术性再创造。广东湛江市渔港公园广场景观艺术在这方面具有某些典型的意味：湛江作为中国大陆南端的中小城市，其现代化程度相对滞后。不过，我们在其霞山区海滨大道南部的海滨公园沿线，也看到了其商业环境下地方文化艺术发展的痕迹。尤其是濒临海湾的渔港公园中的小广场上，21世纪初期设置的公共艺术作品成为体现其当地文化及民间传统的一个亮点。

　　在当地渔港公园的小广场上，有两件雕塑成为其景观中心。其中一件是体现其传统渔村历史的石雕《海之恋》（图5.11），表现一群具有广东当地人形象特征的青年渔民正协力把滩涂上的渔船推向涨潮时的大海，船舷上刻有"湛渔128"的字样。作品表现了纯朴、坚韧的广东渔民的劳动生活场景，具有鲜明的地域文化内涵，与昔日的渔村和今日的渔港有着直接的关联，与周边环境也较为协调。雕塑表现出人与自然、渔民与大海、地方生活经验与地方文化精神之间的一种自然而内在的对应关系。另一件作品由一座石结构的钟塔和一群石狗组成，矗立在

图5.11 《海之恋》，石雕，湛江市渔港公园广场

广场外沿贴近海岸及渔港入口的位置（图 5.12）。四面安装有时钟的石塔仿佛一位风雨无阻的渔港守候者，成为一个便于识别的地标。钟塔的造型及装饰明显带有 19—20 世纪早期西式风格，与附近留存的广州湾法国公使署的西式近代建筑风格相贴近，体现出湛江地区在 19 世纪晚期至 20 世纪 40 年代曾经历的西方文化的输入。钟塔四周的护栏并没有采用中国内地或广州大部分地区惯用的石狮或植物图案，而是巧用湛江地区尤其是其中的雷州半岛民间喜爱的石狗造型，别具特色。

图 5.12　钟塔与石狗护栏，湛江市渔港公园广场

　　雷州半岛在近代属于环北部湾地区的石狗文化圈的发祥地，也属于上古时期中国南方骆越文化的孕育区域。此地区的石狗文化传统大致可追溯到汉唐时期及明清前后，是北方的汉民族文化与东南方地区的越文化融合的产物。狗石刻多被当地人放置在庙宇、祠堂、村落、家院及住宅建筑的周边。石狗形式多样，寓意丰富，是威武的"守护神"，繁育后代的"生殖之神"，笑容可掬或怀抱小狗的"送子之神"，足踏乌蛇的"风雨之神"，足踏石鼓、铜钱、乌龟的"福神""财神"或"寿神"，足踏龙印的"护法之神"，附加渔网、船锚等饰物的"丰收之神"。石狗身上还普遍刻有云雷纹，体现出当地雷文化的审美寓意和民间文化风尚。直到今天，在雷州半岛的一些村镇的传统民居建筑和博物馆中，依然可看到不同时期的不同形态的石狗雕刻。石狗几乎成为当地汉越文化特有的普遍性符号，也是与当地人世代相伴的精神文化生活方面的"密友"。湛江市渔港公园广场上的钟塔与石狗的组合，似乎以一种微叙事的方式，述说着湛江地域的历史文化和民间风俗，别具意味。

5.4 历史建筑的言说

自 20 世纪 90 年代初期之后，由于当代中国的城市化发展侧重经济指标的提升，忙于应对城市人口的急剧增长，加上不同规模的房地产项目的急速开发和高度的商业化炒作，导致原有城市留存下来的大量建筑、街道、院落乃至结构性的空间网络经历了持续近 20 年的"大拆"和"大建"，许多历史性建筑、街区、民宅、园林遭到拆除。

随着城市经济总量的飙升和城市文化意识的苏醒，人们逐渐认识到城市历史建筑及街区的独特价值。如西安、北京、广州、天津、福州、上海等大都市，在近十年来，采取了一系列措施保留城市记忆，保护历史建筑群落。其中，天津、杭州等城市的做法具有一定的典型意义，公共艺术以自身的方式融入公共空间和文化环境的建设之中，无声地言说着它们所承载的历史信息与前人的希冀。

天津五大道

天津曾是中国北方漕运、海运的重要码头和物流重地，形成了特色鲜明的传统码头文化和市井文化。在清朝末年，天津作为英、法、意、西、德等九国租界，建有大量具有西方经典意味和异国风韵的历史建筑群，其规模之大和风格之多均为全国之最，被誉为"万国建筑博览会"。在高速城市化发展过程中，如何合理维护历史街区的建筑文化和空间格局，改善历史街区的环境质量和美学品质，发展旅游经济和文化，彰显城市历史文化和美学特性，成为当代天津的城市景观规划和公共艺术建设需要妥善解决的问题。

天津的历史街区及建筑群落的分布较为广泛，呈现出多地点和多片区的特点。大量历史建筑沿着贯通城市东西的北运河历史文化景观带分布开来，其中包括 10 余片历史文化街区和 3 个历史文化城镇，也包括散落在此景观文化带周边的历史文化遗址（如杨柳青石家大院、大沽炮台及潮音寺等）。天津的历史街区和历史建筑群中，最具有特色的应是五大道，这里集中了约 300 栋具有典型意义的、不同艺术设计风格的历史建筑，体现了 19 世纪末至 20 世纪初外来殖民者的建筑文化和天津特定历史时期的城市文化内涵。五大道地区的历史建筑，有的呈现出西方的古典风格或折中风格，有的则是较为简约的近现代风格。其中，"英式建筑 89 所，意大利建筑 41 所，法式建筑 6 所，德式建筑 4 所，西班牙式建筑

图 5.13　天津五大道历史建筑群局部

3 所，中西合璧式 3 所"[1]，不愧被誉为"万国建筑博览会"。当各地游客造访五大道时，会不约而同地感受到天津城市的历史感以及西式建筑的华彩（图 5.13）。

　　值得注意的是，为了让观览者大致了解五道历史建筑的风格特色及其曾经的主人（许多是曾在天津居住和奋斗过的历史名人），当地政府的文物保护机构于 2005 年在历史建筑的庭院前统一设立了引导性的看牌，以文字的方式加以辅助说明，以便兼顾艺术审美和人文历史教育。如马场道 62 号楼门前的看牌上刻有这样的文字（图 5.14）：

图 5.14　雍剑秋故居，天津五大道

　　　历史风貌建筑简介：
　　　雍剑秋旧居。雍剑秋

---

[1]　艾伯亭等编著：《城市文化与城市特色研究》，北京：中国建筑工业出版社，2010 年，第 68 页。

（1875—1848），江苏高邮人，早年就读于香港，后至新加坡读大学，曾任德商礼和及捷成洋行军火买办、汇文中学董事长及南开中学董事。该建筑建于 1920 年，三层砖混结构楼房（带地下室）。建筑立面严谨对称，引入西方建筑古典建筑构图方式，比例协调，线脚细腻，整体性强，十分庄重典雅。

类似的展示形式不下十多处，例如意大利建筑设计师保罗·鲍乃第设计的马场道 123 号刘冠雄（北洋政府海军总长）旧居、马场道 117 号张学铭（张学良将军的胞弟，曾任天津市长）旧居、李赞臣（实业家、长芦盐纲公所首席纲总）旧居等。人们可以在浏览历史街区的过程中，追忆过往时代的人与事，畅想历史。

尤其是建立在睦南道与河北路交叉口的疙瘩楼，它的形态和后人的再利用情形令人关注。疙瘩楼原是一幢意大利风情的毗联式高级住宅楼[1]，其外立面用含有琉璃的缸瓦砖拼砌，形成了凹凸起伏的装饰效果。20 世纪 80 年代以来，在疙瘩楼的连体建筑中先后设有成桂西餐厅、成桂公馆私家菜、粤唯鲜·能吃的博物馆等具有特色的中西餐饮企业及文化机构。在疙瘩楼的粤唯鲜·能吃的博物馆外立面上，业主以个人收藏的中国古瓷器、残片和石雕作品进行东方"洛可可"式的艺术装饰，使得疙瘩楼成为一座全国闻名的美丽的"小怪楼"，也成为五大道中最为引人注目的一处公共场所（图 5.15）。人们可以在此观赏历史建筑和传统艺术，也可在此就餐和购买

图 5.15 疙瘩楼，天津五大道

[1] 此建筑于 1937 年建成，系意大利建筑设计师保罗·鲍乃第设计。其中的一部分曾作为中国京剧名角马连良的居所，另一部分为法国前总统密特朗的私人翻译朱克嘉女士的住所。

古董，不失为一处不错的由民间私人出资构建的城市公共艺术景观。历史建筑、艺术创作和商业活动的联手，为当地人和旅游者带来了别样的建筑景观审美体验。

　　相比国内其他一些地区的历史建筑的保护方式而言，天津五大道的历史建筑群采取了在现实使用中加以维护和展示的方式，而非使之脱离实际应用，纯粹用于展览（图5.16）。这对于非重大或特殊纪念性的历史性建筑遗产十分适用。实际上，无论是历史文化建筑还是整体性的历史性商业街区或民居建筑群落的保护，均需要与当下市民的生活、生产及文化活动产生密切的现实联系，而不是使之存在和展示的方式趋于"空壳化"（即物质性的文化形态与其使用者的日常生活和观念相脱离，有如陈列在博物馆橱窗里的文物或舞台上经过化妆和排练的纯粹表演）。因为"空壳化"的保护和展示无法真正显现和传承历史文化，也难以持久。因此，使城市历史文化遗产得到良性保护和利用的关键，首先在于对历史文化及其意义有清醒而又深刻的认识。

杭州小河直街

　　中国曾经拥有大量饱含地方历史文化的街道、建筑、装饰及景观形态，但由于风雨的侵蚀和人为的毁弃，变得越来越少。杭州的小河直街作为南宋之际建立，遗留至今的较为完整的滨河老街区，其对地方景观中的历史文化、建筑艺术等遗产的保护和再利用，值得我们关注。

杭州小河直街历史文化街区位于杭州市北部，处于著名的京杭大运河的最南端，是拱墅区小河、余杭塘河及京杭大运河三河交汇处，由于清代此街依傍宦塘河（俗称"小河"，运河航运的支脉）而建，遂被称为"小河直街"，是清末民初大运河沿岸十分兴盛的民居、坊巷及码头商业街区。[1] 街区景观见证了两百多年来当地居民的生活、生产劳动和内河航运。街区呈现了江南运河区段富有地方特色的典型建筑、傍河街道坊巷的历史风貌，以及运河航运所孕育的空间形态与文化景观。小河直街的建筑与景观形态为当今的游人体会和遥想南宋以来运河沿线居民的生活与生产情形，提供了弥足珍贵的实景资源（图

图 5.17　杭州小河直街的滨河景观

5.17）。人们可以直观地领略到当年南北货运物质集散区域的风貌，感知清末民初兴盛的沿河商业街区，观赏到设立其间的多种作坊、商铺、茶楼、私宅、河埠码头等历史遗迹。当地政府出于遗产保护和商业旅游开发的目的，把街区分为重点保护区、风貌协调区和商贸旅游区三个区域。同时，此街区及其周边也成为政府整治城北老区环境、改善居民区的居住条件的重点区域。

为了保护、整治运河历史文化街区，2006—2007 年杭州市运河综合保护委员会和拱墅区政府组织实施了小河直街的梳理与整治工作，试图以艺术性规划和设计的方式，整体性地保留清末以来运河沿岸曾经繁盛的码头集市和民居的遗迹，形象地展示沿岸仓库、作坊、商铺、宅院、茶楼、酒肆以及通往街市与河埠码头

---

[1]　据街区现场展示的资料显示：此街区总占地面积约 12.7 万平方米，建筑面积约 4.15 万平方米。小街主干呈南北走向，南起小河路南段，北过长征桥，延伸至和睦路中段，全长约 360 米，宽约 4.5 米。

的砖巷石陌（图5.18）。
我们在实地观察中得
知，街区较有代表性的
商号及作坊有永达木
行、泰和洋油行、王开
银糖坊、陈元兴面坊、
衡泰酱园、方增昌酱
园、方家孵坊等，既令
人遥想昔日商贾云集、
百业兴盛的辉煌，也令
人生发出沧桑变换、时

图 5.18　杭州小河直街的作坊及巷陌

事难料的历史感慨。给人印象尤为深刻的是其建筑艺术，小河两岸沿街的店铺、
作坊、弄堂以当地砖木和石材构成，处处透出运河人家居住与生活的智慧和意趣。
前人的生活及交往方式、生产与交换方式、居住与商务及运输的空间分配方式、街
区邻里的空间归属和使用方式等，都可以从其建筑的规划和营造中找到注解（图
5.19）。人们在现存的方增昌酱园老宅院门前的旅游看板上可见这样的内容片段：

图 5.19　杭州小河直街的民居建筑及环境

楼上供学徒和伙计睡觉，楼下中间是一大踏道，再下去靠河是酱园的专用码头。经常有船运送各种原料来，又运送酱油和老酒到城里去。据当地老人回忆，方增昌酱园每日从早上开到晚上九十点钟，街上年纪大的人喜欢喝夜老酒话旧，酱园里常备有下酒小菜，如螺蛳、豆腐干、茴香豆之类。

　　显然，小河直街的建筑景观蕴含着丰富而又生动的地方历史记忆和人文情怀，向当地居民和外来游人直观地述说着昔日的繁盛，这样的效果是传统的室内博物馆难以达到的。

图 5.20　杭州小河直街附近的历史情景雕塑

　　游人在小河直街周边的风貌协调区和商贸旅游区，可以看到当代艺术作品及景观设计的介入，主要有沿运河而建的广场上表现昔日运河风貌的雕塑群《运河纤夫》，在沿河绿化景观带设立的搬运工、脚夫、车夫、佣人等劳动者雕塑，以及展现当年往返于城乡和运河码头之间的商贾、乡绅及旅客的风采的雕塑群体，意在明示特定地域和场所的历史情境和意味（图 5.20）。同时，也在运河景观带设置了方便居民和游人观光、休闲、娱乐的一些公共设施，作为游人前往小河直街区域观光的前奏。

　　然而，可以显见的是，由于小河直街在整治和开发过程中，未能很好地吸引和激励原地居民、投资商、运营商参与其中，街区许多原住民由于业态和经济等原因陆续迁出，而新的商业体系及消费形态又未构建完成，使得街区居民现有的住宅形态和功能体系难以很好地满足游客的旅游接待等方面的需求。因而，街区给人的感受是景观和滨水建筑群落很有历史文化特点，审美价值也较突出，却明显缺乏现今当地居民生动、多样的生活景象，在居住和商业两个方面均缺乏人气，似乎形成了某种"中看而不中用"的"图画"景观。其整改并没有真正产生保护遗产与振兴街区的双重效果。而这恰是地方政府和规划设计方需要研究的重要问题，也是艺术介入其间时人们应该考虑的基本问题之一。

重庆通远门城墙遗址公园

拥有五千年文明的中国，虽历经自然和社会风雨，但还是在众多地域及古城中留下了丰富的历史文化遗迹。这些遗迹在当今城市景观和公共艺术的建设中，势必成为重要而又难得的文化与艺术资源。然而，在如何看待和利用这些不可再生的古代城市景观及公共文化资源方面，存在着态度和方法的不同。现代人关注、保护和利用它们时，是充分尊重其原有的历史形貌和显示其特定的历史内涵，还是简单地乃至随意地加以演绎？是在有益其持续性保护的前提下进行历史和人文内涵的展现，还是使之流于肤浅的表演或商业化的视觉炒作？是致力于让公众更好地认知历史性景观及场所，还是追求快餐式的消费或纯娱乐性的历史调侃？问题的提出，正在于这些承载和见证了城市历史文化的遗产的珍贵性、唯一性和不可复制性；而如何利用和诠释它们，则是政府部门、艺术家、设计师和相关社会群体均要正视的重要问题。事实上，在历史文化遗存的保护与利用上处理不当的现象，在中国城市景观和公共艺术建设项目中多有出现。较为典型的事例是重庆市通远门城墙遗址及其景观艺术的表现方式。

通远门为重庆古代城池的一座门楼，其城市的防卫体系的历史可追溯到蜀汉三国时期，而今留存的通远门及城墙建筑为宋明以来多次修建的遗存古迹。通远门与东水门现已成为重庆17座古城门中仅存的两座，而后者仅存孤零零的城门，只有通远门还连带着一段残留的城墙，是现今重庆人到市中心时穿过七星岗通远门洞到校场口及解放碑广场惯走的老路。通远门古城墙既见证了13世纪中后期忽必烈率蒙古军伐蜀攻城、17世纪明代守军与张献忠率领的起义军的战争，以及明清至民国以来重庆诸多历史事件的发生和城市格局的变化，也承载着普通民众的生活记忆、重庆与外界交往和商贸往来的历史文化。

而今，位于重庆渝中区的通远门古城墙上下，设立了一组写实性的金属人物雕塑，表现的是当年战争中攻守的双方在城墙上下博杀的场面，有的手执刀枪武器攀爬在攻城的扶梯上，有的在城墙上拉弓放箭迎击攻城的敌人，逼真地再现了

图 5.21　重庆通远门城楼下的群雕

图 5.22　重庆通远门城楼上的群雕局部

通远门古战场的历史瞬间（图 5.21、5.22）。对此，公众和专家们提出了许多质疑：一方面认为在真实的历史遗迹上制作如此大尺度、大体量的具象雕塑，有碍人们对此城墙古迹的观赏和多视角的理解，新的雕塑把真实、厚重、庄严的古城楼建筑的丰富内涵表达得过于肤浅和娱乐化了，且不利于对古迹的保护；另一方面认为这些雕塑对于特定历史和情节的表现有误："雕塑交代的是哪一段历史更看不懂，攻城方穿着铠甲，守城方包着头巾，但城墙上唯一无误的历史事件浮雕记述的是张献忠率六十万农民军从通远门攻入重庆城，守城的应是官兵，雕塑完全颠倒了历史。"[1] 也有观众认为雕塑中士兵装束的时代特性及攻城技战术存在明显漏洞，把通远门遗址仅仅定位为战争文化的象征物并不妥当。这些舆论从不同的视角表明当代公共艺术介入文物遗址时，需要慎重考虑作品与文物及其环境的特定关系，考虑作品的设立是否有

[1]　http://www.sina.com.cn，《重庆晨报》2006 年 5 月 22 日。

利于人们对于古代遗存物的文化内涵及特定历史信息的准确解读。应该说，重庆通远门及其古城墙作为一处珍贵的城市古迹，给今人留下的信息是多方面的，如历史学、建筑学、城市文化学、人文地理学及古代军事学等。而当今公共艺术的介入，往往意欲促进地方旅游事业的发展，显现城市景观特色，传播地方历史文化。重要的是，公共文物及历史遗存区域的艺术介入，首先需要通过与之相关的专业人士的论证，以利于历史文物及其所在环境的保护。

显然，重庆通远门城楼的雕塑景观不仅不能很好地表现和诠释城市古代遗存的历史文化信息和艺术价值，反而成为一种"画蛇添足"的蹩脚之举。这是由于此雕塑群在设立之前，对它设立的必要性、场所的适切性、历史的知识性和景观的美学效应等方面均欠缺应有的专门论证。这样类似的公共景观设计事例，并不仅限于重庆通远门。这也意味着人们在城市公共艺术建设中，需要对相关的制度体系、文化态度及艺术创作方式深入反思。

如何认识和对待"历史城市"和"城市历史"的文化价值及其与当代社会的关系，是全体市民尤其是城市管理决策者需要认真面对的重要问题。从历史和国际经验来看，对于具有悠久历史文化及历史建筑遗存的城市的保护与展示，应采取尊重历史及其文物遗存原貌的态度，对其予以专业性地修缮、保护、梳理和展览，在法规的指导下进行室内或露天博物馆式的文化展示，正如罗马、巴黎、伦敦、柏林、巴塞罗那、西安、京都等历史文化及旅游名城所做的那样。然而，21世纪的中国在快速城市化的过程中，一些拥有悠久历史文化的城市为了实现旅游经济的高速发展，在古代城市建筑几乎早已消失殆尽的情形下，进行古城格局和建筑体系的全盘仿造，试图在全新的仿古与对外展示中，振兴旅游经济和相关产业，并试图实现对传统城市的重新改造、对土地的重新规划和大规模的商业开发。一时间，投入巨资恢复古城形貌的复古风潮在中国各地悄然兴起，影响不小。据不完全统计，中国当今约有 30 座城市卷入这一风潮中，或已经部分实施古城的再造，不断加速上演着大规模、耗巨资的"拆旧"和"仿古"大戏，如西安、咸阳、开封、太原、大同、洛阳、聊城、贵阳、昆明、成都、邯郸、肥城等众多历史文化城市。古城重建项目的规模上从几平方公里到几十平方公里，投入的资金从几千万到数亿乃至上百亿人民币。在这种打着"古城保护与开发"旗帜、声势浩大的拆迁旧城与大规模仿制古城的大潮中，众多的"中国历史文化名城"和其间的历史文化街区及人文景观变得岌岌可危。然而，许多当地政府官员却认为，通过仿造那些看似古色古香的古城围墙和街道建筑景观，可以改变旧城"脏、乱、差"的面貌，而且可以通过拆迁旧城街区、开发新地产和招商引资赢取巨大的经济利益，从而把古城仿造项目看作是发展当地旅游业的重大举措与实现城市经济飞腾的助推器。显然，这主要受当下经济利益的驱动，出于迎合带有片面性的政绩考核的考虑，而非真正意义上的保护地方历史与文化。其结果是在快速而大量地拆除具有考古学、历史学和美学价值的"真古董"的同时，大量新建了缺乏历史文化价值和传统艺术意涵的"假古董"。这种以貌似传统文化的艺术形式、视觉符号堆砌起来的所谓古代城市景观，实质上是对真正的历史文化的颠覆和原有历史信息的毁灭性破坏。

大同新城

在当代的古城重建与仿造风潮中，当以山西大同的规模为最。大同曾是古代北魏的首都，因拥有世界著名的云冈石窟佛教雕塑而闻名海内外。而现代大同给人的印象却似乎是一座提供煤炭资源、经济相对落后、生态环境不佳、公共设施欠缺的老旧城市。

大同市为打造古文化旅游城市而耗资数百亿人民币，硬是把老城区重新改造，大面积仿造古建筑群，试图恢复明代的城墙外形和街巷格局（图5.23）。政府对改建和仿古景区内的居民实行大搬迁，对早已消失的古代城墙、城门、茶楼、护城河以及商业街道和里坊建筑群进行超大规模的整体性仿古重建。如此规模浩大的仿古工程前所未有。可以想见，在社会形态及生产和生活方式发生了根本变化的当今城市中，整体性地仿造和恢复古代城池的格局及建筑形貌，显然不可能与现代城市人的生活、生产和交往方式及其他内在需求相吻合。而

图 5.23　大同市新建城楼

动用大量的城市土地和资金去仿造古城墙及街市建筑外形，其实际效应犹如中国90年代曾大量建造的仿古影视外景地一般，即便仿造得再逼真，其实质也无异于一种供人观赏的"舞台布景"，并不具备历史学、考古学、艺术学或文化地理学意义上的价值。其基本原因只有一个，每件历史文物都是唯一而不可复制的。这种大规模仿古城市建筑群兴建行为的背后，是经济和政治利益的驱动。从经济的视角来看，政府肯定难以通过旅游收入而回收如此巨大的建设资金。而这样的举措若不能真正培育出新兴的、系统化的地方产业和符合外在客观需求的可持续性业态，也就很难真正发展城市经济、改善生态和提升市民生活质量。而且，一座城市的改造和发展往往需要经年累月的长期坚持，但中国当代城市建设的决策和执行主要取决于在职的长官领导，城市的规划和景观环境的设计往往随着领导的人事变动或职位升迁而变更或半途而废。这种欠缺科学性、专业性、持续性及法规保障的举措，在国内几十年来的城市规划和设计中并不鲜见。

相形之下，在政府试图大力恢复古城形貌，拉动地方旅游经济和改善城市景观的审美效应的同时，在大同市内较宽大的道路和新建的商业及宾馆大厦的背后，隐匿着许多中下层普通居民住宅所构建的简陋而脏乱的街巷，在半个多世纪里缺乏应有的修缮和改造，住房建筑低矮、破旧，道路狭窄、排水不畅，公共设施欠缺，公共场所疏于管理。为了城市外在的面子和商机而投巨资兴建的仿古建筑群与普通市民简陋脏乱的居住空间和日常生活环境形成了鲜明的反差。这或许是一个城市发展的过渡阶段，但城市改造的重大决策和发展模式应该经由更多普通市民代表的公共参与和监督，才可能更好地协调和平衡各种利益与矛盾，诸如经济与民生、商业与文化、政府与普通市民等。

从国内外的历史经验来看，为了追溯城市历史和尊重传统，或为了发展地区旅游经济和人文教育、改造城市街区环境，在一些历史文化名城中进行某些局部的、有限的仿古景观重建是可行的，其前提是在相关专家和市民代表充分参与论证的基础上，尊重城市历史和社会客观现实，进行有益于城市持续发展的再造活动，而非一时的权宜之计。

在"历史文化名城"早已失去城市的历史形貌和文化形态的今天，如何传承历史文化，创造真正满足当今社会需要的新的城市形态，是中国众多曾经的历史文化名城在当代的改造与发展中需要共同面对的重要问题。令人惋惜的是，许多城市在规划、设计以及景观形态的塑造上，以仿古的形式或古代装饰艺术的元素到处装点城市，以此重新形成城市的视觉面貌和风格样式，以为这就是尊重和传承古代优秀文化、重塑城市美好风貌，不能不说是一个大的误区。仍以大同市为例，为显现其曾经的历史及文化地位，推动旅游经济的发展，在政府的主导和参与方的意志下，为了所谓的"梦回平城"和"打造皇城气象"，把2008年动工兴建，北起火车站、南至京大高速公路大同收费站的南北向交通主干道改称为"魏都大道"（建成初期称为"新建路"，全长约12公里，宽约50米），而其所在位置在大同古城之外，与古城并无真正的历史渊源。这显然是对城市历史信息的误用，也会误导外来游人对大同的历史认知。并且，为了"标示"北魏文化元素，整条大道的照明设施以及沿途的公共交通站点建筑外形均为仿古造型（图5.24）。其与一千六百多年前的北魏首都"平城"，无论在外部形貌还是文化内涵上均无

历史关联，而只是一种想当然的、忽视历史真实和现实城市文化的肤浅的符号游戏。这种试图以臆想的、零散符号拼凑的视觉文本去再现和释读城市历史和文化的举措，使得"这座城市不再具有连贯的内涵，不再是在时间的流逝中结合某种符号和某种风格的一个实在"[1]。而如此的装扮和修饰"似乎仅仅是为了旅游和审美的目的而存在，热衷于突显其壮美的景致和如画的风光，即便对于那些满腔热忱、试图真正去了解城市的人来说，城市已经失去其本真的面貌了"[2]。

大同市仿造古城形貌、

图5.24 大同市魏都大道街景

[1] 〔法〕亨利·列斐伏尔：《城市化的权利》，引自汪安民等主编：《城市文化读本》，第15页。
[2] 同上。

图 5.25　大同市新建城墙空间举办艺术展览的情景

大规模营造仿古建筑群的做法，受到社会舆论的广泛关注和质疑。而其中值得注意的另一方面是政府机构利用巨大的新建城墙内部空间举办的一些活动。大同市政府自 2011 年以来，与国内雕塑艺术机构（中国雕塑学会等）联合举办了两届"大同国际雕塑双年展"，把展览空间设在仿古城墙的展厅中，供市民和游客参观欣赏，以期提升大同的城市形象，促成其古今雕塑艺术的城市品牌效应。应该说，这一举措具有一定的文化和社会效应，使得城墙内外的空间为公共文化事业所用，为市民的文化娱乐活动开辟了新的场所（图 5.25）。但此双年展活动并没有与城市更为广阔的开放性空间和普通市民的日常生活发生密切的联系，展览开幕式也主要限于政府官员和参展艺术家及艺术职业人士之间的仪式性讲话及对话，难以说体现了真正的社会性和公共性。

5.5 历史街区的改造与振兴

在近二十多年来大拆大建的热潮中，中国大量具有城市历史内涵和文化价值的街道、建筑和传统空间形态被飞速拆除，代之以令人陌生而又流于雷同的街道建筑和空间，使得城市失去了它的历史文化和身份特征，失去了原本植根于城市自身生活方式的空间形式与精神内涵。这种情形的出现，主要是由于经济利益的驱使和一些政府部门历史意识、责任感的缺乏（往往把历史性商业街区及其建筑的保护和修建置于当下经济利益的对立面）。

历史经验显示，一座城市的中心商业区往往是最具有人气和活力的区域，是城市中重要的商业往来、时尚消费、休闲娱乐和社会交往的公共空间。在拥有历史积淀的城市中，其商业中心往往是最早得到开发的老城区，较为集中反映了城市传统街区的视觉形象、历史内涵、空间特性以及特定的生活与文化观念，成为不同时期当地人的"共同记忆"。而城市正是通过这些商业中心街区来展现其特殊的空间内涵与魅力，以及商业、政治与人文历史所交汇而成的视觉文化。正因如此，这些商业中心街区的改造与振兴显得尤为重要。

杭州中山中路

2009 年，杭州中山中路街区实施了新的整修和改造，公共艺术也得以介入其间。它对于杭州这座具有悠久历史文化的名城的当代形象建构具有较为显在的意义。现今的中山中路一带街市历史悠久，曾经商铺林立，繁盛非常，宋代至清末及民国时期的某些建筑及文化遗存依稀可辨。从其间的建筑与空间形态可见，商业、住宅和大众娱乐空间比邻杂处，官家和民间文化、本地传统与外来文化并存。那些作为城市现代文明而引入的银行、邮局、电厂以及大型商业贸易公司的旧址，与不同风格样式及文化背景的中外历史建筑，成为杭州中山中路街区独特的文化和景观资源。

在此之前，由于近百年来社会历史的变迁，以及相关经济政策的缺失，杭州中山中路街区长期以来处于杂乱、破旧、公共设施缺乏的状态，直接影响到杭州旧有的商业中心街区的经济、旅游、娱乐事业的发展以及城市历史文化的传播，尤其有碍于杭州作为当今中国经济和文化大省的省会的形象。这种在中国城市普遍存在的传统商业中心街区的衰退，客观上成为新的景观改造与艺术介入的重要契机。

杭州中山中路作为现存的难得的可与历史名城文化地位相匹配的具有历史传统风貌的重点保护街区，在 2005 年前后陆续进行了整体性保护与改造工程。从整体上看：

> 中山中路步行街改造的一项重要目标，就是实现对该地区历史传统风貌的保护，这关键在于对现存历史建筑的保护。应尽量避免拆除真正的历史建筑而去修建新的假古董。为此，应在规划上确立进入道路红线的历史建筑基本予以保留的原则。……同时鼓励与其形式和格局相适应的功能，如银行、事务所、咖啡馆等，从而真正发挥历史建筑的真正价值和效益。[1]

显然，当地政府的城市规划部门及专业机构的人员对于历史街区及其建筑环境的维护与改造有明确的主张，强调街区保护的整体性、真实性及其与社会日常生活的融合。

历史街区的整体性保护和合理利用，一直是个重要的课题，尤其像杭州中山中路这样一段业态丰富、老建筑比邻纷呈的历史街区。在政府的关切下，这一街区得到了必要的保护和再利用。如现在挂着"中山中路 193-3 号"门牌的 4 层欧式建筑，是浙江实业银行（一说原为浙江兴业银行）的旧址（图 5.26）。浙江实业银行诞生于 1907 年，是浙江人创办的中国最早的商业银行之一。其建筑是较为纯正的西方文艺复兴时期的古典主义风格，带着中国特定时代的文化烙印，成为当地历史街区重要的集体记忆和审美文化遗产，至今仍在使用，如作为浙江华商贸易有限公司、浙江省糖业烟酒有限公司、浙江省副食品商业协会等单位的办公建筑，于 2000 年 7 月被杭州市政府列为文物保护对象。挂有"中山中路 304 号"门牌的西式两层小楼建筑，则是 1910 年所建的杭州大清邮政总局的遗址，它在历史上迭遭火灾，屡经修缮后得以留存至今，成为杭州近代邮政起源的实证之物，并见证了清末官办邮政体系同时承接民间邮政业务的近现代中国邮政发展史。

作为城市传统商业和旅游观光街区的杭州中山中路及其相连的地段，保存着

---

[1] 陈玮等：《历史地区的退化与复兴》，《规划师》1998 年第 3 期，第 50 页。

图 5.26　杭州中山中路浙江兴业银行大楼旧址

许多具有历史文化意蕴和艺术价值的近代建筑群，如五洲药房、四拐角（现为万隆火腿庄）、中法药房、翁隆盛茶号、恒丰绸庄、宏裕布庄、万源绸缎庄、黄洽昌桂圆店、恒大协颜料号、世界书局等20世纪早期兴建的历史建筑。有意思的是，以上大部分建筑的外立面往往是西式的，其内里的结构却是中式的。这恰是特定时期中西建筑文化在特定地区相遇和融合所致，形成了一种特殊的样式，耐人寻味。当地的老人将这种房屋称为"面鬼儿洋房"。

为本地市民、游客和后人存留街区的历史记忆，成为政府改造与振兴杭州中山中路街区的重要目的之一。除了维护具有传统历史文化风貌的重点建筑之外，更为直观和更具价值观念引导性的视觉艺术形式被引入公共空间。为了保留普通人对于曾经生长其间而现在正在快速消失的旧时巷陌及饱经岁月沧桑的家园的共同记忆，唤起人们对于城市家园的历史追怀与人文情感，也为改造后的商业街区增添一种文化艺术氛围，中山中路设置了一些颇有意味的公共艺术作品。从公共艺术融入中山中路的基本方式来看，艺术家不是直接采用壁画或人物雕塑来述说城市的历史故事，而是采用了实物（实景）资料，将类似于现代艺术的现成品及装置形式的墙体（似乎是被拆除和废弃的旧民居建筑的残片）作为艺术的载体，创作了"杭城九墙系列"公共艺术作品，如《杂院佚事》《曾经故园》《河坊阁楼》《无名闸口》《几代土墙》《官窑寻踪》等（图 5.27、5.28、5.29），在历史商业街区的更迭中为人们曾经熟悉和眷恋的街坊、家院及流年岁月留下一份视觉的记忆。在空间和位置的处理上，这些看上去饱经历史沧桑的墙体艺术置于体现茶都文化的茶楼下方，与具有现代风格和实验意味的茶楼建筑形成了对比，显现出商业氛围中的文化叙事与抒情格调。"杭城九墙系列"等作品，突显了当地市民曾经的日常生活形态，使"艺术"与"生活"在此得以融会。这种被浓缩的街道艺术景观，反映了身处其中的人们对于真实而具体的城市生活经历的认知和回味，并构成了城市漫步中新的人文景观。正所谓"从'散漫的思考'到凝视'分心的点'，某个戏剧的场景就被发现；身体姿态组合进戏剧场景，就形成'情节事件'，这即是直面城市本身的设计活动的开端，把城市文本从内部的编年中重新回到仪式决定城市的年代。……于是，我们的目光不无任性地落在那些陈旧而美好的城市事物上"[1]。

行人在中山中路原御街的人行道旁，可见以中国活字雕版为题材的现代公共艺术作品，它与沿街的流水景观一道，把南宋时期著称于世的活字印刷及雕版技术以现代立体构成手法的雕塑形式展现出来，提示人们对特定的城市文明史及传统文化成就加以

图 5.27 《曾经故园》，杭州中山中路墙体艺术系列

图 5.28 《河坊阁楼》，杭州中山中路墙体艺术系列

图 5.29 《官窑寻踪》，杭州中山中路墙体艺术系列

[1] 蒋原伦、史建主编：《溢出的城市》，桂林：广西师范大学出版社，2004 年，第 119 页。

图 5.30　活字模型雕塑群，杭州中山中路

视觉与审美上的体认（图 5.30）。延续中的历史性商业街区的景观及艺术元素，必然会与当今商品及品牌的营销发生各种关系，杭州中山中路街区的情形亦如此。例如，在此地段餐饮业"老字号"羊汤饭店的门前，安置了以羊为题材的写实性雕塑，与流经店铺门前的水溪景观相映成趣；又如在新创的销售采暖及保健用品的卖炭翁店铺门前，树立了以中国古代文学作品为题材的卖炭翁人物塑像，与传统建筑的形式元素相呼应。这些街道雕塑一方面成为商业品牌宣传的广告，另一方面也成为历史性商业街区景观文化和公共艺术的一个有机组成部分。令人感慨和激动的是，这里除了注意保护具有历史价值的建筑群之外，还在适合的区段新建了多处具有现代城市美学价值和实用功能的商业建筑，它们有着独到的建筑样式及个性化语言，给人以鲜明的时代感，体现出历史性商业街区的文化多样性和兼容性（图 5.31）。

图 5.31　杭州中山中路上的茶楼建筑

城市的有形的历史主要见之于地上的建筑及其群落，但也可见于被掩埋后失而复得的地下部分。据历史资料和考古可知，在八百多年前，南宋御街所在的片区包括了当今整个中山路地段（包含中山南路、中山中路、中山北路）。然而，随着朝代的更迭，南宋御街遗址隐入现今路面两米以下的土层中，难以被今人辨识。人们在 21 世纪初期的城市道路施工中获悉了自宋代至民国各时期道路的地层及重叠关系，在考古梳理后设立了小型的南宋御街陈列馆（图 5.32、5.33）。陈列馆的地下展厅向来访者展示了历史悠久的城市道路的实物遗存，地上展厅则以文字及图像的方式，较为系统性地向人们讲述了中山路地段不同历史时期的建筑景观及其文化脉络，比如街区在近百年历史上存在的不同坊巷、建筑、集市及其业态，各行业的商号、药铺、茶庄、绸庄、书市、名人故居、官署等。这为当地市民和外来的旅游者了解南宋御

图 5.32　南宋御街陈列馆内部，杭州中山路

图 5.33　自南宋以来历代街面的逐层展现，南宋御街陈列馆，杭州中山路

街的历史变迁和文化底蕴提供了实物和文献性的图像资料。这种就地保护和公益性展现城市历史文化遗迹的"微型"景观的举措，在中国目前尚不多见。

福州三坊七巷

在 20 世纪 80 年代末以来，由于城市商业经济的快速发展、土地及房产体系的更迭、居民住宅空间与商业街巷形态的巨大变化，使得许多城市的历史性街区

的文化脉络与传统形貌的保护和利用变得十分复杂。其中，居民的日常生活需求、商业机构的经济利益与历史街区的文化价值之间的关系，成为当代城市景观与公共艺术建构者关注的重要内容。在这方面，福建省会福州市的三坊七巷历史街区的改造具有典型的意义。

坐落于福州市西城区的三坊七巷，占地约40公顷。从清代初期到民国初期的三百余年中，这里都是福州的商业及城市文化中心。所谓"三坊"，是指衣锦坊、文儒坊、光禄坊；"七巷"则是杨桥巷、安民巷、塔巷、郎官巷、黄巷、宫巷、吉庇巷。这里曾是士绅官宦、文人学士的集聚之地，也是普通百姓的栖息之所，是当地社会上层文化、平民文化的汇集之地。[1] 我们通过查阅相关资料和实地察访得知，从唐宋至今，三坊七巷总共出了举人300多名，进士150多名，重要历史人物70余位（如林则徐、沈葆桢、严复、冰心、林觉民、林徽因等众多历史文化名人），对中国历史文化产生了不小的影响。在三坊七巷，中国东南沿海地区的民居、作坊、商铺、庙堂、戏台、街巷及名人贤士故居的建筑风貌，以及扎根于当地历史与文化生态的各种民间工艺美术、民间信仰文化和节庆礼俗活动荟萃其中，集中地体现出闽都古城的民居建筑特色与美学特征。其街坊巷陌的整体结构基本上延续了唐宋以来的格局，成为中国南方现存的规模最大且完整的明清及民国的民居建筑群落。其中，面积达1000平方米以上的深宅大院约有二十余处，且形制、风貌完整，称得上当代中国稀有的古代城市里坊的"活化石"。我们走访了三坊七巷区域内现存古民居约270座中的一部分，看到其中有159处被列为保护建筑。坐落其中的沈葆桢故居、林觉民故居、严复故居、林星章故居等9处典型建筑具有代表意义。

如何对重要的城市历史文化遗产进行永续保护与合理利用，以造福当地社会和民众，是一个急需解决的现实问题。在2007年至2009年，在当地政府的主导下，人们对三坊七巷区域内的建筑群进行了抢救性修复，对贯穿其间的南后街进行了改造，其间公布了《三坊七巷历史文化街区保护规划》。依据规划，人们对区域内的一些学校及其他机构予以合理迁出和场所置换，对区域内的建筑产权予以整理和明晰，并对其中的业态及各种文化资源予以梳理和分类，以便为三坊七巷区域的整体性、长久性保护和利用奠定基础。这其中的一个基本要点和长远目的，

---

[1]　参见福州市地方志编纂委员会所编：《福州市志》（第二册）。

就是要使历史文化遗产的保护与为市民谋取社会福利取得内在的统一（图 5.34）。

　　值得注意的是，公共艺术在此间的介入，并非仅仅是创作和引入一般概念上的艺术作品，而是围绕历史街区的维护、利用、传播、阐释和美学教育进行具有创意的艺术创造，使其历史文化资本与社会公共资本得以统合。尤其是注重利用物质性的街区建筑形貌，以及视觉性和体验性的艺术设计，以达到保护和振兴历史街区的目的。其中，开设街区文化遗产博物馆即是一例。正如参与此历史街区的保护与振兴计划的专业人士所指出的："三坊七巷的核心吸引力和美学主旨是两个方面，一方面，三坊七巷的历史城市公园遗存所延续的唐宋以来的城市坊巷格局，另一方面，由八个博物馆的展示和参与等多功能的视觉审美和博物馆体验，构成三坊七巷文化历史纵深度的挖掘和核心看点。"[1] 保护与振兴计划也就是一方面注重维护三坊七巷的历史景观形貌，展现其文化内涵，另一方面用其独特的美学魅力去激发人们的审美体验，使得来访的游客们可以在游走、赏玩、体验、浏览、就餐以及购物等活动中"阅读"传统文化。其具体做法是运用坊巷中存有的历史名人故居及宅院，建立专题性的博物馆，开辟公共性的文化展示空间，如

---

[1] 《中国公共艺术与景观》总第 3 辑，上海：学林出版社，2010 年，第 131 页。

图 5.35　三坊七巷街区的福州漆艺博物馆

三坊七巷历史名人博物馆、民俗展示与演艺中心、福州漆艺博物馆（图 5.35）、福建省非物质文化博览苑、闽都民俗文化大观园、家具艺术与刻书博物馆、楹联博物馆、茶文化博物馆、福州当代艺术中心以及水榭戏台，这些博物馆和展示空间与其所在的历史性场所及建筑的主人具有某种渊源关系，而且也注重其活动的公共参与性和体验性，如计划陆续开设游客可以参与的手工艺体验项目：茶艺、陶艺、版画、手工印书、纸伞、花灯、寿山石的制作等。

从当代城市景观文化和公共艺术的视角来看，三坊七巷中的这些主题性博物馆充分利用了明清及民国时期遗留下来的民居建筑（如与此里坊有关的一些著名士人、官员及贤达人士的住宅院落），通过有偿方式（门票）对社会公众开放，一方面保护了地方历史文化遗产，使之可以部分地自我养护与支撑；另一方面服务于当代社会公众，成为展示公共文化和艺术的场所。以下对近些年来修缮后对外开放的主题性博物馆，如二梅书屋（又名福州民俗博物馆）、福州漆艺博物馆、福建省非物质文化博览苑作某些方面的观察与分析。

二梅书屋[1] 是一处保存得比较完好的明清时期的民居院落建筑，2006 年被列为第六批全国重点文物保护单位。2009 年前后随着三坊七巷街区的整修和开放，二梅书屋被更多的人所认知。二梅书屋以经典的明清福州民居建筑为依托，把当地古典民居景观与民俗文物融为一体，形成了一个独特的小型民俗文化博物馆。参观者可以身临其境地目睹其建筑的总体形貌，欣赏其间的建筑材料、结构、工艺以及独具闽地风格的建筑装饰艺术（建筑空间中别具特色的石雕、木雕、漆雕、漆画和黑白画艺术），可以在步移景换的过程中进入古人曾经居住过的流动

---

[1]　此建筑原为清代进士、官吏林星章（1797—1841）的旧居，坐南朝北，前后纵深共五进，贯通郎官巷与塔巷，占地面积 2434 平方米，始建于明代末期，是福州明清之际典型的民居建筑。因院内书斋前种有两株梅花，故其斋名为"二梅书屋"。

图 5.36 闽地传统民居屋脊装饰

性生活空间之中，体味个中的物质形式美感和精神文化意涵，感知充满律动感的封火墙、灵动曲折的粉墙黛瓦和衔接错落的厅堂院落结构（图 5.36）。游人可以在这种时空穿越中慢慢地领会当地传统民居文化的内涵与韵味，从中得到历史文化和审美的滋养。这一切都是在现场真切的古建筑群落游览中完成的，是那些非现场性、非典型性的展示方式无法实现的。

在文物展示方面，二梅书屋主要陈设有清代文化名人怡良、陈廷焕所用的一些具有文化内涵和艺术价值的家具及工艺精湛的陈设品，如十二扇金漆祝寿屏风、清代嘉庆时期用鸡翅木和黄杨木雕刻的十扇花鸟人物祝寿屏风（图 5.37）、供案、神龛、果盒、香炉，以及匾额、书法作品、卷轴画和饱含古代文学韵味的抱柱楹联。它们以物化的形式，透射出地域传统文化与艺术的精髓，仿佛在引领观众进入历史，进入到前贤的日常生活之中。

现在三坊七巷中开设的福州漆艺博物馆，利用了始建于明代而后由清代林则徐次子林聪彝（1824—1878）所购置的大型宅院建筑，将其开辟成专题性博物馆。此建筑规模庞大且富有变化，左右三座，主座前后三进，东有宽阔的园林，总占地约 3000 平方米。其中收藏和展示了明、清、民国及当代福州地区极富地方传统

图 5.37　二梅书屋展示的清代祝寿屏风，福州三坊七巷街区

特色的名家手工艺漆器精品，以及古代和近代优秀的瓷器、字画、家具陈设及其他工艺精品。它把福州市富有历史文化传奇的稀有大型古代民居建筑，与具有极高声誉的闽地传统漆器艺术合于一体，成为三坊七巷中重要的景观和公共文化艺术展示平台。

　　福州漆艺博物馆的运作方式是由政府提供建筑及展示空间，展品运营和管理方以募集和借调的方式从民间私人收藏家手中取得展品，而展览中有限的门票收入则由运营管理方与政府按比例分成。从一定的意义上说，这样实现了政府资源与社会资源的有效配置与利用。当然，这样的运营模式在三坊七巷并非福州漆艺博物馆一家，而是较为普遍。

　　在此街区主干道南后街上的福建省非物质文化博览苑，则是以本省存在的更为宽泛的非物质文化遗产为展示对象，以实物、图像和文字相结合的方式进行展示，涉及闽影、拓荣剪纸、寿山石雕、惠安石雕、漳州戏剧木偶雕刻、莆田木雕、莆仙戏、梨园戏、泉州高甲戏、厦门哥仔戏、大田板灯笼、闽西客家十番音乐、泉州拍胸舞、荔城沟边九鲤鱼灯舞、邵武傩舞、高山族拉手舞、福州伬艺、答嘴鼓、东山歌册等多种多样的当地文化艺术。这样的展示和传播，不失为一种亡羊补牢式的举措，也为街区的旅游文化项目提供了重要的内容。

　　三坊七巷置入的艺术品中，除了一些必要的视觉引导设计作品及公共家具之外，主要是反映其历史情境的写实性人物雕塑。这些雕塑作品的作用主要是形象地解释此街区所展示的某些历史性空间和传统的业态、工艺及民俗文化，并作为坊巷游览景观中相对独立的视觉艺术活化空间。这其中有体现此历史街区曾设有典当行店铺的雕塑《当铺》；有显现当地传统民间饮食文化的《夯米糕》；有表现当地自古以来在正月元宵节"沿门悬挂，通宵游赏"花灯的习俗，以及南后街上曾设有多家制作和销售花灯的商铺等历史信息的《花灯》；有表现自明清以来福

州和此坊巷中为文
人学士以及官府刊
印书籍的刻书坊的
雕刻《刻书》；有表
现南后街上具有上
百年历史的字画装
裱行业的雕塑《裱
褙》（图 5.38）。它
们在景区中扮演着
再现和解释某些特
定的历史情境的角
色，丰富了公共空

图 5.38 《裱褙》，街道雕塑，福州三坊七巷街区

间的形式与文化内涵，并具有一定的教育意义和审美价值。但是，类似的写实性
及主题性雕塑作品创作，在近二十年来一些大城市的历史街区及商业步行街中，
已经形成了一种模式化的表现样式，不能不引人深思。

我们在探查中了解到，当地政府及专门机构修复和振兴三坊七巷街区的基本
理念是：保护为主，抢救第一，合理利用，传承发展以及加强管理。街区文物的
保护、修复和开放利用的指导性原则是"政府主导，市民参与，实体运作，渐进
改善"，并采取所谓镶牙式、渐进式、小规模、微循环、不间断的修复和运作方
式。三坊七巷历史街区及这些博物馆的开发、经营和管理，采用的是政府主导与
控制下的市场运作机制，即在政府组建的管理委员会的领导下，设置股份有限
公司，采取国有资产授权经营的方式，以期街区规范性和长久性地发展。在此
过程中，为了防止随意性和无序性的行为造成的损害，街区管理委员会在相关
部门的配合下，先后制定了相关的规章制度：《福建市三坊七巷古建筑修复导则》
《福建市三坊七巷历史文化街区古建筑搬迁修复保护办法》《三坊七巷文物保护
管理细则》《工程造价审核制度》《三坊七巷历史街区保护修复项目拆迁补偿安
置实施规划》等配套性文本。为了此街区的商业品牌及相关知识产权得到法律
的保护，街区管委会还组织了三坊七巷特定商标的注册，以利于街区经济活动
健康有序地开展。

我们注意到，这样的历史街区的保护、修复和利用，所要顾及的利益主体

是多方面的，其中既有政府和参与开发建设的投资者，也有街区原住民和当地及外来经商、务工人员。为了此街区古建筑及环境的修复、开放与利用，政府需要对居住其中的一半人口加以疏散，并合理合法地满足他们的利益诉求。因此，政府一方面需要事先进行广泛的民意调查，为愿意留下来的原住民制定切实有效的相关政策，对需要外迁与疏散的居民进行合理的经济补偿和妥善的安置，以体现"以人为本"的根本原则；另一方面要依据国家文物局相关的指导思想，保护和传承街区特有的文化，延续其历史文脉，对街区的文物及景物进行有效的保护、修复与利用。三坊七巷在这方面的经验及得失，将会在其实际运行中逐渐显现出来。

在三坊七巷历史文化街区的保护与振兴过程中，也可以发现一些需要我们认真思考的问题。其一，通过大规模的建筑修缮、居民外迁和政府统一管理之后，街区是否还具有其原先所具有的自然而丰富的里坊生活景象和意味；其二，是否能够较好地保留街区不同居民群体的生活习俗和具有原生态意味的人文内涵；其三，是否能够兼顾商业性、展示性活动的需求与原住民的生活方式及其利益诉求。事实上，解决好这些问题，才能真正促进街区持续发展。应该说，如何利用好历史文化及商业街区，营造具有良好环境且可持续运作的公共空间，使之成为集市民游乐消费、历史文化教育和审美文化普及于一体的城市"魅力区域"，正是政府、社会及专业人士需要共同关注的重要问题。

上海多伦路

上海作为中国近现代新型城市的典型，拥有大批集商业建筑、住宅及市民娱乐消费场所为一体的老街区。在 20 世纪 90 年代晚期新一轮的都市化再开发过程中，大量老街区遭遇城市规划、商业和服务业发展及房地产开发风潮的冲击而趋于瓦解，但也有一些老街区在环境和业态的重整下得以保留，并成为新的城市观光、历史浏览、艺术展陈及文化产业落户的知名街区。如坐落在上海虹口区、作为四川北路分支马路的多伦路，即是上海开埠后最早建成的几条老街区之一，也是 20 世纪 90 年代被辟为上海市文化观光街且街头雕塑艺术介入较早的街区。

多伦路小街长约 560 米，在 20 世纪初，这里是众多近现代文学名家和左翼文人的聚居地及频繁活动区，如鲁迅、瞿秋白、茅盾、丁玲、郭沫若、叶圣陶、夏衍、巴金等三十多位知名作家和学者都曾在此地居住或活动。茅盾的第一篇小说《幻灭》、巴金的《灭亡》、丁玲的《梦珂》以及叶圣陶主编的《小说月报》都是诞生于这个街区。因此，在街区振兴规划中，上海市规划管理局、虹口区政府、上海市雕塑委员会办公室以及文化界人士便着力以文化造街，显示其历史内涵，在这条曲尺形的街道上设立了与之相关的历史文化名人雕塑系列，并在街道的入口处设立了民国建筑风格的牌坊式门楼，上面书有"海上故里·多伦路文化名人街"的字样。

当人们徜徉其间时，不时可见到分布在历史建筑及街道旁的人物雕像，如正在凝望的鲁迅、窗前沉思的瞿秋白、正欲出行的冯雪峰、执卷伫立的叶圣陶、座椅上似在倾听的丁玲、正在恭候客人光临的内山完造（书店主人，鲁迅的日本友人，图5.39）等过往的历史人物，使人对此街区的历史情境产生遐想。多伦路的商业主要由一些销售古玩、玉石、字画、工艺品、装饰品的小商铺所构成，沿途夹杂着一些居民宅院（包括名人故居及左翼作家联盟成立大会会址纪念馆等）、餐饮店、咖啡馆、书店、画廊、音像娱乐厅以及小型教堂、党政历史纪念馆。街区建筑丰富多样，有欧式古典建筑、折中式风格建筑（如街内的215、208号），具有伊斯兰建筑风格及阿拉伯雕刻装饰的建筑（如250号孔公馆），以及当地石库门样式的民居和中西合璧的商住两用型街面老建筑。它们的历史和艺术内涵通过介绍性的看板明示出来，以方便游人观赏。整个街区作为一个缩影，呈现着20

图5.39　上海多伦路街区雕塑

图 5.40　上海多伦路历史人物雕塑

世纪初期以来此街区及老上海的故事。街区景观和街头的雕塑仿佛带着游人回到那些表现老上海的电影画面之中，重温老上海的风情和人文景观（图 5.40）。许多涉及历史情景的影视作品不时在此地拍摄，引来不少青年游客和街区居民围观和议论。

由于多伦路并非大型的综合性商业及娱乐消费街区，而以个体小本经营的店铺为主，加之经营环境和业态的整体结构也难以吸引足够的人气，使得街区的生意不够理想。但我们在观察中看到，这些店家大都持有文人式的乐天及自娱的态度，怡然自得地等待着情趣相投者的到来。

尽管多伦路文化名人街入口处新建的牌坊建筑和街区雕塑的设置形式及效果有待探讨，但其文化造街的举动，一方面为市民的就业提供了更多的机会，为人们的文化消费和休闲娱乐增添了开放性空间，另一方面也提升了街区的人文内涵和历史意蕴。如坐落其间的上海多伦现代美术馆，是国内较早设立的当代美术馆。其建筑面积约为 4800 平方米，持续举行了多种视觉艺术展览，定期邀请国内外富有知名度的艺术理论家、学者、策展人及美术馆管理人士举办专题演讲和研讨会，吸引了许多关心当代艺术的观众前来观展和参与艺术研讨活动。这也给多伦路文化名人街引入了新的时代内涵，体现出街区开放和带有前瞻性的艺术姿态。

北京南锣鼓巷

进入 21 世纪之后，随着北京城市规模的进一步扩大，产业的转型，市民住宅、街区环境和公共交通的建设与整改，大量富有历史及建筑文化价值的老旧民居街巷面临保留、改建或重新利用的问题。在这方面，北京东城区的南锣鼓巷历史街区的改建是一个较为典型的案例。

南锣鼓巷北起鼓楼东大街，南至地安门东大街，全长约 4 公里，宽约 8 米。其历史可追溯到元大都时期，是北京乃是全国唯一完整保存着元代胡同院落肌理的棋盘式传统民居区。南锣鼓巷民居片区完整地保存着元大都里坊的历史形貌，在空间规模、建筑格局和样式等方面均具有显著的地方特色，是北京市现存最古老的成片街区之一。因而，此街区在 2004 年被政府机构确定为重点保护的 25 片旧城区之一，纳入《北京市城市总体规划（2004—2020）》的保护与整修项目之中。

从历史沿革来看，南锣鼓巷最早是元大都"左祖右社，面朝后市"中的"后市"的组成部分，呈现出北京传统里坊的典型格局。在元代，南锣鼓巷属昭回坊；在明代，以此为分界线，东侧片区属昭回坊，西侧片区属靖恭坊；清代乾隆年间属于镶黄旗，光绪末年至宣统年间属内左三区；民国时期属于内五区。街区以南锣鼓巷为轴线，自南向北的两侧各分布着对称的 8 条胡同，街巷的主次结构犹如"鱼骨状"，在当地民间被称为"蜈蚣巷"。在棋盘格式的民居街巷中，保留了诸多历史建筑和庭院，如僧格林沁王府、荣禄宅邸、末代皇后婉容的娘家承恩公府、蒋介石行辕以及齐白石旧居和茅盾故居等。其中有国家级和北京市级文物保护单位十余处，历史文化遗存十分丰富。通过 2008 年前后的集中整治以及部分临街居民宅院的置换与调配处理，南锣鼓巷已成为古都北京著名的休闲旅游和文化创意产业街区之一（图 5.41）。

南锣鼓巷的整修与治理，主要集中在其主巷的街道及两侧的建筑立面上，在维持其原建筑形貌和街巷格局不变的前提下，对基础设施进行了修缮，对景观环境进行了整治和美化，并引入了许多具有不同地方特色的传统工艺品商铺和具有文化创意的

图 5.41　北京南锣鼓巷民居建筑景观

时尚商铺。与福州三坊七巷的改造及利用模式不同，南锣鼓巷不是以开放的民居院落和系列的地方工艺文化博物馆的形式来面对公众，而是主要为人们提供富有地方特色、历史意味或娱乐性和时尚性的文化产品和餐饮服务，与北京明清时期的里坊建筑景观相结合，试图建构成集休闲、娱乐、观赏、购物及创意文化体验于一体的都市历史文化观光与体验的品牌化街区。

　　从审美文化的视角来看，南锣鼓巷街区的文化性、娱乐性和商业性，是对于现代都市高层钢筋水泥丛林体验的一种补充，人们（尤其是青年人）在浏览和体验北京历史街巷及传统民居的过程中，可以在视觉和心理上感受到其中的美学意味与历史文化气息。其间留存的街巷格局、民居庭院结构、建筑风格、门楼及影壁的造型与装饰以及隐藏其间的历史沧桑和相关名人典故，均可作为公众审美的对象，成为人们艺术与人文欣赏的珍贵资源。街巷及庭院中居民的日常生活方式与情状，更是前来寻访者文化审美的鲜活景象。在街巷整修过程中，为保存和传播传统民居艺术，街区人行道旁集中展示着许多当地遗散的民居门户前的门墩石刻与抱鼓石雕刻作品，以及传统民居庭院中的石磨等历史与民俗物件（图5.42）。它们作为传统民居建筑装饰的重要构件，承载着历史与民俗文化的意蕴。在立足

图 5.42　抱鼓石，民居建筑装饰石雕构件，北京南锣鼓巷

于乡村及家族文化基础之上的古城传统艺术及信仰文化日趋消失的今天，这些建筑石雕艺术物件为游客们提供了一抹传统艺术和民俗文化的余晖，也强化了其场所感。

从艺术文化与日常生活及公共空间的关系来看，南锣鼓巷的娱乐和商业化运造就了兼容和开放的文化空间，吸引着人们前来观赏和消费。整修后重新开放的南锣鼓巷商业类型及形态丰富多样。我们实地调查后得知：落户其主街道两侧的各类商业店铺有 195 家（街区支干小巷中的零散店铺未计入）。其中传统手工艺商品店 50 家，小吃零食店 41 家，服饰及面料店 32 家，咖啡吧及酒吧、茶吧 26 家，时尚小商品店（玩具、文具、日用品、小摆件及饰品）23 家，影像创意店及书店 10 家，特色餐饮店 10 家，烟酒店 3 家。总体而言，经营传统及地方性手工艺特色商品的店铺约占商店总量的 25%，主要面向 21—28 岁（这正是街区游客最集中的年龄段）青年人的小吃零食店约占 21%，主要满足中青年女性需求的时装和特色面料店约占 16%，主要满足中外游客中高档休闲消费需要的咖啡吧约占 13%，主要面向青少年及学生的时尚小商品店约占 11%，影像店与书店约占5%。[1] 从中可见，作为历史及民间艺术和物质文化遗产的各种传统手工艺品通过商业的方式走进当代大众的日常生活（街区商店中呈现了传统金银雕刻及铸造饰品、传统陶瓷器皿、玉石篆刻工艺品、纤维编织与刺绣工艺品、西藏首饰、宗教艺术饰品以及印度手工艺品和手工服饰艺术、手工火柴等），有助于公众加深对于传统文化艺术的认识。

众多的咖啡吧、酒吧、茶吧，为中外游客和青年市民提供了自由交流、会客和了解他人生活及思想的公共空间。众多的时尚服饰和生活、学习用的小商品，为众人带来了新的生活意趣，也激发着人们的消费与创造欲望。几乎贯穿街巷始末的小吃零食及特色餐饮，为人们提供了各种美食。一些制作和销售影像及图像艺术品的商店，则向游人传递着各种文化与艺术信息。融古都民居及里坊建筑景观和传统（且又时尚的）手工艺文化、饮食文化为一体的街区，实现了艺术与生活、传统与时尚、观赏与消费的有机融合，富有生气和魅力（图5.43）。

不过，南锣鼓巷景观的建设也存在一些问题：其一，开放、喧嚣的商业主干

---

[1] 笔者于 2012 年 4 月上旬，两次察访北京南锣鼓巷商业旅游街区及其业态情况。

图 5.43　北京南锣鼓巷游乐与商业景象

街区与两旁巷中居民生活区之间的衔接与过渡，尚没有得到很好的处理。街区整体的商业、旅游活动与周边居民的日常生活并没有得到很好的协调，双方在空间的使用、街区利益的分享方面存在矛盾，使得周边街巷中的一些居民甚至明确拒绝前来参观探访的游客。其二，街区缺乏更为合理的交通规划，公共设施也有所欠缺。在节假日的游客高峰期，街巷往往很拥堵（商家用车与居民私家用车以及垃圾搬运车和大量人流交织，堵塞道路），影响到街区景观与公众生活的品质。其三，在街区现有的商业运营活动中，真正与文化艺术创意产业有关并具有自身特色及市场效益的品牌和文化机构所占比重不大，尚未形成气候。其四，街区许多有价值的民居院落及著名宅邸，尚没有得到政府或社会的支持，未得到整修和开放，一些街区的人文历史与审美文化资源尚没有得到有效的利用。

　　显然，南锣鼓巷街区的维护、振兴和开放主要是依托商业与时尚消费活动的引入，而在其经营内容、运营模式和审美文化的自我建构方面，尚欠缺新的创造和细致的规划。尽管如此，它的整修和开放，依然为众多普通市民和外地游客在高强度、快节奏和趋于同质化的都市生活中，提供了一片富有文化特色和美学情趣的当代城市公共空间，人们可在轻松自由的空间氛围中进行"观赏和被观赏"以及"感受和被感受"的体验。事实上，我们不能期望现代都市中的那些传统艺术形式及其文化内涵永远停留在过去的历史时空之中，它们必然要融入现代社会人们的生活及行为方式之中，才能体现其自身的当代价值，得到保存和延续。正如法国思想家列斐伏尔所言：

> 社会空间本身是过去行为的产物，它就允许有新的行为产生。……只有当社会关系在空间中得以表达，这些关系才能够存在：它们把自身投射到空间中，在空间中固化，在此过程中也就产生了空间本身。因此，社会空间既是行为的领域，也是行为的基础。[1]

南锣鼓巷街区的空间与景观形态的变化是社会历史使然。而随着城市形态的演变和人们新的行为方式的产生，历史遗留的空间形式与审美文化内涵也必将发生相应的变化。这种变化不取决于个别人的意志与愿望。

长沙市太平老街

20世纪90年代以来，文化界、政府和市民阶层逐渐认识到保护城市历史街区和开辟具有现代商业、休闲、服务及观光功能的公共空间的重要性，认识到当代城市步行街的开辟可以维护和振兴历史街区、繁荣商业经济以及扩建城市公共空间，于是，全国的一些重点城市（首都、直辖市和省会城市及经济、文化、教育较发达的中型城市）相继开辟了一批步行街。它们往往坐落在老城区中心地段的老商业街（或少量新开发区的商业、娱乐中心区），具有一定的历史文化内涵和地方特色，成为本地和外来游客购物、游乐和文化消费的招牌性街区。湖南省长沙市的太平老街即是其中较为典型的一例。

长沙市太平街坐落于长沙市老城区的南部，北到五一大道，南至解放西路。街区以太平街为主轴线，街巷呈鱼骨状排列，延续了清代以来的结构形式。太平街被今人称为"太平老街"，全长375米，宽约7米，可算是古老长沙的一个缩影。从历史上看，长沙早在战国时期便有城池，太平街即处于古城的核心地带；现今的太平街区内，随处可见长沙的历史遗韵及市井风情。街道两旁的传统建筑采用木结构、坡屋顶、封火墙、小青瓦、白瓦脊、木门窗、花格栅，透出一方街巷民居和市井店铺的地域文化特色；街区的老式公馆、会所、粮仓大院则保留了

---

[1] 包亚明主编：《现代性与空间的生产》，第97页。

图 5.44　长沙太平老街街景局部

天井四合院和青砖墙、回楼护栏等传统建筑的风格样式和装饰意趣（图 5.44）。

犹如中国当代众多城市老区的景观建设一样，太平老街并非从其内在的历史文化和视觉美学的挖掘与延续入手，而是先从建筑立面及环境的"洗脸、化妆"开始。因为老街区的环境处于"脏、乱、差"的状态，市政规划及管理部门便选择了从外围最为基础的方面入手。从 2010 年 9 月至 2011 年 2 月，市政府及老街所在城区的建设和管理机构启动了太平街区的建筑环境及商业广告的综合整顿工作，并颁布了相关的管理法则，即《长沙市太平老街历史文化街区建筑外立面装饰管理办法》。[1] 此管理办法依据《中华人民共和国文物保护法》《历史文化名城名镇名村保护条例》《长沙市历史文化名城保护条例》以及《太平街历史文化街区保护规划》等法律法规并结合长沙市及太平街区的具体情形而制定，主要对太平老街历史文化街区的建筑外立面的装饰形态进行规划和管理，由长沙市城乡规划局负责此项工作的执行与监督，长沙市住房和城乡建设委员会、文物局、城市管理行政执法局、工商局、公安消防支队等部门依据各自的职责范围，协同做好太平老街历史文化街区建筑外立面装饰的管理工作。其管控的对象包括建筑外立面和围护性结构的诸多结构物及其视觉元素：如沿街建筑的外墙抹灰（贴面）及其色彩；窗扇、窗饰及其色彩；阳台、栏杆、斗拱及花饰；建筑的主要出入口（墙门、堂门、厅门等）及台阶踏步；外围墙体形态、屋顶建筑物、墙体雕塑、镂花及勒角线条；屋顶屋盖的高度、坡度、坡型、屋脊、檐口、檐沟、盖瓦以及空调机位等。

为防止店家擅自乱改建筑外观及其视觉元素，管理办法规定：经批准的建筑

---

[1]　2010 年 9 月 29 日，湖南省长沙市人民政府办公厅颁布了《长沙市太平老街历史文化街区建筑外立面装饰管理办法》（长政办发〔2010〕19 号）。

外立面装饰方案不得擅自改变其结构、造型、色彩、文字、设置的方式和位置。尤其对太平老街历史文化街区的商业广告招牌的视觉美学提出了要求，如其比例、造型、规格、色彩、材质等应该与历史街区内的建（构）筑物、景观相协调，做到尺度适中、比例协调、位置恰当，兼顾白天和夜间的视觉美学效果。街区户外招牌的设置，原则上实行"一店一牌"（广告牌）。店家的建筑外观装饰工程的设计方案在施工之前，需经过当地城乡规划局的审批。同时，要求及时维修、清洗、擦拭建筑外立面和招牌，保证其干净整洁，无污浊、无锈蚀、无破损。尤其强调了在原则上不得改变已经公布的文物保护单位、历史保护建筑及不可移动文物的建筑的风貌及外立面形态，如确需对其外立面进行装饰加工，需经过市城乡规划局和文物主管部门的审核、批准。管理办法还对违规行为制定了一系列处罚条则。这为历史街区公共环境品质的改善提供了制度上的保障，尽管尚不足以从根本上解决街区的整体景观文化与美学品质问题。

经 2010 年前后的整治与修缮，太平老街呈现出现今的商业步行街形貌。老街上聚集了不同的商业及消费服务店铺和公司，既有传统的也有现代的，既有源自本地的也有外来的。其中有当地特色餐饮及食品店，如安化黑茶馆、豆腐馆、面粉馆、辣味馆、炒货行、香脆椒和麻辣肉店铺；有工艺品及服饰香水店，如湘绣丝绸店、手工布鞋店、木石玉雕刻工艺店、陶艺店、布艺店、古玩及家具店、名家字画店、珠宝店、刀剑坊、香水店；另有供青年人娱乐聚会的一些网吧、酒吧、咖啡吧、桌球厅、音乐厅，以及化妆品店、文身店、理发店、客栈、旅馆、药店；有时尚的广告设计、环境设计及服装设计等小公司；也有老字号的江西会馆、常德会馆、太平粮仓（图 5.45）、湖南特产商行等承载了街区历史的建筑。加上街区向两旁延伸的小巷及民居院落，一起构成了太平老街的历史文化形貌和地域性景观。

图 5.45　太平粮仓遗址，长沙太平老街

图 5.46　长沙太平老街古戏台

　　令游人惊讶和感动的是街区保留和修缮了旧时的戏台和供人们看戏的街角小广场。戏台口对联的上下联为"东馆接朱陵好与长沙回舞袖，南山笼紫盖共听仙乐奏云傲"，横批"四海升平"，透出楚地传统文化的精神风韵与浪漫气质，为如今街区高度物质化与快节奏的日常现实生活平添了些许闲适与典雅的气息（图5.46）。当地政府、商业机构也利用此空间开展戏曲和音乐展演活动，或作为影视作品拍摄的外景场地，不仅维护了街区的历史与人文遗产，而且丰富了当地的社会文化生活，促进了街区商业及旅游业的发展。值得一提的是，在春节时分，我们在太平老街上看到了沿街店家自行堆塑在其门口的雪狮子，淡定而又富有生气，尽管是随性创作的，且只会短期存在，但从中可看到来自民间的艺术创造力（图5.47）。老街

图 5.47　店铺前的雪狮子，长沙太平老街

一端的门垛对联上还书有"太傅引高雅，平民怀大和"的文字，意在表达对经典及高雅审美文化的尊崇和普通民众对平安富庶生活的期盼。客观上，中国城市环境的改造和审美文化的发展的确需要从创造提高和普及教育这两个大的层面上一起努力。

具有意味的是在老街的一端入口处附近，长沙市天心区太平历史文化街区管理委员会把《长沙市政府办公厅关于印发〈长沙市太平老街历史文化街区建筑外立面装修管理办法〉的通知》和《太平历史文化街区立面装修及招牌广告综合治理工作方案》的文本条例印制成布告置于临街的橱窗中，供市民阅读。它兼具公共提示和教育的功能，也从一个侧面反映了中国大中型城市在发展商业经济、安置外来乡镇人口、改善城市生活环境的过程中所面临的社会公共意识培育及市民素质教育等现实问题。整修后的太平老街尽管在维护、规划、设计和管理方面还存在着许多有待解决的问题，但就提示市民尊重城市历史文化、为街区公共环境的治理制定切实可行的具体细则而言，确实值得关注。

郑州市德化步行街

郑州市作为中原地区具有悠久历史的传统农商文化大省的省会，在20世纪末期掀起了当代商贸经济的大潮，欲在城市经济和景观环境建设上走出新的发展之路。而坐落于郑州市商业、旅游和文化娱乐中心区域的德化商业步行街，则是其当代街道景观和公共活动的典型空间之一。

此街区在历史上是闻名遐迩的商业街，在被改造的过程中，其景观元素和地方文化脉络必然会进入政府和街景设计者的视界。从方志及地方老人的回忆中可知，在清代和民国时期，德化街的商铺及公共事务机构众多，其中较为著名者有同仁堂药铺、德茂祥酱菜园、鸿兴源第一分号、俊泰钱庄、魁祥花铺、京都老蔡记馄饨馆、天一泉浴池、博济医院、五洲派报社等。德化街虽不算宏大和气派（南起大同路，北至二七广场，长400米，宽10余米），但因其商业繁荣，成为郑州市中心区人气最旺的街区之一。在20世纪80—90年代，德化街被誉为郑州的"（上海）南京路"，街区建有亚细亚商场、三得利商场、德化街百货大楼、妇幼用品大楼、德化街浴池、刘胡兰副食品大楼，以及丹尼斯、金博大等在本市乃至国内颇有名气的商场。至新世纪初，市政府为了促进城市经济的发展，整治商业环境，构建集商业、娱乐、休闲、美食、文化、旅游为

图 5.48　郑州德化街建街百年纪念碑

一体并具有景观审美效应的步行街，于 2000 年 8 月明示了《关于同意将德化街建成商业步行街的批复》，随后经部分拆迁、改造、新建和招商，2002 年 12 月 28 日正式举行开街仪式。这条蕴含浓厚历史韵味的百年名街的经营者和管理方秉承"以人为本"的理念，希望在经济和社会效益两个方面获得丰收。

诚然，历经了 20 世纪的风雨沧桑、战争和社会政治运动的涤荡，人们走进如今的德化街，已经看不到百年老街的景观踪迹及历史遗存，而只能凭借着某些符号和视觉艺术的提示，予以有限的想象和解读。其间显要的视觉符号及景观元素，有在街区银楼商厦前竖立的德化街建街百年纪念碑（图 5.48）、中段下沉式小广场上反映德化街历史文化风貌的浮雕作品《百年德化》，以及一些表现传统市井商业生活及地方文化色彩的人物雕塑。人们可从 2005 年 12 月设立的德化街建街百年纪念碑的碑刻文字中领悟其当代要义：

> 1916 年举人刘邦骥与众商合议，取《韩非子》中德化一词更今名（初名为仁惠街），意在以德立商，感化世人，盖德者，商之魂也，无德而商不立。……今岁适逢建街百年，我等当珍视前人命名之所寄，以德为基，义中取利。

石碑虽是新建，但有着朴拙的形式和带沧桑感的肌理。这也从一个侧面反映出人们对于当今中原的商业道德与当地传统文化精神的关系的思考，富有历史和现实的双重意义。

步入街区的人们会陆续遇见树立其中的写实性、纪念性雕塑，共有五组。其中有《花木兰》，位于步行街的西入口处，以闻名全国的河南豫剧表演艺术家常

图 5.49 《花木兰》，街道雕塑，郑州德化街　　　　　图 5.50 《小吃》，街道雕塑，郑州德化街

香玉的剧照形象为依据，既显现了具有典型意味的豫剧文化，又表现了中国古代女中英杰花木兰的形象。据当地人说，此雕塑陈列的地点即是当年常香玉为抗美援朝捐献飞机而进行全国义演的首演地（图 5.49）。位于步行街北入口处的《修钟匠》雕塑，寓意德化街形成规模之时，其钟表眼镜行业的经营最为著名，这种情形一直延续到新步行街改造之前。作品通过对专心修理钟表的修钟匠的形象刻画，令人追忆起往昔钟表匠携带行头走街串巷劳作的情形。郑州老字号的招牌小吃很多，如葛记焖饼、蔡记蒸饺、合记烩面，而往昔的德化街不仅是一条商业街，同时也以招牌小吃闻名于当地，设立于步行街文化广场的《小吃》这组雕塑试图表现郑州传统的小吃文化，使今人得以体味德化街曾经有过的淳朴与温馨的气息，为现代商业街保留一点往日市井生活的有趣细节（图 5.50）。

　　位于步行街西入口处的《古币》，寓意对步行街商业经济效益的期盼，同时，其外形与古代青铜鼎局部相关（著名的司母戊大方鼎即出土于河南省），体现了古代殷商文化与当代文化的某种联系。立在步行街南入口处的《盘龙吟天》，寓意百年德化老街是中原商业精英藏龙卧虎之地。这组雕塑坐北朝南，四只虎卧于柱底，托起一条盘旋而上的巨龙，龙嘴向上，口衔唢呐，朝天长吟，其气势寓意德化步行商业街将兴盛腾达。这些雕塑与地方民间的俗文化有着天然的联系。总之，这些雕塑的形式和意蕴均与商业老街及其地方文化具有内在的关联，并烘托着历史性商业街区的景观文化氛围。它们与街区的其他景观及公共设施构成了适于市民游客娱乐消费和驻足观赏的公共空间，装点着热闹的商业环境。然而，由于这个街区所有的建筑立面和过渡性街道空间中充斥着过量的商品广告，大量饱和性的色彩杂陈其间，建筑形态和材料之间的搭配也不协调，公共设施的形式表现和工艺处理有待加强，使得郑州市德化商业步行街的景观美学品质和历史文化意味大打折扣。而街区的景观雕塑虽然结合了地区文化及某些传统生活元素，并可与人们"对话"，但其艺术表现形式及空间处理方式基本上重复了先于其存在的其他大都市的景观雕塑作品，缺乏创意。而这也是中国所谓的"二线城市"的步行街景观艺术中普遍存在的现象。

图 5.51　郑州二七广场附近的过街天桥

与德化街区相连的二七广场周边的景观和公共设施也属于其整改的一部分。二七广场于2004 年初竣工，以二七塔为景观中心。为使游人拥有一个观赏二七塔（郑州重要地标及纪念性建筑之一）的新的视角，方便市民通往德化街区，此地建构了一座轴线与二七塔平行的过街人行天桥（图 5.51）。天桥桥廊由钢结构组成，全长约 578 米，设有 6 部自动扶梯，为市民观光、购物提供了安全舒适的公共空间。天桥作为广场景观的重要组成部分，在造型结构、材料选择、设施配置和工艺设计方面，较为注重功能、质量与视觉观赏的有机结合，在国内大型的过街天桥中具有代表性。在桥廊上可以俯瞰二七塔以南广场上的中心喷泉、灯饰，其旱地喷泉构成了一幅 1923 年以郑州为中心，包括京汉铁路和沿线主要城市在内的区域地图，勾勒出历史原貌，引发人们抚今追昔。在广场景观的整改中，以往长期欠缺规划和景观美学指导的凌乱无序的建筑被拆除（约 3600 平方米），同时清除了街区各类垃圾 4.6 万立方米，并对街区商业广告、门匾等进行了全面的整治，安置照明灯具 3000 多套，设置广场绿化面积 4500 多平方米，改善了广场的公共环境和交通，也激活了周边地区的商业活力，并在一定程度上为街区增添了艺术和文化氛围。

重庆磁器口

在城市化改造的过程中，重庆磁器口片区由于所在区位和功能的特殊性，保留了较多的原有形态和片区特色，并没有过分地大拆大建或人为粉饰。磁器口以其自然的水陆交通、城乡商贸和市井娱乐的历史情形作为现今街区景观的底色，为人们体验重庆乃至巴蜀地区的集市文化和游乐生活提供了场所。在21世纪初，重庆磁器口作为旅游、商业与休闲文化片区，在地方政府和相关社群的支持和参与下，得到有限的修缮和整理，重新面向当代社会大众开放。

磁器口的历史可追溯到宋真宗咸平年间（998—1003）。据地方历史记载，磁器口古镇原名龙隐镇，位于重庆城西约14公里，现属于沙坪坝区。自明清以来，磁器口古镇便名扬巴蜀地区，是川东重要的古镇。昔日这里是一个热闹非凡的水陆码头，是嘉陵江下游物资集散地。磁器口有着浓郁纯朴的地域古镇风貌，是重庆江州古城的一个缩影（图 5.52）。

磁器口于1998年被国务院确定为传统文化历史街区，2001年被列为重庆市重点保护的历史文化名城保护街区。特别是2005年以来，在街区环境的整治中，

图 5.52　重庆磁器口老街景观

公共基础设施渐趋完善，商业摊点的经营和广告的发布渐趋规范。此片区除了是旅游商业街之外，也着力维护和构建了其他一些相关景点，如古刹宝轮寺、钟家院民俗风情馆、宝善宫教育博物馆、巴渝民居馆、凤凰廊、文化百业巷、民俗文化村，成为人们体验重庆魅力的主要景点之一。

在实地察访与体验中，使人感触较深的是磁器口传统商业街区所富有的多样的历史文化信息和世俗生活景象。尽管它与历史情形已相去甚远，但涉足这"渝水要津、巴县首场"的古旧瓷镇之地，其环境景观仍旧令人遥想起过往的景象：

> 概华村而至井口，揽歌乐而携河滨。水陆交汇，通达万方。竹掩双涧，桥连三冈。聚千般业，兴百日场。……昼里千人拱手，夜来万火流光。数不清银号米市，豆铺绸庄。陶搪竹木，赌馆栈房。五花八门，成派结帮。莫测镇中之生意，几同海上之洋场。[1]

磁器口片区集商铺、住宅和码头为一体。其中存有许多富有川东特色的民居建筑，多为竹木结构，大都采用穿斗夹壁或穿半木板墙的构筑方式，显出自然的材质和肌理，以及富有地方特色的手工制造技艺。沿街商铺建筑多为长进深户型，较大的铺面后一般连接着四合院，游人可领略到往日商贾大户的居所环境和生活方式。其中一些大宅户建筑留有装饰精美的窗花户棂，雕梁画栋。磁器口如今依然具有魅力，主要在于它一直是市民大众乐于介入的生活之地和人气之地。

在磁器口主要商业街的两侧，集中了众多富有地方特色的食品商铺及工坊，许多产品都是现场制作，现场销售。沿途的商号、店铺令人目不暇接，如张飞牛肉、功夫酥、手工糍粑、陈麻花、原磨豆浆、怪味胡豆、担担面庄、手工酸辣粉、手工玫瑰糖、糖果屋、绸缎庄、杂货铺以及各色川菜小吃店（图5.53）。也有一些手工艺作坊和大众文化消费场所，如水晶工艺坊、银饰工坊、文昌画坊、张绣娘绣庄、三峡寿石篆刻、古玩店、川剧坐唱中心。另有供青年游客娱乐和交流的地方，如沿街开设的网吧、水吧、书吧、咖啡吧、电影茶馆、古茶旅行驿站等。这些具有生活意趣和地方气息的场所，与此区域的历史景观遗存相结合，形成了磁

---

[1]　磁器口碑文，《磁器口赋》，朱墨，2000年立。

器口的独特风貌。

磁器口东临嘉陵江，南接沙坪坝，西界童家桥，北靠石井坡，保留了当地民俗生活风貌以及安宁自足的生产和商贸方式，这些也恰是此片区富有吸引力的根本原因。相比那些在城镇街区改造中对其原有自然因素和文化生态予以

图 5.53　重庆磁器口老街的传统小吃店铺

全新改造或过度修饰的做法，应该说还是磁器口的做法较为可取。

不过，其间的纪念性雕塑及视觉作品的介入也存在某些问题。靠近商业街一端的鑫记杂货铺旁的一处人物雕像，表现的是知名小说《红岩》中的中共川东地下党人华子良，另设有一位昔日民间皮匠及一位磁器口更夫的雕塑，前者着重提示此地在特定时代曾有的历史和政治意义，后者则在于对商业街区的历史情境略加写照。除了这几个具有社会教化内涵的雕像之外，磁器口景区几乎没有设立表现其悠久的地方历史文化和丰富的人文内涵的公共艺术作品。然而，在实地考察中我们也可看到，随着改革开放以来人们的思想和文化观念的变化，人们对历史性空间的认知与解读方式也发生了一些变化。如在临近磁器口金碧街社区的街道拐弯处，近年重新树起了一块水泥石碑，碑上刻有端庄的楷书"小重庆"字样，并在近旁立了一块石碑作注解："民国时期，磁器口极其繁华，誉为'小重庆'。国民政府主席林森先生临其境，见万舟竞发，匆匆商贾，感慨万千，欣然题字。"[1] 许多外来游人往往到此驻足凝望或拍摄留影，寻思其文化和历史意味。客观上，此碑文的重立，从一个侧面显现出当代景观文化的时代特性和人们渐趋包容的社会态度。

---

[1]　碑文内容为 2009 年 8 月在重庆磁器口商业街现场所记录。

重庆黄桷坪街区

城市街道的建筑及其公共家具的视觉形态，是构成城市景观的基本要素之一。然而随着时光的流逝和社会的变化，人们对于城市及其不同区域的建筑景观的认识和需求也会发生变化。例如由于城市的功能及文化定位发生变化，需要对其进行改造时，往往需要艺术的介入，同时也会引起公共舆论的关注乃至争议，从而对当代城市景观美学和公共文化的发展产生影响。

在重庆市黄桷坪，以著名的四川美术学院老校区为中心的区域周边，在原有的布局中存在着 20 世纪 30 年代初期以来累积形成的传统产业的厂房、仓库、发电厂、烟囱、江岸码头等工业景观，也存在着 20 世纪 50 年代前后至 80 年代初期兴建的大量民居及各类商铺、饭店。与重庆渝中区的商业及行政中心区域以及江北岸新开发区域的景观形貌相比，此地难免显得老旧、驳杂乃至简陋、破败。随着时代的变迁和现代城市化发展进程的加快，当地政府和市民都意识到提升黄桷坪地区的景观环境品质的重要性及迫切性。尤其是 1997 年被中央政府列为最年轻的直辖市以来，重庆市要担当起移民安置、老工业基地改造、扶贫和生态环境保护等重任，成为中国西南地区城市化、现代化建设的中心。此后，重庆城市的个性形象、景观文化、商业及旅游经济和文化创意产业的建构逐渐成为社会关心的要题。但是，由于九龙坡区黄桷坪地段的绝大部分工业建筑及民用建筑在历史的流变中缺乏应有的景观规划和艺术设计，加之在历史过程中形成了陈旧、灰暗、混杂、拥挤的状态，缺乏公共设施，令当地居民和外来者感到不适，乃至每当夕阳西下时，身处黄桷坪老街的人会产生一丝苍凉的感受。然而，欲在此区域实行大规模的拆迁和重新修建具有现代气息的文化创意产业街区，却需要投入近 10 亿元人民币，这是当地政府的财力所难以应付的。因此，充分利用本区域内现有的社会资源，发挥公民群体的智慧，就成了政府改善和提升黄桷坪老街区的景观品质的主要方式。

在 2006 年 10 月中旬，经重庆市文化创意产业管理机构、九龙坡区政府以及坐落于此区域的四川美术学院的管理人员共同商议，逐渐形成了营建黄桷坪文化艺术创意街区的动议及实施方案。为改造文化创意产业的环境、提升此区域的社会认知度与商业人气，当地决定采用大范围的建筑外观彩绘壁画的方式，一方面可以节约大量的建设资金，另一方面可以通过特殊的方式体现出这一街区鲜明的视觉景观特性。尤其是其整个过程和实施方法都强调"公众参与"，以便整个街区

图 5.54　重庆黄桷坪老街建筑涂鸦艺术之一

公共景观的文化创造活动与当地社会公众的意识、行为及认知产生内在的联系。通过人们 150 余天的共同努力及 2500 万元人民币的投入，在蜿蜒逶迤的黄桷坪老街区出现了长约 1.25 公里的"涂鸦艺术街"（当地人如此称呼它），众多的公共建筑、商厦和民居建筑上呈现出了千姿百态、内容各异、活力四射的艺术彩绘景观（图 5.54）。创作者采用了各类卡通样式的动物图形（如顽皮的猴子、憨态可掬的熊猫、活泼的猫咪及俊俏的斑马等）、时尚而又具活力的具象人物形象（有如剪影、插图、绘画或近似广告的表现形式），以及超大面积的图形图案和抽象性的线条、色块及符号。它们在街道两侧的楼宇上自由地爬行、跳跃、转换和绵延。这些带有现代大众文化气息和浓重装饰意味的建筑彩绘景观，显然易于被普通大众及众多当代青年人所喜爱。整个街区的建筑及墙壁彩绘艺术完成后，老街的确呈现出崭新的景观面貌，给人以奇特新鲜的视觉体验，以往那种陈旧、灰暗和杂乱的感觉消失了，代之而起的是焕然一新、具有个性与活力的街区景观（图5.55）。值得公众注意的是，除了大量的平面性质的建筑彩绘壁画之外，这条街区还设立了一些表现当地工业文化历史的现代雕塑作品。它们多以当地传统工业机械的废弃零部件创作而成，显得厚重、粗犷而又具有艺术智慧，在符号形式和精神内涵上显现出鲜明的现代工业意味和区域文化特色。此外，为了方便街区行人

图 5.55　重庆黄桷坪老街建筑涂鸦艺术之二

休息、观光和交流，特意在人行道上加设了一系列经过艺术创造的公共座椅，它们也是用当地废弃的工业管材为主要材料改造而成，成为兼具实用性与观赏性的当代艺术品，且与此街区的现代雕塑及浓重的涂鸦艺术相呼应（图 5.56）。这些艺术创意和社会实践活动所造就的带有娱乐性、公共性的当代艺术景观，也将逐渐成为当地居民和外来旅游、投资、消费人群的视觉记忆。

　　放眼望去，这条长达 1.25 公里的涂鸦艺术街，从黄桷坪铁路医院延伸至 501 艺术库。其间以涂鸦艺术方式处理的临街楼房约 40 栋，建筑彩绘面积约 5 万平方米，大约相当于 120 个篮球场，使用各色涂料约 1.25 万公斤，耗资 2500 万元人民币，彩绘所及楼房和墙体建筑多达上百处，使昔日老旧的楼宇和街道换上了新衣。它已成为重庆乃至全国和世界上最为

图 5.56　重庆黄桷坪街道上以工业材料制作的座椅及雕塑

宏大的城市涂鸦艺术景观。在它的实施过程中，艺术家们先画出彩绘图像的草稿，然后由学生和工人将其按比例放大后绘制在各座楼体上，几十支建筑彩绘队伍、近千名当地美术学院的大学生和经过艺术指导的工人群众直接参与了绘制活动。许多艺术专业的大学生以自愿参与以及勤工俭学的方式，在众多社区居民和街头游人的举目观赏之下，与工人群体一道进行大规模的户外绘画作业，参与到艺术的社会服务实践之中。

"涂鸦"一词，虽有随意涂抹或有失章法与典雅的含义，但作为一种街头巷尾的自由绘画现象及表现方式，已有半个多世纪。如在20世纪60年代以来的美国、法国、德国、英国、西班牙及日本的一些城市，均有不同规模和形式的涂鸦艺术出现。美国的涂鸦艺术主要以政治及社会热点事件为表现内容，有的重在反映具有反叛性和表现欲的青年人所关切的社会问题及个人心理，满足其个性与才艺显露和比试的某种需要。欧洲国家的涂鸦艺术虽各有不同，但多以个性化的绘画图像、符号及文字造型涂写或喷绘于街道墙面、桥梁或车体上。日本主要受美国的影响，但在表现形式上以具有本国风格的现代卡通图像及文字造型为主，绘制于接近闹市及商业街区周边的公共空间之中。相形之下，重庆黄桷坪的涂鸦艺术形态与国外的有所不同。这主要体现在两个方面：其一，在运作模式和主导思想方面，它是在政府部门的直接主导、规划和资金支持下完成的，其目的在于运用当地的人才和社会资源，通过公共参与的艺术形式改变城市老旧街区的景观面貌，营造独特的文化场域氛围；其二，它在艺术形式的表现上具有独特性。此街区的所谓"涂鸦艺术"，在总体上并非画家个人随性任意的涂抹或纯粹的自我发泄，而是以较为平和、欢快、优美或幽默的艺术形式表现出来，全然没有国外"愤青"们惯用的恐怖性形象或歇斯底里的表现手法，重在美化、装饰街区环境，突显街区个性。当然，这其中不乏艺术的想象力和创造力。

2007年6月9日，重庆九龙坡区政府隆重宣布黄桷坪涂鸦艺术街正式开街，并巧借"涂鸦"之名同时举行了"黄桷坪涂鸦艺术节"，当地社会各界民众参与其间。当地政府和社会群体组织了15支近乎豪华的游街欢庆队伍，并发放了600件T恤衫供参与者涂鸦，同时，市民们可去街市上淘艺术品，让学生现场为其画素描、写生，还可体验泥塑制作的乐趣。在涂鸦艺术街的许多地方还预留了空白的墙面，以便那些平时十分喜爱涂鸦娱乐的青年好手在平日的压抑之后，名正言顺地一显身手。一时间，重庆创意产业聚集区及黄桷坪涂鸦艺术街的开启，成为当地社会公共文化生活中的一件盛事，乃至超过了一般性的节日。人们注意到，这里虽是重庆旧房高度集中的地区之一，却居住着对于艺术文化与当代社会精神最为敏感的前卫的"新新人类"。他们在政府的支持和当地大多数居民的首肯下，将曾经盛行于西方街头的涂鸦艺术创作与当代城市的改造活动进行了一种完美的混搭和大胆的尝试，在成就中国第一条涂鸦艺术街的同时，也为当地的创意产业创造了难得的艺术氛围。

客观上看，一个地区的公共艺术建设往往与当地的社会政治、经济、文化以及时代的机缘等多种因素有着密切的关系。黄桷坪涂鸦艺术街的出现，即是此地区城市转型与改造、产业结构变化与升级、地区经济地位提升以及当地政府公共艺术意识提升和艺术文化资源开发等因素综合作用的结果。事实上，当地政府建设黄桷坪涂鸦艺术街的直接目的是为了促进黄桷坪创意产业的发展，同时改善此区域的景观文化品质。在建设涂鸦街的过程中，区政府对黄桷坪地区的商业形态逐步加以调整，将那些一般性、重复性、过剩性、低附加值的商业形态调出此地区，引进和培育了具有高附加值的文化创意产业。在涂鸦艺术街创建初期，区政府已调出商业店面 6000 多平方米，意在把创意产业作为新的经济增长点。

从社会的视角来看，对于重庆黄桷坪涂鸦艺术街，人们具有不同的认识：有些人认为，重庆当地文化传统中虽没有特殊的涂鸦嗜好和经历，但历史上重庆人对于各种外来的文化样式和新生事物却并不排斥，而是予以包容。一如以往重庆人通过长江、嘉陵江水道，不断出川、入川，通达四海、闯荡天下，形成了机智、豪放和包容的地域性格。而今重庆作为中国最年轻的直辖市，在城市的区域改造和景观文化建设中，出于节约、提高效率及整合利用原有资源等方面的考虑，接纳、容忍和支持在一些人看来是"乱涂乱画"的街头艺术，正意味着这个具有千年文化历史的城市在当代所具有的豁达、包容情怀和海纳百川的气度。另有一些人则认为，黄桷坪涂鸦艺术街的表现形式凌乱花哨，由于几乎每栋楼都披上了鲜艳的色彩和图案，使得整个景区缺乏重点和节奏，整条街似乎被涂成了一个"大花脸"，整个街景显得有些单一。

显然，经过三十多年的改革开放，人们对不同的文化艺术形式的理解能力和包容度都有了很大的提升。黄桷坪涂鸦艺术街与其他当代文化艺术一样，其成败得失，将在以后的社会文化发展和实践中得到评价。不过，当代社会公众、管理者和艺术家的文化经验与审美态度，却正是在这类探索乃至冒险中历练出来的。

武汉市汉街

作为知名商业品牌与时尚消费集中地的武汉市汉街，在 2010 年前后再度改造并隆重面世。汉街位于武昌东湖附近的楚河南岸，长约 1500 米，总面积约 21 万平方米，集中了来自全球的众多知名商品品牌，有 200 多个知名商家店铺，成为当地市民和外来游客尤其是中青年人群休闲消费的重要街区。

汉街的景观改造与视觉艺术设计方重在整体突显民国时期留存下来的中西样式结合的街面建筑群，显现此地区在城市的近现代演化过程中具有的历史脉络和物态遗存。回溯历史，自 1861 年以来，汉口成为中国 15 个对外开放的通商口岸之一，外商、外国公司、买办相继涌入汉口乃至整个武汉地区，"商圈和商品种类得以扩大和增加，外国的杂货从广东、皮革原料从西伯利亚汇集到这里，相对的则是湖南的茶叶流通到了南北各处。经过此处的商品……及外国杂货有 360 个品种。全国各地有实力的商人团体都加入进来，金融机构也建立起来……使之仅次于上海的贸易港"[1]。

除了历史建筑形态的显现之外，汉街的改造尤为注重街区沿线小广场的主题选择和当代公共艺术的介入，显现出设计方对于地方历史及文化资源的重视与强调。如其中五个小广场分别以"屈原""昭君""知音""药圣""太极"来命名，并相应地设立了人物雕塑。这些雕塑所表现的著名历史人物均与古代荆楚文化、江汉文化有着渊源关系，与湖北的文化历史及人文情缘有关联。这些著名历史人物形象的雕塑与街区的近现代建筑一起，构成了具有某种强烈的时空穿越感的城市公共空间。

显然，街区设立屈原（楚国丹阳人，东周战国时期杰出的爱国诗人）、王昭君（西汉南郡秭归人，为民族融合、国家安定做出了重要贡献）、伯牙与钟子期（伯牙为春秋楚国郢州人，作曲家、琴师，钟子期为春秋楚国人，两者在汉江边共同演绎的"高山流水遇知音"的故事流传千古）、李时珍（湖北蕲州人，明代医学和药物学家）、张三丰（辽宁懿州人，元明时期中国道教宗师，武当派开山祖师，曾在武当山研习并开创太极拳等武林绝学）等历史名人雕塑，意在向这些湖北地缘文化中产生的先贤及名流致敬。有意味的是，在《伯牙与钟子期》人物雕塑（图 5.57）所在的知音广场上，设立了汉街大戏台，在带动汉街的商业传播

---

[1] 〔日〕斯波义信：《中国都市史》，布和译，北京：北京大学出版社，2013 年，第 118 页。

图 5.57　历史名人雕像，武汉市汉街

活动的同时，客观上也促进了街区的大众娱乐与演艺活动的日常化。在现场察访中，正遇见此大戏台公演"汉街天天演"的"琴岛之夜"综合性演艺活动，通过对楚文化的当代演绎实现了街区文化娱乐与商业营销的互动，有如演出广告上所言"游楚河，逛汉街——荆楚梦幻舞台，精彩演绎天天见"，呈现了亦文亦商的地方气息和市井传统（图 5.58）。这些艺术文化景观的营造，激活了商业街区的空间，提升了人气。另外，汉街历史建筑群的维护和修缮，注意保留和仿制了一些富有民国建筑风格或中西融合的

图 5.58　武汉市汉街夜景

图 5.59　修整后的汉街历史建筑群

装饰纹样及符号，它们与其他街区建筑一起，共同构成了可供今人进行视觉艺术文化体验的整个街区景观（图 5.59）。在汉街的地面铺装中，另有一些意在反映湖北商旅文化、南北贸易、民俗风情等内容的金属浮雕，同样意在传达街区所在场域的文化意蕴及历史性语义。

5.6　乡镇景观的拯救与传承

中国现存的拥有上千年历史的城镇和乡村遗产中，较为显要的约有近 400 处，而经过当代改造和修建后推出的约有 180 余处。这些遗产主要有以下几种类型：一是历史文化古城（如山西平遥、湖南凤凰城），二是历史文化乡镇和乡村（如安徽宏村、江苏周庄），三是历史古城镇及当代商旅要地（如江西景德镇、浙江乌镇），四是近现代"红色革命"纪念地（如贵州遵义、陕西延安）。至今，依然有众多的古镇和古村落景观文化迫切需要政府和社会力量的保护与再造性利用。

目前中国城市中许多历史文化遗产项目的保护与开发，所存在的突出问题是偏重和突显其商业价值以及政绩效应，往往在建筑和环境景观的处理上着重外在形式的修饰、铺陈、美化，对其原有历史形貌随意篡改。这种趋于商业利益的开发模式，对于历史文化遗产缺乏应有的尊重，也对原地区居民的生活方式和实际利益缺乏应有的尊重，难以较为完整、真实地呈现其历史形貌和文化生态，往往以"保护"之名而行"破坏"之实（这背后是专业素养和法规监督的缺失，以及对于资本力量的过分崇拜）。如在艺术设计中，对那些历史遗留景观中原住民自我认同的符号和形式规范（包括建筑形制、装饰图案、礼仪物件、空间结构）随意加以更改或臆造，使得那些具有人文内涵和历史意义的景观信息被歪曲和消解，历史遗产沦为"空壳化""固化"，原住民的生活、生产方式及多样的文化形态的发展进程被人为割断。这是我们在保护和开发利用城镇和乡村历史遗产时需要反思的重要问题。毕竟，戏剧般的表演和"秀场"的叫座无法替代历史形态和文化遗产的重要意义。

中国的城市化进程在进入 21 世纪后不断加速，但由于中国较大规模和基础条件较好的城市绝大部分是省会级城市以及东部沿海地区和中部发达地区的地市级城市，而绝大部分中小城市和乡镇乡村，无论在城市硬件（各类基础性设施及规模化、网络化的公共服务机构体系）还是软件方面（如文化、教育及娱乐体系），均与现代综合性发达城市有着较大的距离。因此，中国的城市化发展理路逐步由"城市化"转变为"城镇化"和"城乡一体化"，尽可能使农民留在自己生息的土地上，以实现当地的城镇化改造与发展，避免大量农村人口集中涌入大城市，造成城乡两级畸形发展以及乡村社会的空巢化和衰败。由此，如何通过一定的方式振兴乡村社会并促使其城镇化、现代化，同时不使其因此而彻底丧失地域特性及历史文化遗产，已成为中国社会城镇化发展需要解决的重要问题之一。这对于那些拥有悠久历史文化和实物遗存的村寨和乡镇而言，尤显迫切。这里试以位于四川中部地区的泸州市合江县的尧坝寨以及贵州贵阳地区的青岩镇为例，予以概要的分析。

泸州尧坝寨

泸州市合江县的尧坝寨位于四川盆地南缘，川渝黔结合部，长江、赤水河交汇处，是长江出川的第一港。其陆路距成都 313 公里，距泸州城区 50 公里。在

图 5.60　泸州尧坝寨街景

当今城镇化发展的过程中，尧坝寨的地方景观和视觉文化建构具有一定的典型性（图 5.60）。尧坝寨一方面把它的古村寨民居建筑风貌和西南茶马古道文化（如寺庙、客栈、茶社、传统菜肴）等历史风韵展露给外来游人，人们可体验其现存的乡土传统饮食、手工艺制作（如竹木家具、油纸花伞、银器的制作等，图 5.61）；另一方面也把寨子里产生的文化名人（如电影导演凌子风、雕塑家及文艺理论家王朝闻）的故居及其事迹向游人展示，传达出地方及乡土文化所具有的内涵与底蕴。这样，通过村寨的旅游开发，使得外部的信息、人群和资金得以流入，也使得内部的信息和资源得到市场化利用，从而在乡村青年及知识性劳动力进城打工的情况下，留守村寨的弱势群体可以得到一定的经济来源。尽管旅游业及文化展示不是长久解决城镇发展问题的根本方法，但毕竟对于解决阶段性问题、提升乡镇的基础设施建设

图 5.61　泸州尧坝寨传统手工艺作坊

水平和社会保障、保存地方文化聚落景观以及向当代城市人群传达地区性乡镇与农业文化历史信息具有积极的意义。

贵州青岩镇

贵州省贵阳地区的青岩古镇位于云南、贵州、广西三省交界处，是古老的西南茶马古道的重要地段，因其城墙通体以青岩垒筑而得名。为振兴地方经济和激活边远乡镇社会，2010 年前后，地方政府着手将其开发为传统乡镇文化旅游景点。青岩镇拥有古旧的明清城池、富有地方特色的民居建筑群落及历史巷道、绵长而兴盛的集市、经营西南地方物产和手工艺品的各种商铺，有着亦农亦商的生活及交通环境，周边拥有山峦、溪流、田野及湿地，实为现代城市人群旅游和文化体验的理想之地。我们注意到，尽管青岩镇的乡镇化改造和旅游开发的商业化程度有些过度，小镇景观形态也有些偏重视觉晕染的表面化，但其现阶段的旅游开发带动了当地商品经济的发展，为许多当地人提供了就业机会。

尤其是通过对旅游景观及其文化资源的必要维护，青岩镇有意识地保留了一些历史性地方文化建筑遗产，如镇上的状元府第、翰林学院、文昌圣阁、古驿道、古城墙、古牌坊，以及明清以来儒、道、佛、天主教文化在镇上传播后遗留下来的赵公祠、万寿宫、慈云寺、天主教堂等历史性建筑（图 5.62）。在 2005 年至 2010 年期间，地方管理部门对它们进行了清污、加固、修缮和管理。其中一些建筑构件上富有传统文化内涵的木雕、石雕、砖雕等装饰艺术得以留存，为今人欣赏云贵地区的传统民间艺术和乡土文化提供了宝贵的历史资料。重要的是，它们不是孤立地散落在博物馆的展柜中，而是留存在自然而生动的生活场景及整体性的历史景观之中。显然，这种保留和利用地方历史文化资源及地方景观特色的做法，有别于许多地区在乡镇一体化改造中因短期的经济利益

图 5.62　贵州青岩镇历史建筑

或非生态化思维而销毁地方文化历史景观的行为。另外值得关注的是，青岩镇恢复或延续了部分地方性传统手工艺文化及街市作坊，如此地区的木雕、银饰、刺绣、蜡染、灯饰及铁艺等工艺（图 5.63）。同时，文化旅游也刺激了当地丰富多样的饮食文化的发展。这些举措的实

图 5.63　贵州青岩镇传统工艺作坊及街市景象

施，为外来旅游人群的娱乐、消费、文化体验及考察提供了富有地方特色和美学观赏价值的古镇景观，同时也为当地社会经济的发展和历史文化的维护提供了机遇和条件。应该说，这是一种相互促进的关系。

　　显然，中国的城乡一体化以及新农村改造不可能只遵循一种模式。也就是说，我们不应该无视城乡之间存在的自然、经济和社会因素方面的差异性，而使之千篇一律。在改造乡镇的基础设施和提升其社会保障的同时，应注重发挥其有别于城市的优势，努力使乡镇与城市的生活呈现出不同的形态，却又具有同等的质量，而不是使乡镇模仿和克隆大城市的模式，毁弃乡镇原有的自然和生态条件及生活方式的多样性。因此，乡镇景观和文化艺术的再建构，应该尊重其差异性和特殊性，使乡镇的现代化与其居民个人的幸福生活追求相一致。

小结

　　从乡镇向城市形态转换，从工业化城市向生活化、娱乐化和生态化城市转化，成为 19 世纪末期到 21 世纪初期中国社会发展的重要进程。如果说 20 世纪 90 年代之前，中国社会侧重于以传统制造业、加工业为主的城市经济增长方式的话，那么在 21 世纪前后，则更为注重经济的增长方式、产业的结构和科技的发展水平，以及城市居民的生活品质。

其中，传统工业化城市的再造，既重在发展社会经济，满足居民的消费、娱乐、休闲等生活需求，也重在保存具有地方自身特色的历史文化，尤其是那些承载了地方历史及人文内涵的景观与场所性符号。然而，对于城市历史文化遗产及其建筑景观的地方性、场所感的维护，需要兼顾各种因素。我们不可能也不应该一成不变地对待城市或乡镇遗留下来的所有街道、社区或是公共性历史建筑景观，这不符合社会历史发展和现实生活的逻辑。正如某些富有辩证性的相关认识所示：

> 如果地方性——场所感或说自明性表达了社会的相互关系（政治的、经济的、文化的……），那么这些相互关系绝非是静止不动的，或被时间所冻结。……由于地方性——场所自明性是与外界不断产生的相互关系所建构而成，外界也是构成场所特质的一部分。在全球化的时代，全球性其实也可以看成是构成"地方"的一部分元素。因此，对于地方性的看法，不只是内在的关系，而且也会包含它伸展与外界连接的关系。[1]

在近二十多年的城市景观与公共空间的艺术实践中，人们渐趋重视城市及乡镇的地域性、历史性内涵，这对于改变当代城市的趋同化、同质化状态具有重要的文化人类学和社会生态学意义。地域性文化是自然生态和社会生态的历史产物，也是自然经济、生产技术、工商业结构及日常生活形态等因素共同作用的结果。在特定时空中存在和演变的地域性文化，必然成为当代人和后来者认识具体时空中形成的文化样式和社会历史的重要依据。地域性文化及其景观的产生依赖于其所依托的自然和社会资源，以及在此基础上形成的生存经验和社会交流系统。人类在长期与自然和同类的接触和交往中，需要建构和表明其自身的身份、归属和相互关系。因而，包括建筑在内的城市景观和开放性空间的视觉艺术的建构，一方面需要遵循和利用其所在地域的自然和社会条件，另一方面需要利用其特定的文化脉络与文化语境。

应该说，公共景观及视觉艺术的创作、传播及社会教育的重要目标之一，是期望人们可以了解某一特殊地区和社会的文化，继而相互理解、尊重和借鉴。而

---

[1] 林崇杰等著：《市民的城市》，台北：创兴出版社，1985 年，第 101 页。

人类早期的经验、知识和审美意趣是在各不相同的文化形态及价值体系中形成的。因此，承认和尊重文化艺术的地域性、历史性和特殊性，恰是今人认识自我文化艺术的来源、特性的前提，也是人们解读一种文化形态时所应持有的态度。一如美国艺术理论家汤姆·安德森对于视觉文化艺术的看法：

> （其意义）不只在视觉的物体本身的质量中，也不在观察者的回应中，而是在他们真实的社会语境的物体和观众的关系中。……如果我们用语言文字来称呼一个视觉的图像，其分类在全球范围内是完全不同的。……形式本身可能是通用的，但它们的意义是由文化决定并且是具有其地方特性的。[1]

同时，我们在论及城市及地域的"景观"概念时，不仅仅是指纯粹外在的和物质性的视觉对象，而是同时也包含着社会学、文化学和政治学内涵。因为表象化的景观恰是社会资源分配的结果，显现着人们的生活状态和相互关系，正如法国思想家、当代西方情境主义国际组织的创始人居伊·德波所言："景观不是影像的聚积，而是以影像为中介的人们之间的社会关系。"[2] 在现代生产方式和传媒技术条件下，加之资本与市场力量的掌控，景观很容易沦为权力主宰者的特殊工具。我们在强调景观艺术表现的地方性及合理性的同时，也需要对其实践的社会目的和文化意义保持清醒。

需要指出的是，在实地考察中我们认识到，国内许多城市及乡镇的城市化和现代化改造虽在人文艺术景观的建构方面体现出一定的地方性及历史性，但并非真正出于对其地方社会人文历史的尊重，抑或对其社会及教育价值的重视，而往往是趋于外在视觉的商业化炒作及简单的符号利用，未能使之真正成为符合地方文化生态的景观文化的有机组成部分。

尽管近 20 年来许多城市及乡镇的公共空间和场所的改造，设计方、管理方以及城乡居民在不同程度上意识到地方性资源及历史文化因素的重要性，并做出了一些值得肯定的举措，但在总体上，规模和效果依然有限。当然，它们起码可作为未来实践的参照和基础。

---

[1] 〔美〕汤姆·安德森：《为生活而艺术》，马菁汝等译，长沙：湖南美术出版社，2009 年，第 53 页。

[2] 〔法〕居伊·德波：《景观社会》，王昭凤译，南京：南京大学出版社，2006 年，第 3 页。

第六章
工业遗产的活化与场所再生

城市文明与工业文化遗产

基于城市更新的再融入

德国鲁尔旧工业区的改造启示

园区再造与利用

6.1 城市文明与工业文化遗产

近现代城市化进程伴生于 18 世纪西方资产阶级革命、工业革命、贸易和货币市场的全球化过程，而中国现代的城市化则伴随着西方列强的入侵和沿海贸易口岸的开放，以及公共租界的建立和我国金融业的逐步植入，并在 19 世纪中期之后加快。"中国在 19 世纪至 20 世纪开放了外海和内河航运，出现了 90 个港口、开放地及 25 个补给港⋯⋯1863 年公共租界形成，从 1865 年汇丰银行开业时起，上海朝着现代都市及长三角地区最大都市的方向高速发展。"[1]期间，中国的香港、广州、厦门、福州、上海、宁波、天津、广州，以及地处内河流域的南京、汉口等城市，陆续向着集商贸、金融、工业及信息为一体的大城市方向快速发展，这奠定了中国现代的城市化发展基础。而其中，工业化发展是中国 19 世纪晚期至 20 世纪 80 年代之前，现代城市化的重要内涵和象征。恰是工业（主要指机械化、批量化的重型制造业及轻工业等配套生产系统）与商品市场的结合，引发了人口、物质、资金、技术及文化消费高度集中的现代城市的形成与发展。因此，从某一特殊意义上说，进入后工业时代之前的城市的历史及其文明史，恰是城市的工业化及与其相伴生态的演变史。因此，工业文化及其遗产对于今人认识现代城市的特性和历史内涵有着特殊的意义。尽管传统工业及其生产空间已逐步退出现代产业舞台和城市生活圈。

在现代城市功能和景观再造的过程中，如何面对旧工业遗址的历史和文化，如何本着尊重和延续城市文脉的原则有效利用工业遗址空间，使之融入当代城市的文化景观和市民的公共生活，是不可回避的现实问题。然而，国内在 20 世纪末和本世纪初期，在持续的新的城市规划与商业化建设热潮中，许多城市中的工业遗址被荒弃或被夷为平地用作房地产、商业或娱乐业开发聚集区；也有的由于原企业方强调其本位利益，地方政府欠缺及时引导和开放性的跨界合作机制，而处于闲置或半荒废的状态。在进入 20 世纪晚期和 21 世纪初期之际，国内许多城市开始逐渐关注其老工业园区的再利用问题。其中，结合本地的城市规划来更新、调整产业结构，以及满足文化产业兴起的需要，以艺术和设计的方式介入其社会功能和景观形态，这些适应性的维护和再造，成为此阶段的重要现象。

---

[1]〔日〕斯波义信：《中国都市史》，布和译，第 136、137 页。

本章以国内若干具有典型意义的工业遗址园区的再造与利用为观察对象，探讨其生成的观念和方式，以及成效与得失。其中涉及若干老旧工业（包括半手工业）遗址及周边片区的基本情形，主要列举了上海 8 号桥、上海田子坊、上海江南造船厂、北京 798 工厂、沈阳铁西区、武汉"汉阳造"园区、深圳蛇口浮法玻璃厂、哈尔滨西城红场等。

6.2 基于城市更新的再融入

世界上许多大中型城市的历史成因便是现代工业的孵化，但随着城市化及现代化进程的深入，由于高新科技的发展、经济增长方式的转变、产业结构的优化，以及能源和生态危机等问题的出现，催生了现代城市职能与形态的转变。许多原来大城市引以为傲的传统重工业产区，在 20 世纪中叶之后逐渐步入了淘汰、转型和升级的更迭阶段，并出于城市生活和生态环境的保护及产业结构的改造和重组需要，许多污染较大的制造业、矿业、化工业及其加工业外迁至远离城市中心区的专属工业园区，以便使城市成为适宜人们健康生活、娱乐消费、社会交往、生态环境优良的家园。

中国工业产业的结构性调整及生态化改造步伐在 20 世纪 90 年代初期趋于加快。进入 21 世纪前后，进一步随着城市外延的快速扩大及城市环境治理的迫切需求，将大量原先置于城市周边的传统型重工业产业基地进一步迁至远离城市的新规划区域，并对那些不再适应新技术条件下生存的厂矿予以"关、停、并、转"等方式的处理。

客观上看，中国近 20 年来的经济高速增长，在很大程度上是以巨大规模和高速的城市化运作为动力和主要方式的。其中衍生的房地产开发、建筑材料和土地资源的市场交易、城际道路交通的发展，以及劳动力、市场的差额利润、相关物资设备的生产等，均成为刺激和拉动当代经济发展的重要因素。但随之而来的是，原有城市生态格局、历史文化遗产、生存经验及社群人际关系与超大规模、高速度、商业化的现代城市化之间产生尖锐的矛盾。全国各地城市及乡镇的大批文化遗产（包括古代建筑、传统民居、历史性社区街道、各类典型的地域产业遗址等），随着空前的城市扩张而被毁除或破坏。可以说，这种经济的高速发展在很大程度上是以牺牲城市生态平衡、历史文化遗产及人们的生活记忆为代价的。一些有识之士们深切地认识到，一座城市绝不能丧失记忆，这不仅仅是为了追溯和感怀流逝的过去，更是为了在当代和未来之间建立城市文化发展的坐标参照体系，以明察城市文化的价值取向。正是出于这种考虑，在建构城市文化与创造新格局的背景之下，20世纪末和21世纪初相继产生诸如北京798工厂艺术区、上海江南造船厂遗址开放园区、沈阳铁西工业遗址博物馆（铸造博物馆、机车博物馆、工人村）、上海田子坊、上海苏河艺术区等开放性的城市公共空间，都为公众部分地留下了城市历史的记忆。

这些工业遗址是构成现代城市景观的重要组成部分，它们曾作为一种常见的被废弃的景观而存在。但在当代城市景观不断改建与重组，以及艺术和设计的介入过程中，各种不同形态的废弃景观逐渐成为城市中再度建构的景观形态及公共艺术的实践场地。就城市发展及空间更迭方式而言，正如美国建筑文化学者艾伦·伯格（Allen Berger）所表述的那样：“首先来自于迅速的水平方向的城市扩张过程（即城市蔓延），再次来自于某些经济和生产部门终结后遗留下来的土地及其废弃物。”[1]在中国的东部及中部，大城市于20世纪晚期陆续转向后工业时代的都市化形态，城市中传统工业产业的转换和新城区的商业、娱乐业、房地产业的迅猛崛起，使得被废弃的工业园区及趋于衰退的老旧城区成为城市化进程的景观特点之一。其中，都市化发展中的公共交通能力的增长及其使用成本的大幅度下降，更促使城市蔓延和城市景观内涵变更速度加快（其中包括原工业园区的外迁和废弃工业景观的重新利用）。

如何看待工业遗产及其场域景观的历史意义和现实价值，是介入其保护和再生性利用的规划师、建筑师、景观设计师和艺术家们所需要面对的关键问题。中国社会进入21世纪以来，一些原来植根于都市母体中的工厂、厂房、仓库、码头均随着城市的演变而迁徙或消亡。而这些工业遗址均成为城市生长与发展历程的文化见证，以及体现现代城市历史与文化的特殊博物馆。它们可能是大型的工业产业集成、配套区域（如沈阳的铁西区、武汉的汉阳工业区或上海的江南造船厂等工业区），也可能是规模较小的工业厂区（如广东中山市的造船厂区域或上海汽车制动器厂区）。这些城市中原有的工业遗产和遗址在构成城市文化记忆和

---

[1]〔美〕查尔斯·瓦尔德海姆编：《景观都市主义》，刘海龙、刘东云、孙璐译，第179页。

促进城市经济与就业等方面，必然成为与城市发展密切联系的创新型产业的载体和独特的文化资源。在"创意城市"及"经营城市"的理念指导下，城市工业遗产及遗址空间的保护与利用，逐渐成为解决和改善城市问题，提升城市发展动力的一种新途径。在这种新旧的交替、文化与经济的交织、传统与时尚生活方式的并举，以及美学与消费价值的混杂中，公共艺术对于工业遗产的保护及创意产业园区景观的介入，也必然同时面临着机遇与挑战。

6.3 德国鲁尔旧工业区的改造启示

在现代城市化进程中，由于产业结构更新和工业区外迁而形成新的城市景观特性及内涵，在二战结束后的欧美发达国家中不乏其例。如德国的鲁尔旧工业区即是典型。

鲁尔工业区是德国乃至世界闻名的工业区之一，位于德国中西部北莱茵—威斯特法伦省，处于著名的莱茵河下游支流鲁尔河与利珀河之间的地区。鲁尔区的地域面积为 4593 平方千米，区内人口和城市密集，人口达 570 万，占全国人口的9%，核心地区的人口密度超过每平方千米 2700 人；区内 5 万人口以上的城市 24个，其中埃森、多特蒙德和杜伊斯堡的人口均超过 50 万。鲁尔区南部的鲁尔河与埃姆舍河之间的地区，工厂、住宅和稠密的交通网交织错落，形成连片的城市带。鲁尔工业区是德国产业经济和生产能源的重要基地，其工业产值曾占全国的40%，现在仍在德国经济中占有举足轻重的地位。鲁尔工业区以采煤、钢铁、化学、机械制造等重工业为核心，形成生产资料、技术、种类配套高度集中的工业综合体。鲁尔工业区以采煤起家，随之发展了炼焦、电力、煤化等工业，进而促进了钢铁、化学、重型机械、氮肥、建材工业、炼油业和石油化工业的发展。同时，主要为本区域工人生活消费服务的服装、纺织、啤酒等轻工业等也得到较大发展。20 世纪 70 年代以后，电气、电子工业也有了很大发展。至今鲁尔区生产的硬煤和焦炭依然分别占全国产量的约 80% 和 90%，这里集中了德国钢铁生产能力的大半，在电力、硫酸、合成橡胶、炼油能力、军事工业等方面均在德国居重要地位。

在约二百年发展历史和一百多年的繁荣之后，鲁尔工业区在 20 世纪 50—70

年代经历了由资源开发到资源枯竭、由钢铁振兴到企业没落的阵痛。20 世纪 70 年代前后，在德国的逆工业化进程加快的趋势下，鲁尔区及更大范围内均呈现出工业产业衰败、倒闭的情形，"导致了许多社会问题，除去严重的实业问题，还包括年轻劳动力外迁、区内人口数量下降、城市税收减少等。内部城区走向衰败，工业污染也未得到治理。这都使得城市中心地位趋于消退，区域形象恶化和吸引力下降"[1]。但是通过 20 世纪 60 年代末和 70 年代初的持续清理改造和产业结构调整，鲁尔工业区迅速走出了低谷，从以煤炭和钢铁工业为中心的资源型产业基地，转变为以煤炭和钢铁生产为基础、以电子计算机为首的信息技术产业区，以及以遗传工程为首的生物技术产业区，从而使老工业改造和其他多种相关产业协调发展。如这里分布着文化旅游、工业博物馆、户外拓展训练、生态改造与实验、文化创意、高新科技研发等公司、机构，它们创造了更多的就业机会和生态化的新型经济区。

　　另一个重要的方面在于，随着鲁尔工业区的产业结构调整和技术更新，地区政府开始重视区域城市生活品质的提升和环境生态的修复。由于历史原因，鲁尔工业区在采矿开发过程中，对地形、地貌、植被和大气环境的破坏比较严重，诱发的各类问题日渐突出。因此，一些矿区的环境修复已成为该地区资源枯竭型城市经济转型的首要任务。鲁尔工业区把环境修复、煤炭转型同国土整治结合起来，列入整个地区的发展规划，并为此专门成立整治和管理部门，负责处理老矿区遗留下来的土地破坏和环境污染等问题，由鲁尔区域管理委员会（简称 KVR，以区内各城市组成的协会为基础）协调管理。当一个企业关闭后，相关部门迅速组织人力、物力对关闭企业进行科学的环境评估，制定周密的整改规划，科学地对环境进行整体修复，并在企业原址建设城市居民住宅小区、娱乐中心等。今日的鲁尔区已成为环境优美、空气清新、景色宜人，创意产业空间及公益事业多样，吸引外资的最主要地区，同时社会就业率也明显增加了。

　　然而，鲁尔区从繁盛的工业化到逆工业化及后工业化的过程中，对大量闲置和废弃的工业厂矿、工业建筑及工业设施的处理，人们有着不同的态度。如有人认为可予以毁弃和清除，有人认为可在清除后加以新建，有人认为应重新予以改造利用，也有人认为应实施综合性开发利用的策略，即"将工业废弃视为工业文

---

[1]　D. Massey and R. Meegan, *The Anatomy of Job Loss*, London/New York: Methuen, 1982.

化遗产，并与旅游开发、区域振兴等相结合，进行战略性开发与整治"[1]。通过曲折而漫长的摸索道路，鲁尔区以综合而科学的方法，走出了社会、经济和生态协调发展的区域复兴之路。应该说，鲁尔区的实践具有国际性的经验和价值，对于中国 20 世纪晚期以来的老工业遗产园区的改造及相关社区的振兴，具有显在的参考意义。中国的政府机构、企业界、专业性的城市景观设计机构对鲁尔区的频频造访，以及德国相关专家来华进行合作事项，均为我们提供了可借鉴的经验和启示。

6.4 园区再造与利用

上海作为现代中国最大的工商业、金融及口岸贸易城市，自 1949 年新中国成立到 20 世纪 90 年代中期，除了新建了一定数量的工业建筑和产业工人住宅群落之外，并未大规模改造和新建城市建筑及社区景观环境。但在 20 世纪末至 21 世纪初期，上海迎来了新的城市转型与规划建设时期。出于城市产业结构的改造与升级，城市人口的剧增和人居环境的改善，以及提升和重建华东地区乃至全国性中心城市的综合实力与城市形象等要求，上海近 20 年来在城市各类建筑、公共环境、公共设施、居民住宅条件和社区建设方面，呈现出前所未有的变化，其规模、程度和速度均为 19 世纪开埠以来的任何时期所无法比拟的。这也是社会整体经济的飙升与政府意志和决策所决定的。

然而，在城市及社会形态的变更过程中，在日常生活利益和视觉心理方面，最能直接影响普通市民大众的，并非宏大显赫的商业及政府机构的建筑景观，而是居民赖以生息和共享的社区景观和人文环境。而显现一个社区生活品质的重要方面，在于居民的日常生活内涵与心理体验的积淀。

如何处理好城市历史文化遗产保护与经济高速增长，以及改善市民居住条件之间的种种矛盾，成为当代上海在相当长的历史阶段所要面临的突出问题之一。随着 20 世纪晚期和本世纪初关于发展文化创意产业，以及满足大众娱乐消费需求的潮流，上海从 2005 年起，先后开发了如新天地、泰康路田子坊、普陀

---

[1] 刘会远、李蕾蕾:《德国工业旅游与工业遗产保护》，北京:商务印书馆，2007 年，第 10 页。

区莫干山路 50 号、卢湾广告湾、建国路 8 号桥、昌平路传媒文化园、周家桥创意之门等一批创意产业集聚区，它们诞生在上海中心城区的老厂房、老仓库之中，初步形成了一批具有特色的创意产业园区或具特殊意味的开放性社区。

它们兼文化产业、艺术和设计创作、商业销售、旅游观光、餐饮及时尚性消费服务于一体，成为当地居民尤其是青年人、文艺爱好者和旅游者惠顾的知名场所，并成为改善城市文化环境、增添城市魅力与个性、促进地方经济及带动居民就业的一种举措。这使得曾以传统制造业及轻纺业为主，而今走向现代服务业之转变的上海，颇具新意与活力。另一方面，这里利用市场化的方式，实现了保护城市历史文化景观的目的。显然，这对于具有特殊历史文化并作为现代国际大都市的上海，具有多重意义及时代必然性。

6.4.1 旅游与购物结合的综合体

图 6.1　天桥，上海 8 号桥园区

上海8号桥区域

上海于 2005 年开始逐步建立第一批约 18 家创意产业集聚区。这些创意产业园的特点，均是将开放的园区建设与当地工业遗产的保护相结合，使之成为城市新兴产业园区以及可供市民游乐、消费、增长见识与城市记忆的公共空间。

对位于上海城区建国中路及陕西路附近的原上海汽车制动器厂遗址（即现在的 8 号桥区域）的改造与利用，是其中一个较为典型的实践案例。8 号桥区域总占地面积近万平方米，作为在老城区内新建的创意产业及时尚消费园区，它的改造性建设试图在保留工业旧厂房使其成为现代城市新景观的同时，促进其设计创意产业链的形成。整个8号桥区域由7栋厂房及办公建筑构成，在房子的二层高度，设计师以桥的形态连通园区各栋建筑空间，形成空中走廊和平台，并成为此地的地标性建筑。用钢及玻璃材质架起的"门"字形天桥，一方面强调了区域内原有场域的工业感和当今的时尚感，另一方面也寓意着进驻此园区的各类创意产业机构之间的沟通，以及与外部社会的联系（图6.1）。

设计师为了使旧厂房能够在现实的保存和利用中，适应新产业的进驻和新功能的要求，在原先的建筑和空间基础上引入创意及时尚元素，力图显现出新的现代城市景观形象。如设计者为使原厂区建筑群满足作为创意、设计展示空间的功能要求，在原厂房建筑面向外部街道的立面上增设钢结构的玻璃视窗，形成内外光线和视觉的通透，也在增大展示空间和突出交流场所的现代感上起到作用（图6.2）。为在视觉上增添旧厂房建筑的魅力和现代感，设计者在其外立面上运用当地废弃建筑上的青砖，以突显墙面的肌理之美。同时，设计者还运用不同的现代材料进行综合性的拼装，使得旧厂房的沿街墙面形成独特的视觉美感而吸引了路人的关注。

经改造后的8号桥园区，吸引了一批创意类、艺术设计类及时尚文化类的产

图6.2　钢材和玻璃围合的展示空间，上海8号桥园区

业机构入驻，其中包括建筑设计、影视制作、工业设计、服装设计、画廊、广告、商务策划及咨询等各类机构（也包括餐饮业）。此区域内各种创意、设计及服务性产业所设置的用于展示、会演、发布及交流的室内外场所，为当地社会提供了新的公共空间，其中开展的讲座、艺术作品展览、时装走秀及综合性的公共活动，集娱乐、休闲、观光和学习为一体（图6.3）。8号桥园区成为继上海新天地、田子坊、莫干山艺术区等区域之外的又一个兼具城市历史背景和时尚文化的新地标。

图 6.3 开放性娱乐及艺术文化空间，上海 8 号桥园区

上海田子坊

田子坊是上海创意产业发源地。1930年，中国画家汪亚尘携夫人荣君立入住贾西义路志成坊（今泰康路田子坊）隐云楼，创办上海新华艺术专科学校和艺术社"立社"。1998年始，陈逸飞工作室、王劼音工作室、尔冬强艺术中心、郑祎陶艺工作室先后入驻于附近的田子坊。1999年，画家黄永玉为泰康路210弄题名"田子坊"。据史记记载，田子方是中国古时最老的画家，取其谐音，喻意艺术人士聚集地。2000年5月，打浦桥街道办事处以盘活资产、增加就业岗位、发展创意产业为目的，利用田子坊老厂房招商引资，现已入驻70余家单位，涵盖18个国家和地区的艺术设计人士。田子坊被称为上海的苏荷。[1]

随着来访的游览者前行的脚步，便可以在曲折回转的里弄中欣赏20世纪20年代至30年代所建构的石库门民居建筑，使人仿佛步入时间的隧道回到往昔的上海里弄。许多年轻的情侣或新婚配偶来这里拍摄怀旧风格的照片。在砖石结构的里坊之间，夹杂着当年的木工车间、制革作坊、食品加工作坊及其他手工艺作

---

[1] 参见 2008 年所立"上海田子坊街区历史概要介绍"石碑。

坊的旧址（图 6.4）。里弄中不同造型、规格和档次的建筑，依稀显现出当时此街区居民的身份、经济和社会地位、生活方式，以及邻里社会之间的关系。而现在，昔日的华彩与沧桑皆已成为凝固的故事，犹如这些斑驳的民居建筑遗存。

当地政府为了拉动社会经济，以城市传统文化资源及文化创意产业为基础，在此片区推出了集休闲旅游、艺术设计、影像制作、画廊、酒吧、餐饮、时尚商品、工艺品，以及各类服务行业为一体的商业与文化街区。这里既有如现代知名画家陈逸飞等曾经工作过的画室供人们参观并带动相关文化产品的销售，另有一些规模较小的古董店或服饰、工艺品小商店，也有主要服务于外国游客及国内青年人的咖啡厅、酒吧、茶馆、餐馆和美容、按摩店（图 6.5）。

光顾田子坊并直接带动日常消费的人群主要是外国游客。这里在 2007 年前后成了外国人和有海外背景的华人愿意聚集的地区之一。据不完全统计，此区域中曾约有 20 多个国家和地区的外籍店主及华人开过近 250 家小型店铺及公司。而里弄中之所以终日有络绎不绝的外籍游客造访，在于这里还留有较为真实的老上海里弄的生活场景。人们可以在泰康路近 500 米长的马路两侧亲历和目睹中西混杂

图 6.4　里弄中留存的原手工业车间，上海田子坊

图 6.5　里弄中的餐饮及交往场所，上海田子坊

的老式弄堂与街坊。这里既有晚清时期的乡村民居，也有中式的石库门庭院、英式城堡及新式里弄的构造，另有与民居群落比邻交错的里弄小工厂。这里汇聚和浓缩了上海从滩涂小渔村到开埠后五方杂处、中外交融的市井历史风貌，记录了民族小型加工企业从里弄加工厂起源的难忘历程，不失为城市记忆的重要景观。

作为对于一个社区的生活形态及生存方式的观察，我们注意到田子坊与20世纪90年代在上海黄陵路边上辟出的新天地街区不完全相同。虽然它们都是为了适应新的城市改造而对旧有社区进行商业与休闲文化功能的开发和利用，但新天地原社区的居民都已迁出，并进行了较大程度的建筑及环境的重新改造，更加适宜于商业消费和旅游观光；田子坊中却保留着较多的社区原住民，尤其是社会中下层的普通家庭和老年群体，商业及观光区域与社区居民的日常生活空间混杂并存（图6.6）。田子坊的独特之处也主要在于来访的旅游观光客可以较为真实和具体地体察到上海普通居民的基本生活状态，并可近距离地观察他们的生活环境和行为细节。这里成了上海老社区中物质与观念形态新旧交替的展场，以及世俗景象的"活的博物馆"。显然，田子坊不像早先落成的新天地片区那样，老社区被完全改造成时尚秀似的单纯商业空间。而田子坊的尴尬之处也在于此，原社区居民中虽有少量居民也参与这里的商业经营活动，但更多的居民是由于经济能力及社会地位的局限而被动地居住（或"遗落"）其间，因而这里充斥着空间与经济上的不协调。客观上说，这片曾经繁华和舒适的社区在当今已明显老旧、落后，至今许多民宅中还是四五户人家合用一个灶间，狭窄的木梯吱吱作响，年久失修及径自扩建的

图 6.6　石库门民居建筑环境，上海田子坊

房屋顶上拉满了电线，弄堂里排满了自行车和生活杂物，三三两两的老人无奈地依坐在人群过往的老弄堂过道中……也就在此情此景的近旁，一群群国内外游客和时尚男女却正消费着美酒佳肴、度过惬意的时光。因此，这里的商业活动实际上是对原居民日常生活的干扰、诱惑和挤压。客观上，他们很难或不可能成为本社区新定位的主体成员和稳定的获利者，而他们的日常生活情形和近乎简陋的居住条件却成为来访者们猎奇的对象（图6.7）。

图6.7　游客与原居民的交汇空间，上海田子坊

另一方面，我们也注意到，这里展示的传统民居建筑、家具、手工艺品、戏剧和绘画等，其实仅仅是作为一种供他人观看、消费的历史符号和商业招牌，俨然失去了原生文化本身应有的尊严，以及现实生命感和真实存在感，而成了不再具有真实情感需求和价值意味的穷酸摆设，一切都只是历史符号的碎片而已。客观上，街区经营者的地域特征和文化主体地位并没有得到体现，而更多的是商业元素与文化错位的广告招揽。

这样的情形下，如何能把发展街区的商业功能、养护社区的传统文化，以及提升原居民生活环境品质等目的统一实现呢？显然这是一个值得深思和长期研究的问题。

作为一个经过各种包装的历史性街区和文化创意区域，政府和社会对其经济效益和媒体效应的重视，实际上超过了对其作为城市文化遗产和当代文化产业的创造性价值的重视。其实，我们从其接踵而至的餐饮店铺、时尚商品店及休闲服务业的经营内容和方式，即可看到当下国内一些城市历史街区的改造和利用方式中较为偏重其经济功效的一面。当地政府期望生存其中的行业成为地方税收的"摇钱树"，而对于真正具有文化创意的产业尚没有更多的扶持政策。在长远的战略性举措上，这些举措难以促使社会成员更为充分地享用自身城市的历史文化，并培育出当代高水平的创造性文化与创意产业。笔者在考察上海田子坊时，一方面肯定其在城市传统街区文化的保护与利用上所做的努力；另一方面，可以感觉到它与中国其他城市的类似情形，也反映了此阶段社会普遍存在的价值观念的相对单一化和工具化倾向。

上海田子坊正是在当代经济全球化背景下生成的一种常见现象，正如"全球化与消费主义对当代日常生活的侵袭，并不是在抽象的理论层面上实现的，而是通过兼具市场和观念两大特征的大众文化潜移默化地渗透的"[1]。客观上，由主流媒体及大众文化所主导的消费形态及文化观念，势必会影响城市景观及其公共政策的制定与实施，包括对于介入其间的策划人、从业者的判断与选择。尤其是在绝对强势的官方的一些旨在追求外在政绩和经济指标的目标引导下，更易如此。正如上海田子坊这样的老居民社区，能否在产业化开发和市场化利用的过程中，合理而有效地兼顾社区中各类群体的利益，并使其依然可以维系成一个内在利益一致与情感高度认同的社区共同体，是一个不可忽视的战略性难题。

哈尔滨西城红场

哈尔滨西城是中国东北三省自 20 世纪 50 年代至 80 年代以来最重要的工业区所在地之一，曾集中了百余家工业制造业，其中包括冶炼、铸造、机械生产及配套加工等产业，成为哈尔滨现代城市发展史上的重要环节及重工业文化的主要景观区域。随着 21 世纪前后的经济结构调整与产业技术升级改造，尤其是伴随着 2009 年以来哈尔滨西区铁路客运站工程及周边景观的兴建与规划，原哈西工业区遗址被当地政府纳入哈西商业、旅游和创意产业园区建设的重要组成部分。在这块原有的重工业生产厂区，依旧矗立着高大的烟囱、水塔、厂房和场区铁轨，特定时代风格的大片厂房多以红砖、水泥及钢材构建而成。这些建筑、设施有着鲜明的重工业文化的视觉特征，残留着浓重的历史痕迹和岁月的沧桑，印刻进老一代哈尔滨市民和众多产业工人的深刻记忆中（图 6.8）。

当地政府对于这片传统工业遗址及周边土地的开发方式，主要是通过项目竞标的方式，招引实业公司进行投资开发及商业化运营。从 2010 年以来，由哈尔滨"红博商业"（股份制企业集团公司）开发的"西城红场"项目，以老工业遗址中

---

[1] [美] 索亚：《后大都市：城市和区域的批判性研究》，第 3 页。

图 6.8　哈尔滨西城红场园区景观局部

的四座大厂房及周边空间为依托，成为构建哈西新城中心区域的先期项目。这一项目位于由哈西大街、中兴大街、和谐大道、北兴街围合的区域内，总占地面积约 12.5 万平方米。西城红场围绕哈西铁路客运站附近的工业遗址而建，包含时尚文化中心、商务休闲会所、商业展演场所、酒店办公机构、文化创意园及工业博物馆，并重在借助此地区的老工业建筑景观及周边绿化资源，营建以服装、售车、房产、酒店、批发及零售业等为一体的时尚性商业及观光园区。

　　从其呈现的规划及设计预案来看，开发商对其中工业景观及设施的利用和改造，主要是使之成为商业环境的地标和广告载体，以吸引人们的眼球。如将原机联厂的大型龙门吊改造成大型的高清 LED 显示屏，将原厂区的烟囱设计成柱形高清 LED 灯柱，将水塔改造成小型观光塔，并在附近建立喷泉、叠水、涌泉等水体景观，以符合其商业及娱乐观光的需要。原有的工业景观及历史内涵，被如此华丽轻盈的设计所淡化和遮蔽，这里原有的文化沦落为一种供游人猎奇的时尚资源。其间的商业广告与时尚消费品的展示活动成为起步阶段的西城红场的主要内容。改造后的老工业区景观俨然被各色中外商业公司及促销展示活动所充斥。其中，原有的厂房（现在被称为"红房子"）成为各路资本控制的汽车、房地产和各大服装品牌的广告秀场，大量悬挂的商业巨幅广告和公司标志均在提醒人们，文化和艺术均已"骄傲地加入到新奇消费商品的行列"[1]。在这种氛围中，园区未来的工业遗址博物馆也难免会沦为商业空间的一种点缀。

---

[1]　〔澳〕克里斯多夫·克劳奇：《现代主义的艺术和设计》，戴寅译，石家庄：河北教育出版社，2009 年，第 105 页。

图 6.9 哈尔滨西城红场园区的产业化情形

2011 年 12 月中旬，西城红场举办了"哈尔滨国际时装周"开幕仪式等相关活动。策划者为树立哈尔滨在时尚服装品牌的营销、设计和新闻发布领域的优先地位，结合地方政府和全国性的行业协会等社会资源，促成中国服装协会指定西城红场为"中国服装新锐时尚发布基地"。在时装周期间，这里邀请了众多国内外知名的时装设计师、影视明星、时装名模、时尚文化圈名人等。这些服装走秀和文艺展演等系列活动，为观众们提供了一场时尚与消费、设计与商业交汇的视觉盛宴（图 6.9），对于促进当地经济发展、树立服装文化行业标杆具有积极意义。

就近 10 年的现实经验来看，在对老工业园区的开发和利用过程中，它们由原来的国营资产向市场化及股份制经济转变，这一过程显现出特殊的商业化甚至投机的情形，并已经成为商业资本和权力联手角逐的舞台。客观上，包括沈阳铁西老工业园区、上海江南造船厂遗址、武汉汉阳汽车制配厂遗址、北京首都钢铁厂遗址在内的众多国内老工业遗址重新规划的理念和运作模式，均值得政府和全社会共同关注与探讨。在新的规划目的及社会公益性的把控方面，往往会出现各种偏颇和矛盾。

6.4.2 以博物馆为主的综合体

沈阳铁西区及"铸造博物馆"

被称为"东方鲁尔"的沈阳铁西区工业遗址保护及再利用项目，是当代公共艺术介入中国城市现代工业文化记忆的典型案例之一。此区域内基础设施完备，工业遗址及文化资源丰厚；全区工业企业规模宏大，工业门类齐全，堪称"中国制造业之都"。岁月的积淀、遗物的留存、当今的发展规划，皆构成铁西区的发展脉络，正是在历史的链接与传承中，铁西区显现出其独特性和当代意义。享有"共和国装备部"之称的铁西区在半个多世纪以来，曾经创造 100 多个"共和国工业第一"，那些富有时代气息和人文内涵的工业符号，也成为令人难忘的铁西区文化烙印。本世纪初，这里成为中外电影导演聚焦的区域，摄影家、画家在这里满怀激情地进行艺术创作，诗人也纵情歌唱这里的生活与岁月。

铁西区的历史，有据可考的可以上溯至 2700 年前的春秋战国时期。直到明天启五年（1625）努尔哈赤迁都沈阳后，将城外土地分封给八旗旗主，逐渐衍生出铁西区的揽军屯、路官屯等王府庄地。1898 年（光绪二十四年），沙俄强迫清政府签订了《东北铁路公司续修南满支路合同》，并将铁路沿线划为铁路用地。1906 年 8 月，日俄战争后，日本从沙俄手中接管南满铁路，并在这里建立了殖民政权机构。从 1913 年起，铁路西侧陆续开设了一些企业。据资料统计，到 1931 年"9·18事变"前，日资在铁西建厂 28 个，整体规划为工业区。在 20 世纪 30 年代晚期，铁西区正式建区，至 1944 年，日资在铁西建厂 300 余座。[1]

1949 年之后，国家有计划地对铁西区进行了调整和改造，将铁西区列入重点改造的工业区，使铁西区逐步形成了以装备制造业为基础、工业门类较齐全、大中型企业较集中、产业基础雄厚的工业基地，发展了一批全国甚至世界领先的代表性企业。当时全区在全国工业生产中处于重要地位，成为沈阳和中国工业的记忆和荣耀。

但进入 20 世纪 80 年代晚期之后，铁西区工业开始衰落。20 世纪 90 年代初以来，铁西区工业企业逐渐引进国际先进技术、设备和外资进行改造。这次总体改造的目标是提高社会经济效益，重点适应国家能源、交通建设的需要，高起点地改造老企业，同时开发新兴产业；加强城市基础设施建设，适当调整城市功能布局；推进企业的改组联合，发展企业化协作生产和社会化服务。

2002 年到 2007 年期间，铁西区开始建立体制合一、统一规划、全盘整改与振兴的格局。随着行政区域的多次调整，以及对于原工业区文化和空间的利用与改造，铁西老工业区初具新貌。此次改造计划通过 10 余年的产业调整与环境治理，到 20 世纪末使铁西区成为在区域空间布局、环境质量、交通状况、公共设施、生产和生活服务等多方面较为先进的现代化工业区。笔者在 2008 年和 2009 年的两次实地察访中，发现铁西区的某些方面已经达到了目标。

当地政府、社会和区域管理方意识到，工业文化遗产是城市发展的见证，随

---

[1] 铁西区志编委会编纂：《铁西区志》，1998 年，"辽沈内出字"（1999）第 130 号。

意毁弃它即等于割裂城市自身的"记忆"。出于对这个曾为国家立下功劳的老工业区的特殊情感,铁西区政府决定在大规模的城市建设中,最大限度地保留了这里的工业文化遗产和原生态的工业符号。2007年6月18日,即实施老工业基地改造五周年纪念日时,铸造博物馆、工人村生活馆、铁西人物馆、规划展示馆、蒸汽机车博物馆等一批反映20世纪五六十年代浓浓的工业气氛的展览场馆大规模落成,形成了一道独特的铁西工业文化风景线。

在铁西区卫工明渠西岸的原铸造厂旧址基础上建立的铸造博物馆,是这里的代表性场馆(图6.10)。这里保存了巨大而完整的工业机械设备铸造车间(图

图6.10 沈阳铁西区铸造博物馆外景

图6.11 沈阳铁西区铸造博物馆内部的原厂房及设备展示

6.11），还向观众展示了车间工段的"考勤板"（它在日资企业、民国企业和共和国企业时期延续达 70 余年之久）。这里还有 20 世纪 60—70 年代与生产和政治意识形态宣传相关的招贴画，有关工厂历史的集体摄影图像，车间工人的劳动工具、装束及生活用品的陈列。另外，当代艺术的理念，采用雕塑、装置、绘画、图像、印刷品、现成品、历史建构物等方式，融入博物馆的展示空间，向观众介绍铁西区工业历史形态，以及与之相伴的时代及社会文化背景。博物馆在原有车间中利用遗留的机械设施，帮助今人回顾当地工业文化历程及产业技术形态；另一方面，遗址博物馆所保存的工业建筑、机械设施及生产环境的整体景观，成为当今社会中极具审美价值的观赏对象，给公众以不同寻常的工业美学体验。

在铁西铸造博物馆的内外空间中，公共艺术的介入及展示方式主要呈现为两大类：一类（以上所提到的）是以原先的工业遗存，如从厂房、设备、生产流程、产品种类，到当时工人们的生产及生活资料的"现成品"物象为载体，以物化的文化符号向参观者展现其产业文化的历史形态和内涵；另一类则是在此基础上由艺术家群体策划、制作的艺术品（包括单体的作品和场地空间的整体设计和布置），以艺术的形式和符号凝练和阐发场域的含义与诗意。此两类方式从不同的角度和形式构成了这一博物馆空间的文化意味，以及易于沟通观者的公共性。

具体地看这些艺术家主动介入和创制的公共艺术作品，除了以工厂遗存的建构物、厂区环境，以及原有的生产及生活资料作为艺术创作的原型和元素，并在尊重历史的基础上对它们的存在意义和价值意味进行艺术的观照和引申之外，也强调了艺术自身的在场与融入，以求达到与观众的交流和情感的激荡。如以铁西区杰出青年工人群体的手模印记创作的浮雕作品，其运用原工厂的芯铁铸件来构成富有形式感的浮雕壁画，同时还利用工业管道等材料进行浮雕表面的划分，以突显工业感和场域精神（图 6.12）；博物馆的总体导视图，以及各展示场馆导视板的艺术设计；展区道路上具有视觉引导功能、表现主义的拓印和镶嵌处理的艺术作品工业符号；利用原铸造厂的铸铁沙箱构件材料创作的铁西区历史展板（图6.13）；取材于作为生产资料的金属矿石、矿渣的装置性作品；以水泵、鼓风机机壳铸件为素材的浮雕作品；原厂工人手绘的车间铸造工艺流程图与人工作业画面等（图 6.14）。它们对厂区的文化诠释、审美表现和场所再造起到独特的作用，使之服务于厂区空间及功能的活化和再利用。

此博物馆的公共艺术形式和观念，显现出一个基本特点，即艺术与现实及其

图 6.12　用原工厂的芯铁铸件构成的浮雕壁画，
沈阳铁西区

图 6.13　运用铸铁沙箱构件材料创作的铁西区历史展板，
沈阳铁西区

图 6.14　原工厂工人手绘的铸造工艺流程图与人工作业画面，沈阳铁西区

历史情境不再被明确的界线所划分。艺术的融入使得昔日实用性、功利性、目的
性十分强烈的工业景观，转化为今人回顾和体验往昔生活的物质性文本和特殊的
审美对象。巨大、沉重、凝固而趋于萧条和冷漠的工业遗址成为亲切、温馨、鲜
活而具有多义性的游览空间和社交公共场所。

景观美学和整体性治理的理念促进了整个区域的良性发展。笔者在考察中看到，铁西区原先作为工业污水排放的水道，纵贯南北三厂、五街区的河道卫工明渠，在 2007 年初之后得以改造。在西至卫工街、东到景星街（中跨保工街、齐贤街）、区内铁路线以北的区域，政府投入约 500 万元经费建设了宽 15 米、长 3000 米的带状公园，横跨蓄电池厂、高压开关厂、冶炼厂等厂区，犹如一条绿色缎带横贯于铁西区北部的老厂区域，成为此地一道明丽的景观走廊。卫工明渠则成为铁西工业带状公园的一部分，渠道和水质得以整治、清理，岸边的植被绿化得以实现，休闲观光的公共空间也得以修缮、扩建（图 6.15）。

在临近沿线公园（如劳动公园、仙女湖公园）的公共空间中，设计者安放了再现铁西区工业历史的大型景观雕塑作品。如在劳动公园东门附近的街道旁，安置有三座工业文化题材的现代雕塑，分别以机床、工业魔方、鼎为主题，以工业生产设备为创作材料，成为深受当地居民喜爱的公共艺术作品。其中，雕塑《机床》（图 6.16）的创作取材于沈阳机床厂在 20 世纪 70 年代自行设计和生产的 CW163 型普通机床，它代表了当时中国机床的先进水平。机床工业的成就曾是铁西区为国家工业创造的 100 多个"第一"中的

图 6.15　沈阳铁西区工业带状公园

图 6.16　《机床》，雕塑，沈阳铁西区卫工明渠沿线

图 6.17 《工业魔方》，雕塑，沈阳铁西区卫工明渠沿线

重要一项。雕塑《工业魔方》（图 6.17）的创构来自沈阳铸造厂的铸铁沙箱，它曾用于烧铸大中型鼓风机壳和底座坯件等。工业沙箱犹如一个魔方，寓意产业工人勇于思考、创造和进取的精神，并意在彰显铁西老工业基地工业生产的配套与密切协作能力，它能够生产整机支持全国的经济建设。雕塑《鼎》的创意则来源于当地工业油压千斤顶床，并以抽象化的仿古鼎造型手法制成。雕塑的原型是沈阳气体压缩机厂于 20 世纪 60 年代，在全国劳动模范吴家柱的带领下，由技术革新小组研制的 300 吨油压千斤顶床，同样象征着铁西产业工人的巨大创造能量。这些雕塑不仅点缀了铁西区的环境或成为地标，更重要的是它们为当地居民及百万产业工人留下了本地区工业文化的历史记忆，表达了这一特殊群体对于过往岁月与生活情境的深切怀念。

　　随着景区改造的进程，铁西区内仅存的工厂企业也列入了搬迁计划。在现代化的摩天大楼与广场绿地中，铁西区又将一批极富代表性的工业文化符号保留下来，诸如沈重集团炼出的共和国第一炉钢的钢包，华润啤酒开挖的第一口水井，以及红梅味精厂的一座老车间建筑，这些工业符号"被修旧如旧"地保留后，融入新楼盘、新小区的整体建设之中，成为城市区域新的景观和标识。

在铁西区工业文化遗产的保护举措中，还有建立与铸造博物馆齐名的沈阳蒸汽机车博物馆（图6.18），成为展示、收藏、教育和公众休闲的文化场所。蒸汽机车博物馆是在原沈阳铁路蒸汽机车陈列馆的基础上，由沈阳铁路分局与沈阳植物园共同建造而成，建筑面积达11300余平方米。它的落成，也是特定时代和社会背景的产物。在20世纪80年代中晚期，随着蒸汽机车的日渐淘汰，铁路职工有意识地收集、修复、保留了一批最具有代表性的蒸汽机车，在苏家屯机务段创建了沈阳第一个蒸汽机车陈列馆。随后，历经两次搬迁和扩建，最后落户铁西区重工北街，掩映在铁西区森林公园的绿荫之中。馆内收藏有20世纪60年代之前产自美国、德国、日本、捷克、波兰、罗马尼亚、中国和苏联等地的机车产品，成为中国铁路机车发展史的重要见证之一。作为目前国内第一大铁路蒸汽机车博物馆，它向机车及铁道文化的爱好者和众多来访者展示珍贵的实物资料，以有限的规模和手法展现中国及世界现代机车工业的发展历史及工业设计文化的形貌，成为铁西工业博物馆的重要组成部分。

沈阳蒸汽机车博物馆的建立及其馆藏蒸汽机车的公开展示，丰富的社会意义在于：首先，它展现了世界铁路和机车的发展史及工业革命带来的文化成就；其次，它记录了中国近现代工业艰难而卓绝的发展历程；最后，公众对于机车展品本身的赏析和相关交流，也超越了参观历史文物的一般性意义，还具有培养和提高人们对工业产品的审美的公共教育意义。

在工业遗址园区的维护与管理中，尤为重要的问题是使遗址在得到保护的同时，更好地融入城市的发展进程，以及当地经济与社会发展的方式之中。然而，就整体形态而言，中国城市的工业遗产保护与利用还处于一个初级而粗放的阶段。笔者在2010年前后走

图6.18　沈阳铁西区的沈阳蒸汽机车博物馆局部

访铁西工业遗址区的过程中发现，虽然这里拥有丰富多样的工业产业历史和较大规模的工业景观资源，但尚未达到良好的社会、文化和经济的整合效应，没有形成有利于其自身发展和管理的成熟模式。其中的原因，一方面与园区产权、管理权与经营权三者关系的处理有失恰当有关；另一方面与其业主的运营理念及具体方式有关。笔者在走访中发现，铁西工业遗址园区及其具有标志性的铸造博物馆均采取封闭式的管理和门票准入制度，但园区当下并没有与当代文化创意产业、高新科技研发机构或时尚的休闲娱乐业等密切结合；在景观形态的建构方面，也没有与城市延展及开发过程中形成的新区域的边界有机地过渡与衔接；其依然与过时的半企业、半事业单位的运营管理方式相类似，欠缺开放而兼容的市场意识，以及主动的服务意识和自我推广意识。此工业遗址园区的看守及兼收门票的人员，是一些已退休的老年职工，缺乏必要的新职业岗位的培训，缺乏服务意识和岗位知识。虽然遗址区结合本地社会需求也进行过一些集体性的联谊和开放性的社会文娱活动，如集体婚庆、文娱演出、音乐会、艺术展览、园区厂史及工业史的展览活动等，但均限于一些零散的、孤立的或短暂的活动项目，而缺乏整体性、长期性的园区发展规划和某些市场化的运作，没有使之成为吸引社会力量参与、富有特殊魅力的城市文化聚集地。[1]

从城市原有经济形态和文化环境来看，铁西区工业遗产区的营建目的和过程，恰伴随着传统工业生产型城市向文化娱乐与生活服务型城市转化的进程，二者将互为需要、相互促进。其实践过程都需要吸引和汇集相关的投资方和知识界、文化界及技术界的多种社会能量；同时，也需要对当地市民阶层进行城市文化遗产与关于多样性城市生活方式与文化消费意趣的培育。以上都是促使工业遗产园区与当地社会产生良性互动的前提条件。

铁西区工人村生活馆（图6.19），是沈阳铁西区工业遗址园区的一个重要组成部分。生活馆虽然仅由一幢原工人宿舍楼改造而成，但却有着特殊的现代博物馆的意义。如前文所提，自20世纪40年代末以来的铁西区，经过50多年艰苦不懈的努力，至90年代初，在全国工业区域中已具有五大优势，即产业基础、产品系列配套、市场辐射、产业集群和科技优势，生产出国家的诸多"第一新产品"，几十种产品及其产量都在全国处于领先地位。其中，产业工人队伍的作用

---

[1]　此为笔者于2011年7月期间走访沈阳铁西区时所观察到的情形。

是十分显要的。在他们之中曾经涌现出一批全国、省、市劳动模范，并有着一大批企业管理和技术人才。因此，工业文化遗产所承载的城市记忆不仅要"见物"，尤其还要"见人"，因为人是社会生产力和历史内涵中最为重要的因素。约在 2007 年

图 6.19　沈阳铁西区工人村生活馆外景局部

前后，沈阳市及铁西区政府在位于赞工街的原产业工人聚居区建立了工人村生活馆，向社会各界开放展览。铁西区工人村生活馆是由 7 栋楼围合成的一个相对独立的小院。这里整个情境全部仿造早期工人村建成时的建设格局和样式，并修旧如旧，浓缩地再现了工人村原来的形貌。

铁西区工人村是目前全国保留下来的最大的工人聚集区。1952 年 9 月，按照苏联设计的"三层起脊闷顶式住宅"图纸，当地政府投资 1200 万元建设了工人村住宅，包括 79 栋楼、3396 间宿舍。这曾是我国工人群体身份及政治待遇的一种象征。工人村曾以"楼上楼下、电灯电话"的设施水平而闻名全国。工人村的第一批住户多是当时国有大中型企业的职工、劳动模范、高级知识分子、高级技术工人等。可以说，工人村真实地见证了东北工业的发展历史，以及这一过程中工人群体的日常生活和点滴记忆。工人村生活馆的主体内容是从 300 多个工人村家庭筛选、还原的 13 户不同历史时期和具有类型差异的工人家庭生活场景，并展出了 200 多幅老照片和 5000 件实物，再现了从 20 世纪 50 年代开始近半个世纪的工人生活缩影。

当时间的流逝让原先功能性、目的性的事物失去具体用途时，它们往往呈现出文化和审美价值。铁西工人村生活馆中这些老旧的事物，以及展示现场所呈现的工人劳模、知识分子、管理干部等不同角色人群的家庭生活场景，可以让参观者从不同的多维角度去解读和欣赏过去岁月中，特定地区和特定身份的人群所经历的社区生活。

在现场还可以体验不同区域的私人生活情景和公共生活场所，除了日常家居

图 6.20　早年家庭生活场景，沈阳铁西区工人村生活馆　　　　图 6.21　工人村店铺情景，沈阳铁西区工人村生活馆

空间，还有幼儿园和计划经济体制下的社区日杂商品店、粮食供应站、布店及蔬菜水果店等（图 6.20、图 6.21）。它们重现了蕴含在各种物象中的当时人们的生活方式、人际关系、情感、意志、智慧和审美态度等。这些都为现在的人们提供了难得的重温历史的机会。尽管工人村生活馆的展示规模和发掘深度还十分有限，难以涵盖铁西区工人的所有生活情境，但它为人们整体性地了解此区的工业文化提供了可能。我们也注意到，展览馆还出售工人村家庭制作的各种手工艺小商品，它们既可以作为对社区工人的一种经济补助手段，又可以作为旅游参观者购买的文化纪念品，增加人们对于工人村今昔内涵的理解。

上海江南造船厂

上海江南造船厂初创于 1865 年，原名江南制造局，1867 年迁至黄浦江西岸。在此后的 150 多年间，它经历了革新图强的清末洋务运动和东西方列强侵略、殖民与民族抗战的峥嵘岁月，也见证和谱写了 1950 年代之后中国工业发展的重要阶段。江南造船厂是中国现代造船业及现代制造业的发祥地，素有"中国民族工业摇篮"之称。为迎接 2010 年上海世博会，其于 2008 年迁往上海长兴岛。

在落成的世博园的浦西片区中，有不少展馆和公共空间便是由江南造船厂的老厂房及厂区空间改造而成的。其中，中国船舶馆、城市足迹馆、世博会博物馆、中国铁路馆、中国航海馆、上海企业联合馆、城市未来馆，以及船台广场、江南广场、绿地博览广场、城市广场、日本产业馆等，成为世博会浦西园区的主要构成部分。[1]

　　其中，中国船舶馆所在场域曾是江南造船厂旧址中具有重要纪念性的标志性空间，是在江南造船厂原厂址东区的装焊车间基础上改造而成。它一方面体现世博会的主题；另一方面，展示原先企业的样貌，突显了该工业遗址中的文化精神与历史内涵。中国船舶馆两侧的外立面，运用船舷的流线及龙骨的造型特征，显现场馆的主题性和艺术性。在原厂房的老结构基础上，新建筑尽量维持工业遗迹的原有结构、材料、色彩及肌理等视觉特征，并增设了景观斜廊、VIP连廊、立面及屋面装饰构件等，使原有结构和空间在有限度的改造后，满足人们了解原企业的历史文化、方便世博区的观览，以及进行休闲和交流活动的需要。船舶馆利用了原工业生产车间宏大的尺度和雄放的空间气质，使得参观者在其深灰色锈蚀钢构件笼罩下的工业遗址中，踏着车间原始的斑驳地坪，浏览昔日船舶生产所需的庞大机床和构件，体味产业悠长的历史气息。为了建立宽阔的观景浏览面，设计者在展馆南侧约14米的高处架设了观景斜廊（图6.22），与老厂房的结构呈19°的倾斜，建构出世博园浦西展区中观望黄浦江、中国国家馆及演艺中心等主要景观的极佳观景点。

　　在中国船舶馆中，最引人注目的是散落其间的公共艺术作品，它们基本上是

图6.22　中国船舶馆的观景斜廊，上海世博园

---

[1]　笔者于2010、2011年对上海世博园区所设诸馆进行了实地考察。

运用当年造船厂的船舶构件、造船机械设备以及厂房、厂区的复原模型等进行的艺术创造。如在船舶馆入口处设立的现成品雕塑《螺旋桨》（图6.23），它曾作为万吨级船舶航行的动力推进装置，现今矗立于供人艺术审视的博物馆公共空间之中，象征着特定产业历史与厚重的时代印迹。立于馆内的大型装置作品《三辊卷板机》（原为1925年法国制造）、《油压机》（原为1930年日本制造），它们均曾安置在上海江南造船厂的船体车间，是加工船用曲面钢板的主要设备。它们今天为当代观众直观地勾勒出20世纪初期中国上海重工业发展的真实脉络。这里所有的公共艺术作品均以与产业历史密切相关的机械性实物作为载体，并赋予其象征性的寓意，以现代装置艺术的形式介入主题性博物馆空间，给公众以勾连和跨越历史时空的心灵震撼与感动。其中的微缩景观作品《江南造船有限公司原址全貌》（图6.24），把产业原址的景观形貌以造型艺术的手法"记录在案"以供人观瞻，宛如一段产业历史的绝唱。这里还有一些平面图像艺术，展示了当时并行发展的产业机构，如炼钢厂、化工厂、铸造厂、枪械厂、器械厂、子弹厂、军火处等，方便后人以视觉的方式认知中国晚清时的洋务运动，以及西学东渐的现代化进程。

图6.23 《螺旋桨》，实物装置，上海世博园中国船舶馆

图 6.24 《江南造船有限公司原址全貌》，景观模型作品

　　从江南造船厂遗址的公共艺术方案来看，除了一些直接反映产业自身历史文化的作品及文献性表述之外，还有一些为了配合 2010 年上海世博会进行的相对宽泛的艺术表现，如设立在中国船舶馆建筑外沿及相邻区域的公共雕塑群体：《老上海印象 No.4》（图 6.25）、《迁移之都》《船坞 No.1》（图 6.26）、《工业时代·心》《巡航》等。它们多以现代雕塑的形式语言及象征手法，表现了与现代城市及工业文明历史相关的语义，成为整体园区景观艺术的一部分。显然这也是为了吸引世博会游客及丰富视觉感知而为之，具有适应会展文化需求的特点。

　　在这里人们可以实地观察到上海江南造船厂遗址的景观及艺术处理，具有一些明显的缺憾，如在保留产业建筑、空间及人文历史形态方面，并没有做到整体、真切、细致地保存和梳理，缺失了重工业遗址原有的生产流线、技术与装备中物质与人文意象的厚重感，而是经过大量的拆除和人为的修饰后，满足现代主题性会展的需要，这种做法难以完整地展现产业历史及其人文形态的魅力。同时，这些遗址的原有空间序列及内在逻辑显得支离、零散，这种表象化的处理形式，散失了造船厂原有产业景观所具有的视觉及心理效应，削弱了可供后人进行多样的现场介入和体验的可能。然而，此园区中也有一些亮点，如把原先的船坞空间改造成下沉式广场，供人们进行演艺、观赏和交流活动，形成了景观空间的丰富

图 6.25 《老上海印象 No. 4》，雕塑，上海世博园

图 6.26 《船坞 No.1》，雕塑，上海世博园

图 6.27 利用原船坞改造的演艺及游览空间，上海世博园

性和差异性（图 6.27）；另如对园区原有发电厂巨型烟囱的保留，使之成为可每天告知附近居民气温的"都市温度计"（图 6.28），产业物质形态的遗产保护与具有想象力的艺术创意及日常实际使用功能得以结合。

图 6.28 利用原发电厂烟囱创作的都市"温度计",上海世博园

6.4.3 展陈与游憩场所的综合体

北京798工厂

当代大都市的魅力和发展动力,在于其自身文化形态与城市生活环境及公共空间为创新型及互助型经济的生成和发展提供了良好的氛围。大都市正是通过这些来强化城市持续发展的能力,并增加对外吸引力。而对于城市旧有工业遗产的保护和产业化开发利用,正是寻求城市文化、经济和社会发展的契合点的新举措之一。北京798艺术区的营建和发展,正是这种实践中较早的一个范例。

北京798艺术区坐落于北京市朝阳区,占地面积约为25万平方米(未来规划约为50万平方米)。它原为电子工业厂,兴建于20世纪50年代初期,由民主德国援建。在进入 20 世纪 90 年代中晚期后，因产业结构及生产园区调整，空余厂房开始对社会出租。由于厂区的车间建筑由原民主德国德绍市建筑机构负责建造，具有包豪斯风格的简洁与实用，其空间、环境和交通条件均适合艺术家作为创作空间和展览活动的场所。798 艺术区从 21 世纪初期以来，逐渐被来自国内外的艺术家工作室、画廊、文化机构、时尚商店等所租赁。798 艺术区至今已经成为中国乃至国际著名的当代艺术创作、展示、售卖、交流基地，也因而成为北京城市形象及中国当代艺术的重要标志之一。

798 艺术区是在北京及中国当代社会生活中自然"生长"出来的一块文化园地，并因具有鲜明的特色而受到社会的特殊关注。798 艺术区并非一种政府规划和企业设定的产物，而是在中国社会和经济结构转型时期，民间社会和市场机制共同促成的社会现象和特殊的城市景观，也是政府顺势而为的一个阶段性结果。

据笔者察访，798 艺术区自 2004 年形成一定规模以来，入驻的产业多样而互补。艺术画廊，广播、电视、电影，网络，餐饮，文化休闲娱乐，服装设计与加工，文化用品及设备，建筑设计、工业设计及展示设计，各种文化与服务产业几乎涉及国民经济行业划分中的 7 个大类及诸多小类。至笔者写作时，798 艺术区文化创意产业机构约有 300 家，直接就业人数约为 4000 人，而间接就业及获益的人数则更多。

当人们漫步在 798 艺术区时，可见棋格状的道路两旁分布着各种空间：国内外的画廊、艺术展厅、创意与设计机构，以及酒吧、商店、艺术书店等，配以红砖及钢筋水泥砌成的带有高大天窗的包豪斯建筑，让习惯于一般都市环境的人们感到好奇与兴奋。那些充满工业气息的原生产厂房、烟囱、锅炉、吊车、高架管路、机械设施、露天的燃料坑、仓库

图 6.29　北京 798 艺术区保留的工业景观

和废弃的厂区铁路等景观元素，引发参观者对半个多世纪之前的中国工业历史的回忆与想象（图6.29）。

近10余年来，798艺术区新设立了许多户外的雕塑、装置、卡通壁画、橱窗艺术、路标设计和各类具有艺术性的广告招贴，它们与艺术区的工业建筑景观和川流其间的人群共同形成了特殊的区域景观，也给许多并未抱有特定目的的游客提供了游览观赏的随机性、多样性，使其体验到了都市生活中"看与被看"的生动场景（图6.30）。

798艺术区的存在，一方面是对城市工业历史文化的一种有效而有益的保存，在当下公共社会生活中发挥着积极的效应；另一方面作为北京和中国当代艺术创作、交流和传播的公共平台，为当代艺术与社会及市场进行交流、交易提供机会。虽然近年来798艺术区的商业化意味愈加浓重，但依然经常举办一些开放的公益讲座或艺术展览。从某种层面和意义上看，798艺术区常年的艺术展览和活动，形成了当代艺术文化的公共性内涵及社会效应。进入21世纪以来，798艺术区时常举行绘画、雕塑、设计、影像、音乐和表演活动，在活跃城市经济和塑造都市形象之外，为当代艺术提供了发展动力，也给广大的普通市民提供了接触、了解、观赏和评论艺术的机会，并成为公众进行审美、休闲、

图6.30　北京798艺术区内的景观雕塑和人流

图 6.31 北京 798 艺术区内的观览和体验活动

图 6.32 北京 798 厂区高炉周边的美术馆及展览活动

娱乐、旅游和各种消费活动的公共空间（图 6.31）。

如在 2011 年 10 月初，798 艺术区举行的"2011·北京国际设计周"，以及由中外设计师联合举办的"设计之旅——透明北京·亚洲表情"等一系列免费、公开的展览活动中，每天约有上万人前去参与。在老旧的厂区铁路旁、联排的高炉下和由旧车间改造成的室内展场中，各种创意设计作品为无数观众走近国际现代设计及了解设计美学内涵，提供了极好的交流机会（图 6.32）。有趣的是，一些青年社会群体自发地来到艺术区，配合艺术展览举行各种街头表演和行为艺术，吸引了众多的观光者与其互动，形成了生动、自由和包容的社会场景（图 6.33）。近年来，各种艺术活动集中在节假日开幕已成为惯常现象。798 艺术区对于老旧工业区的保护和利用，的确在城市的文化效益和经济效益上都取得了成效。

在现在的 798 艺术区中，公众得以近距离观赏和接触这些镌刻着工业时代记忆的景象；而园区则利用公众对于工业遗产景观的陌生感、新鲜感，以及它所具有的科技与艺术的现代感，构筑新的城市公共空间，成为对城市作为日常居住、

图 6.33　北京 798 艺术区中玩耍和表演的青年群体

生产和纯粹商业空间的背反和补充。与此同时，北京 798 艺术区对于激活周边区域的社会和经济，促进城市社会文化生活的多样性和个性化发展，培育具有当代特色的创意产业群落和城市新形象，均具有独特的重要意义。而这些是伴随着城市经济和制度变革的进程逐步实现的（图 6.34）。

　　798 艺术区的生成和演变，在一定程度上显现了城市空间参与社会生产及其再生产的过程，也显现出空间形态和性质在权力及资本作用下的塑造与转换。798 艺术区自 20 世纪 90 年代开辟以来，大致经历了三个阶段，呈现出不同的特征：第一阶段为 20 世纪 90 年代中期，此时由国家投资兴建的原厂因没落衰败，部分厂房被出让给外部公司经营，公司成为"二房东"后把少量厂房出租给艺术家或画廊等艺术、商业机构。由于当时低廉的房租和社会关注度低，园区一度成为从事当代艺术的实验区域。加之专业策展人角色的出现，促使多元的、非政府主办的各类艺术展览活动也随之出现，园区呈现出艺术创作、展示和艺术观念交流的初步景象，并逐渐吸引了更多的国内外艺术家及艺术机构和商业机构的入驻。然而，站在运营公司商业利益的立场，当厂房出租所得的利润越来越有限，他们自

图 6.34　北京 798 艺术区举办的国际性艺术设计展览的现场

然逐渐会把眼光投向大型房地产市场，意欲在政府的参与下把原有的旧厂房就地拆毁，再将土地卖给开发商建成纯商业性质的电子城。[1]

第二阶段为 1990 年代晚期至 2005 年，尤其是在 21 世纪初期，大批来自国内外各地的艺术家和艺术机构迁入。几年中，这里陆续建立了许多较为固定的艺术家个人工作室及艺术机构，园区的景观环境和公共设施在原工厂的格局基础上有许多改变。最为突出的是围绕工作室和画廊展厅产生了许多具有艺术气氛和设计风格的餐饮店、创意品商店及艺术书店等服务与娱乐性的空间和设施。此时期的艺术氛围和商业氛围处于交错、纷杂的状态和阶段，也是艺术家和社会舆论努力保住 798 艺术区的重要阶段。

第三阶段为 2005 年至 2010 年代初期，此时园区中主要艺术画廊和其他艺术、商业机构的空间布局已经趋于稳定，并在各自的事业及影响上拥有一定的积累。昔日冷清的 798 艺术区的商业氛围大增，一些艺术展览中的艺术品质、思想状态和园区气氛呈现颓势或浮泛化。此阶段，艺术园区的文化生产及其空间内涵是多元而复杂的，其中不同利益群体的观念、审美及利益诉求充斥在各自的展览策划、展品面貌、商业成交状态及作为视觉标识的户外雕塑、环境设计及广告形象中等。

文化资本、商业资本，以及媒体和观众（访客）正共同塑造着 798 艺术区的现在和未来，与镌刻着半个多世纪中国工业历史文化印记的园区景观，共同构成不断演变的时空特征及内涵。

---

[1]　周岚：《798 艺术区的社会变迁》，北京：中国轻工业出版社，2012 年。

成都东区音乐公园

成都东区音乐公园（也称为成都音乐广场），位于成都市成华区二环路东二段外侧，即以原成都红光电子管厂为代表的一片工厂旧址区域。这里也是成都城市格局和产业结构调整后保留下来的唯一一处较为完整的老工业遗址。2010 年前后，在市政府主导和下属机构的运作下，当地展开对旧厂房的分期改建。音乐公园的构建以原国家电子工业部 773 厂所在位置为中心，占地面积为 380 亩（一期改建 218 亩）。规划和设计方事先明确"保留为主、新旧协调，品质至上、创意时尚，注重现实、多样呈现"的改造总则，以期改建项目在尊重城市历史和工业文化遗产的前提下，利用原工业厂房、设施和空间，建构以展览为主体，旅游、商业及创意文化产业共同发展的开放景区。

园区遗留有 20 世纪 50 年代苏联援建的工厂办公楼和高大的红砖厂房，以及在 20 世纪 90 年代初修建的各类车间、库房、烟囱、电气管道及空中支架，这些工业构筑物与厂区枝繁叶茂的梧桐和桉树，共同承载了当地工业旧日的记忆。[1]

在重新规划和设计下，开发者利用原厂区的建筑和空间，构建了如工业文化遗产展厅等场域，向来访者展示原来的一些生产车间、机床和工人正在操作机床设备的劳动场景，以及一部分历史性图片资料（图 6.35）。此外，在原厂区的露天空间中陈列了往昔的大型生产机械设备，其中一些经由成都当地艺术家的再创造，变为具有工业感的雕塑、装置艺术品（图 6.36）。它们显得厚重而新颖，成

图 6.35　当年车间工作情景再现，成都东区音乐公园中的工业文化展厅

图 6.36　成都东区音乐公园中的老式机车展示

---

[1]　此情形为笔者于 2012 年 7 月赴成都东区音乐公园调查时所了解。

为老工业园区景观的新元素。改造后的景区，分别设有供流行音乐演出的演艺中心，供戏剧及综合性演出的舞台，供文艺教育和演出排练的"星工厂"，以及供游客观光、购物、娱乐的"天籁街""酒吧工场"，周边另有一些音像制品店、画廊、文化餐饮和酒店等商业、文化场所。

近些年，成都当地社会文化机构与政府合作，在这里举行了一些绘画、雕塑及设计艺术作品展览，包括规模较大的"成都双年展"，为成都城市文化和休闲生活带来活力，提供了新的社会交流和文化娱乐的公共空间。然而，由于园区活动的规划和经营缺乏切合当地社会的公益性、创造性及持久性需求，而过于倾向于对商业化及短期效应的追求，从而在较大程度上难以维持其良性的、持续的养护和成长，进而难以促使新的业态介入和尝试新的运营方式。

深圳蛇口浮法玻璃厂

深圳蛇口浮法玻璃厂（图 6.37），坐落于深圳南山区蛇口湾畔工业区，占地约 13 万平方米，厂房建筑面积约 4.3 万平方米。它曾是由中、美、泰合资的企业，1987 年 7 月建成投产，是当时国内具有世界先进水平的大型工厂，也是中国首个现代化浮法玻璃厂，其产品 50% 以上销往国际市场，成为中国玻璃工业史上的一个奇迹。厂区建筑于 1988 年获得国家建筑工程"鲁班奖"。

图 6.37　深圳蛇口浮法玻璃厂景观

由于城市发展及内外因素的变化，2009 年广东浮法玻璃厂生产线停产，主要设备被拆除。厂房内留存的建筑构件，尤其是高大宽阔的空间，屋顶凸起的天窗和气势恢宏的熔窑柱头，犹如蓄势待发的壮士列阵（图 6.38）。这些原来能够日熔化 500

图 6.38　深圳蛇口浮法玻璃厂原车间中保留的熔窑柱头

吨的浮法玻璃生产线，在生产过程中留下各种痕迹，无不成为当年深圳蛇口工业文明的印记。深圳市政府、社会及文化艺术机构的有识之士，非常关注城市边缘形态的演变和蛇口工业区的再造，决定利用和展示这座印证了深圳现代工业文化历程的废弃工厂，把"2013 年深港城市 / 建筑双城双年展"的主要展场之一设在此处，从而以公开的城市与建筑艺术设计展览的方式来激活和带动蛇口工业区的改建。尽管这只是一个阶段性的活动，但对于城市工业遗址的再造及社会多种效益的增进，具有典型意义。

此次展览设在深圳蛇口的"一区两点"。"一区"即蛇口工业区，"两点"分别指招商局蛇口工业区有限公司属下的原广东浮法玻璃厂与蛇口客运码头旧仓库，两个展场设立在沿南山蛇口湾畔的一条长约两公里的绿色廊道上。此展览的主题性广告语是"城市边缘·创意蛇口"，由国内外著名策划团队参与策划，并邀请多个国际著名设计院校、机构及项目团队加盟，意在展示设计界新的文化理念和实践方式的同时，在"把曾经走在全国工业化前沿、生产玻璃的工厂，打造为全新的'蛇口价值工厂'，为深圳生产创意与文化"[1]。相对于辽宁沈阳铁西

---

[1]　深圳城市 / 建筑双年展组织委员会编：《2013 年深港城市 / 建筑双城双年展（深圳）导览手册》，2013 年。

区工业遗址的运作方式而言，深圳蛇口浮法琉璃厂工业遗址采取了更为开放和富有创造性的方式，重新阐释工业遗址的社会价值及意义，激活城市空间和社会生活。在这里举行的双年展以"价值工厂"为策划理念，试图为深圳带来一场真实、精彩而多样的城市文化盛宴。双年展的展场及景观设计将这里改头换面，并通过丰富多样的开放性活动，呈现"价值工厂"的当代价值和社会意义。这里不仅为历时三周的双年展场地，也将成为之后深圳及周边城市改造与发展的灵感来源和文化创意的发生地。

在展览 A 馆中，设计者把原来的厂房建筑，如机械大厅、筒仓、沙库及露天场院，作为建筑双年展的展览、体验、游览、演讲、茶歇及用餐空间（图 6.39）。

图 6.39 深圳蛇口玻璃厂原址改造的休闲和餐饮空间

这里基本保持了原来工厂的建筑形貌、空间格局及一些场所特征。双年展 B 馆中的"文献仓库"（图 6.40）向来自世界各地的观众展示了诸多应对当代城市问题的案例。诸如如何应对和改建废弃工业区，城市扩张与边界的界定及跨越，城市空间转型与生态构建，城乡互利互动，历史建筑的改造与再利用，乡土建筑的集约化，都市农场的建设等问题。

此次双年展项目为人们带来了许多城市文化观念和历史经验。如美国麻省理工学院高阶城市研究中心的展出项目"工业建筑作为一种文化解放力

图 6.40 双年展 B 馆"文献仓库"外景

量",成为"价值工厂"中的一种理论辨析。它主要针对把工业建筑重新植入社会,从而激发城市从本土性和都市文化的教条中解放的任何问题。这些设计作品均与后工业时代的未来,以及工业化过程中留下的基础设施遗产密切关联。展览中的诸多探索性方案针对未来城市形态及社会理念,重新诠释和演绎了工业建筑向非工业场所的转换,给市民、城市管理者和业界专业人士带来了新的思考和方法。展览中还开展工作坊活动,邀请深圳建筑专业的大学生参与城市规划和建筑设计领域的创新活动,最终再以展览的形式呈现给市民。

图 6.41 "快速反应收藏"展场现场,深港城市 / 建筑双城双年展

图 6.42 "价值农场"现场,深港城市 / 建筑双城双年展

另一项特别引人注目的活动,是由维多利亚和阿尔伯特博物馆主创,由深圳市民参与的题为"快速反应收藏"的项目。它邀请长期生活在深圳的市民选择一些他们认为能够代表当代深圳发展及自身生活特征的物件,进行收集、分类、梳理和展览(图 6.41)。这种方式以具体而特殊的历史性物件向人们揭示深圳建设及社会生活的诸多方面,有着"以物证史"及"微叙事"的展示和收藏特性,使得展场项目与所在空间之间产生微妙的对应关系。

展览中的"价值农场"项目也颇引人关注(图 6.42)。它把原工厂车间中的空地改造为园艺及绿化用地,旨在发掘场地的现有价值,恢复其自然的产出能力。其创想来自香港中文大学和香港大学的设计团队,他们把香港随处可见的屋顶农场，以及中环嘉咸街露天街市改造中富有生机的景象，变相移植到深圳工业区予以推广实验。绿色农场在工厂遗址中的出现，显然不是出于景观设计的审美目的，而是对工业遗址空间"某些心理治疗性的改造"。其中，也意在把香港所具有的香港精神、能量及经验传递给她的近邻深圳。在展览中，"价值农场"还设计了一些可供观者促膝交流与玩赏的围合性小空间。

客观上看，原深圳蛇口浮法玻璃厂遗址及蛇口客运码头旧仓库的改造与利用，既展现了当地工业遗产及城市历史文化的形貌，也是对于城市未来的展望。尤其是在中国当代工业、经济和城市的快速发展和变化中，这一实践具有重要的现实意义及引领作用。利用工业遗产来开展与城市发展和文化建设相关的教育、科普及创意活动，并以特殊的场所精神和体验方式，使得这些建筑空间再度融入城市的现在和未来，显然是值得人们关注的现象和趋势。

常州运河5号

江苏常州运河 5 号创意街区位于常州市三堡街、京杭大运河南岸，它以老厂房、老街巷为景观文化内涵，构成"运河历史文化产业带"的节点之一。运河 5 号创意街区建于 2008 年，总占地面积 36388 平方米，总建筑面积约 32000 平方米。此片区设立时的基本构想是把常州的运河文化、工业遗址与当代创意产业相结合，促进城市新型文化和经济的发展。

在 20 世纪 90 年代后期，由于城市功能转换和产业结构调整，与其他城市相仿，常州一批曾经辉煌过的国营传统企业，趋于搬出城区或破产倒闭的边缘，遗留下大片的工业厂房和空间。之后，地方政府及社会诸方逐渐意识到保护工业文化遗产和利用公共资源进行城市再造的必要。作为常州创意产业协会的主要发起单位，常州工贸国有资产经营有限公司意欲借鉴北京、上海、武汉等大城市对工业遗址的改造经验，充分利用常州的优势，依托典型的伴河而生的常州纺织等工业遗址，开发、保护和传承常州工业历史的文脉和城市记忆，用文化创意产业激活废弃的老旧工业空间。常州运河五号的诞生正是出于这样的背景和需求。其命名为"运河 5 号"，意在保留原常州第五纺织厂（简称"五毛"）的数字标号。运河 5 号坐落于运河古道边沿，它利用原先的常州第五毛纺织厂、恒源畅纺织厂、航海仪器厂、梳篦厂等工业厂房遗址，建设适合此片区观览游憩、艺术作品展陈、创意产业运营等需求的景观空间，逐渐形成一个在功能、设施、景观和服务上较为完备和独特的工业文化遗址和文化创意产业片区。

在实地察访中可发现，运河5号片区保留了原先常州恒源畅纺织厂、第五毛纺厂的工业厂房及少量纺织机械设备。片区中保存有20世纪30至80年代建造的连排锯齿形纺织车间、机修车间、锅炉房、烟囱、水塔、办公用房，其中一些是当年的日式建筑。片区内遗存的大量老旧厂房、传统民居、历史坊巷及斑驳的建筑墙体，无不显现着城市沧桑的历史和鲜明的地方文化特征，它们标志着常州纺织、机械工业曾经的荣耀与几代人的集体记忆，也蕴含着19世纪晚期至20世纪中期，常州地方及民族资本造就的纺织工业的声望与荣耀（图6.43）。

为呈现当地工业遗址文化和原产业特性，艺术家在运河5号创意街区沿运河的入口处设立了以原纺织机械部件为创意的当代艺术作品，以引导游人。设计者们在片区中心小广场上展陈了原纺织厂生产线中的某些工业器械设备，如和毛机（图6.44）、整经机，以及用于布料印染固色和定型的机械设备部件等。它们有的在色彩上被予以艺术化的展现，犹如当代的装置和雕塑作品；也有的保持其肌理原貌，犹如露天博物馆中厚重的文物。对它们的展陈点明了特定场所的历史语义与工业文化主题，激励着游人在特定空间的察访和游览活动。

在改造后的遗址中心区，为显现工业文化景观及生态文化内涵，设计师把原工厂老水塔与污水生化池连成一片，形成具有审美价值的工业景观。水池约有150

图6.43　与常州运河5号工业园区比邻的运河景观

图6.44　和毛机，常州运河5号工业园区

平方米，作为对原中心片区的污水进行生化处理的空间序列之一，被改造成可供观赏的叠水瀑布池，以自上而下、高低错落的十道微型瀑布形态，象征着往日织布机上传动的布匹，而水池瀑布产生的水声恰似细纱机生产时形成的"哗哗"声响。叠水瀑布池的造型保留了工业遗存的视觉元素，也展示了新的创意灵感和表现手法，引得游客纷纷驻足观赏或留影纪念（图 6.45）。

在运河 5 号的片区内，分别设立了 5 号视觉艺术中心等艺术展陈、展演空间和休憩娱乐场所。其中，5 号视觉艺术中心设有 A、B、C、D 四个不同风格的展馆和画廊。1800 平方米的 A 馆展示厅的建筑框架高达 7 米，而 D 馆具有恒温恒湿的展示功能，可展示雕塑、绘画、影像、立体设计等类型的艺术作品，其目的在于建构以常州市及周边城市艺术文化资源为依托，面向市民大众的复合型艺术展示空间和机构。在笔者参观期间，公告板上张贴着各种展览及交流项目的海报与介绍。另设有 5 号美术馆，以车间内部改造后的宽大空间用于大中型的美术展览，具有较为完备的展示、交流及服务功能。片区还设有以厂房改建的可供演艺用的 5 号剧场（图 6.46），可容纳 400 余名观众。这都使得常州运河 5 号工业园区具有较为多样和综合的文化展示和交流功能。

此外，片区中的一些建筑空间成为当地文化艺术教育和创意产业技能的培训基地，如常州市钟楼区艺术教育实践基地，以及苏州大学艺术教育及实验基地。我们也注意到，在运河 5 号片区及外围设有纪念常州民族纺织工业历史的

图 6.45 污水处理池，常州运河 5 号工业园区

图 6.46 原车间改造的 5 号剧场，常州运河 5 号工业园区

图 6.47　锅炉房咖啡厅外景，常州运河 5 号工业园区

恒源畅历史陈列馆和较为综合性的常州工业历史博物院。由此，常州运河 5 号工业园区的功能和文化内涵形成了整体性的对应关系。

　　为适应本片区的公共活动和服务需求，这里设有一些有着不同文化风情与格调的餐饮及聚会空间，形成若干带有主题性的休闲娱乐场所。此片区中完整地保留了原工厂在 20 世纪 70 年代建设的锅炉房配套建筑，其中常州锅炉厂建造的两座 4 吨卧式快装燃煤锅炉，曾是当地工业界的骄傲。如今它被改建为供游人餐饮娱乐的空间（图 6.47）。在旅游旺季和平常的休息日，这里都能引来许多游人。

　　此外，这里改建了以工厂食堂为主题、对片区内部职员和未来游客开放的餐饮空间，其墙面布置有反映近一个世纪以来常州运河岸边民居景观和市民生活的老照片。而为了协调艺术展览区与周边居民生活区的关系，在遗址片区的街道围墙上，喷绘现代涂鸦艺术，形成有趣而富于激情的街道景观艺术，具有视觉引导效果。毕竟来此地的主要是社会的中青年及文化艺术爱好者。

在笔者察访期间，这里进行了一些社会公益文化活动，如由常州钟楼区环境保护局、钟楼区教育文化局等共建机构发起，并由社会公众参与的题为"保护悠悠母亲河，建设美丽新钟楼——全力支持运河'申遗'，共建历史文化名城"的公益活动，正为招募当地"千名运河文化使者"而进行社会宣传，并举行了相关的艺术招贴设计和社会签名活动。显然，这些社会活动有助于活化和再造空间场所，并充实其公共文化内涵。

园区专门设立了常州工商档案博览中心，以铭记和传扬常州市作为中国中小工商业著名城市的久远历史和文化精神，成为人们了解和研究城市历史和地方传统的重要去处。同时，园区内为吸引游人和履行城市服务功能，还利用旧厂房修建了国际青年旅社，为国内外旅游者提供具有特殊情调的歇息与交流场所。

然而，我们也看到，在目前常州运河5号园区的建构中，其内部的创意产业尚未真正培育起来，而主要是依靠一些阶段性及间隔性的艺术项目、公益活动和餐饮行业的商业性经营来维持。园区内部的建筑空间也没有得到有效利用，一部分只被当作了停车场。规划者们对园区与周边环境的改造还没有形成有机地融合与互利，园区与相邻的原居民社区之间显然缺乏日常互动。因而，这里似乎仍显得孤立乃至有萧条感。

6.4.4 产业化与工作室群落的聚合

武汉"汉阳造"创意园区

相对于北京及一些直辖市和省会城市而言，地处中国版图中心地区的湖北省武汉市的城市化及现代化建设显得有些滞后。然而，由于特殊的历史和近现代工业地位，这里留下了许多值得保护和再利用的工业遗产资源。从2008年开始谋划和营建至今的汉阳龟山北路的汉阳造文化创意园，即是当地对于工业遗产资源予以保护和再开发利用的尝试。

汉阳地处武汉西南部，与汉口、武昌两区隔江鼎立，构成著名的武汉三镇的城市格局。19世纪晚期，正值晚清政府尝试洋务及实业兴邦时期，1894年时任湖广总督的张之洞于汉阳龟山北麓开设枪炮厂，并在两年后于德国兵器的基础上研发和生产了声名鹊起的"汉阳式"步枪。之后，"汉阳造"约在半个世纪的各种战事中名声远扬。此区域陆续又建造了一些与军工相关的机械、车辆和其他工业产业，其中包括当年的汉阳铁厂和汉阳兵工厂，以及后来的汉阳特种汽车制造厂、国营棉纺织厂及鹦鹉磁带厂等。[1]

21世纪初期，随着地方城市经济和产业结构的转型与调整，汉阳区政府本着"尊重历史，尊重资源，创新驱动"的理念，决定在龟山北麓的汉阳造旧址上分期改建，使几个工业遗址园区连成一个狭长的汉阳造文化创意园，并与龟山旅游休闲文化区形成联动效应。汉阳造园区的总面积约为600亩，建筑面积约在40万平方米，当地众多的文化创意机构入驻其间。

笔者实地考察了汉阳造创意园区的首期部分，即汉阳区龟山北路1号，其占地面积约90亩，建筑面积为4万平方米。区政府汇聚社会力量，使此地在保留汉阳老工业基地的同时，变成集文化艺术、创意设计、商务休闲、时尚娱乐，以及专业化管理和市场化运作为一体的综合性文化创意产业园。园区内的标志性建筑是"汉阳会"（图6.48），它是一座经过重新设计和改建的较大型厂房建筑，融合西洋和中式建筑风格。建筑诸立面运用砖石材料的传统垒砌手法，在建筑的肋垛（立柱）、山墙、窗套的样式和细部上，突出晚清及民国早期建筑中西兼容并包的基本风韵，意在显现其复古、怀旧与现代、时尚交融的意味。这种改建旨在营造

图6.48　园区遗留建筑汉阳会，武汉汉阳造创意园区

[1]　武汉市汉阳区地方志编纂委员会编：《汉阳区志》（上卷），武汉：武汉出版社，2008年。

图 6.49　陶艺工作室，武汉汉阳造创意园区　　　　图 6.50　彩喷自行车系列，武汉汉阳造创意园区

一个多功能、多用途的共享空间，如用于工业文化博览、艺术设计展示、时尚展演活动和各类文化、技术交流集会，以及艺术家、设计师的创意交流与聚会。这里还可作为普通游客观摩、体验和休闲聚会的空间。

在此园中散落着废弃的、用红砖与钢筋水泥构成的传统厂房、车间及办公建筑，它们大都为 20 世纪 50 年代前后建成，现在大都被改造为影视摄影棚、商业摄影与图片公司、音乐制作及演艺沙龙、创意文化公司、建筑技术公司、广告公司、陶瓷艺术设计与制作公司、文化投资与咨询公司、家具设计公司、画廊及艺术工作室等（图 6.49）。围绕着这些办公场所的是一些小型酒吧、网吧、音乐餐厅和时尚商店，供游人休憩和娱乐消费。置身其间也可不时见到来此拍摄电视、电影或当地市民拍摄婚纱照的情景。老旧的厂区围墙上有不少青年人的涂鸦，院落里散落着一些体量较小的雕塑及用不同材质制作的景观艺术品（图 6.50）。

然而，笔者在观察和走访体验中发现，龟山北路 1 号园区的现实形态，在整体规划、专业管理、景观设计及接待公众等方面，显然欠缺必要而得力的措施。从现状看，它似乎与沈阳铁西区工业遗产园区的状态差异较大，后者趋于封闭式或"等客上门"的运作方式，类似于传统的博物馆，其中大量遗留的建筑、空间和设备尚没有被利用，汉阳造园区中的空间却几乎完全被各类公司机构所占用，但其作为工业遗址园区本身的特质，以及作为城市新公共空间的"接纳"的特质却没有得到突出的体现。如园区尚欠缺向公众开放的、有文化内涵并有吸引力的公共空间，欠缺必要的公共设施，而更多的是各自为政的和纯粹商业性的公司机构。这样，对龟山北路1号园区的工业文化遗产的保护与再利用，就显得难以名副其实，其自身的景观效应和社会效应显得非常单薄。这里有些车间处于闲置和易主再装修的无序状态。此园区除了一些遗留下的红砖厂房和原先曾作为汉阳钢铁厂花房的钢构玻璃房子，以及墙壁上转动着的换气扇和斑驳延绵的院落围墙外，似乎已没有什么与汉阳造的工业遗产有关。简单的商业化和松垮、萧条的景象比比皆是，令人印象深刻。

相比之下，汉阳铁厂及兵工厂博物馆筹备处的展览却另有一番景象。在原汉阳铁厂附近的博物馆筹备处，工作人员用许多历史性实物、文献及图片，梳理了晚清时期洋务运动与武汉当地民族工业及军工产业的历史，一方面行使了当地工业文化历史的公共教育功能，另一方面也成为武汉文化旅游的重要景点之一。

广东当代艺术中心

广东当代艺术中心位于广州市天河区员村西街交接处，珠江新城 CBD 旁 2 号大院的广州纺织联合公司（简称"广纺联"）产业园区内的广英纺织厂生产加工车间。这里承载着半个多世纪的广东轻工业文化历史，拥有上万平方米的纺织车间和其他附属性工业建筑空间，一些联排式的车间有着坡顶天窗结构，内部空间宽敞而整体，适宜不同工作类型的空间改造和利用需求。同时，这里临近快速交通，有着优越的地理位置。在地方政府与社会各方的共同参与下，这里于 2012 年之后经过再度规划和场所改造，着力创建多样的艺术创意工作坊和展览空间，以国际化的视野建构起集专业性、公益性与实验性于一体的当代艺术交流区。这里也是广州市内未经房地产商包装而直接建成的具有实际内涵的艺术与文化创意园区（图 6.51）。

2013 年 12 月末，"广

图 6.51　原厂房改建的艺术家工作室之一，广东当代艺术中心

纺联"园区正式对外开放，并伴以广东地区当代艺术的综合性展览，参展的艺术家群体主要为广州美术学院的中青年教师，还邀请了本地的艺术家、艺术批评家和青年学子，以便较为全面地呈现当下广东当代艺术界的群体面貌。园区的开放庆典活动，吸引了来自广东和外省的各界人士参与。在此间举行的以"四季：时间、叙事与当代视野"为主题的美术展览，利用修缮和改造过的工厂车间，设立三个相关的展厅，分别为移步换景的东方情调展厅、欧洲风情的西式展厅和精巧神秘的当代影像实验展厅，互相区别而又互相呼应，共同诠释了有关"时间"与"叙事"的永恒主题。

这里之所以能够建立起广东当代艺术中心，在于艺术家群体的热心奔走和地方政府的理解与支持。当地艺术界和城市文化产业管理者均认识到，相对于北京、上海等大都市而言，广东居于中国 20 世纪改革开放之初的经济及商贸的最前沿，社会生活更多趋向于商业经济活动及大众娱乐消费，而当代艺术的发展则相对滞后。由于广东地区的当代艺术机构较为缺乏艺术赞助人和标志性艺术项目，因而一直没有形成立足本地区且富有广泛影响力的艺术生态群落。尤其是广东当代艺术界和艺术教育界的一些人士认识到，广东的当代艺术创作与交流活动远离"北京中心主义"的舞台，始终呈现出一种边缘化的状态，没有进入当代艺术的中心区域，因而显得影响力薄弱。但在 20 世纪 80 年代到 90 年代中期，广东艺术家曾因介入中国当代艺术的文化潮流而被关注，如"105 画室""大尾象"和"卡通一代"等艺术家团体均创作了在国内外具有广泛影响力的当代艺术作品，这更加激发了广东当代艺术家和当地文艺界去思考，如何为广东创造更好的当代艺术生态环境，并有效利用富有地方历史文化特点的建筑空间，开辟广东当代艺术实验、公共教育与文化生态共享的公共空间。加之空间租用和社会交往成本较低、园区建筑环境富有文化特性等因素的考虑，最终促成了此园区的建成与开放，并成为具有当代国际视野的艺术聚集地之一。

笔者在实地走访中，参观了设立于其间的多种艺术类型工作室，如电影、绘画、雕塑、综合媒体艺术等。这里还加设有咖啡厅、餐厅、艺术品采购空间及可供游人休息与交流的场所。艺术家的工作室也是对外开放的展厅，可随时接待外来参观、寻求交流或合作的人们。这种艺术工作室聚落形态有益于当代优秀中青年艺术家之间的创作激励、群体协作和对外交流（图 6.52）。广东当代艺术中心朝着"能够发出南中国声音的跨界大型当代艺术机构"和"面向社会的视觉艺术、

图 6.52　园区以旧厂房改造而成的内部交流和接待空间，广东当代艺术中心

表演艺术及综合艺术的实验区域"的目标发展，其园区将被建设成富有活力的国际文化艺术平台。总之，广东当代艺术中心的建立与对城市工业遗址的有效利用取得了良好的互动效益。

小结

自 20 世纪 90 年代以来，中国城市化进程中的工业文化遗产的保存、活化与场所再造，无论从意识到实践，较之前有了明显的推进。随着新时期城市职能和形态的转型，第二产业较快地转向高科技、低消耗、低污染、高附加值的第三产业（服务业、娱乐业及文化创意产业）。而在此过程中，对于城市的近现代工业文化历史的保护及其空间环境的改造和再利用，已成为中国城市转型与改造过程中面临的普遍问题。在一些工业遗址园区的维护与改造过程中，由于公共艺术及景观设计的介入，更好地呈现了园区的文化内涵、环境品质和社会、文化价值；它们以不同的形式和方法，促进原有园区相关资源与城市社会的整合，包括建立其自身的文化形象和个性化特色。

国内工业遗产园区的保护与利用，主要有以下几种基本类型：其一，以旧建筑及环境的改造和利用为主要方式的工业景观更新，如北京798艺术区将具有德国包豪斯风格的厂房建筑空间改造为文化空间和艺术化的园区景观；其二，以原厂区的厂房、设备和环境为基础，建构工业博物馆或创建参观及体验工业景观的项目，如沈阳铁西区及原江南造船厂的改造和利用方式；其三，以设置开敞的绿植或滨水环境而促使园区景观更新，如原上海轧钢厂等工业遗址改造的滨水（黄浦江沿岸）景观和世博园后滩公园，便是在旧有景观及生态资源的基础上，构建起富有文化观光与生态美学价值的工业景观；其四，通过创意改造建立城市新地标建筑及区域景观，并带动周边区域的发展，如上海浦西原南市发电厂的烟囱（后成为一巨型的"环境温度计"）及其他建筑的改造（从未来城市实验展示区到上海现代艺术馆），以及利用原江南造船厂旧船坞和厂房改建的中国船舶馆和露天下沉式演艺广场等；其五，突出工业遗产区与城市新发展区域空间相融汇的景观更新，如秦皇岛市经济开发区（原工业区）的社区住宅环境与改造后的汤河滨水景观带的融会。总之，这些对工业遗产区的维护与利用方式，以及社区景观的更新模式，均是在现有经济及制度形态下，为发挥工业遗产的社会、经济和生态效应所做的大胆尝试。

目前国内的工业遗产园区的改造利用，还存在着许多明显的问题和缺陷。如沈阳铁西区工业遗产园区的利用和拓展，欠缺必要的创意和多维度的社会协作，园区现有的展示和管理、传播及社会综合效应等依然较为薄弱。如在园区业态结构的介入、遗产文化的利用与延伸、园区服务项目的设置、知识及娱乐性体验、社会（社区）协作与利益共享，以及园区空间与景观形态的系统性规划和社会性利用上，均显得缺乏必要的创意和具体有力的措施。这其中必然需要园区管理者与外部进行协作规划，管理方和参与人员需要有结合当地社会文化及经济服务需求的管理决策与应变能力。

从社会背景和外在因素来看，由于商业资本及房地产运作模式的过度介入，以及政府行政权力的越位干预现象，一些工业遗址园区的改建与运作往往趋向于商业化和普通娱乐消费场所，从而难以兼顾原有工业文化的景观形态和历史内涵，也不利于社会文化交流和服务性公共空间的建构。一些工业遗址园区的改造过于追求商业利益和表面化的视觉形式的包装，从而无法促进城市文化交流和生态环境的改造，或无法为周边社区的振兴及发展提供良好的契机，从而形成新的封闭的城市"孤岛"。包括工业文化遗址园区在内的城市公共空间的再造与运作，往往"取而代之的是一个商品化的立场。站在这个立场上，创新也只是形式上的创新，它的目的已经不是反对低能和庸俗，而是通过创新去保持低能和庸俗……艺术虽然有时采取玩世不恭的态度，却接受了当代对思想意识的商品化，被动地进行合作"[1]。在当下中国的工业文化遗产园区及城市景观艺术的规划和设计中，这种缺乏思想性和创造性，流于纯粹的商品化乃至庸俗化的现象并不少见。

在此，笔者并非全盘否定城市工业遗址开发利用的过程中商业和时尚元素的介入，普遍性的问题在于政府、园区使用者（及经营者）以及园区的规划设计者们如何认识工业文化遗产的历史文化价值与商业利益的关系，也即如何对具有历史性、社会性、精神性与特殊性的城市空间予以综合的价值判断和多方效益的再平衡。应该说，老工业遗址园区的维护与再造，为人们提供了诸多机遇和实践空间，并可能通过这样的再造性实践和城市资源的社会共享，为城市社会的公共文化生活提供能量与福祉。例如，可在园区的一些空间形态和功能的设计方面，预留不确定性，以便使不同的入驻者和使用者们在之后的具体使用过程中，予以个性化的再塑造及更合理地利用，并尊重在此过程中形成的社群文化和空间含义。

---

[1] 〔澳〕克里斯多夫·克劳奇：《现代主义的艺术和设计》，戴寅译，第105页。

第七章
商业场所与艺术的生活化

客观上，城市商业空间及其景观形态是城市环境和市民日常生活的重要组成部分。无论是当代新建的还是历史延续下来的商业空间，相比直接生产和加工产品的工业企业而言，与市民的日常生活有着更为直接的关系。商业空间与其中的行为方式，会在很大程度上影响市民的社交生活。"一个城市的公共空间的组成，总体来说包含着商业管理、生产后勤和贸易交换活动，它们都形成了识别性很强且具有固有形式的公共空间……即使是早期现代城市中的大众公园也是商业所引发的空间类型，虽然还有些似是而非，但总体上它们的产生是为了抵消工业化对城市景观的影响，以及探索城市的商业潜能。"[1] 因此，公共艺术对于城市商业空间的介入，对于营造和维系城市公共空间的文化形态及审美情感都是自然而必要的。当然，艺术及其观念对于商业空间的介入方式和表现形式，随着不同地域和城市文化的差异而呈现出多样性和特殊性。

客观上看，商业、服务业及娱乐业在当代城市经济和市民日常生活中具有十分重要的地位，它们的发展与繁荣也是中国当代城市特性和职能发生重要转换的体现。在商业、服务业及娱乐业（包括当今房地产的销售行业）的振兴及其场所文化的表现中，景观艺术是重要的信息传播方式之一，也构成了市民生活环境和文化形态的一个显在部分。尤其是在新建或改建的商业经营环境中，商家认识到，景观艺术的介入对于其商业形象、品牌营销、经营活动及潜在顾客均具有积极意义。客观上，艺术和设计的介入对于商业景观有其独到的作用，甚至对于周边的环境往往也有着连带性的影响。

尽管在一些人的传统认识中，艺术与商业具有不同的价值导向，甚至存在明显的矛盾，他们认为艺术的精神性、非功利性和独创性与商业所具有的物质性、功利性及世俗性相违背，乃至格格不入。然而，就当代艺术的生存与传播方式，以及它们与城市经济及公众日常生活的关系而言，已经进入相互影响、相互映衬和相互融汇的阶段。艺术不可能再完全保持独立，困在以往的博物馆及专业性画廊空间，也不可能仅仅由专业收藏家、有限的艺术赞助人或政府的资金来支撑发展，况且当代艺术的思想内涵也与当下社会现实联系密切。可见，当代艺术及艺术家的生存与发展必然与社会经济和日常生活发生多样性的关联与合作。而商业的开放空间正成为后工业时代的城市公共空间和公共文化的重

---

[1] 〔美〕查尔斯·瓦尔德海姆编：《景观都市主义》，刘海龙、刘东云、孙璐译，第201页。

要部分，显现出当代及未来城市的特性。因此，商业空间对于艺术文化的需求，以及艺术文化的交流与发展对于商业空间的需求，呈现出双向互动的关系。其中，艺术对于商业空间的介入并非完全是艺术的商业化过程，而呈现出交汇的多样性与差异性。

7.1 艺术与商业空间的交汇

尽管商业性的公共空间的最初功能主要在于吸引消费者，激起更多的消费需求和欲望以达成消费行为，然而，在传递商业信息、建立品牌形象和营销环境的过程中，营造适于消费者的现代生活方式、审美心理及综合需求的商业空间氛围，也是艺术文化的一种特殊生成方式和社会动力。尤其进入 20 世纪晚期阶段，商品经营者更加认识到人们不是为了消费而生活，而是为了生活而消费，完整的生活观念的内涵与外延是需要不断建构和创造的。由此，如何促进商业营销与建构富有魅力的、视觉效应好的商业空间的交互和协调，已经成为商家和城市管理者的共同关注点。而对消费者而言，他们希望商品认知与消费过程成为一种超越纯粹物质性需求的审美体验，并成为丰富日常生活及参与社会交往的方式之一。因此，城市商业场所自然成为现代城市景观和公共艺术的要地之一。实际上，商业经济和文化的繁荣，均离不开与之相关的视觉文化，寓美于商、寓情于商、寓乐于商，是商业的人性化、市场化和生活化的延续和发展。而人们城市社会生活的经验，恰恰在很大程度上是在商业空间和频繁的消费及交往中产生的。

相比传统的博物馆和美术馆中的艺术展陈和交流而言，存在于商业空间中的艺术（如卖场建筑设计、商业场所的壁画、陈设品等）被公众认识和体验的过程与前者有着明显的差别。前者是在脱离日常生活的语境中进行的，并且对大多数普通人而言，这种观看和理解的过程是较为被动的；而公众日常接触的作为商业场所景观元素的艺术，则存在于人们的现实生活及其朴素的直觉中，因此是较为自然的和可以凭借自身经验去赏析的。应该说，人们面对在商业空间设置的艺术和设计作品时，可以更多地结合自身的经验、悟性去理解，并构成新的文化经验及审美认知。显然，艺术与商业场所的互动，是更多普通人在日常生活中接触艺术的重要契机，也是艺术融于城市经济生活、促进文化繁荣的重要方式之一，它构成了不同地区的城市景观和公共文化的独特形态。

　　本章试以某些城市较为典型的商业场所作为观察的对象，以探究中国当代城市景观和公共艺术与商业场所的交汇和关联。它们以不同的场所特性显现了艺术及设计的介入情景和实际效应。

上海家乐福武宁店

　　上海家乐福武宁店，是位于上海市普陀区武宁路桥附近的跨国外资经营的大型超市的分店之一，其隶属的家乐福集团是欧洲 20 世纪 50 年代末兴起的大卖场的首创者。其经营模式和理念强调企业营销与文化传播的本土化："一个零售分店，就是它所处的国家的缩影，该分店必须适应当地的文化氛围。"（家乐福首席执行官伯纳德）位于上海普陀区的这家家乐福分店，借助 2010 年上海世博会，迎合当地政府和市民的情感需求，于 2009 年 1 月以"迎世博、建设文明窗口"为主题，举行了"家乐福武宁店外墙装饰壁画揭幕仪式"。此壁画项目耗时近半年时间完成，总面积达 5000 多平方米。这也是当今世界上最大的人工仿真壁画（图 7.1）。

图 7.1 《梦幻巴黎》局部，仿真壁画，上海武宁店家乐福超市外墙

这幅巨型彩绘仿真壁画由法国著名的 Cite Creation 公司设计，并由 70 多名中外艺术家和助手们亲手绘制而成。壁画题目为《梦幻巴黎》，它以实景的尺度绘制了巴黎及塞纳河边的欧式建筑、街市场景、市民生活及旅游景象的片段（包括埃菲尔铁塔及卢浮宫博物馆等典型地标建筑）。此壁画以逼真的 3D 视觉图像和巴黎社会的生活细节给中国的观赏者带来视觉冲击和审美感染，也使得原本普通的超市形象在此得以突出。它在刷新了超市视觉形象的同时，也提升了本街区景观的视觉艺术品质。人们注意到，虽然这幅壁画没有采用本国或本地的内容题材，但对上海这座具有二百多年开放历史的国际化大都市来说，它与周边的整体建筑景观及气质是相互吻合的，更与此超市邻近的武宁路桥中西兼容的建筑风格相得益彰。仿真壁画《梦幻巴黎》在关联此超市企业法国总部的同时，给上海市民们奉上了生动的西方都市生活景象和审美趣味，也配合了当地政府为主办世界性盛会而实施市容整治、文化造势的需要。由此可见，此景观壁画实现了经济和文化，以及国际化和本地化诉求的多重效应。

我们在走访的现场看到，许多前来购物和经过此地的市民会在店前小广场上驻足观赏或拍照留影，不同年龄段的市民都表露出愉悦的神情。有趣味的是，巨型壁画上绘有巴黎塞纳河沿岸的古典民居及优美的桥梁，而超市前侧也有现实中的上海苏州河与武宁路大桥，它们亦真亦幻、相映成趣，构成了沪西地区一道特殊的景观（图 7.2）。

相关的城市景观元素的往往可以构成统一的氛围和美感。与家乐福比邻的武宁路桥始建于 1956 年，为适应上海交通流量剧增和景观改造而于 2008 年再次改建。此桥在艺术装饰上有"中西合璧"的建筑特色，成为苏州河上特具个性的观赏性景观。可以说它的重新改造和设计，受到了类似法国塞纳河上著名的亚历山大三世桥的

图 7.2 《梦幻巴黎》局部，仿真壁画，上海武宁店家乐福超市外墙

图 7.3　上海武宁路桥梁景观及装饰艺术

灵感启迪，成为苏州河上首道以主题性雕塑为中心而进行艺术装饰的桥梁。引人瞩目的是此桥上新增的四座耸立的塔座，其四周为类似爱奥尼亚式的立柱装饰，顶端立有金色的女性雕像。这些富有东方审美意蕴的女性或在育婴或在憧憬，分别寓意着"孕育""萌芽""成长"和"希望"的系列主题。群雕体现了母亲对新生命的孕育，而桥下的苏州河即是上海的"母亲河"。作为交通纽带的大桥以坚实而优美的躯体卧跨苏州河，预示着城市祥和、美好的发展前景（图 7.3）。

　　武宁路桥身整体采用灰色花岗岩铺装，人行梯道以及引桥部分的外立面采用典雅的浅灰色石材进行装饰。由此通过的行人可欣赏到焕然一新的桥体景观，如雕塑的基座、桥身两侧的围栏、花坛和灯具等构件上的装饰图案将东西方的植物及几何纹样加以组合，使得功能性的桥体构建独具美感。当人们站在桥的北侧自西向东望去，正好可把家乐福武宁店的巨型壁画与桥梁装饰艺术连为一体，欣赏到富有诗意和激情的城市景观艺术，一扫都市生活沉闷和单调的平日感受。而如此重视城市景观艺术与市政设施，以及商业空间相契合的案例，在中国当代城市十分少见。

值得注意的是，上海政府和商业界会对商业经济中艺术的价值及其对社会审美文化的影响予以鼓励，一些赢得社会公众喜爱的公共艺术作品得到政府和行业管理机构的嘉奖。在 2009 年 10 月第三届上海购物节期间，政府部门和商务委员会及文化界人士举办了"'百联杯'2009 年上海优秀商业形象作品评选"活动，家乐福武宁店外立面的《梦幻巴黎》壁画获得特别奖，并获得普陀区当地政府授予的"迎世博特别项目奖"。据当地媒介报道，其他一些优秀的商业空间及视觉艺术作品也在此次评比中获得奖项，如"东方之冠"（商场空间设计）和"甲子礼遇"（平面设计）等。[1]

一位家在武汉的青年在网络中写道："我上小学的时候就知道我家附近的那家家乐福了。如今已经过了 15 个年头，那里的生意还是这么好。美中不足的是，那家家乐福虽地处进出汉口的门户——江汉一桥汉口桥头，可正门却是一大块白茫茫的外墙。要是能像上海家乐福武宁店那样把外墙绘成一幅仿真壁画就好了，最好是能代表老汉口特色的壁画。"[2] 由此可见，上海家乐福武宁店建筑壁画只是一类个案的呈现，但其对于城市商业空间及景观审美效应的构建，却有着显在的启示意义。

北戴河旅游街区

艺术介入商业空间，虽然其目的往往不在于纪念性、情节性、教育性或艺术的自我表现性，而是为了满足商业场所的识别性、视觉吸引力和独特的卖场消费心理需求，但此间的艺术也有其个性特点和文化意味，如独具生活化的审美意趣与鲜活的时代风采。例如河北省秦皇岛市北戴河旅游区通往老虎石海上公园和海滨浴场的主干街区，在这里的商铺、饭店和酒吧的街面建筑上，可见到许多用于标示店铺经营特点、商业品牌或具有异国风情的商业雕塑和壁画，以适应国际旅游环境及商业文化传播需要。此街区的建筑采用了欧式风格，有着浓郁的异域风情，这一方面追溯了北戴河近百年来与境外文化的历史渊源，满足了国内游客对西方文化样式的欣赏与猎奇心理；另一方面也是为了使异国（以俄罗斯及东欧国家为主）游客及消费者易于产生亲切感（图 7.4）。

人们往往可以在饭店门额的"俄式大串烤肉、各种披萨、法式牛排"广告的

---

[1] 吴卫群：《橱窗斗艳，街景如画》，《解放日报》，2009 年 10 月 8 日，第 2 版。
[2] 见"大众点评"网站，2013 年 3 月 5 日。

图 7.4 北戴河老虎石海上公园附近街区的建筑景观

图 7.5 北戴河老虎石海上公园附近街区的门店雕塑

上方，看到令人释怀和畅然的彩色卡通式人物雕塑，它们或为勤劳、朴实而健壮的厨师、农妇，或为手持啤酒瓶和酒杯而手舞足蹈的顾客，或是一边拉奏着手风琴一边饮美酒的情侣，或是一群如鱼似鸟遨游在欢乐气氛中的少年。这些雕塑的形象欢快幽默而充满活力。尽管它们在此是商业符号和消费世界的缩影，但却具有鲜活的生命力和浓郁的生活气息，并隐喻着生活内在的真实与希冀，营造出适于商业和旅游消费环境的文化氛围（图 7.5）。此外，落地的街区雕塑也充满生活气息，有的是正在吹奏萨克斯的少女，有的是街头写生的艺术家。显然，这些都表现了普通人对娱乐、消费和艺术的热切，以及当地城市特性与商业文化的密切关系。

成都宽窄巷子

　　围绕城市兴建与环境改造而出现的商业场所的再建及艺术化的诠释，在当今中国的城市化热潮中已逐渐成为一种趋势。其中，对城市历史文化的回溯和视觉性表现，成为其中的主要形式。这从一个侧面反映出，在急剧的去旧迎新、大拆大建的城市扩张与更新时期，人们渐渐意识到城市历史文化的重要性，并开始重视城市历史与未来发展之间的文化逻辑，以及城市精神财富积淀与传承的重要意义。然而，这一切又是以自上而下的方式并伴随着当代经济与商业利益的需求而进行的，其中也不乏政绩工程。因此，这是一个由不同需求与含义构成的景观形态。而此处值得关注的是，在当代景观的艺术性叙事中，常用艺术性的手法处理历史遗物或考古资料，这种方式更为平实、内向。这种方式的内里，与考古学和文化人类学相联系，所注重的是文化人类（及城市人类）的生活和生产行为的过程及其观念的演化。

2009 年前后，于成都落成的"井巷子"（另称"宽窄巷子"）的《砖·历史文化景观墙》公共艺术，便是一个具有典型意义的案例。艺术家以成都上古时期至近代的城邑的形制、构造及其文化意蕴作为墙壁艺术创作的灵感资源，利用被废弃的不同历史阶段的古老城墙、营垒、巷道、墓室、碑体、门阙的砖构件，重新建起一条长约 400 米的街道围墙。这些砖由民间征集和捐赠的方式取得。"匹匹历代古砖到片片近代老砖又到块块现代新旧砖，其中残断印痕、斑迹，以及独特的装置、垒砌、陈列，与古代地图、图像、图景嵌合并置，记载、纪实、记录着消失的时空气质与信息记忆。"[1]

成都宽窄巷子里的《砖·历史文化景观墙》（图 7.6）把本地历代城市的制砖技术、特色和蕴含的历史文化信息作为其艺术表现的内容。在历史背景的循序演

图 7.6 《砖·历史文化景观墙》，成都宽窄巷子

---

[1] 见成都市宽窄巷子现场的景观墙说明。

绎中，设计者以"宝墩遗城""金沙竹泥""羊子土坯""秦筑城郭""汉砖遗风""唐建罗城""宋砖古道""明末毁城"等主题，结合历史实物和图像片段，展示明代之前此地的城市脉络及与其砖砌建筑工艺的关系；继之以"满城残阳""保路砖碑""法楼窗棂""皇城残影""万岁展馆"等片段，点化出清末民初至 20 世纪 70 年代本地"砖"与"城"的历史情状和视觉章节。

图 7.7　砖墙上反映街巷市民生活的历史图像

《砖·历史文化景观墙》中，除了有对城市大的时代背景及历史政治片段的提示之外，对于普通巷陌人家的生活场景也有所表现。如通过砖墙上的处理后的旧照片和历史图像，如"巷窄回眸""杂院堆藏""砖门喝茶""半巷刨饭""沿街斗鸡""天井搓牌""夹道洗刷""砖混篾笆""土墙鸡啄"等，向公众展示了当地居民生活历史的表情与细节（图 7.7）。它们以素朴、生动的微观叙事方式，记录了一段段有关成都古今兴亡及更迭交替的城市记忆，成就了一种以城市建筑历史将技术文化与当地街巷平民生活片段相结合的艺术。其兼具城市物质文化与非物质文化的历史信息和当代人文情感，成为一处以墙体为外在形式，以砌砖及砖砌为主题的历史文化"博物馆"，为当地居民和外来游客了解成都建筑历史和市井文化提供了鲜活的例证，也带来了当代艺术般的感受。此墙体艺术的创建，一方面在现实环境中将住宅区与时尚商业区分隔，另一方面为昔日遗留的宽窄巷子带来了更多的人气、商机和文化气息。这里毫无疑问地成为人们观光旅游、购物餐饮与娱乐休闲的好去处。

值得注意的是，艺术家在创作设计和与政府部门的交流中，坚持了本地区及特定场所特性的原则问题。成都宽窄巷子的墙体艺术及其环境设计，并没有效仿中国其他都市中类似空间的景观处理方式，而是强调了本地、本场所的人文历史特质。此项目的主要设计者针对项目方案投标过程中曾出现的问题说道："有的设计院把历史文化街区完全做成时尚的东西，比如上海的'新天地'。成都民居的形式完全跟这个不同……我有许多难言的体会，这里面肯定有许多跟政府、商家不同的看法。"艺术家强调的是要尽量真实、善待、维护和利用好城市的历史文化，"要善待公共的历史文化，因为公共的历史文化就在现在的都市里"[1]。显然，艺术家在公共艺术项目方案的竞争与交流中，采取历史的、专业的和公共的文化态度是必要的，虽然其过程中的博弈与妥协也是经常需要面对的。

郑州国际会展中心

大型的城市会展及商务交往中心，是当今中国城市景观和公共艺术得以相互融入的重要场所和契机，郑州东部新区的国际会展中心即是其中的代表之一。此会展中心的功能定位为集大型国际展览、商务会谈、文娱演出、休闲游览及生态再造于一体的大型会展及综合性城市服务区域。为营造开放、舒适和优美的公共空间环境，吸引商务活动和游客的到来，此地在建筑景观和公共艺术方面实施了重点的营造工程。大型水域景观周边的系列雕塑作品《群英会》（图7.8、7.9）便是这里公共艺术的代表。

位于郑东新区如意湖畔的大型系列景观雕塑

图 7.8 《群英会》，景观雕塑，郑州国际会展中心

图 7.9 《群英会》局部，景观雕塑，郑州国际会展中心

[1] 《中国公共艺术与景观》总第 3 辑，第 53 页。

《群英会》，共汇聚了 45 件作品。它们以雕塑的形式，把世界多国多个民族不同历史时期的头冠及头饰作为审美对象，意在体现世界文化的多元、共存与交流。艺术家把每一件头饰的雕塑安置在具有仪式感及纪念性的立柱上，将其设置在如意湖沿岸的步道上，体现了湖区作为休闲、观光、聚会的公共空间的美学意味。雕塑的题材及原型有中国初唐的斗笠、中国元朝的棕帽、埃及的宫廷官吏帽、18 世纪法国的"波乐"帽、19 世纪末期德国西巴尔地区的女帽、19 世纪荷兰民间的女子头饰、美国西部的牛仔帽、19 世纪西班牙莱昂地区的男帽、19 世纪缅甸的贵族帽、古代波斯贵族的头冠、19 世纪末俄罗斯巴什基尔人的头饰、日本斗笠、圣诞帽、博士帽、厨师帽等。

从艺术对商务及游览空间的介入来看，中国以往的实践经验尚显有限，常见的商业空间的视觉景观大都是直接的商业广告或美化性质的店面及橱窗设计，而郑东国际会展中心的景观雕塑《群英会》，一方面响应国际会展与商业中心的空间属性，营造此空间的交往、游乐与时尚的氛围；另一方面注重凸显其国际性、文化性、大众性和开放性的特点。这里以象征性和艺术性的语汇迎接来自四方的宾客，把商务、会展和国际文化交流的诉求予以艺术性的表达，并与如意湖畔的景观游览线路形成呼应。在此游览路线旁的草坪上还设有一些用 LED 灯光组成的宇宙星相图像，它们掩映在湖区夜景的设计之中，与《群英会》雕塑群相映成趣，构成节日般的欢乐气氛。

此处成为当地国际展演活动和市民平时休闲的主要场所之一。与北京和上海等地的国际会展区域景观相比，此处更贴近普通民众的日常生活，突显出艺术作品对于场地的适切性。会展中心及其周边区域有较大面积的人工湿地和植被再造，并配有适于公众参观和休憩的公共设施和视觉导视系统，这些均为此中心的公共环境和文化品质提供了有益的支持。

7.2 商业场所公共艺术的多重语义

成都皇城老妈店

当代中国对于城市历史文化及其遗产，除了整体性或群落性的实体保护之外，也有与其他场所和景观因素相伴生的方式，如作为商业、餐饮和休闲娱乐的公共场所，它们一方面可以塑造商家自身的文化形象，形成独特的视觉符号记忆；另一方面可以为消费者提供良好的商业文化氛围，增加经营活动的持久性和亲和力。成都的皇城老妈店即为典型案例，其以地域性城市文化为主题，构成独具特色的公共景观。

　　成都皇城老妈店位于成都市二环路南侧，是全国连锁店的总店，集火锅、宵夜、茶社于一体。其建筑主体的室内外景观设计作为城市公共艺术的一部分，意在彰显老成都的传统文化，同时又兼顾当今大众娱乐活动场所的时代感。其建筑外观为后现代风格，将汉代阙楼的结构符号与现代钢筋及玻璃材料相组合，富含历史文化和现代美学意蕴。其建筑表面以铁艺的方式呈现川西地区传统建筑中的木雕花窗，并将其作为构成性的装饰，形成强烈的地域性文化氛围（图7.10）。在建筑外围的绿地上和竹林旁，散落着川西传统民居建筑遗留下来的石雕柱础，透出地域文化与民间艺术的情致，还可作为游客们休息的坐凳。在店铺入口处的一侧，有与影像相结合的大型立体浮雕《万户千门》（图7.11），以错落层叠的传统

图 7.10　传统花窗符号组成的建筑立面，成都皇城老妈店

图 7.11　《万户千门》，浮雕，成都皇城老妈店

街巷建筑造型突显浓郁的川西民俗气息，成为城市历史文化的生动图景。建筑大厅的地面，以地坑和模型的造景手法，将微缩的蜀汉皇城建筑群落予以展示，并配以室内壁龛中的古代仿真器物、古典家具和表现川西风物人情的工艺品，给人以可视的地域文化和历史感。在不同楼层的营业空间中，陈列着店方收藏的地域文献史料、名家书稿、蜀地茶艺物件等。这里似乎将一座美味食府与一座典藏丰富的文化博物馆相互融合，顾客们到此仿佛步入了当地古今历史及民俗文化的长廊。

我们从成都皇城老妈店可以发现，商业空间与历史文化和公共艺术的结合，成为介入公众生活的重要方式之一，也是社会经济发展和大众文化需求的客观显现。同时，这也是将艺术从个人化的、精英化的博物馆"神坛"推向社会公共空间的一个有效手段。而此间的艺术品表现手法、材料和观念也都跨越了传统艺术原有的经验和界限。一如曾着手创作立体壁画《万户千门》的艺术家所言："我没有具体划分雕塑与建筑的界限。之所以把它们统称为公共艺术，就是因为它们是面向大众的、可以进入的非架上艺术，并且都以空间塑造作为创作的核心。"[1] 从特定的视角看，商业空间是当代艺术和历史文化重返社会生活的重要依托，而二者的形式语言和价值观念也将在此过程中得以历练和发展。

枣庄市台儿庄古城

在当代城市建设中，出于拉动城市经济、盘活资本及发展旅游的需要，以仿造和想象的手法重建城镇历史形貌的情形时有存在，而这多半发生在地方历史性建筑遗产已基本消失的现实下。在这种以商业营销为主的旅游景区中，公共艺术的介入有助于其历史及人文内涵的显现，同时也可打造旅游景点的独特亮点，给游人以深刻印象和难忘体验。但由于具体项目各自的问题，历史文化与艺术往往处于某种尴尬而复杂的境地。艺术在追求其自身逻辑和魅力的同时，必然受到具体项目的约束。除了之前所提的大同仿古新城池的景观设计项目之外，此处所列的山东省枣庄市台儿庄古城也是这类典型个案之一。此项目是在原历史建筑及景观形态几乎完全消失的状态下，重新兴建的大规模、系统化的仿古乡镇建筑景观。其以集中性（把仿造的古城景观集中于现在的城镇生活片区之外）、封闭性

---

[1] 《中国公共艺术与景观》总第 3 辑，第 85 页。

（以城墙、河道包围景区，采用门票准入）、专题性的商业化运作方式，建构地方旅游经济与文化品牌，其决策和执行均由地方政府统筹实施。

于 2008 年开始修复的山东台儿庄古城，位于中国京杭大运河鲁南地段。这里拥有古运河畔的乡镇古码头文化，发生过二战中抗击外敌侵略的重大战事（1938 年台儿庄大战）。同时，古城地处古运河南北及中西文化交汇之地，四方人群和各种民俗在这里并存。这里曾建有富有中国传统特色的八大风格建筑及明清时期西方传教机构兴建的一些教堂，还有 72 座庙宇和沿河的码头建筑。

现今的台儿庄古城的恢复方式，实行的是一种依据历史文献、图片、人物回忆及当代人的想象的整体性重构。其规划面积为 2 平方千米，其中包括了 11 个功能区域、8 个大的景区和近 30 个景点。其中被仿制的古旧建筑类别，包括战役遗址、城墙、码头、民居、街巷、商埠、庙宇、会所等。它将"大战故地，运河古城，江北水乡，时尚生活"作为景区定位，也就是把其曾有的运河文化和战争记忆在古城的建筑景观规划中予以体现和融汇。

由于台儿庄历史遗存的古建筑及实物资料已经极少，设计方在古城景观的修复中，采取了"存古、复古、创古"的理念。这样的认识所形成的实际效应，呈现出明显的矛盾性。一方面，地方政府希望借助当地历史文化资源，打造供外界瞩目和向往的"世界知名的旅游、休闲、度假区"；另一方面，是鉴于真实的古城历史文化景观的消失而采取的古迹复制与重新打造的行为。尽管策划者宣称在设计上采用"原地址、原尺度、原风貌"，以及在建设上采用"原材料、原工艺、原地工匠"，但毕竟是在消失的废墟上盖起全新建筑，最终建构了一个拥有较大规模的古乡镇码头的仿真景观区域，成为重在拉动地方经济的一个供外来游客游乐的大型仿真布景。有益的一面是，其在一定时期内会带动地方经济增长和乡镇民众的就业率，并促进服务业的发展。通过对城邑古旧建筑群落的整体性复制，也可在某种程度上唤起人们对于传统文化和历史事件的记忆。当然，其反面是以地方有限的土地资源和资金去成规模地新建一处消失已久的古城景观，且不能真实地保存和显现古文物才拥有的不可替代的历史文献价值，这与真正意义上的对古城镇建筑和传统文化景观的修复与保护，在性质上是不可相提并论的。并且，它的存在和运作方式基本上是一种商业行为，即通过对景区空间封闭式的围合与销售门票的准入方式，供人们在其中游览、饮食、住宿和商品消费。

台儿庄古城尚没有成为一个常态化、生活化的公共空间，而是在整体上如一个商业公司在运营。新建的古城内没有当地居民的真实生活参与，古城内各商业机构的雇员也居住在城外的生活区。这里完全以商铺、饮食、旅馆和会议中心的形式为旅游消费者提供商业服务。晚上，随着古城游客的离去，古城内的店铺也纷纷关闭，整个景区除了少量留居的旅客外基本成为无人区。可见，现在的台儿庄古城尚没有成为本地常态生活的组成部分，而是一个被分割出来的旅游园区和演绎性场所。

从积极的一面看，台儿庄古城在一定程度上仿制和演绎了旧城的历史形貌及地方传统文化风韵，尤其是把当年的战争情景与古城的传统建筑景观相结合。富有趣味和特点的是，在古城主要街道两侧的各色商铺中，有来自苏、鲁、豫、皖多省区的传统民间手工艺商品，由当地和外来的私人资金运营，经营范围包括陶艺、木艺、布艺等文房用品、书画作品、家庭装饰品和服饰等，它们大都经过景区经营管理者的选择和考量，因而从审美品位到工艺特色大都保留了传统民间艺术的基本形貌和浓厚的乡土气息，与景区的传统建筑和古城旅游氛围形成了较为协调的关系。

图 7.12 《敢死队员》，历史图片的运用，山东省枣庄市台儿庄古城

从公共艺术的介入和呈现方式来看，台儿庄古城建筑群主要运用了四种艺术方式：其一，运用当年台儿庄战地的纪实摄影，以金属丝网印及浅浮雕的艺术手法，将其设置在古城街巷的墙壁和道路节点，颇具历史感和现场感（图 7.12）。其二，将系列化的人物雕塑置于街道的某些节点，重在表现和诠释古城市井生活的内涵。其三，以构筑物的方式展现当地传统的运河码头文化，如以运河大型古船造型为载体的艺术景观，融传统戏台、观景台、喷泉和民间雕刻为一体，与周边传统样式的连廊建筑群共同形成具有审美价值和游乐功能的艺术景观（图 7.13、7.14）。其四，运用传统建筑造型和建筑装饰（石雕、木雕、彩绘等），构成古城公共空间的实体艺术，并设置了若干展示古运河历史文化和古城民俗的

图 7.13　运河古船戏台，山东省枣庄市台儿庄古城　　　图 7.14　运河畔仿古建筑群，山东省枣庄市台儿庄古城

专门场馆。

　　从古城景区的经济及社会效益来看，它促使了当地经济及产业结构的转型，也成为当地财政收入的重要支点之一。据当地政府部门公开的不完全性统计数据，自景区建成开放以来，台儿庄服务业经济明显提升，服务业收入的年平均增幅也较大，居山东省第二位。自 2008 年至 2010 年间，当地就业新增 10 万人口，其中有 8 万人与古城旅游及文化产业相关；旅游及文化产业的综合收入从 23 亿元增加到 83 亿元，增长了 3.6 倍。而当地"万元 GDP 能耗"降低了 23%。我们在察访中得知，台儿庄古城旅游景区的建设资金，主要来自当地国营煤矿业的 50 万吨煤炭，通过市场运作换取了 5 亿元人民币。之后其赢得了三年累计游客 214 万和 153 亿净资产的业绩。这些概略的数据从一个侧面反映出古城景观及公共艺术对于当地第三产业的发展、传统产业（以采矿及粗加工为主的）结构的转向、地方文化产业的培育、乡镇人口的就业与收入的提高、当地生态环境和乡镇文化环境的改善等，均有着现实的意义。引人注意的是，地方政府把这种政策、资金、人力的投入和已经取得的阶段性成果，通过各种大众媒体向社会传播，使其扩大社会影响力，也成为政府与社会沟通的一种方式。

　　类似于此的基于仿造和想象而"再现"的商业旅游景观项目，艺术介入其中的方式、语义和效应往往是多方面的，并具有明显的差异，在研究时应加以区分、辨别。

武汉沿江大道商业街

在武汉市武昌区的沿江大道景观中，依然矗立着20世纪初期建立的欧式古典及折中样式的建筑群，它们见证着一个世纪以来武汉的历史荣耀与沧桑。这里常被人称为"武汉的外滩"。然而，这些历史建筑自20世纪晚期至今，已经成为一条沿江岸区延伸的集酒吧、茶室、舞厅、歌厅及时尚消费于一体的商业街。从景观形态来看，这里连续的店面"门脸"设计与装修，已经与历史建筑原有的风格和美学气质断绝，大多被商店店主为招揽生意而任意改造和硬性处理（图7.15）。其间，既有20世纪80年代设立在原江汉海关大楼前的反帝、反殖民主义的雕塑，也有带有消费主义及另类色彩的各类门店，它们在与历史建筑的相遇中呈现一种时空的割裂感和视觉符号的混杂感（图7.16）。此情形的诞生，一方面由于商业主义对历史文化遗产的木然；另一方面也是大众消费群体的审美素养和对历史文化态度的自然显现。

客观上看，在国内商业场所的景观建构中，艺术的准入门槛及等级界限往往在商业环境中变得模糊，因为商业空间对利益交换和感官愉悦的追求，是日常生活欲望的彰显。武汉市中山大道过街天桥边的街头雕塑《巧克力雪糕》（图7.17），

图 7.15　历史建筑遭遇现代商业，武汉沿江大道　　图 7.16　历史建筑前的现代雕塑，武汉沿江大道

即是一个典型。它赋予巧克力雪糕以巨大的超现实的尺寸，那将要溶化、流淌的诱人形态似乎在向行人展示商业世界的美好，甜美而可人的东西正在商品世界向你招手，机不可失。使人垂涎欲滴的巧克力雪糕以波普艺术的手法，解构着艺术与商业和生活的界限，也解构着艺术与非艺术以及社会等级的界限。这其中有艺术家的创意和智慧，也有消费社会的诉求与美学。它在一定的情境下激活了商业空间的氛围，反映着消费社会的文化情境。

图 7.17 《巧克力雪糕》，街头雕塑，武汉中山大道

国内许多新兴的商业场所的环境设计，其方式和成效是难以一概而论的。城市中众多的商业步行街，给市民们带来

图 7.18 北京东直门莱福士商场前的马年雕塑及灯光

不同的消费和文化体验。如北京东直门附近的莱福士商场，出于商业销售及品牌文化塑造的需要，在店面及周边景观的设计上注重塑造宜人、活力而富有艺术韵味的形象；如在商场外的广场铺上灯光带以供游客晚间步行，并与建筑上的 LED 灯光效果相呼应；在广场绿化草坡旁设有集束照明及喷泉装置，并在不同的季节和节日设置一些雅俗共赏的雕塑及灯光艺术作品，营造活跃、灵动而富有情调的商业文化空间（图7.18）。另如本世纪初，通过艺术再造的天津劝业场中心地带的景观，以观光马车雕塑、街心地面的纪念性图案铺装，以及对周边晚清至民国时期商业建筑的重新修缮，再现了当地悠久的商业文化传统。它们长期与景区内受商业赞助的一些文娱演出活动或公益文化活动相辉映，构成当今富有人气与审美意味的公共空间，为不断来到此地的游客带来欢乐（图7.19）。

中国中小城市的商业景观艺术在对大城市的模仿中不断演化、发展。如笔者在浙江湖州的商业新区爱山广场周边便发现了这一趋势。在新建的商业和娱乐空间中，为提升人气、吸引消费者，商业中心的广场和沿街的店铺周边设立有不同题材的景观雕塑作品，其中一类的题材为湖州当地的历史文化典故，可以强化游人对当地历史文化的认知。如石雕《子城台》，表现秦末项羽在此地筑城屯兵，以及后人在此发现唐宋城墙遗迹的内容。另一类以中国民间传统的福禄寿及财神文化为主要再现内容。如与爱山广场比邻的"衣裳街"商业街中，设有硕大的金蟾雕塑，寓意发财和吉祥（图7.20）。这是普通市民熟悉的视觉符号，尽管在艺术专

图7.19 《马车》，雕塑，天津劝业场

图7.20 《金蟾》，雕塑，湖州爱山广场商铺前

业人员看来，这种景观似乎很俗气，但它却符合商家和大众的认知。

有些商业空间中的艺术与商业传播相融合，这类形象既有艺术的视觉表现力，同时也具有特定的商业目的和广告效应。它们往往在艺术的美学品质和内涵上欠缺高度，但由于市场利益的驱动及与大众日常生活的密切关系，而频繁显现于城市商业空间，在一定的空间范围内广为人知。如湖南长沙黄兴南路步行商业街中段树立的酒鬼雕塑，以一古装老者肩背酒坛、笑颜阔步的造型，坐落在一个可以水平转动的金属底座上，下部标注着"酒鬼"和"中国酒鬼酒"的品牌名称。这

图 7.21 《酒鬼》，街头雕塑，长沙市黄兴南路商业步行街

座雕塑实际上是当地一家广告公司做的白酒广告（图 7.21）。其艺术品质和创意虽粗陋而平庸，但却与周边的商业环境及市井氛围较为契合，为浓郁的商业气氛平添了几分诙谐。在此商业街上还设立了一系列以市民娱乐和摊贩商业活动为主题的户外雕塑，如曾流行过的游戏滚铁环、抽陀螺、踢瓦片，市民夏日消暑的街头竹床及茶饮景象，街头饮食馄饨挑子或其他小吃，均在雕塑中有所体现。它们一道置身于城市最为繁华而喧嚣的商业闹市，共同渲染了步行街区的市场气氛和多样性的情境生态。尽管这些雕塑的视觉语汇和语义存在差异，对场域景观的影响也有差别，但对于激活商业空间和渲染特定的场所氛围，有着某些异曲同工之妙。

在全国各地的商业场所中，类似的情形不在少数，如在一些节日或促销活动时，商家会在商业街区中摆放诸如金元宝、财神爷、圣诞老人和布满灯光的圣诞树等，成为街区景观的重要体现，尽管它们多数是短期的展示。另有一些长期陈设的街头雕塑作品，是商店为标示其经营内容或提升品牌视觉辩识度而为。如浙江杭州中山中路的一家经营竹炭商品的专门店门前，陈列了一座以中国唐代诗人

白居易的《卖炭翁》为主题的人物塑像，附近另一家经营羊肉馆的门前设立了汉白玉材质的羊群雕像。

这些物象或许在艺术家们看来算不上是艺术，起码不是优秀的艺术，因为它们不够雅致与超然。然而，它们却是国内消费者大众真实审美状态的现实反映，雅与俗的问题并不在普通大众的考量范围。虽然这其中也蕴含着美学品质、审美意趣的差异问题，但毫无疑问，国内目前普遍艺术审美教育落后，与中国当代经济发展水平处于失衡状态。如著名画家吴冠中生前所言："现今的文盲似乎少了许多，但生活中的'美盲'却多了起来。"这提示我们将艺术美学、文化精神与公众日常生活加以融汇、磨合，使建设当代审美文化向着社会化、生活化、普及化发展的同时，也注重探索其时代性、创造性、实验性和差异性。

7.3 商业环境下的公共艺术辅助策略

尽管商业活动会给城市景观和公共艺术的构建带来一些资金和空间场所方面的机遇，并促进社会的多元化参与，但长期和整体来看，由于我国在法律及刚性政策方面尚没有完善，因而在当代商业经济的大背景下如何有效地来支撑和发展城市景观和公共艺术，便成为地方政府和社会需要共同面对的难题。对此问题，近 20 多年来的市场经验也有所回应和启示。如 20 世纪 90 年代晚期，以北京朝阳区东三环的 SOHO 现代城社区为典型代表的运作模式，即由房地产开发商、项目策划人和设计团队共同为商业楼盘树立文化形象和品牌价值，自行解决建设过程中景观艺术及公共设施所需的资金和空间资源；又如 21 世纪初期，浙江东部的台州市政府以行政干预的方式，用相关的条件制约和促使投资及开发商资助城市景观和公共艺术项目，使之成为阶段性的推广模式。

我们在《台州市人民政府办公室关于实施百分之一文化计划活动的通知》中发现，它吸收了欧美国家的百分比艺术条例的一些方式，规定了对于各类公共空间及建设项目中的公共文化艺术设施的要求及范围细则。台州市政府以这种非法律性质的、旨在指导及约束的行政文件，促进本市的建设项目对公共艺术的必要投入。台州市政府制定的《百分之一文化计划》的目的和意义，如其文件中所表达的："加大对城市公共文化艺术事业的投入，提升城市文化品位，增强城市的凝聚力和辐射力，使我市的公共文化艺术事业与经济、社会的发展相协调，不断满足人民群众日益增长的精神文化需求。"[1] 此文件指出，在项目建设投资总额中提取百分之一的资金用于公共文化艺术设施建设，而纳入其范围内的投资项目包括了五个基本类型：所有政府性建设工程，城市临街建设项目，占地面积 2 公顷以上的工业企业项目，总投资额在 3000 万元人民币以上的公共建筑（含各类办公楼、宾馆和商业建筑等），以及住宅小区（含单体高层住宅楼）。此计划特别强调："所建设的公共文化艺术设施必须是能使公众享受或者参与的场所或者项目……各项目主体投入公共文化艺术设施的百分之一的建设资金使用范围包括：公共文化艺术设施、设备建设，公共艺术品的制作、采购、运输、安装和首年维护运行费用等。"[2] 进而，相关的设计要求及审议程序方面又指出："公共文化艺术设施建设类型和位置等的建设方案，在办理建设工程规划许可证之前需报建设规划部门。建设规划部门在听取投资单位意见的基础上，征求文化行政部门意见后，确定公共文化艺术设施规划和建设方案。"在建设的空间及投入方式的要求方面，有文件指出："既可以考虑建在主体建筑物附近或内部、工厂前区或者临街等位置，也可以考虑拿出整体项目投资总额的百分之一，以捐赠或冠名等形式建设公共文化艺术设施。"有文件在项目的管理方面提出了"投资单位要根据所建公共文化艺术设施的功能，制定相关的内部管理制度，并落实专人负责该设施的维护和管理等方面的工作。同时，还要充分发挥公共文化艺术设施服务公众、服务社会的作用"等方面的指导性和规定性要求。我们在此《百分之一文化计划》的相关文件中可见，虽然它是以"公共文化艺术设施"的名称和概念（而非以景观和艺术的名称及概念）来表达其建设范围和内容，但实际上政府文件已经在其目录细则中包括了诸多空间中的建设对象和内容，诸如公共雕塑、壁画、家具、室内外的文化娱乐场所的设计，包括阅读和健身空间及其设施的设计，社区文化会馆、广场及文娱表演场所的设计等。总之，其呈现出贴近市民文化生活和适应公共交往所需的较为丰富的场所建设内涵。

尽管这样的举措依然是自上而下的方式，在国内的实践中还不具有足够的广泛性，也并不具有普遍的法律效应，但从实践和发展的视角来看，却可以表明在中国经济较为发达、社会文化建设及文化消费能力较强的城市和地区，相关措施

---

[1]　引自台州市政府"台政办发，[2005] 113 号"文件。

[2]　同上。

将以其特有的方式或阶段性的制度建设去支持公共文化艺术的发展，这显然具有重要的现实意义和实践价值，这些经验和成果必将逐步发展和完善。而浙东台州市的举措也的确在现阶段为当地的城市文化和公共艺术的发展，提供了空前的资金、空间及制度方面的保障。同时，在商业大环境下探索地方文化艺术的发展策略，还有很长一段路要走。

资本和商业经济的运作从来就蕴含着文化的方式和需求，而社会文化艺术的建设也从来都离不开市场的交换行为和商业环境所带来的多种机遇。[1] 而类似于国外常见的艺术基金制度、企业及社会捐助制度，以及商业或企业与非营利性文化机构（或公益性文化艺术项目）的协作机制，包括当地企业与周边社区友好共建的活动方式，均可用来作为中国城市公共艺术建设的参考经验。

小结

商业场所的景观设置和艺术介入，是商业经济发展和多层次的社会文化需求的必然结果，也是构成城市公共空间及多元文化的景观现象之一。商业空间所造就的视觉艺术和文化知识同样构成了当代大众日常生活的美学经验。而产生或设置于商业场所的景观艺术的形态、内涵及作用，往往又是复杂多变的，其中的商业传播、媒体促销、品牌提示、企业形象宣传，以及围绕商业市场运作与竞争所展开的商业环境营造和艺术景观的造势，其目的和效应往往是多层次和多维度的。它们在创造出城市丰富多彩的商业景观的同时，也反映和造就其中的社会文化内涵；它们给商业市场和财政带来利益的同时，也使大众满足消费欲望，并为审美性、娱乐性的艺术提供表现自我的诸多机会。它们显现出不同层次的美学形式，也蕴含着隐性的资本与权力同构的话语内涵，不同的利益主体在其中各取所需。商业文化所创造的景观和艺术，又同时创造着商业文化乃至社会本身。其间的景观和艺术表现，在满足商业资本的诉求之外，也会以极为丰富的形式手段展现艺术的多元性与复杂性。

事实上，艺术与社会经济活动的密切关系在历史中亦随处可见。在中国的历

---

[1]　引自吴冠中于 2006 年 9 月在清华大学美术学院的一次艺术研讨会上的发言。

史传统中，面向民众的文化艺术的传播和演进，也总是与地方的商业文化和民间风俗密切关联的。如秦汉时期的歌舞、杂技、说唱表演，宋元时期的戏曲及风俗绘画，直到明清时期的年画、刺绣、社戏、文学插图及戏剧招贴，都与当地的经济和社会文化紧密相关。

显然，融入商业空间的艺术可能是趋向审美的、能激发时尚趣味或超越现实的创想，也可能是趋于世俗经验的、感官娱乐的和直接围绕商业传播的。应该说，这是商业空间的基本属性和潜在的市场逻辑所决定的。然而，由于城市的商业空间是城市公共空间的重要部分，吸引了不同人群，汇聚了多样的文化内涵，成为社会大众进行观赏、学习及日常体验与交流的综合性空间，而介入此类空间的艺术便成为城市景观和社会文化的重要组成部分。从当今国际公共艺术的实践经验来看，在欧美和日本等发达国家，公共艺术的投入目的和效应，也有相当重要的原因是为了城市营销和地方经济的振兴，如为吸引投资和加强旅游资源，以及提高商业效益及当地人口的就业率。因此，我国城市公共艺术的发展与商业的整合与协调，应是拓展公共艺术和履行其社会职责的重要途径之一。

应该说，中国目前没有支持公共艺术发展的专项法律条例，商业社会及经济力量显然为城市景观和公共艺术的发展，在机遇、经验及人才培养等方面提供了必要的条件与环境。但也可看见，在商业场所及由商业资本操控的景观艺术之中，的确存在着诸多虚幻、浮华和浅薄的形式与思想；在娱乐至上的鼓吹下，公共景观与艺术也常沦为资本逻辑及其权力意志的附庸和点缀。此外，中国城市（尤其是中小型城市及城镇）中大多数商业场所的环境状态，有待必要的梳理和整治。其无论是在空间的秩序、环境卫生、公共设施，还是在人性化、生态化、艺术化的建设方面，均缺乏深入、细致的设计和对美学品质的追求。因此，中国城镇商业场所及其公共空间的建构，应结合景观形态的改造和文化艺术的介入而趋于合理化，为广大市民的日常生活、文化娱乐和互动交流，提供富有活力的良好公共氛围。

第八章
社区营造与生活的艺术

社区时代的复苏与重建

历史情境与现实生活

资源整合与多方位建设

艺术事件与公共参与

8.1 社区时代的复苏与重建

社区作为一种以地缘关切、生活互助和内部自治为基本特点的社会区域（或单位），是在城市生活、生产、消费过程中生成的必然产物。在中国的现代化、城市化及市场化进程中，社区的形态、角色与内涵均发生着持续的变化。近30年来，国内各地方政府和社会有关方面为了适应城市和社会发展的实际需要，逐步改善基层社会区域的日常生活状态，对社区的稳定和市民生活的自助机制及内部事务的管理予以了更多的关注和投入。尤其是在进入21世纪以来，社会文化界和艺术界对于当下社会转型时期的社区建设予以了前所未有的重视。然而，培育社区的一般性职能除了必要的物质硬件和相应的制度建设之外，对于可以象征和反映社区自身特性，并获得社区成员认同的生活环境和文化氛围的构建，同样应被涵盖其中。

我国社会在近几十年来已经有了较大的连续性发展，经济总量位居世界前列。但客观上，普通工薪阶层的经济收入的增长幅度和人均拥有的资产数额，在全世界依然处于相对落后的状态。在近30年来的城市化和经济发展环境中，城市景观与公共艺术的场所，绝大多数集中在大都市和经济发达地区的各种广场、景观大道、主题公园、政府机构所在地及商业或娱乐性场所。相比之下，切实落脚和服务于普通市民生活的社区公共景观和艺术（除一些房地产开发商基于纯商业目的的景观项目之外），则处于严重匮乏或劣质化的状态。其原因从社会经济和政治文化的视角来看，客观上是由于长期以来形成的"大政府，小社会"的倒金字塔情形，使得权力和资源的分配非常不均。而社会方的自主与自我管理，以及对公共资源的掌控则陷于微弱，也导致基层社会的公共事务和社区自身的发展长期处于明显滞后的状态。

随着人们物质与精神文化生活的需求逐步提升，民主管理、和谐、便捷、富有活力、生态良好的城市居家生活环境，成为基层社区居民的普遍性诉求。而欲使城市化的深入改造及社会经济成果施惠于普通社区居民，工作重点之一在于改造和提升普通社区的公共空间形态、社会功能及其文化品质，以及建构多样性的社区服务机能和社区文化内涵。而社区文化及居住环境的美学建设，以及在此过程中参与社区公共事务，正是培养社区内部成员的个人和公共素质、社群协作能力和自我管理能力的重要方式。

在进入 21 世纪之初，中国城镇社区的建设及自身文化内涵的拓展成为重要的议题摆在政府和社会面前。由于近 20 多年来，农业人口及异地人口大量迁徙，大量人口集中涌入大型城市和超大型城市（如北京、上海、广州等）。由于人群所处的经济和社会地位的差距随着经济、产业形态和社会分工而愈加扩大，从而使得当代城市众多社区的居住环境、文化环境也产生了很大差异。但无论如何，社区生活始终是普通市民和外来移民进行基本生活及养护家人的主要空间，毕竟国家的政治生活和市场及公司机制下的经济活动始终无法替代社区生活的实质与内涵。社区生活的基本目的和意义，在于满足共同生活且彼此协作于一个固定区域的人们的生息、将养、安逸和幸福的需求，也在于满足小社会内部相互包容、照料及相互尊重的需求，以此缓解和抵御外部社会的风险和压力。

中国新时期的社区概念和社区文化正处于复苏时期，着力于社区功能、文化和自我管理机制的建设，正成为中国城市化及社区政治民主化建设的重要内涵之一，事关国家、社会和公民个人的共同利益与长远福祉。社区的有形环境与无形环境的建构，不仅需要文本形式的规章制度，还同时需要社区环境的物质化设计和人文环境的精神性、艺术性构造。因而，公共艺术与城市景观的美学实践是 21 世纪中国城镇社区整体建设必要的方式和途径之一。

本章以有限的实例来审视和解读中国城市社区的景观与公共艺术的发展形态，以及其对社区文化建构与振兴的作用，以此概要分析不同情形和条件下的社区景观与艺术的呈观方式，以及它们对于社区自身建设、居民日常生活的影响和文化意义。

8.2 历史情境与现实生活

20 世纪末期以来，中国各种新老社区的发展和内部文化建设，是当代城市建设中极为重要的问题，因为这关系到社会的整体稳定和社会内部成员的自我认同与自主性发展，关系到广大普通市民的日常生活品质与社群内部的交往和团结。其中，景观塑造和公共艺术的介入，对社区生活环境的整体氛围和精神意味均有着重要的现实意义。

北京金鱼池社区

北京金鱼池社区位于北京城南，毗邻天坛北门，在清末及民国早期曾经是北京南城社会下层居民的生活区之一。这里曾经有一条长约8000米的污水明沟，周边贫困居民的生活废水与垃圾及动物尸体充斥其中，环境极为恶劣，被人们戏称为"龙须沟"，正是中国现代著名文学家老舍先生的戏剧作品《龙须沟》的真实原型所在。20世纪50年代初、70年代末和21世纪初，这里进行过三次较大规模的社区环境改造和兴建工程，使得金鱼池成为当今北京南城的一处较大且有名的市民住宅社区。尤其是本世纪初的那次社区改造，公共艺术介入其中，使得金鱼池社区的今昔历史脉络、人文内涵、社区功能和景观美学有了明显的提升和延展。

金鱼池社区的公共艺术介入方式，一方面是于2001年在社区外围设立的、具有社区历史回顾性质的浮雕壁画墙体，反映此社区的今昔沿革及其与文学家老舍先生的话剧《龙须沟》的历史性对话，通过社区居民共同的历史记忆引发现今社区居民的历史情感及认同。同时，对外来参观者具有一定的教育意义，并可借此提高社区的知名度和视觉形象的辨识度（图8.1）。另一方面，则是通过对社区

图8.1 往昔"龙须沟"的生活情景，浮雕，北京金鱼池社区

图 8.2 《龙须沟·小妞子》，雕塑，北京金鱼池社区　　　　　　图 8.3　金鱼池社区住宅楼前的水景观

内部空间环境的功能和美学意义上的设计与改造，为居民们提供舒适、方便和美观的日常生活与公共交往的空间。金鱼池社区的住宅建筑及环境设施在北京并非属于高档次、高水准的行列，也不是纯粹的商品房性质，而属于政府政策专项补贴的回迁房与经济适用房。但由于公共艺术和设计的良好介入，这里有着较为特殊的社区文化和生活环境。

　　当人们从社区的西门进入，引人注目的是一片清澈的池水，在花丛、草坪和柳荫之间，老舍笔下的《龙须沟》中的小妞子铜像静静地矗于滨水岸边，这里现今已成为楼房与花园交错的金鱼池小区（图 8.2）。穿过社区西南区域的建筑走廊，可见清澈的溪流穿过社区中的空地汇聚到中央较大的景观水体中。金鱼池岸杨柳依依、绿影重重，人们在这里休息、聊天，孩子们踏着池水中的石墩玩耍（图8.3）。笔者在此社区中，还看到墙上有社区历史的图片展览，以及专门指导居民健康饮食和医疗卫生的图文宣传栏。园林中也设有传播现代科学知识的看板及航天模型雕塑，另有一些可供居民健身娱乐的体育器具和休息的座位。

　　有意味的是，由于社区居住环境和公共空间条件的改善，许多居民自愿参加社区的公共文化活动，如舞蹈、戏剧、文学、保健、才艺表演等，增进了相互间的了解和友谊。笔者在 2012 年 8 月下旬的一次走访中，正逢社区戏剧组在排练话剧《龙须沟》，这是由故事原发地的人们自行排演自己的往昔（40 余位业余演员中有原社区老居民 10 多位），他们正用浓郁而纯正的京腔动情地念着剧中人物的台词：

> "别再下雨吧！屋子里、院子里，全是湿的，全是脏水，叫我往哪儿藏、哪儿躲呢！"
>
> "有一天，沟不臭，水又清，国泰民安享太平。"

社区的这些业余演员们平时并没有多少来往，正是这样的公共文化活动使得他们彼此相识、互相协作。我们在走访中得知，金鱼池社区的文艺团体和居委会每年都组织歌舞艺术及民俗文化的联欢活动，另有外请专家前来社区讲解科普和医学卫生知识，加上常有公共媒体予以报道，金鱼池社区在北京南城的知名度愈加提高。显然，社区作为人们生息、互助、学习、寻求个体价值和公共生活的场所，在这里有了具体的、较好的体现。尤其是由于社区生活环境及文化氛围的改善，社区居民的行为方式、群体意识和生活内容都有许多微妙的变化。据了解，以往社区中的一些居民不大讲究文明礼貌，在公共场所中行为举止粗俗。如在夏天的胡同里到处是光着膀子的人们，毛巾搭在肩上、扇子别在腰间，坐在路边或地上喝着酒水、打着扑克，甚至大声喧哗，酒瓶子和饮食垃圾随地丢弃。而今相互熟悉的居民见面时，不再问候对方"你吃了没？"，而是经常相互打听有关社区的合唱团、舞蹈队、话剧组及棋牌活动的情况，参加公共文化和娱乐活动的热情很高。社区居民的日常生活内容和精神面貌有了较大改变。社区在 2012 年还筹建了老舍纪念馆的社区分馆，并向居民们征集"和老舍先生说说心里话"的自创文艺作品或纪实作品。此社区排演的文艺节目还计划走出本社区，到其他社区去巡演交流。

应该说，社区景观和公共艺术最为重要的意义尚不是那些可见可触的美的物质的塑造，而是由此影响人们的行为方式及观念形态，使之产生某些改变与升华。公共景观、艺术和相关的事件可在潜移默化中促进社区居民对公共事务、公共利益与社区成员的关心，培育居民的社会意识和责任心。

北京天通苑社区

北京的天通苑被称为亚洲最大的社区，地处北京市昌平区东小口镇，属于典型的城乡结合部的超大型居住社区，也是北京自20世纪90年代晚期以来设置的最大的经济适用房聚集区。天通苑位于北京市东北区，临近回龙观、立水桥等多个大型社区，居民以外来迁徙人口及远郊乡镇迁入人口为主，人口约30余万，主要由中等及中低阶层居民构成，分若干片区分布。

从社区的建筑景观来看，这里呈现出多样性及混合性的基本特点。如偏西南一些社区的入口及广场景观建筑，模仿了欧式古典建筑风格。社区建筑的门厅、走廊、桥体、柱式及下沉式广场的布局、绿化、喷泉及雕塑，均试图拼合出欧式建筑及其环境的样式风格（图8.4）。其原因一方面在于，这与20世纪90年代全国都市中的普遍情形相仿，北京许多房地产的建筑和景观外形（甚至包括名称）以追慕欧式为时尚和显贵，以满足部分人群以入住花园洋房为富贵荣耀的心态；另一方面，这种表象化的欧陆风尚，也反映出当代中国城市建筑及其景观艺术设计普遍欠缺的时代性、地域性和创造性。尽管天通苑远不属于高档商品房住宅社区，但其部分片区的景观依然以仿欧式元素为招牌和商业营销策略，不符合区域实际，充满市场投机性。它与社区日常生活及文化形态基本没有内在联系，而且

图 8.4　仿欧洲风格的建筑景观，北京天通苑社区

也与社区的大多数建筑及装饰之间并无整体性的视觉美学关系。

　　与此相悖的情形似乎集中体现在天通苑东三期的"天通艺苑"之中。它作为整个社区的主体性公园于 2005 年至 2009 年期间建成，集休闲、娱乐、观览、健身于一体。公园中除了门户及少数建筑是仿欧式的，最为引人关注的是其中构成极大视觉反差效果的雕塑园区。这里设置了一批数量众多、体量硕大的主题性、系列化人物雕塑，表现了俗世生活和凡间生命的快乐，是对亲情及肉身欲望的张扬。其艺术原型来自中国乡村农民及市井下层生活中的人物形象。艺术家多以漫画式的夸张手法，对人生及俗世经验中的悲喜剧予以通俗化的演绎和近乎讽喻的调侃，其不乏幽默和真实。如其中的《王老五》(图 8.5)《豆》《两朵花》(图 8.6)《妈要吃啥就买啥》等作品，即从不同的角度表现了众生情状，趋于粗粝和泼辣的审美趣味给广大观者以感官和心理层面的吸引和冲击。其中的一些表现母爱、情爱及下层俗常生活的作品，由于把人体的一些身体特征与戏剧性的表情夸张放大或变形处理，自然引发了持不同观念和态度的观众及文化界人士的议论。笔者在观察与接触中了解到，包括当地社区居民在内的许多观众，对于公共雕塑中呈现的那些俗化或近乎怪诞的形象，表示不理解或不喜欢。有些专业的艺术理论家或雕塑批评家，对"把人类的丑陋或难堪的一面予以把玩、欣赏"，或对人体造型的性感特征与不雅形象予以观赏的做法，表示了否定和厌恶，认为这些作品的艺

图 8.5 《王老五》，社区景观雕塑，北京天通艺苑　　　图 8.6 《两朵花》，社区景观雕塑，北京天通艺苑

术格调低下、庸俗，缺乏审美价值及时代性。但是也有一些人对此不以为然，他们或从猎奇的心态去欣赏，或认为它们是富有激情、幽默和戏剧般象征意味的作品。不同文化背景的人们对此持有不同的审美态度和价值判断，显现出社会审美的多元性和差异性。

值得注意的是，这些光着膀子、穿着旧时农民老棉裤的老少，或追逐在田间地头的乡村男女，或裸露着身体在喂养孩童的村妇，或在自家炕头与妻儿享受天伦之乐的农家群雕，的确在艺术题材、内容、形象和风格等方面，不同于当今城市中很多社区的景观雕塑，通常这些景观雕塑趋于写实、抽象、装饰及唯美。它们也不同于那些偏重历史性或文学叙事性和教育功能的雕塑作品，而是以中国北方地区往昔乡村生活情境，以及社会下层小人物的形象和世俗情感为创作基础，以极为夸张、幽默和嬉戏的手法去袒露和玩赏世俗生活经验与情感。也许是某种巧合，这些雕塑的含义似乎与天通苑社区的地缘文化背景以及平民化的社会特征有着某些自然的关联。因为这里曾是北方地区的乡村社会和农业区域，而今是城乡结合、融汇了来自五湖四海的城乡人口的超大型社区，其居民的文化教育和经济收入平均水平较为一般；其中有许多中老年居民和外来移民保留了往昔乡村质朴的风俗记忆，并在急切向往着都市新生活的同时，回味往昔乡村的世情、温情以及困惑。

尽管北京天通苑社区相比那些有着较长历史的社区来说，尚属于一个年轻的社区，但由于它所处的时代和区域的关系，显现出自我的特殊性。如前所述，它的景观和艺术形式，一方面在努力追随商业化及显贵的时尚（如古典欧式的建筑），而另一面其社区艺术则充满民间、乡土和草根化气质。尽管这些未必是在深思熟虑的整体规划下促成的景象，也未必是在居民的公共参与中达成的共识，但如此现象反映了某些特殊的内涵与必然性。诸多房地产开发商寄希望以景观艺术的手段来刺激和拉动消费，而并不顾及社区特性及文化特征与社区视觉景观之间的内在关系，社区造园及其景观形态追求的猎奇心理和视觉震撼，只是为了吸引人们的眼球和对外显示社区公园景观的特殊性或唯一性。

它们与艺术家创作团队的艺术兴趣和愿望也有着重要的逻辑关系。从这些社区景观雕塑来看，重要的似乎不是它们的主题性或形象本身所呈现的美学问题，而是它们以如此的形体符号和视觉意向，表达了后现代语境下普通人迷茫与失落的情感。

8.3　资源整合与多方位建设

中国城市社区大多只重视上级机关的例行视察或政绩评比，会在特定阶段搞突击性的环境美化、卫生清理或社区文艺展演活动。笔者在普通社区或城乡结合部的居民区经常发现的应付性方式是统一粉刷社区建筑物、添加卫生设施、悬挂写有社区整改和建设的标语横幅等。这些流于表面形式的造势和宣传，很少能够切实贴近普通居民的日常生活需要或提升社区环境及文化品质。这其中有街道管理部门的理念问题，也有社区内部存在的组织结构和权益性问题。

由于中国城市社区的组织和管理机制尚没有真正或完全建立在社区自主和自治的基础之上，原有模式的居民委员会的主要职责是辅助政府行使基层管理权，可以说居民委员会是政府派出机构的末端形式，并非居民自主产生的多方位的社区服务机构。而社区的物业管理机构与社区之间则是商业契约下的物业代管及有偿服务关系，一般情形下并不参与社区人际交往及公共文化活动。因此，当今社区的建设，尤其需要培育社区成员自身的社区主体意识，发掘社区居民所具有的技艺和文化资源，同时也需要拓展和整合社区周边的相关资源，吸纳较大范围的社会有益能量来改善和提升社区的整体品质，而非仅是封闭式的和纯粹物质性的、视觉表象的管理。此处以深圳华侨城和广州时代玫瑰园社区为例，察看和思考社区的景观艺术和文化形态与社区环境及公共生活的关系。

深圳华侨城

深圳华侨城建立于 20 世纪末至 21 世纪初期，主要由外来的创业者及中产阶层构成。而此地区原是当地在 20 世纪 70 至 80 年代建立的工业产业区，后由于城市职能转型、产业升级等原因，在新的城市规划中成为集住宅、绿化、艺术展示、餐饮服务为一体的综合性社区。其中，原工厂区域被改造为深圳的现代艺术展示、艺术家工作坊及时尚消费的中心区域，即所谓的 OCT 艺术区，其比邻的区域为居民住宅区及华侨城 Loft 区域。有意味的是，这些功能区域在社区公共空间及日常生活内涵的建构方面，形成了某些共享和互补的客观效应。

作为对场域的文脉及特性的提示，在 OCT 艺术区，原厂房空间改造为艺术品展场，周边陈列了原工厂废弃的机械设备及生产流程中的器物，它们向人们传递关于当地工业文化的信息与往昔故事。园区也有少许户外艺术品，它们和那些经常更换的各类艺术海报一道形成了场域的视觉景观和轻松的气氛。此园区为华侨城周边的居民和外来旅游的人群提供了观看、体验、交流和娱乐消费的公共空间。我们在察访中发现，为了将艺术区的各种展览信息发布出去以吸引周边观众，一些艺术展览（如画展、雕塑展、设计展及工艺美术品展览）的广告刊登在华侨城社区的沿线步道及广场上，方便了社区居民和外来游客及时获取展览信息，也提升了社区周遭的视觉与人文艺术氛围（图8.7）。而华侨城中的居住区，虽然没有雕塑艺术品，却以个性化的景观艺术设计，将公共空间

图8.7 深圳华侨城中的街道

中的多种植栽、喷泉、池塘、水榭、雨棚、人工瀑布、座椅、照明系统等公共设施，共同营造成适宜休闲、娱乐、聚会和健身的多功能场所（图8.8、8.9）。

我们随处可见社区的妇女、儿童和退休的老年人群聚集在不同的空间区域，他们在草坪上聚会、玩耍、健身，或在公共建筑的廊道下合唱、排演，青年人在

图8.8 水瀑走廊，深圳华侨城

图 8.9　水体观景栈桥，深圳华侨城

图 8.10　社区居民在景观水体前玩耍，深圳华侨城

林间树下阅读，儿童在濒水景观中嬉戏，呈现出一派安详、闲适、优美而秩序井然的社区景致（图 8.10）。社区的生态广场不仅给人以审美的体验，这些大面积的灌木、乔木和草坪，尤其是大量采用当地适宜的热带雨林植物，在构成诱人的社区绿岛景观的同时，还能净化空气，调节局部气候。广场周围的茶社、咖啡厅

图 8.11　生态广场前的休憩与聚会，深圳华侨城

及其他服务设施，为社区居民提供了休闲和交流场所。而这些景观元素和与其比邻的艺术展示及娱乐消费区域，构成了相互促进与补充的关系。在动静相宜的渐次过渡空间中，华侨城显现出宜人的环境品质（图 8.11）。同时，也为艺术区的文化产业及服务业带来恒常的人气和效益。

　　华侨城艺术展览及餐饮等交往空间的设立和生态化的人居环境设计，给社区普通人的审美文化生活和日常的身心疗养，提供了多样性和整体性的服务。其中，景观空间与公共艺术设计不仅满足了视觉审美，同时也满足了社区居民日常生活和交往活动的实际需求。这里也对周边社区及外来的游客极富吸引力。

　　在国内社区尚普遍欠缺艺术和景观设计介入的情形下，深圳华侨城的艺术产业区及周边多家电子产业研发区的景观形态，与社区居民公共生活区域的营造有着相互依托和支持的关系，构成了多种资源的整合及多元利益的互利和互惠效应，这是一种有特殊意义的情形和模式。它不同于属性单一的北京 798 艺术区，而是把创意产业及商旅景观文化与当地居民社区的景观文化予以同构和共享。这种情境也与广东地区社会经济较为发达、多维经营意识明确，以及该区域为有着较高的文化生活追求和内部管理制度的新兴移民社区，有着直接的关系。

广州时代玫瑰园

　　中国于20世纪90年代晚期以来，首先在经济实力较强、市场热度较高和人口规模较大的东南部沿海地区，以商品化的房地产开发方式，迅速建设起大批新型城市住宅社区或商住兼容的社区。这些新建社区为知识型和商务型的中青年，以及外来的各类职业人口的家庭安置和事业拓展提供了基础性的条件。这些社区的显著特点之一是居民来源的多样性，其迁入机遇具有偶然性，以至居民相互了解程度很有限。因此，在社区空间形态的营造和公共设施的建构方面，如何满足社区邻里日常的行为方式和交往需求，包括如何满足不同年龄段的居民的生活和娱乐需求，均是社区建设时需要重点考虑的问题。

　　广州市白云区时代玫瑰园住宅社区，以中产阶层及中青年家庭为主，约有3000多户住户。此社区作为21世纪初期广州新城区兴建的商品房社区，其社区景观与公共环境具有某些典型意义，主要体现在社区公共空间的良性建构和对于社区居民交往行为的关怀与激励。首先，在社区空间及环境形态方面，建筑设计师依循中国东南沿海城市中传统的骑楼建筑形式，建构了社区楼群底层几千平方米的通透的连廊式空间（楼体上层为单元式家庭住宅，图8.12），它们构成了居民从私密的家庭空间步入社区公共场所的共享空间，而非一般社区楼体一层均为封闭式的住宅建筑样式。这样的骑楼式连廊运用于社区内部公共空间的营造，既可以使公共空间遮蔽强光和风雨的侵扰，又为邻里间的相互守望和日常联系提供了舒适而宽敞的社交空间，因此非常适宜社区的中老年人和少年儿童平日里的社区交往活动。这些便捷、实用而温馨的公共空间为社区居民习常的棋牌博弈、饮茶聊天、妇女家庭手工作业和孩子们之间的游戏活动提供了舒适的空间。

　　引人注目的是，这样大面积的骑楼式连廊的地面均用地板铺设而成，给人以室内环境般的舒适体验，尤其是设置于其中的公用家具，既考虑到社区不同居民的实际需要，也考虑到美学价值。楼底连廊中犹如积木玩具般的桌椅系列家具，以现代艺术美学的构成方式，与休闲、娱乐和社交的场所意味及整体的建筑风格、植物景观布置相吻合，形成了自由、活泼和富有现代意趣的公共艺术环境（图8.13）。这些木质材料的几何形式的座椅系列，兼具实用和审美价值，加上与之匹配的社区单元门户的安全设施、步道铺装、绿化形式、照明设施和景观走廊的设计，形成单纯、简约而优美的社区立体景观，极大地有别于那些注重纯粹的功能性或外在奢华样式的社区景观。事实上，在中青年人每日奔赴各自职业场所

图 8.12　居民楼一层的连廊空间，广州时代玫瑰园　　　图 8.13　社区公共设施，广州时代玫瑰园社区
社区

后的社区庭院中，留守的老年人、妇女和孩童恰是凭借着这些社区的连廊、户外空间和其他公共场所进行各自的交流活动，它们给人以安全、和谐、优美和满足的体验感。

　　值得注意的是，在时代玫瑰园社区的公共空间中设有可供文艺演出的永久性舞台和多层级的观众看台，社区成员和受邀请的演出团体可择期在此编排和进行文艺汇演，供社区居民同乐，以丰富社区文化活动。人们可借此而更好地相互认识、交流和理解，从各自原有的地域文化背景、习俗和角色中融入这个重新组构的生活团体中来，形成新的人际关系和社区归属感（图 8.14）。而这些，比外在的物质性建设有着更为精彩而感人的实践过程。社区舞台的集体活动，使得更多的居民走出了私家范围，而聚集在一起去共享社区大家庭的温暖。法国城市社会学家伊夫·格拉夫梅耶尔（Yves Grafmeyer）把这种相互依托、支撑和密集性交往的城市社区形态称为"城市里的村庄"，认为城市里的村庄通过邻里、亲情、友情及职业等多种纽带团结居民，而其相互关联的基本特征显现在"居民与生活方式的一致性、对集合了主要社交关系的窄小区域的强烈认同、生活更多集中于社区的人际环境而非集中于家庭、区域空间内相知相识的密集度"[1]。

　　在时代玫瑰园社区的建筑环境中，以中高层建筑的相互围合形成相对封闭的

---

[1]　〔法〕伊夫·格拉夫梅耶尔：《城市社会学》，徐伟民译，第 73 页。

图 8.14　社区内部的演艺舞台，广州时代玫瑰园社区

社区空间格局，其空间和视觉形态较为局促和单一，因而社区中的景观设计便部分模拟自然情境，如在楼群中央地带设置了象征河湖的水体景观，其中种植了水生植物，设置了可供居民游憩其间的景观形态，如修有仿佛土地龟裂后的造型肌理，形成视觉美感（图 8.15），虽然这种现代造园方式只是对城市形态脱离自然情形下的一种补偿和安慰。有趣的是，社区公共设施与景观艺术中建有可供少年自由玩耍与能力拓展的建构物，它们由巨大的、类似水泥管道的构件组合而成，并附加一些安全性的设计，受到社区孩童的青睐，并成为社区景观的一个组成部分（图

图 8.15　社区水体与植物景观局部，广州时代玫瑰园社区

8.16）。时代玫瑰园社区在水体景观的一端建有供社区成员聚会、茶饮及健身的会所，而其楼梯通道一旁则设有供社区青少年自由发挥的涂鸦墙，这与会所的环境及气质相吻合，透出轻松、闲适与个性张扬的意味，吸引着人们的汇聚并给社区增添了活力。

图 8.16　少年玩具建构物，广州时代玫瑰园社区

　　另外，房地产开发商与社区物业管理方及业主机构协作，特意在面临街区的高层楼顶开辟专业性的美术馆展览空间来进行艺术传播活动（引入广东省美术馆的分支展览机构及事项），并为国内职业艺术家的流动创作与交流提供阶段性的空间场所，以此激发和增加本区域的社会交往与商业活力，同时对于提升开发商的企业形象也有助益。应该说，这是民间社会力量与政府艺术机构多赢合作模式的尝试，使得离市区较远的新区有更多的与艺术文化事业产生较为密切关系的机会和设施，从而促进城市及社区文化多样和平衡的发展。其实，社区的组建和社区居民的行为及相互关系的建构，是培养社区居民集体生活方式及提升居民素养的文化过程；而社区公共艺术的介入也是促进社区成员明确其社会身份的自觉过程。这些过程又是伴随着时代的变化而变化的。如伊夫·格拉夫梅耶尔所言："社会身份就是在每个人的历史中构成并重新确定的，这借助于不可胜数的相互作用和多种联系，这些相互作用和联系使得城市世界不仅成为生活组织和场所的整体，而且是一个不断变更的人群聚合。"[1]

　　广州时代玫瑰园社区在中国城市社区中并非独一无二，然而在快速的城市化进程中抱着各自生活理想与诉求的各路"来客"，需要在类似的新组建的社区大家庭中重新聚合，建立起新的人际关系和社会身份，并较好地融入这种可以相互担待与共享的日常生活环境之中。其中，社区的景观形态与公共艺术氛围必将有着显性或隐性的社会作用和文化意义。

---

[1]　〔法〕伊夫·格拉夫梅耶尔：《城市社会学》，徐伟民译，第 13 页。

8.4 艺术事件与公共参与

　　社区艺术的创建与公益文化形态的导入，往往需要借助某些机遇或事件的激发，并以此扩展影响、诱发社区居民参与。社区文化与环境品质的建设，需要发掘和借助社区内外的多重资源和力量，以便在资源和力量的整合中发挥艺术和社会的多重效应，从而推动社区文化建设。就历史经验来看，社区艺术的呈现方式及属性并非仅限于静态、永久性的或纯粹的视觉观赏，而那些结合社区存在的问题及改变现状的需求的艺术事件，往往可能成为符合社区实情、充分利用内外资源而展开的富有公众参与性的社区艺术活动。限于篇幅，此处仅以上海曹杨一村为例，概要观察一个艺术事件如何以其特有的方式激发和促进社区文化及环境的变化。

上海曹杨一村

　　2009 年 4 月 25 日，在上海普陀区曹杨一村内开启了一系列以社区生活与文化为主题的公共艺术活动。这是一次由上海大学美术学院策划、统筹，联合来自荷兰、英国、加拿大等国外和国内的艺术家，以及上海大学的师生和当地社区居民积极参与的社区公共艺术活动。其基本构想和目的是通过一系列的公众参与性活动与公众对话，以及通过对社区公共设施与空间环境的设计与改造，促使社区居民在原社区荣耀及历史记忆的基点上，对社区充满希望，由此促进社区成员交流，提高社区自我维护与建设的能力（图 8.17）。这里开展的艺术实验呈现了富有典型意味的公共艺术与社会政治的含义。

　　首先，从既定的社会及历史语境而言，坐落于上海普陀区中部的曹杨

图 8.17　国际合作、民众参与的社区艺术实践，上海曹杨一村

一村是一个拥有光荣历史的社区。它诞生于 20 世纪 50 年代中期，曾是 1949 年新中国建立以来，政府在上海乃至全国为产业工人兴建的首个居住社区（"工人新村"），其住宅样式参照苏联的集体农庄，为规整划一排列的两层柱立式砖木结构，每个单元建筑面积约为 275 平方米（可分为 4 个大户或 6 个小户，前者每户平均面积为 20.4 平方米，后者每户平均面积为 15.3 平方米），每层有公用厨房，公用卫生间设在底层。社区的空间多为共用空间。虽然现今它看起来显得简陋、破旧和拥挤，但在当年的计划经济时代，曹杨一村的社区规划、建筑设计和社区性质具有范例与荣耀的含义，能够入住其中的几乎均是当时上海产业工人中的劳动模范，如 1960 年代见诸公共媒体上的全国著名劳动模范杨富珍、裔式娟、陆阿狗等都曾居住其中。当年曾有 136 个国家的领导人来此社区参观并被广为传扬。此社区是当时社会中最为先进和英雄般的人物的聚集地，在当时政府的主流话语和政治文化宣传的背景下，能够入住其中着实是一件令人仰慕和骄傲的事情，也意味着享有较高的社会政治待遇。其当年遴选和张榜入住的情形及社区的风光，至今是社区老居民们的深切记忆和常谈起的话题。然而，随着社会和城市历史的演变，一些老旧社区由于设施、环境和管理水平的落后，以及人员的膨胀和社会地位的衰变等，渐渐淡出人们的视线，曹杨一村便是其中一例。

上海大学美术学院在此社区展开的艺术活动，一方面出于社会责任心，一方面出于教学与社会实践相结合的需要，体现艺术学院及艺术家与社会之间应有的积极关系。实践活动以公共艺术进入社区、促进社区公共文化建设为主旨。

这次公共艺术活动运用了不同的创意和形式，其中一种是通过发掘和显现社区历史情境，重温和找回当年主流社会对工人劳动模范及其业绩的荣耀与尊敬，从而显现此社区文化中所具有的勤劳、纯朴、激情和奉献社会的精神特性。在社区公共艺术活动的开幕式上，来自国外的五位艺术家为社区居民中的五位 50 年前的劳动模范佩戴大红花（这曾是政府及领导机构表彰功臣或英雄的方式）。在庄重而热烈的仪式中，这些年迈的老人仿佛重新回到了当年，也引发了居民对于本社区历史岁月的回顾，唤起了居民的自豪意识及振兴社区的情愿。

活动期间，有的艺术家采取了影像艺术的方式，如摄影作品《曹杨主人》，记录和表现那些生活在曹杨社区里的平凡、朴实的工人劳动模范；另如动态的影像作品《曹杨》，以一段上世纪 50 年代曹杨居民施根宝与美国人罗伯特之间的真实而感人的故事为依据，展现曹杨人勤劳、热情和无私奉献的精神。影像作品通过对于那些久违了的，带着纯净、朴实、"没有被污染过的表情"的人物形象的拍摄，表达出艺术家及公众社会对于社区人物的关切与尊敬，同时也向人们展示社区今昔状态和人们内心历程的沧桑变化，也隐含着对这些昔日的工人劳动模范在当今社会境遇的一种质疑。

社区公共艺术的重要目的之一，是表达社区居民的心声与愿望。参与其间的外国艺术家在事先走访和了解社区的前提下，以贴近社区居民生活和心理诉求，激励居民表达愿望的公共参与方式，创作了被单秀。艺术家通过与当地管理部门的协助，向社区 1900 户居民发出邀请书，希望居民们在艺术家送出的被单——这种最为接近自我身体并极具私密性的物件上，书写属于自己的愿望，并运用当地居民习惯于户外晾晒衣被床单的生活方式，将其悬挂于窗外的晾衣架上，以表达各自的心声、实现交流（图8.18）。然而，艺术家发现起初居民的话语方式及语汇，基本上是通行的官方媒体语言，如"美丽的地球，我的家""振兴曹杨""我为人人，人人为我"之类较为宏观或流于空泛的语言，这些是缺乏中国经验的外国艺术家所始料不及的，是由于政府基层组织的长期介入而形成的常态话语形式。尽管如此，在《被单文化》展出的时候，在一些不太明显的场所还是出现了几张被单，上面写着"改建旧住房""医疗很重要""要办实事""不要乱倒垃圾""老人健康生活更富""文明停放车""要珍惜绿地"等生动话语内容，显现出曹杨社区居民具体而真实的希望与期待。实际上，在当今中国社会物质财富总量得到空前提

图 8.18　居民以晾晒被单的形式表达愿望，上海曹杨一村

图 8.19　社区新漆的晾晒衣物的架子，上海曹杨一村

升之后，利益分配及政策实施中的社会正义与公平的重要性，已经是十分显见的了。而艺术介入社区，显现社区居民的真实诉求的一个重要意义，在于促进社会公共领域的成长，以和平商议的方式伸张社会正义与公平。这是艺术的公共性的必然要求，也是社会转型时期公共艺术的职责之一。

鉴于社区老旧建筑的破旧及整体环境色彩的单一，艺术家首先以问卷调查的方式，征询居民们对本社区色彩环境的印象与看法，在回收的300份有效问卷的基础上，为社区的晾衣架、栏杆和导视物件进行了兼具美感和表现力的设计创作。系列化的《色彩·游戏·生活》为社区灰旧的色彩环境注入活力和新意（图8.19）。社区设施的新色彩，显出青春、和谐的情调，感染和引发了居民们的日常生活情趣和对自我形象及礼仪的关注，毕竟环境因素是可以演化为精神情感的。艺术家在此际还推出了由美术学院学生参演的、旨在唤起居民们童年美好回忆的行为艺术。学生们身穿海军衫、白球鞋、佩戴红领巾，唱起了熟悉的歌曲《马兰花》，并拿出游戏棒、空竹、橡皮筋等玩具，邀请居民和儿童一道游戏玩耍。

另有一些艺术家用艺术设计为社区修造和添置公共家具或住宅建筑上的视觉指引标志。这一方面是为了方便居民的生活，另一方面则点缀和消解了社区环境中的陈旧与单调感。其中，《美好时光》与《哑劲》两件即是针对社区具体情形而创作的公共艺术作品。艺术家认为自己对当代艺术应积极引导，而不是一味地迎合生活，并注意到当代时尚文化和艺术对普通大众的吸引力。作品《美好时光》（图8.20）是在曹杨一村的联排式住宅楼各单元的入口处墙面上，运用卡通贴纸和造型各异的照明灯箱的形式，设计出既有时尚意味又有视觉识别性的系列作品。这种时尚欢乐且雅俗共赏的卡通灯具标识的设置，受到社区居民的接收与热议。它们让老旧而显得简陋的居民建筑在晚间焕发出一丝童话般的美感和温馨。

为使社区公共空间得到更好的利用，起到吸引和激发居民之间相互交流的积极效果，构造社区公共家具成为必要。由上海大学教师、英国艺术家、学生及社区居民共同参与制作的《哑劲》（上海民间语言，有称赞和惊讶之意。图8.21），即是运用环保材料和现代艺术语言为社区小广场创作的四个立方体桌子，具有西方极简艺术（或硬边艺术）的风格特征。它们设置在小广场的四角，与原来留存的中式石鼓形石凳重新组合成四组露天桌椅，形成一种中西、新旧之间的奇特组合。有意义的是，桌子在现场制作的整个过程中，社区居民积极前来观摩、询问和提供各种建议。英国艺术家还在小广场的花坛里栽满了鲜花，这种举动和方式

图 8.20 《美好时光》，在社区居民楼入口处设置时尚的视觉标志物，上海曹杨一村

图 8.21 《砸匠》局部，嵌有彩石的水泥方桌，上海曹杨一村

感染了社区的居民们，他们有感于外国朋友对于劳动与生活的热爱之情，以及对于本社区的热情与友好之举，在事后主动担负起养护的义务，并在花坛旁自行插上一块看牌："外国朋友种的花，请大家爱护！"应该说，作品《砸劲》是由艺术家的创作过程、作品本身和社区居民共同参与的行为共同构造而成的，它们在某种意义上超越了艺术的本身。

曹杨一村的公共艺术活动中，也有一些作品出自艺术家个人的文化视角和兴趣点，但却与社区主题有着某些直接或间接的关系。如其中的《曹杨"古化石"》（图 8.22），其以上海普通居民（包括曹杨居民）在 20 世纪 70—80 年代的常用家具、电器等作为艺术现成品，加以石膏、水泥及涂料等材料的加工处理，强化其已成为一段业已"尘封"或"风化"了的记忆。而在这些陈旧的柜橱的抽屉或门扇中，却以微缩的手法复制及收藏着居民日常生活及家居空间的细节（如居室、楼梯间、厕所的模样），它们以另类的方式记叙着上海及曹杨普通居民的私人生活记忆。这些作品被短期放置在曹杨社区居民楼下的步道旁，与陈旧的建筑和社区环境形成统一的场景关系，而作品的最终完成则在于它们与社区居民的心理互动。

其实，公共艺术并非是简单的、概念化的关于"复数"的艺术，而恰是在关注众多"个数"的基础上，来显现社会的共同利益诉求和价值取向。这其中自然也包括对于艺术家个体思维的尊重。因此，公共艺术往往会以特殊的个人经验及问题的显现来引起公众社会的关注与议论，并在这种个体经验的分享与议论中传播社会意识和责任感。如曹杨一村社区艺术展中的静态

图 8.22 《曹杨"古化石"》，上海曹杨一村

摄影和动态视像作品《曹杨家庭的演示》，艺术家在察访了社区众多家庭的生活经历及心理状态后，以 64 幅摄影照片的形式，一方面反映本社区现实民情与民生问题，如居民对于居住空间狭小、住房环境设施简陋、社会关注度衰减等问题的抱怨，并期望政府部门的关注和有效作为；另一方面以真实与虚构结合的艺术手法，摄制具有现实基础的虚拟影像，表现居民对于曹杨往昔的记忆，以及离开曹杨后的生活与复杂情感。这其中既有对现实问题的揭示和批判，也有对社会正义及理想生活的希冀。

另有国外艺术家以类似现成品的方式创作。艺术家认为社区老旧的墙体，包括上面斑驳的痕迹、丰富的肌理和生活过程中人们涂抹的图像或符号，本身就是曹杨社区生活和历史的组成部分。艺术家在社区公园中树立起墙体艺术（图8.23），尽管观众不能立即理解作品的含义，但其是社区历史及记忆的特殊载体，并逐渐成为社区景观及其微叙事的话语部分。也有的艺术家以雕塑及装置的作品形式，或表现抽象化的美感世界，或寓意中国城市化进程中的"大拆大建"现象。这些作品虽超越普通社区居民的欣赏能力，但却为艺术家与观众的审美交流提供了一种决然有别于美术馆经验的机会。

公共艺术不同于传统的博物馆或美术馆艺术，尤其是介入具体社区的公共艺术，必须与社区生活内涵发生贴切的关联，也必然需要面对公众的质疑乃至批评，从而形成一种民主的、善意的对话和互动。此次活动并非受到居民的一致赞扬，也存在反对的意见。如一些居民认为花钱做艺术，还不如花钱去改善他们的住宅条件。此次展览的主要策展人对此回应："的确，功能性的改造远比艺术化

图 8.23　社区老建筑墙体承载的记忆，上海曹杨一村

的改造要实际得多，但我们做的公共艺术，是为社区注入更多的人文关怀。我们希望通过公共艺术为居民提供一个可以自由发表意见，积极参与社会公共事务的契机，并因此唤起他们的自豪感和自信心，唤起他们对于美好生活的追求……以公共空间为媒介，通过合理、公正的运作程序（尤其重视公众的参与），促进政府、艺术家、公众进行沟通和对话。"[1]诚然，任何人都不能期望通过一次艺术活动即解决所有复杂的社会问题。

　　总体上看，曹杨一村中的公共艺术作品及其实验活动，除了在某些方面为社区居民生活带来便利、为公共生活环境增添美学价值之外，也增进社区记忆和团结以及社区公共精神，激发人们主人翁意识和自强精神。因此，可见艺术作品并非是最重要的，最重要的是通过艺术对社区的介入，引发居民的共同参与，引发公众对于自身生活的重新认识。应该说到目前为止，以社区文化及居民生活为关怀重心的公共艺术，在中国还属于起步阶段，但随着社会生活和政治文明的发展，它将变得越来越重要。

小结

　　城市社区环境和文化氛围体现着市民的生活品质和现实诉求，也直接影响着社会的文化形态。社区景观和公共艺术的塑造与呈现，往往事关公众利益的潜在诉求。现当代东西方社会皆需面对社区及其文化构建的重要性与迫切性，尽管在不同阶段所面对的具体问题各有差异。西方社会学及政治学家曾言道："全球化进程的推进使得'以社区为中心'不仅成为可能，而且变得非常必要，这是因为这

---

[1]　周娴:《关注民生，让艺术走进社区》,《公共艺术》2009 年第 1 期，第 26 页。

一进程产生的向下的压力。'社区'不仅意味着重新找回已经失去的地方团结形式，它还是一种促进街道、城镇和更大范围的地方区域的社会和物质复苏的可行办法。"[1] 艺术的社区介入及公共参与过程，显然超出了一般的美化视觉环境的意义，更为重要的是其作为一种对公共生活的培养方式，有利于社区对具有差异性的个体状态和公共事务的关注与表达，也有利于人文环境和公共精神的维系。

以人为本将是当代社区建设的核心。中国自 20 世纪 70 年代末以来正经历着从以经济为本向以社会为本和以人为本的发展观的转变。以人为本的社会发展观的要义，恰是包括把社会的区域性单元——社区的建设和发展，作为社会发展的基础，建构和体现人的价值，肯定和满足人性的需求与表达，发展和完善社区物质条件和精神生活的内涵，滋养和激励社区居民培育健康、和谐而富有创造性的文化生态。

纵观当代中国城镇社会，其社区建设尚处于重新认识和初步发展阶段，而其发展的基本方式是自上而下的，缺乏以社区内部为基点的自下而上的发展机制与动力。这就使得包括景观文化和公共艺术建设在内，从制度、资金到民主参与机制等方面，都严重缺乏必要的依据和支持，从而难以成为普遍的、持久的发展态势。

此外，就社区景观和公共艺术的表现形态而言，其形式、表现方法和内容在总体上也显得较为单调或程式化，大多数还停留在视觉美化或点缀空间环境的地步，如采用喷水池、人物或动物雕塑、装饰性的浮雕或壁画，以及用花草装点绿化等，而结合社区居民多样性的文化背景、生活需求或体现社区文化内涵的艺术设计则较少出现，那些经由社区居民自发策划和热情参与的具有一定规模和水平的艺术文化活动则为数更少。可见从政府到基层社会，对于社区人文景观的认识都还较浮浅，有待深入。

客观上，本章所提案例的达成，也主要是在地方政府机构或房地产开发商的主导下实施，或是由大学或艺术机构与社区协商落实的，而非完全是社区内部的自发和自主行为。但尽管如此，这在当下已经具有显在的社会价值和文化价值，促成并呈现社区景观或公共艺术对社区文化营造的积极意义，在当下中国的社区文化和艺术实践中具有某些先导性意义。

---

[1] 〔英〕安东尼·吉登斯:《第三条道路——社会民主主义的复兴》，郑戈译，第 83 页。

第九章
生态意识与艺术拓展

艺术自由与生态关怀

生态意识与艺术的景观化

生态景观与场域创造

自然审美的唤起与回归

长久以来人类忽视自身的生存环境，其中潜在的问题在经济社会高速发展的 20 世纪后期，终于受到普遍关注。"第二次世界大战至今，我们已被带到一个危险的境地，最终不得不开始反省，决心要在全世界的范围内重建我们的文明。这个努力的第一步就是以生态学的原理为基础，重建我们的自然环境和人工环境。"[1] 在此背景下，21 世纪人类的城市景观和公共艺术也必然要积极面对生态问题所带来的现实挑战和观念变革。

9.1 艺术自由与生态关怀

客观上看，中国当代城市景观和公共艺术的理论和实践与 20 世纪末期相比，有许多发展和突破。这是长期以来人们对艺术观念及表现形式加以探索，以及人们逐渐将艺术的价值取向与社会和自然生态问题加以整合思考的结果，对于城市景观和公共艺术的文化指向、形式手法和价值内涵的形成与演化，均产生了直接或间接的促进作用，促进了更多当代艺术观念和新表现方式的产生。

18 世纪西方工业革命以来，尤其是在 20 世纪前后，人类在一系列科学进步、技术发明的凯歌声中，征服自然，透支自然，将鲜活、多样而神秘的自然推向僵化、机械的境地。自从人们进入反传统、反迷信的启蒙与革新年代，便把科学和理性作为解决一切问题的绝对仲裁者，并将之作为认识自然及掌控社会的不二法宝。"人们心甘情愿地称科学为现代性的宗教，认为它远比被其取代的诸多宗教要神圣得多。在科学一神教大权独揽的统治下，理性成为自然的法则，而更不幸的是，它也成为社会的秩序原则。"[2] 然而，随着 20 世纪 60 年代末期西方学术界和社会兴起生态运动，直至 90 年代以来生态运动的蓬勃发展，人类对于自身的发展前途和方式，以及与自然的关系进行了前所未有的深刻思考，其基本目的在于探寻如何实现人与自然的可持续发展。法国著名学者帕斯卡尔·迪比（Pascal Dibie）说："自然创造我们，我们也创造了自然。所以我们应该重新把世界视为一种多渠道的'开放体系'。在这一体系下，我们可以把自

---

[1]〔美〕理查德·瑞吉斯特：《生态城市——建设与自然平衡的人居环境》，王如松、胡聃译，北京：社会科学文献出版社，2002 年，第 94 页。

[2]〔法〕赛尔日·莫斯科维奇：《还自然之魅》，庄晨燕、丘寅晨译，北京：三联书店，2005 年，第 5 页。

然看成历史性的，其中包含了人类这个决定性的因素。我们的自然也确实是历史性的，每个历史阶段都对应着一种自然状态。"[1] 20 世纪 60 年代末以来，在西方展开的具有社会性和政治性的生态运动的重要理念之一，在于摒弃把社会与自然人为分割所导致的漠视自然及其历史性的观念，以利于发展今人整体的社会观。[2] 这种观念离弃了以往那种"非社会即自然"的二元结构，以开放的、整体性的视野去解读人类与自然相互作用的整体对应关系，从而对生态的概念的有机性和互动性予以必要的强调。其重要意义在于，破除以往单一学科的观察定式及思维定式的同时，力图解放传统人文学科，这在客观上对当代文化学、城市学和艺术学科的理论与实践均有重要推动作用。这意味着在艺术介入和作用于当代社会和自然生态的过程中，原有艺术观念的解构与新的艺术文化理性的建构。

9.2 生态意识与艺术的景观化

中国当代艺术的生态意识及其景观化实践的兴起，在观念和形式手法上均受欧美发达国家的影响。20 世纪 50 年代后，一些倾向于探寻当代艺术价值与新的表现方式和领域的艺术家，挣脱了传统的博物馆及园林艺术的束缚，将艺术实践带入大尺度的城市空间、自然公园乃至旷野或海洋等，并将纯艺术与建筑及其他设计艺术相结合，如美国的克里斯托（J. Christo）、罗伯特·史密森（R. Smithson）、奥地利的拜耶（Herbert Bayer）等艺术家和设计师。中国的艺术和设计界自 20 世纪 90 年代中期以来也出现这一趋势。

城市生态的自然性概念和人文性概念的融合与具体实践，使得生态城市的意识与实践在当代中国得以发展；而艺术家、设计师群体的景观艺术实践使得城市的个性得以彰显，使现代人对新的城市生活环境、生活理念及审美文化得以有多维度的理解。此处以武汉琴台景区、浙东大鹿岛岩雕景观及北京燕栖湖公园为例进行具体分析。

---

[1] 〔法〕赛尔日·莫斯科维奇：《还自然之魅》，庄晨燕、丘寅晨译，第 28 页。
[2] 同上书，第 22 页。

武汉琴台景区

武汉市汉阳区琴台景区包括文化艺术中心、文化广场、大剧院、音乐厅、月湖景区及古琴台周边景区。此景区将汉江与长江交汇处的优美自然和人文景观相融合，是武汉在21世纪初着力营造的城市文化与市民休闲娱乐的核心景观区域。此景区借助武汉江城的自然水景及湿地、湖泊等多样的生态特质，并挖掘、融汇荆楚传统文化经典，倾力打造为武汉市的文化艺术中心及生态核心景区。此景区中，景观规划和设计者把伯牙鼓琴遇知音的历史典故，以及相关的先秦诸子文献内容、古代民间传说和明代文学家冯梦龙创作的历史故事，化为整个琴台景区规划设计的主题，试图把"巍巍乎若泰山""荡荡乎若江河"的博大与灵动体现在山峦和流水相依的当代城市景观之中。这对于提升武汉城市文化形象，营建适于市民休闲娱乐的公共空间，显现地域文化精神，创造地域审美意象，具有很大的帮助（图9.1）。

客观上看，近30年来武汉作为中国中部中心大城市的地位日趋消退，其城市的文化特色、景观魅力及经济上的活力及辐射力，均处于中国东部其他省会城市之下，它作为拥有重要历史文化和区域影响力的大城市的光辉渐趋黯淡。它似乎被湮没在市容混乱、设施陈旧的不良印象之中，被广泛认为欠缺现代大都市应

图 9.1 《高山流水遇知音》，景观雕塑，武汉琴台景区

图 9.2 武汉琴台大剧院及湖区景观局部

有的独到魅力。武汉琴台区域及其他区域的景观规划与兴建，恰是处于这样的宏观背景之下。

从此景区所在区位及景观条件来看，琴台景区位于汉江、长江的交汇处，月湖穿过其间。周边自西南向东北有梅子山景区、茶艺文化水榭、曲艺文化长廊、楚文化编钟广场、滨水休闲广场与自由表演区、桂香园、古琴台文化艺术景区、月湖半岛景区、长江广场、水上多功能景区、琴台音乐厅、琴台大剧院前的文化广场和亲水体验景区，以及琴台文化公园等十余处精心规划且各具规模的开放景区。这使得比邻的琴台路和鹦鹉大道沿线的景观品质得以显著提升。其中，景区的主体性地标建筑为琴台大剧院（有 1800 个座位）及琴台音乐厅（有 1600 个座位），而大剧院前的文化广场可举办容纳 3 万人的露天表演及多种大型文化艺术活动，它们与斜对岸始建于明代的古琴台（即"伯牙台"）遥相对望，具有古今文化传承与对话的历史意味（图 9.2）。明净秀美的月湖则融括了风荷山色及其沿岸的风光，显示出此江城水景应有的生态性、观赏性、人文性、艺术性和开放性特征。

其中，汉江之滨、月湖之畔的古琴台文化艺术景区的兴建，充分注重维护景区自然生态，对湖区水质及周遭湿地水生植物、鱼蚌类予以技术和制度化的保护和管理，使这里呈现出较高质量的自然水生生态品质与美学价值。据资料显示，月湖面积超过四百万平方米，距今已有五百多年的历史。清代以来，当地民间对其有"月湖如月，不减西湖"的赞誉。但20世纪90年代以来，月湖周边建筑私搭乱建，生活污水及化工厂废水直接排入湖中，导致湖水变质发臭，水体的生态平衡被严重破坏。2002年以来，武汉市政府组织专家进行专项治理，利用物理及生物方式改善湖水水体及景观品质，曾先后在湖上搭建2000个人工浮岛，种植美人蕉及蒿草以吸收湖中过剩的营养物质，大量培育沉水植物及挺水植物；在湖岸的出水明沟中铺设鹅卵石，使潜流减缓并接受日照净水；在湖岸浅滩湿地采用架设木板栈桥、种植可吸附污染物的鸢尾草等方法来整治湖区浅滩湿地的生态。为截断污水的排入，政府部门在2004年至2006年期间，曾把月湖周边20余个排污口截流改道至专门的污水处理厂。月湖最终再度迎回了久别的水鸟、白鹭等鸟类。

湖区生态趋于平衡后，曾经消失了20多年的诸多水生动植物，如草鱼、白鲢、河蚌、河鳝、田螺，以及多种水草再度悄然回到月湖（图9.3）。月湖岸边坡地的花朵、草坪及柳林之间，有许多前来散步、郊游、恋爱、留影或借景拍摄电视节目的人，湖中的亲水平台上还有许多前来健身、聚会的人。在城市中心区域能够拥有这样的湖泊美景并为公众的日常生活所利用，确实少见和难得。

在人文艺术方面，琴台景区注重对当地传统楚文化的强调与传扬。在月湖东北侧的环湖区域，设计师将一些门形的现代构筑物与传统文化符号结合，形成景观艺术。如在构筑物上雕刻中国古代音乐音阶及调式"宫、商、角、徵、羽"的篆体书法艺术（图9.4）。在景区中，设计师对楚青铜器、楚辞、楚音乐、老庄哲学、楚巫文化和楚地美术等文化元素予以多面地展现。如在琴台大剧院西侧的琴台文化公园的湖边，筑有若干组浮雕墙体，表现了楚文化的浪漫、瑰丽和想象力，揭示了楚文化在文学、器物工艺、建筑、织造、装饰、

图9.3 武汉月湖水岸植物生长茂盛

图9.4 《宫、商、角、徵、羽》，景观浮雕，武汉琴　　图9.5 楚文化艺术墙及人物浮雕，武汉琴台文化公园
台文化公园

礼仪和音乐等方面极富创造力的地域文化特性（图9.5）。景区在显现历史传统文化的同时，赋予当代武汉市区历史自豪感和地域认同感。正如武汉正在提出的城市口号"敢为人先，追求卓越"，意在传承和弘扬楚文化中所具有的勇于探索的精神。然而，武汉欲构建其现代都市形象和自身文化，首先需要依托和利用的依旧是其独特的地理环境及景观资源，需要发掘和维护江城特有的生态及与之相契合的美学内涵。

　　由于武汉地处长江中游江畔，江城水系丰富而复杂，历史上曾遭遇多次洪涝灾害，因而格外关切水利事务及治水神话。在琴台景区的东面及龟山的东南端下方，建有大禹神话园，乃选取古代大禹治水的神话故事并在汉阳拥有的禹功矶、禹稷行宫等历史遗迹的基础上，于2005年至2006年在汉江与长江交汇处的江滩（即武汉长江大桥下方，滨江大道东侧）兴建（作为武汉江滩人民公园中的主题性雕塑公园）。园区在山水和绿荫的辉映下，成为武汉又一处文化旅游及休闲娱乐的著名景区。大禹神话园运用地域性历史文化典故，彰显城市历史文脉并带动城市景观文化建设和旅游经济的发展。这里最为突出的是坐落在园区中的大型墙体浮雕《大禹治水》（图9.6）及大型人物群雕《大禹御龙》，它们以大规模的公共雕塑的形式和近乎史诗般的气势，演绎大禹治水的英雄主义精神。浮雕依据神话故事分为若干段，以"以虎为友""受命治水""驱逐共工""河伯献图""伏羲赠圭""擒锁水怪""力开伊阙""变熊惊妻""接受禅让""神马自来"10个故事情节构成画面。作品以大众熟悉的文学性叙事方式、较为写实的造型手法及带有

图 9.6 《大禹治水》，大型墙体浮雕，武汉长江大桥侧畔

浪漫主义的形式风格而为观众所欣赏。由武汉水务局主持兴建的这一公共艺术项目，目的在于突显其借古喻今、颂扬先贤、激励民志的社会精神。

此外，在大禹神话园中还设有许多表现大禹不畏艰险、公而忘私的大型雕塑作品。如在江滩边设立的《谏鼓》(图 9.7)青铜雕塑，是为了纪念大禹登上王位后，为体察民情、鼓励谏言而设立的方便百姓进谏的大鼓，显现出呼唤当代公职人员勤政、民主与亲民的公共精神。作品的造型及装饰元素吸纳了中国古代青铜器及石雕的形式。这些雕塑在龟山脚下的江岸滨水景观带上构成引人注目的人文景观，使得周边形成了江滩旅游景区中显要的公共艺术空间，也成为武汉市的一处重要景区。

图 9.7 《谏鼓》，雕塑，武汉大禹神话园

浙东大鹿岛岩雕景观

浙江东部沿海的玉环县大鹿岛上，于海岸崖壁及浪涛间

的礁石上，"隐形"着一批海洋动物的岩雕作品，可谓因材而就、因势造型。它们与周边礁石的自然形态浑然一体，恍若天成。当游人偶然发现这些与自然岛屿共同呼吸的岩雕作品时，往往会十分感动和惊喜，发出类似"神奇的你们从何而来，是自然还是人工的造化？"的感叹。

这座原本鲜为人知、近乎荒凉的浙东小岛上的 93 件岩雕作品，以海龟、海豚、海豹、海星、章鱼，以及许多已经消亡了的海洋动物形象为素材，是由已过世的原浙江美术学院教授洪世清先生创作完成的。艺术家受玉环县海洋渔业公司的委托于 1986 年开始创作，前后历经 14 年。这些岩雕巧妙利用岩石原本的形貌特点，以雄放粗粝的线条阴刻、浅雕或部分圆雕的手法创作而成。它们不似那些刻意彰显自身而突兀于自然景观中的一般性雕塑作品，而是有意混迹和散落在历经风雨沧桑的海岸岩石丛中或崖壁之上，与岛礁、风浪、日月、晨曦的景致相伴而生，难分彼此（图 9.8）；随着时间的推移和自然的侵蚀，它们与大自然的形态渐趋融合，同时也日益显现生命现象的暗示与激励。这种时间的艺术形成"有大美而不言"的大地艺术，与当地海岛特有的地形地貌完美融合，透出质朴、厚重、力度和沧桑感，流露着自然的哲理和生命的体悟。这种以小见大、以有限寓无限的艺术创意和遵从自然的精神呈现，成为中国大陆大地艺术实践的先声（图 9.9）。

值得关切的是，这种艺术作品在材质、空间、资源，以及对自然生态的观照

图 9.8　浙东大鹿岛海岸岩雕作品局部

图 9.9　浙东大鹿岛海岸岩雕作品局部

上，采取了节约、节制、友好、无害的方式，表达了对自然生命和生态环境的敬畏与热爱。虽然大鹿岛上的岩雕艺术不直接作用于生态环境，也并不直接解决任何功能性的问题，但从其艺术观念而言，却寓意着人类与自然生态的有机联系，寓意着艺术家对于化育地球生命（包括人类自身）的海洋生态的崇敬。多年来，不断有中外艺术家和文化学者们慕名前来，对于这些岩雕作品给予了高度的赞扬。

就历史文化的传承与创造而言，中国在石器时代至秦汉时期便有岩雕艺术，此传统大盛于魏晋和隋唐的佛道造像及碑刻艺术之中。近现代虽有承袭，但传统雕刻中那种朴拙天然、雄浑粗放的风格及气韵却大都消逝。而大鹿岛的岩雕作品恰是这种艺术风格和生命精神的现代延续。

然而，在我们亲临海岛接触当地政府官员和普通的观光人群时，发现他们对于岩雕的评价基本上还围绕着作品与自然物象的"像"与"不像"的问题。显然，并非所有艺术的审美创造都能在短时期内被大众所理解和赏识，这往往需要时间和社会公民素养的整体提升。但无论如何，浙东大鹿岛的岩雕艺术对人文生态和自然生态的关切，它的自然、内敛、低调和富有深意，以及将特殊的雕刻艺术手法与海岛自然景观融合之举，都是中国当代公共艺术中不可多得的精品。

北京雁栖湖公园

雁栖湖公园地处北京市怀柔区的西北角，融合在开阔而优美的湖光山色之中，成为北京和周边地区有名的集旅游、娱乐及度假为一体的休闲去处之一。这里拥有大片的雁栖湖水景及平缓的土岸（东岸），这也是此公园景观的主体部分。另外还有后来开发的广阔的自然森林和山地景观（西岸）。公园管理方对西岸景观进行了长期的和创造性的规划，决定将其开辟为生态与文化交织的雕塑艺术园区。管理方主动寻求艺术家参与此间的艺术项目策划和实施。以往的经验显示，艺术家及其团队的创作受委托人影响很大，委托人的意愿对艺术项目的创作思路、实施方式等都多少形成了制约。雁栖湖旅游区开发总公司的负责人则凭借其对公司、游客和园区景观资源的多方把握，加强此景区的持久性和人文精神，从而提升景区和开发机构自身的文化形象与传播力。在文化及企业界朋友的鼎力支持下，公司负责人在充分尊重艺术家的艺术经验和专业能力的情境中与艺术家群体展开深入对话。

艺术家群体由北雕研究室及"步履"小组中十位富有现代艺术素养和创作激情的中青年雕塑家组成。他们在进行实地调研和社会访谈之后，以"林间步履"作为主题进行整体策划，试图在理念和作品形态上强调此艺术项目的生态性、创造性和公共性的特点，提升雁栖湖西岸景区的文化内涵和艺术吸引力。在经费十分有限的情况下，艺术家们进行了第一期作品的创作与实施，它们大多与景区的生态特质和景观意境有着对应关系。

其中，景观艺术作品《红色星球宇宙学博物馆》（朱尚熹，图 9.10），是以人类对宇宙的起源及对太空的遐思为背景，表现东方人对宇宙和生命的创想，衍生出一组独具科幻和浪漫色彩的景观艺术。它以多个红色环形山的立体造型为基础，环形中间用地井盖上的浮雕形象讲述了宇宙大爆炸，以及这一背景下各星球生命体的故事，犹如一座坐落在景区林间的宇宙博物馆。这件作品在阐释艺术家对宇宙生命的认识的同时，为林间散步的游客提供了多组可供休息和娱乐的空间。它把幻想、知性、艺术和人的林间活动富有创意地结合起来，成为旅游者不期而遇的神秘体验。另一件作品《小憩》（朱尚熹，图 9.11）是以在湖岸边休憩的雁鸟为原型而创作的群体雕塑，在警示生态环境并提供艺术观赏价值的同时，也为游人提供了特殊的座椅。

《呼吸·风景》（许庚岭，图 9.12）以林间空地为基底，以鹅卵石为造型材料，

图 9.10　朱尚熹，《红色星球宇宙学博物馆》，景观雕塑，北京雁栖湖公园

图 9.11　朱尚熹，《小憩》，景观雕塑，北京雁栖湖公园

拼绘出一片硕大的树状的立体幻影。作品运用反透视的手法，使得临近观赏的人们感觉这片叶子将要树立起来。而当人们行走其间时，会随着时光和季节的差异而收获不同的心理体验。《巢与几何蛋》（杨金环）则注重作品与环境所特有的情景关系，作者选择了狭长的林间地带，在茂密的灌木丛中以金属及石材建构出多组超现实的鸟巢及鸟蛋的雕塑作品，吸引游人在游览中深入林间并与这些鸟巢亲密接触，唤醒人们的生态意识和环境保护意识。《黑石圈》（宫长军，图9.13）则利用对黑色花岗岩的艺术处理而形成的肌理及它们与周遭林间环境的对比，显现人为干预与自然生态之间的特殊关系，在强调作品审美价值的同时，也可作为游览者

图 9.12　许庚岭，《呼吸·风景》，景观雕塑，北京雁栖湖公园

图 9.13　宫长军,《黑石圈》,景观雕塑,北京雁栖湖公园　　图 9.14　赵磊,《网》,景观雕塑,北京雁栖湖公园

林间休息用的座椅,给人以极为简约、素朴而富有哲理的启示。

　　作品《网》(赵磊,图 9.14)以金属管焊接成网状结构,架设并隐逸在丛林与野草之中,人工形式与林间的自然生态形成了既协调又游离的情境。人们临近它们时会产生不同的遐思和问题;游走或依坐其上,亦产生特殊的身心体验(图 9.14)。在此,艺术家的创意把人类石器时代用以捕捞的"网"与现代社会的各类信息网络、人际网络、情感网络及法规网络等予以关联,形成可以感触和蹬踏的景观艺术,成为特殊的人文符号。而作品《生命之初》(白峥)则把一个予以解构处理后的雁蛋的外壳,作为湖边游人观赏和可以介入游戏的结构物,并有微型风雨亭的功能。它结合了生态关怀的主题和趣味性,吸引游客驻足其间进行体验。

　　这里也有采取较为传统的写实性手法创作的作品,如《春之舞》(白峥),表现了一群银白色的大雁飞翔在浩渺的湖水和蓝天之间。另一些景观艺术作品,则将童话般的创想和幽默奉献给公众,如《礼物——献给小人国》(张伟,图 9.15)和《定海神针》(喻高,图 9.16)。前者以超大比例的花盆栽种了一棵树,形成一处超现实的天然盆景,而使临近的游人产生幻觉和欢乐;后者把雁栖湖广阔的水面想象为中国神话文学《西游记》中的东海龙宫,将一根硕大的"金箍棒"斜插

图 9.15 张伟，《礼物——献给小人国》，景观雕塑， 图 9.16 喻高，《定海神针》，景观雕塑，北京雁栖湖公园
北京雁栖湖公园

湖中，"定海神针"的再现给游人们带来童话般的美妙想象，也点化了景区山水的人文意蕴和欢乐情境（图 9.16）。总之，这些散落在雁栖湖两岸，融入游客"林间步履"的公共艺术作品，在强调生态意识和人文意蕴的同时，十分注重艺术创造的个性及与游客的互动和沟通，使得娱乐和知性的拓展成为雁栖湖与游人的美好记忆。

艺术家的职业操守和艺术精神在其间发挥着重要的作用。这些艺术家们在中国当下社会高度商业化及文化生产庸俗化的背景下，注重自身对社会职责及艺术使命的思考，并十分珍惜委托方给予的信任和创作机会。正如一些艺术家所言："虽然我们只完成了十件作品，但并不影响我们专业态度的表达。当下雕塑垃圾泛滥……艺术家们虽都畅谈环境艺术，但还是满足于以见地刨坑儿的方式设立雕塑……这里是一次非营利性的行动，艺术家也只得到很少的报酬，可是大伙觉得很过瘾，我们的热情和态度远远超过任何一次营利性的商业项目。可以这样说，这不仅仅是一次专业学术层面的艺术实践，而且还是一次对艺术家责任和使命感的召唤。"[1]

---

[1] 朱尚熹：《前言》，《雁栖湖景观雕塑》，成都：四川美术出版社，2008 年，第 6、7 页。

9.3　生态景观与场域创造

从当代艺术实践来看，以维护生态和生活环境、创造城市公共空间为目的的景观艺术，无论在文化理念、社会效应，还是在艺术形式和手法的探索中，均具有显在的当代性和公共性特征。

成都活水公园

以环境治理与维护为要旨，以水环境的艺术化表现为特色的国内知名公园，首先当属成都活水公园（图9.17）。此公园由艺术家、设计师及工程师们在成都市的母亲河——府南河畔建造，成为当地居民喜爱前往游玩的公共场所。活水公园的主要特色，在于其以水的生态保护为主题。公园中的景观和艺术设计把受城市工业及生活垃圾污染的府南河水，通过艺术装置（农耕时代的轮式大水车）输送到园中，污水经由自然生态的水循环与净化系统，即通过逐

图 9.17　成都活水公园鸟瞰

级的生物及物理净化过程，最终再度流回府南河。设计师和艺术家们采取了建筑、雕塑、植物栽培及园林景观设计的综合艺术手法，将以水为主题的生态、环保理念与社会教育功能予以整合，同时为市民创造出可供休闲娱乐及审美体验的公共空间。

成都活水公园占地 2.4 万平方米，于 1998 年落成。在这座狭长的、形似一条鱼的滨河公园中，府南河水流经园内的植物过滤、阳光消毒系列，以及一系列的去污和辅氧路径，能较为直观地向游客展示水在自然景观中由浊变清、由死变活的全部过程。

成都市的建立与发展，与水资源、水环境及水生态的历史关系十分密切。府南河作为成都市的母亲河，源自西南岷江水系，经过人工疏导为当地人的生活所用，并被雅称为锦江，在秦汉时期就已与城市的历史存在相互佐证。直到 20 世纪早期，成都居民还曾在河中取水煮茶、烧饭、濯锦戏水和捕鱼捉虾，但随着城市工业化发展所带来的污染问题，以及人口激增带来的城市垃圾、污水的倾泻，使得这条母亲河不再拥有往昔的清澈和诗意的秀美，而是翻浮着白色的气泡与垃圾，散发着腐臭的气味。滨水而居的市民不再与水亲近，甚至平日难以开启临河的门窗。河水污染成为直接影响民生和城市发展的公共问题。1995 年至 1997 年前后，美国女艺术家及环保主义者贝特西·达蒙（Besty Damon）提出提案，在成都政府环保部门的批准和支持下，她与当地艺术家协作设计和完成了这一公共艺术项目。

公园内设计了包括厌氧沉淀池、活水（跌水）雕塑、兼氧池、植物塘床净化系统、人工湿地净水系统、模拟自然森林群落（其中含有"溪流花境""花鸟寻梦""亲水观鱼"等生态景观区）在内的各个组成部分，另外还开设了环保教育馆、多功能环保教育地下展厅，以及寓教于乐的环保教育及文艺展演广场等场所。整个项目集水资源整治与游人休憩、观赏、娱乐及教育功能于一体。

活水公园兼顾了水资源的保护和这一过程的审美性及观众的参与性，既注重水处理的科学性，又显现其过程的观赏性及人文特性。首先，艺术家以水滴的高倍显微影像为依据，利用其形态及纹理创作了一朵盛开的玫瑰状圆形石雕，置于厌氧沉淀池的中心，犹如整个条形公园中的鱼眼部位，其中心设有喷泉，显得灵动而瑰丽（图 9.18）。公园"鱼身"的景观形态则由多组具有活水（在水流动过程中经紫外线照射及补氧）效用的雕塑和多级次的植物塘床净水池以及其他湿地系统组成。其中，活水雕塑系列及众多的植物塘床水池，成为引人注目和使人乐于亲近的部分。

图9.18　鱼眼喷泉，成都活水公园

活水雕塑系列的单体造型依据成都的市树——银杏树的叶片形状创作而成，由高而低、由小而大，且作蜿蜒跌宕的排列布局。其利用水流的力学原理，流水在雕塑中呈现双曲螺旋形的奔涌姿态，在旋转激荡中顺势而下，在连续曝氧后流入兼氧池，而后再逐级流入净化塘和湿地净化系统。由青石雕刻而成的银杏叶造型的跌水序列，寓意着成都市的自然生态与其母亲河的密切关系，演绎着承载生命的化育和世代延绵的美好寓意。孩子们尤其喜欢在其附近戏水玩耍（图9.19）。而后续的由高而低的净水池塘系列，在造型上犹如鱼鳞，显出韵律之美。

规划师们在各级塘床中种植了可净化水体的不同的

图9.19　活水雕塑，成都活水公园

水生植物，其形态、色彩极具观赏价值，其中放置和自我繁殖着鱼虾、昆虫。塘床与下游的湿地系统成为周边社区孩童的天然博物馆（图9.20）。这些景观的主动参与性很是明显，迥异于传统形式的雕塑或其他艺术品。在此形成的宜人空间

图 9.20 植物塘床边玩耍的儿童，成都活水公园　　　　　图 9.21 活水公园为周边老少提供了宜人的公共空间

以及府南河沿线的湿地周边和丛林地带，均成为当地居民游览、休憩和文艺排练的绝佳场所（图 9.21）。艺术家在公园的路径铺装设计中，又把银杏叶作为视觉符号予以系列的点缀，透出一种浪漫而温馨的家园文化关怀和浓郁的地域生活气息。

值得体味的是，公园中的活水雕塑系列利用水的流淌和奔涌来激发景观环境的活力和观众的情绪，注重游人的心理感受和行为的介入，艺术地传达了人与自然共生的理念。公园的总体设计原则和手法尊崇自然性、生活性和节约环保性。具体来看，其在景观形态和艺术题材上避免了纪念碑形式的宏大叙事，充分利用水、植物、动物，以及功能（包括其互动性）与审美相结合的艺术形式；在尺度和形式的设计上避免了大体量、高向度或对称性的追求；在材质上则尽量采用自然及原生材料，避免工业及化学合成材料。

尤其令人关注的是，活水公园的整体设计并非仅仅看重外在形式及结构，而是注重挖掘和展现城市滨水系统的生态功能与审美功能，以及水环境保护与每个市民生活的内在关系。在此，艺术的生态与生态的艺术之间默契地构成了一曲交响。正如参与此项目的艺术家所指出的那样："公共艺术的核心本质不仅是呈现美的形式，而是美的形式下的思想内涵，关爱是生态艺术的人文核心，是艺术的自我超越。应走出小圈子，面向社会，面向公共的遭遇。"[1]

---

[1] 邓乐：《艺术与生态的活水公园》，《雕塑》杂志主编：《第 12 届中国雕塑论坛论文集》，2006 年，第 2 页。

上海浦东后滩公园

近年来，一些景观设计师和艺术家吸收发达国家的相关理念和成果，根据国内当下的具体情况，在一些景观设计项目中以多样的观念和手法进行有意义的实践。其中，2010年上海世博会园区中的浦东后滩公园即是一个典型案例。

2010年上海世博会的口号是"城市，让生活更美好！"。然而，这只是一种城市化生存及发展的理想和正待努力的方向，并非普遍现实。自18世纪西方推行和实现工业革命，以及城市化、大都市化以来，全球现代城市面对的是各种严峻的挑战，其中最为突出的是城市污染、生态危机、能源消耗过大、城市人心理负载过重等问题。因此，若要使城市更符合人类的理想需求，在城市的建构过程中，就不得不面对城市的自然生态问题。在此，我们注意到上海世博园区的后滩公园的生态景观及公共艺术的规划设计，为我们在现代都市中因地制宜地发挥自身的自然及文化资源优势，为公民营建适宜生活与交流的公共空间，提供了启示。

上海世博园中的后滩公园，地处黄浦江流经浦东的狭长地带，比邻世博会中的非洲联合馆，位于卢浦大桥下的浦东黄金地段。后滩公园利用了黄浦江岸边的约4公顷原生湿地，营建了上海市内独有的10余公顷的湿地生态系统，成就了都市中的田野风光（图9.22）。

当游客步入这片处在黄浦江岸与现代博览会展馆之间的狭长地带时，映入眼帘的是一大片葱郁延绵的乡野植物、平静的水塘和舒缓幽静的湿地景观。公园的水岸上下，有密集耸立的芦苇荡、一片片荷花菱藕、饱满欲滴的水稻穗、葱郁的红薯绿秧、殷实的玉米、茁壮挺立的苗圃……这并非农家的田地，而是世博会浦东展区的都市公园景观。游览其中，几乎与湿地河溏处于同一水平高度的亲水步道辗转穿行在绿色的芦蒿丛中，湿地两边坡岸上的乔木、灌木

图9.22 上海世博园区中的后滩公园景观局部

图 9.23　强调生态及自然审美效应的上海后滩公园

和许多形态不同的乡野植物相互簇拥，一派醉人的自然景象。游人置身其中，面对黄浦江彼岸的高楼广厦时会发出情不自禁地感叹。

从景观生态学的视角来看，后滩公园依托原有湿地的自然功能，成为黄浦江的"天然净水器"。公园的设计利用狭长的坡梯地形和水的流程，每天约使 2400 立方米的黄浦江水被引入湿地中，经过植物生态系统的层层净化后，变成较干净的三类水。这些水在 3.6 公里的世博园区水系中构成景观循环水，可以满足世博园的绿化浇灌和水景观构成的需求，余下的净化水再排回黄浦江。其基本过程是先从上游的倪家浜引入江水，水流经过梯田结构中的芦苇等植物的初步净化，经过晋升泵沉淀泥沙，而后再经过黑叶轮草、蒲草等植物根系的作用以过滤其间的重金属物质，这样便可以在黄浦江水净化过程中避免使用有害的化学制剂（图 9.23）。

然而，景观设计使得这类水净化的过程掩映在后滩公园的公共艺术之中，如通过视觉艺术设计的喷淋及砾石装置，使水质得到部分的过滤，并通过水流在景区浅滩中的流动与阳光的照射而消毒，这些近乎自然的景观均显现出赏心

悦目的艺术审美价值。其中较为值得注意
的是，后滩公园景区的植物类别的选择及
运作方式具有当代艺术的观念性与革新意
味：不同于以往仅为了传统的园林观赏而
采用花卉、松竹和绿草的铺陈方式，这里
采用的是本地区滩涂及水生常见植物群类
和可以耕作的农业植物。在紧贴着黄浦江
岸的码头和观景廊台周围，大量种植的芦
荻、苇草与钢铁长廊及附设的艺术构筑物
共同构成公众休闲的场所，给人独特的审
美体验，呈现出都市人久违而倍感亲切的
田园情趣。

图 9.24　种植计划告示，上海后滩公园

　　设计者为了向当今城市人尤其是青少年普及农事知识，特意在田地里安插了
农作物耕作计划的提示性看板："4 月至 9 月，种植向日葵。9 月至 11 月，种植荞麦。
11 月至翌年 4 月，种植油菜。"（图 9.24）可以说，这里的整个景观设计在当代艺
术美学中显现出一种重要的倾向：强调自然生态和地域性生活经验的审美价值，
尊重地区生态资源及历史人文情愫，看重公共景观艺术的节俭性管理的理念。

　　在后滩公园的景观艺术设计中，也有标示着现代性和都市感的现代景观雕
塑。在景区亲水平台的两端，设置有两座门状造型的金属雕塑，它们有锈蚀及焊
铆处理的肌理，呈条带状延伸和折叠。其功用和意味，一方面意在纪念曾树立于
原址上的上海浦东钢铁厂、上海船舶修理厂；另一方面意在提供视觉审美的同时，
为观光客提供个性化的遮阴和休憩场所。雕塑运用厂区的废弃钢铁材料压制、焊
接而成，显现出现代工业美学所特有的简约、秩序以及力量感和技术感，蕴涵着
当地的工业历史及城市空间变迁的沧桑和回忆（图 9.25）。它们与周边自然化的
田园形态形成了强烈的对比关系，弦外之音似乎还寓意着上海这座城市正从传统
社会走向现代工业化、信息化、审美化社会。

　　园区中与此相呼应的是原址改造而来的原上海船舶修理厂的主体修理车间的
建筑景观，经由设计师的努力而得以部分地留存并被适度地改造和利用。厂房建
筑外层为红白两色，构成园中的标志性景观。设计者为适应园区游客的需要，在
原厂房下方设置了多个可供观景、休憩的玻璃茶室；为了环保、节能而在原建筑

图 9.25　亲水平台上的景观雕塑，上海后滩公园

的上方设计了格栅屋顶，使其具备遮阴功能，并在格栅下方设置多个植物箱体供园区鸟类栖息。整体设计意在充分利用原有景观资源，体现和尊重当地的工业历史、生态需求，为公众提供适宜的公共场所。

后滩公园的景观设计突出了当地自然元素与人文历史元素的艺术性结合。园内专设的芦荻台景区尤为突出。它把黄浦江岸湿地中繁茂的芦荻及其他植物群类与利用废旧钢材制作而成的装置性屏风景观相结合，构成了浦东江岸的观景廊道区域，在显现都市生态景象和现代设计美感的同时，内含着对于当地工业文化及遗址的一种缅怀（图 9.26）。整个景区的设计突出了城市生态、环境保护和日常生活的审美化意向，给都市人的生活增添了一块富有诗意的小天地。

游人置身其中，不禁会感到：后滩公园的景观形态正与隔江相望的中国 21 世纪最为发达的都市剪影进行着意味深长的历史性对话。或许，这里可以直接引发人们对于自然化、人性化、艺术化的生存方式与高速度、高污染、高消耗的生存方式的讨论，以及相关价值逻辑的议论与思考。其中还值得普通市民和艺术家关注的是，在后滩的景观中，并没有像国内许多景观园区那样，大量启用单独的、专门供人们观赏的雕塑作品，也未采用一味显现艺术作品自身魅力的做法，而是注重景观构成的地域性和场所性，以及对自然性元素的运用。这其中重要的是突

图 9.26　芦荻台上的钢铁屏风及观景长廊，上海后滩公园

显对于一切生命体相互依存关系的珍视。

　　诚然，笔者并非认为上海后滩公园的生态景观及公共艺术设计是完美无缺的，也不认为这是一个可以到处仿制的样板。因为由大量人工技术及成本介入的生态景观，在经济性、节能性、持久性和自然的多样性效应方面，必然有其潜在的问题，在景观的生态维护和足量的开发利用上也会存在诸多矛盾和局限性。其中也显然带有不尽自然的修饰和为了主题性的宏大展演所进行的某些铺陈。但是，类似这种不只为着纯粹的视觉观赏和商业化运作的当代景观艺术实践，毕竟以其独到的审美方式，为人们提供了都市公共空间中的生态化场域，为我们的城市公共艺术的建构方式、方向及生态城市新美学的实践，提供了有益的经验。

秦皇岛汤河红飘带滨水公园

　　汤河是一条流经秦皇岛市区并与渤海湾相连接的河流。以往的汤河两岸垃圾遍地，杂草丛生。20世纪中期以来，汤河沿岸主要分布着当地加工制造业的厂房、仓库，以及一些零乱的居民区。21世纪初期，秦皇岛市进入了旅游及商业开发的新时期。其中，治理和美化城市环境，兴建旅游及文化、休闲活动场所，优化社区人居环境成为主要目标。2002 年起，汤河综合治理工程启动，计划将汤河沿线建成集娱乐、休闲、健身、科普于一体的综合性滨水公园。汤河公园的红飘带景观，即是在当地政府部门的主持下实施的一处滨河改造工程，对于城市生态及人文环境的维护，均具有重要的功能和文化价值。

秦皇岛汤河红飘带滨水公园的景观设计，重在因地制宜地利用汤河沿岸的湿地生态及景观要素。此公园充分利用河流的自然水岸形态，培植适于当地生长的大量乔木、灌木及水生类植物，形成长约 1000 米、宽约 50 米的河岸密集绿化带景观。其中配置有可供人们休息、娱乐和观赏的红色长椅（图 9.27），长达数百米，延绵在河岸坡地的绿林之中，犹如穿梭其间的一条红飘带。在其（塑钢材质）上面的盆景式设置中，种植了野草及芦花，成为一条特别的植物标本展示长廊。红飘带与沿线的灯光系统相结合，又形成沿线步道的照明设施。在红飘带通过的林间走廊上，设有几处很有时尚感的白色金属凉棚，其平面形态犹如一片浮动的白云，网格状的顶棚在不同时段的阳光的照射下，形成不同形状的投影；而其上方设置的点状灯具在晚间形成星点的光亮，构成童话般的意象。其实，汤河公园的红飘带景观地段只是汤河沿岸景观中的一段，面积并不大，只有约 20 公顷，地

图 9.27　坡岸林间蜿蜒的红色长椅，秦皇岛汤河红飘带滨水公园

图 9.28　沿坡岸垂钓的人群，秦皇岛汤河红飘带滨水公园

图 9.29　坡岸及水中的林木景观，秦皇岛汤河红飘带滨水公园

理区位也不算突出，但却由于景观及文化特色而著名，成为汤河带状景观中的知名景点。

汤河红飘带公园的生态意味和审美价值，突出表现在它没有像现在许多水岸公园那样，把游人的活动范围建立在上下垂直的防水堤坝之上，而是建立在河岸湿地延伸的自然坡地及绿化带上，保持了沿岸自然的缓坡与蜿蜒起伏的形态，只是用金属丝网内的卵石固定住坡岸的泥沙。景观设计者维护和利用了汤河两岸茂密的植被，使之显现出蓬勃的生机与自然之美。除了芦苇、菱角、菖蒲，以及杨、柳、刺槐等各类乡土乔木，多种鱼类和鸟类也栖息其间（图 9.28、9.29）。在这里，丰富的湿地植物群类竞相争奇，一些当地行将消失的候鸟也逐渐回归。这种自然化的近水坡地的养护性处理，既满足了人们的亲水活动及景观审美需求，也起到了保护湿地生态系统的作用。公园设计者为了唤起人们的生态保护意识，特意在湿地的一些亲水平台边上设立了普及生态知识的图文题板，诸如对此处湿地及水生植物，如千屈菜、鸢尾、狼尾草、须芒草、大油芒、芦苇、白茅等的生长习性、观赏特点进行介绍，并对本地原有禽鸟的种类及习性予以讲解（图 9.30）。此外，设计者保留了岸边已经废弃的厂房、水塔等遗址建筑，使之成为汤河及城市记忆的物证。

公众对汤河红飘带滨水公园的评价和反应也各有不同。有些当地的居民和游人认为，此公园"似乎不太像公园"，理由是园区内缺乏功能性建筑和硬质的广场地面及各种游乐设施，更多的只是湿地的树木、野草、泥巴和自然化的水岸；也有人认为其中的景观设计缺乏现代雕塑等艺术品的置入，红飘带及金属凉棚的

图 9.30　河岸上有关当地植物及动物知识的题板，秦皇岛汤河红飘带滨水公园

造型和色彩设计缺乏艺术性，缺少大量的照明设施及其他装饰性的陈设等。显然，这里或多或少地反映出当地及国内多数民众及业界部分人士对城市景观形态的普遍认识。我们在实地察访中认为，这种自然生态之美在审美体验及理念上，有助于当今的人们重新感悟和反思："原来杂草之说，无非是乡土植物而已，它们最具有适应能力和繁殖能力，因而最具有生态价值。在每天都有近百个物种消失的今天，乡土生物多样性的保护已成为一项全球性战略……小农意识下的'杂草''野树'之美会被人进一步认识。"[1]

当然，这其中也呈现一个基本问题，即何种公园才是更为适宜的城市公共场所。红飘带滨水景观建立于秦皇岛这样一个经济不太发达却有强烈的城市化冲动的三线城市，其效应和引发的议论本身已具有一定的典型意义。在当今中国，大量的中小城市正处于急速的现代化进程中，城市公共空间和景观形态的价值取向，是否应该极力追求现代化的外在形式，以宏大、新奇为特征？它们的建设目的是否仅仅在于美化环境，或为商业化服务？抑或其目的在于充分尊

[1]　〔美〕威廉·S.桑德斯主编：《设计生态学：俞孔坚的景观》，北京：中国建筑工业出版社，2013年，第45页。

重和利用本地区的自然和人文资源，采用最节约的方式，以生态化、人性化的手段去造福市民的现实生活？对这些问题的解答，蕴涵着如何去整体而辩证地认识当代的人、城市、自然及公众日常生活之间的关系。

实际上，笔者在调查中发现，汤河沿岸的景观已经吸引了房地产商前来开发。城市的迅速扩张正在胁迫汤河河岸"渠化"和"硬质化"趋势加速。尤其是下游河段两岸的房地产开发，使得住宅楼群大片出现；河道及水岸被花岗岩和钢筋水泥所覆盖和硬化，大量原有的自然植被被园林式的人工植栽所替代，而仅仅为了花园般的视觉观赏体验；河岸边大量的土地被硬质的铺装和人工雕塑及喷泉所占有。这些做法破坏了汤河原本的自然生态绿廊效应。从此视角上看，无论如何，红飘带滨水公园关注本地自然资源，并坚持生态城市的理念，对于当代中国的许多城市都具有现实意义。

9.4 自然审美的唤起与回归

如上所及，对自然价值内涵的重新认识和对自然审美意识的唤起，恰是在中国大陆迅猛的城市化进程中所呈现的补救性举措，体现出当代社会的某种理性考量与文化反思。而当代城市景观和艺术的实践，自然需要面对城市化和城镇化过程中的城市生态处境，以及城市扩张中对原有的自然环境及资源形态所具有的历史内涵的梳理与保护等。

杭州西溪湿地国家公园

城市景观和公共艺术的形式与内涵，必然与城市拥有的自然和人文资源有着密切的关联，而这种关联的自然显现，将更加突出城市的特色并造福于市民的生活。如山林、湖泽、湿地、海湾或沙漠等自然资源，均是城市环境及地域文化多样性的宝贵资源，也是城市景观和公共艺术诞生的物质与精神依托。尤其是在当代城市景观与公共艺术的理念及实践中，艺术可以是绘画、雕塑或装饰等传统形式，也可以是包容了自然元素及人文元素的新形式，如地景艺术（或大地艺术）、建构物艺术及园林艺术等，它们延伸了艺术的内涵和普遍性经验，以及不同时期人们的审美和艺术创造。

杭州西溪湿地国家公园便具有典型意义。在位于杭州市区西部,距离主城区武林门 8 公里、距西湖不到 5 公里处,即是目前国内唯一集城市湿地、农耕湿地、文化湿地于一体的大型湿地公园。此保护区的湿地面积约 10.08 平方公里,环园步道长约 8 公里。这里的景观品格质朴自然而十分优美,所积淀的自然生态和传统文化资源颇为丰厚。西溪湿地曾与本区域的"西湖""西泠"名胜并称为"杭州三西",并被称为杭州的"城市之肾"或"城市之肺",这一方面是指其生态上所具有的自然过滤及净化作用,另一方面是指其吐故纳新的都市"氧吧"效应。经过 20 世纪初期以来的加速规划、设计和整治,目前已完工并向市民开放其公园一期、二期景观,总面积达 8.35 平方公里。

湿地公园使参观的公众了解湿地中生长的植物;同时,湿地作为自然和城市水源的滋养地,在积蓄和调节地表上下径流、补给和平衡区域水资源方面,都有着重要的功用。

这里历经汉晋、唐宋、明清和民国四个历史节点,在经历了近两千多年的自然演化和人为干预之后,逐渐从原生态湿地演变为次生态湿地。尤其在 20 世纪中期之后,由于人类社会活动的加剧,西溪湿地的自然生态、人文生态均受到了较大程度的破坏,虽遗韵尚存,但往昔的风华与神采已不复存在。为了更好地保护这里,2003 年 8 月,西溪湿地综合保护工程正式启动。工程遵循"生态优先、最小干预,修旧如旧、注重文化,以人为本、可持续发展"的原则,通过农居搬迁、河道清淤、植物复种、生态驳坎、房屋整修等各种措施,对西溪湿地的水体、地貌、动植物资源、民俗风物、历史文化等进行科学的保护和恢复,从而打造杭州特有的湿地生态景观。这有助于提升杭州整体的生态、环境品质,以及其作为国际旅游名城的景观文化与美学品位。

西溪湿地公园园区的自然水域作为主要景观,其面积的 70% 为鱼鳞状的河塘、港汊、湖漾和沼泽状的水域。整个园区有六条河流纵横交汇,溪流涓涓,构成了优美、独特的湿地景观。从景观美学的视角来看,湿地与旱地景观相比具有更为明显的多样性。景区中水与沼泽的天然作用滋养着湿地的各种灌木、乔木以及特有的湿生植物群落,并滋养着众多的鱼类、两栖类、飞禽类及哺乳类动物。这里为观赏者提供了丰富、生动的景观元素和特殊的心灵体验。湿地景观充满生机和生态多样性的自然属性,以及适宜人的内在需求,均可生成其绿色美学的丰富内涵和生命激情(图 9.31)。

图 9.31　杭州西溪湿地国家公园的自然景观

　　景观的审美与认知活动是密不可分的。西溪湿地公园在为观众提供欣赏、游乐的同时，注重生态知识及环保意识的传播。其除了在湿地内设置、费家塘、虾龙滩、朝天暮漾等生态保护区、生物修复池和湿地生态观赏区之外，还在公园入口处设有湿地科普展示馆。它们使市民逐渐认识到湿地对于人类、自然和城市的重要性，诸如调节大气环境，养护多样的动植物群类，有效地净化被污染的水系、土壤和空气，吸收城市工业生产和生活中产生的二氧化碳、粉尘及有害气体，释放氧气等。来访的游客可以直观地了解西溪湿地复杂多样的植物群落。整个湿地园区也为众多的野生动植物包括一些濒危的珍稀动物提供了天然的栖息地。西溪湿地园区作为开放性次生湿地，本着改善、维护和发挥其多样性功用的原则，在为人们提供审美、休息和学习之便的同时，还为各种动物提供丰富的食物资源以及避敌的场所，成为两栖动物栖息、繁殖、越冬的宝贵区域。

　　客观上看，地球上的湿地、山野乃至荒原等各类景观，在审美和实用方面均有其独到的价值，对于人类和其他生物的生存和拓展有着重要的先决意义。这就需要我们在审美的知识和经验中，建立起对于自然中各类生命形态的理解与尊重："如果美学有一个生物学基础的话，那么似乎就有可能将景观美学部分地建立

图 9.32　西溪草堂，杭州西溪湿地国家公园　　　　图 9.33　蒋村戏台，杭州西溪湿地国家公园

在景观表现出的对生物生存的促进程度上。这样，景观中实用的和审美的特性，可以以不限于艺术和人工制品的综合的方式连接起来。"[1] 这种转接可拓宽和建构我们更为宽阔的审美内涵、审美意象和审美能力，从而在自然和人类的创造中得到更多有益于共同生存的认识和丰富的审美体验。

　　作为城市生态资源和景观资源的西溪湿地国家公园及其周边区域，总面积约达 60 平方公里，整个景区有 108 个景点。十分珍贵的是，该区域除了丰富的湿地自然景观之外，还有丰富的传统农耕文化景观。自唐宋以来，这里就是文人墨客观赏梅、兰、竹、芦及各色花卉的著名园地，被视为凡间净土和隐逸妙境。从现今存留及修复的遗迹中可见，秋雪庵、梅竹山庄、西溪草堂、泊庵等都曾是明清以来众多文人雅士创作诗文与耕读业绩的物证（图 9.32）。而植根于乡土和民间的传统戏曲文化在西溪也留有印迹，现在修复的深潭口百年老樟树下的古戏台，据说还是越剧北派艺人的首演地。[2] 古戏台的修复和公众性的演出活动，成为现今人们了解和传颂地方人文历史的良好途径（图 9.33）。在西溪湿地的保护与利用中，不仅静态地留存了地方性的人文古迹，还适应了当代社会公众文化娱乐的需求，并把传统的民俗文化贯穿其中。如每年端午节在深潭口举行的"花样龙舟"赛事，已成为当地知名的龙舟盛会。在端午龙舟盛会期间，深潭口和五常河道的两岸，人潮涌动，热闹异常。古戏台上的戏曲、舞龙舞狮及武术表演，异彩纷呈；

[1]　〔美〕史蒂文·C.布拉萨著：《景观美学》，彭锋译，第 29 页。

[2]　越剧北派艺人马潮水的手稿上，记录有 1906 年越剧在余杭陈家庄第一次试演的情况。这是否足以证明越剧北派首演地确在蒋村乡陈万元古宅？西湖区西溪文化研究会于 2004 年邀请专家进一步论证此观点（《杭州日报》2004 年 7 月 9 日）。

水中龙舟竞发，骁勇强劲，显现出当地民俗文化气质中的勤劳、坚韧与乐观，以公共参与的方式显现了地域传统文化中的人文意蕴。

此外，园区的开放景观注重把昔日的地方文化以典型形象陈列，使更多的来访者了解水乡中的民俗风韵。如烟水渔庄附近的"西溪人家""桑、蚕、丝、绸故事"等景点，重现了西溪原居民的劳动场景及文化习俗。此处也包括对于一些前人的诗词、匾额、碑刻的保留与重现，并且西溪湿地在一定的范围和程度上有意识地保持其景观美学中特有的意境及意象——冷、野、淡、雅，从而使这种处于不断湮灭中的审美境像与周边地区的房地产及工商业的高度开发形成一种鲜明的对比。湿地公园的这种文化及艺术的展示方式，显现出对生活、直觉、知性和艺术的重视。

作为开放性的次生湿地，西溪湿地公园的重要保护方式之一是尽可能地减少人为的干预和不适当的开发利用。这种认识体现在西溪湿地公园的景观设计和实施手法上，如园区中减少了空间的分隔和路网、路面的设置，以免影响生物的自然活动；为避免地面的硬化而阻碍地表流水的下渗，园区的道路铺设得较窄，大多数枝干路线的地面铺装均采用自然的石材或砾石，其间夹杂着野草。道路在穿过河塘及泥沼时尽量采用了架空穿越的方式，并采用木材等原生材料修建。园区河岸、湖塘的驳坎处理没有采用惯常的垂直砌石的方式，而以自然的缓坡驳坎为主（图9.34），以利于两栖类动物的存活。园区还在允许人们贴近水面的地方主要采用了木结构的架空、前伸的驳坎形式，以减少对于周边区域的影响，岸边少量需要加固的地方采用了自然堆石的方式加以缓冲，为水生动植物的生息留有空隙。诸如此类的技术运用，也有益于景观及其自然美学的品质体现。

由于生态的持续发展从属于一个整体而宏大的体系，其中许多问题的解决不能凭借一时一地的方式和方法。正如西方生态学理论家托马

图9.34 湿地驳坎、道路的铺装及架空形式，杭州西溪湿地国家公园

斯·贝瑞所言："问题在于我们所做的这些事情，主要不是停止对地球基本资源的掠夺，而是通过减轻其消极后果使我们掠夺式的工业生产模式和生活方式得以延续……我们面对的挑战主要是宏观生态学问题，即地球复合生态系统的整合功能问题。"[1] 诚然，类似人们在杭州西溪湿地国家公园这一案例中对城市生态环境的关注与维护行为，包括景观设计和公共艺术的参与方式，并不能从根本上解决宏观的生态学问题。但这毕竟有助于减缓生态问题并对之进行有限的补偿，有助于提升全民对整体的生态问题和城市未来命运的关注，强化公众的生态意识。

以景观与人文艺术的方式介入西溪湿地（主要是公园区域），是当代西溪湿地景观元素的一个显在特点。客观上，随着城市的蔓延，位于城市内部的西溪湿地必然与城市社会的商业、旅游经济和公共文化活动产生联系，这其中必然存在正反两方面的效应。有益的方面在于，城市生活得益于湿地所具有的生态、审美与经济的多维度价值，以及在城市化进程中对于湿地资源的保护与利用；而不利之处在于，城市化建设对于自然资源快速和极度的开发和商业化利用，使得人们的生产和生活行为对于湿地生态系统及自然资源的负面干预增大（包括空气、温度、地下水的品质，以及湿地植物及生物的自然生存等方面）。

公共艺术在西溪湿地中的介入方式主要呈现为两种形式：一种是以某些材质、工艺或艺术图像和立体建构物的形式，构成景区的公共设施，以便于来访公众的休憩、观景、避雨、候车，以及对于湿地生态和历史的了解。园区设立了当地传统木结构建筑形式的凉亭、车站、亲水平台、旧船屋及景区照明灯具、座椅、垃圾箱等，在形式和材质上均试图体现地方特色及审美文化特点。如由中国美术学院参与设计和制作的一些安置于园区座椅旁的铸铜浮雕（图9.35），以西溪湿地历史中的农耕生产、生活的图景，或以湿地及河塘的湿生动植物为艺术题材，使来访游客了解和观赏湿地的自然和历史文化，从中得到艺术的享受。公共艺术介入的另一种方式，是在湿地公园周边设立主题性的系列雕塑。如2012年举行的"水陆相望·中国杭州第四届西湖国际雕塑邀请展"，约50余件雕塑陈设于西溪湿地周边。由于名为雕塑展，所以其中大多数艺术作品介入空间的方式，依然是以独立于环境的雕塑本身为主体，重在展现艺术家的创作意志及艺术品的审美价值，尽管它们的题材和意象与湿地环境也有一定的关联。因此，从特定的视角来看，

---

[1] 〔美〕理查德·瑞吉斯：《生态城市——建设与自然平衡的人居环境》，王如松等译，第7页。

是湿地丰富而优美的自然景观元素为这些陈列其间的雕塑增添了不可多得的美感与诗意，这表明艺术品在介入自然环境时受生态因素影响和评价。

显然，短时间内大量非自然材质及非有机性的雕塑形态对自然生态园区的介入，会影响湿地动植物的生存环境，并招致更多人为活动的介入与干扰。同时我们注意到，此次艺术邀请展中的一些作品在艺术的表达方式、与环境和公众的对话方式上有了值得关注的新意：它们不再以显现艺术自身的"尊贵地位"和传统的形式美感为诉求，而是使艺术自身

图 9.35　园区中的铸铜浮雕，杭州西溪湿地国家公园

作为一种"退居后台"的公用器具，通过公众的亲身体验而与周遭的自然语义发生关系，从而获得更宽广的价值意义。

如作品《天籁》（图 9.36），通过放置于湿地景区中的有着雷达特性的声音捕捉与放大器具，可供游人采用肢体和感官介入的方式，临近倾听并感知周边自然环境中的鸟声、虫声、风声和水声，引发人们对内心向往却早已久违的自然神韵的体悟。另如《西溪探秘》，观者可把看到的现场实景与机器内相关的自然影像（多为湿地中的生物影像）予以叠加和重构，产生亦真亦幻的视觉体验。再如设置于湿地边缘的凉亭地板与下方的溪水之间的音乐互动装置（图 9.37），由一群可以上下抽动的金属套管构成（类似于铜管乐发声的原理），当游人垂直拉起和放下金属管时，即可发出不同音频的声音，呈现出人与自然合作的即兴音乐，为游人们所喜爱。其中，也有以静观的方式展现艺术的哲理与象征意味并引发观者思考的作品，如《沉没的花园》（图 9.38），艺术家在湿地中水生植物围绕的河塘水域，将当地传统的木船装入河泥并栽入植被，呈现搁浅并即将沉没的情状，宛

图 9.36 《天籁》，装置，杭州西溪湿地国家公园

图 9.37 音乐互动装置，杭州西溪湿地国家公园

若在历史长河中被时光和人类所遗弃。其以微缩的装置艺术手法，寓意今人对自然及人文历史曾经的行为和结果，启示我们学会反思。这一作品的妙处，也在于艺术、人文历史与自然景观的相互融会与掩映，在渺无声息的静观状态中呈现诗化意境和观念性表达。这些善于结合周边环境特质、文化意蕴和公众行为方式而创作的公共艺术作品，是中国自本世纪初以来，艺术家自行摸索和广泛吸收国际经验而形成的一种新的情状与态势。这些艺术家自觉地舍弃东西方传统雕塑的样式经验，运用现当代艺术的创作方式，展现艺术形态及文化观念的多样性，回应

图 9.38 《沉没的花园》，装置，杭州西溪湿地国家公园

公共社会的多元文化需求，从而实现艺术家个人的艺术价值和社会价值。对城市及其周边的自然景观区域的艺术介入的方式、规模及持续性，是公共艺术相关工作者应该关切的问题。

对于城市景观艺术的公共性而言，杭州西溪湿地国家公园的建立无疑具有重要意义。

贵阳花溪国家城市湿地公园

贵阳花溪国家城市湿地公园地处贵州省贵阳市南郊的丘陵山坡与南北向公路之间，保存着大面积条带状的天然湿地。其中生长着诸类温带、亚热带植物，并有逐级跌水的溪河贯穿其间，形成了由山脉、树林、灌木丛、花草、农田、苗圃、河滩及各种水生动植物构成的极为丰富多样的湿地景观。这里凭借特殊的地理与气候条件，成为贵阳市自然生态及人文生态的重点保护与开放区，也是贵阳旅游与市民休闲的重要场所之一，已成为贵阳城市景观和公共文化活动的重要场域。

贵阳花溪国家城市湿地公园具有当地生态、文化、经济及社会多维度的价值意义。它于 2009 年由国家住宅和城乡建设部批准设立，总面积为 4.6 平方千米，其中包括十里河滩、花溪公园、洛平至平桥农业观光带，以及大将山山体公园等景观区域。

尤为醉人的景观区域是十里河滩（图 9.39），它西临花溪大道，东抵大将山山脉，南起牛角岛，北至龙王村，长约 6.5 千米，面积约 2.2 平方千米。十里河滩拥有独特的湿地生态系统，并免费向公众开放，使得游人能够充分欣赏和体验自然生态的多样性及美学品格。这里有充满生机和美感的河流、沼泽、河滩、沟渠、水坝、水稻田、水动力磨坊和延

图 9.39 十里河滩景观局部，贵阳花溪国家城市湿地公园

绵不断的果园、苗圃及花草铺就的色彩的海洋，其中的"花"与"溪"成就了游人感性世界中最具有诗情画意的生命意象，也向公众提供了最为生动而具有亲和力的生态美学的体验场所，帮助游人唤醒当代生态意识。

河滩湿地具有的生态功能包括蓄水保湿、净化水系、削减洪峰、调节气候等，人们可于其间直接观察和感受。游人在十里河滩的湿地廊道中可欣赏许多国家及贵州省的珍稀保护植物，如榉树、香樟、青檀、沉水海菜花、杜仲、银杏、牡丹等。在河滩湿地的灌木丛、苗圃和溪畔，游人可见到各种野生珍稀动物，如大鲵（俗称娃娃鱼）、游隼、红隼、岩原鲤、金线鲃及一些湿地飞禽，如鹭、鹳等。另有人文景观掩映其间，农舍、水车、碾坊、水榭、粮仓点化出当地传统农、渔文化的历史内涵。自然与人文、知识与诗意、历史与现实的体验在这里得以完美融会。

在现场探访中可见，花溪湿地的十里河滩景区在规划设计中，加入了便于使人们认知、体验和参与的艺术性构思设计的景观线路，如其中的湿地科普学习线、定格浪漫拍摄线、乡野闲情寻旧线、沁心怡神健行线、手绘大地体验线等，游人在不同景区的游览中可见相应的人文导览与文字提示。如在绿丝带广场上，有文字提示人们无私奉献与相互救助的精神。十里河滩的建设中也活跃着一批可敬的志愿者，绿丝带广场是对他们的奉献精神的褒扬（图9.40）：当地志愿者佩戴绿丝带，他们曾在2008年抗击雪凝灾害和汶川地震救灾中发挥重要作用。又

图 9.40 绿丝带广场，贵阳花溪国家城市湿地公园

图 9.41　十里河滩景观，贵阳花溪国家城市湿地公园

如"溪边问农"区段重点向游客展现了溪流、农田、树林、村寨构成的乡野及农事之美；"梦里田园"区段展现了溪边原野中繁花似锦、五谷茁壮的田园诗意；"玉环摇碧"区段提示人们观赏大片河塘及溪岸边的风荷美景；"蛙鼓花田"区段则提示田边湿地花草、鱼虫与溪中水生动植物的争奇斗艳；"月潭天趣"区段展现了河曲区段水资源的丰美，提示人们欣赏浮水植物、挺水植物和沉水植物，以及它们对于水生动物栖息的重要性；"水乡流韵"区段有水车、磨坊、垂钓景观等可供游人介入观赏体验（图 9.41）；"花圃果乡"则提示人们观赏溪流河滩边的各色果园果林，了解果农的生活并可加入瓜果采摘、品尝的"农家乐"体验活动之中。

　　值得一提的是，在南端景区接近尾声时，优美的跌水步道中筑有人工观景台，似乎成为整个公园景观交响乐的休止符或高潮点（图 9.42）。在与北端的绿

图 9.42　人工观景台，贵阳花溪国家城市湿地公园　　　图 9.43　湿地公园小广场，贵阳花溪国家城市湿地公园

丝带广场遥相呼应的南端小广场上，设计有若干景观构筑体，它们对实景中的山体、河滩、水流与原野等景观元素予以艺术性的提炼与抽象性的表现。南端的小广场处于城市公路和花溪河滩之间，成为昭示游人进出景区的序曲或终点（图9.43）。

　　从景观艺术与生态意识的角度看花溪十里河滩的设计，最为重要的启示是尽量利用本地景观的自然特质和丰富的生态内涵，减少对自然湿地的人工干预，避免大面积人工建筑及硬质铺装的介入。在景观设计中，我们应注重维护自然生态的有机性、平衡性和自足性，并尽量维护和展示这种自然天成的生态价值与美学品质。

小结

　　当代景观设计与公共艺术应尽可能地珍惜和利用原生态环境，维护和发挥其对于城市化进程中的人类及共同社会的有益价值和作用。而其基本理念和途径便是通过自然科学、社会科学和人文科学的综合方式，促使全社会认真面对因过于追求经济的快速发展而导致的日益严峻的生态危机现实，促使各级政府、企业和全体社会成员正视发展社会经济与人和自然可持续发展之间的辩证关系，从而争取使整体社会保持必要的生态理性，共同享有大自然生态所可能给予人们的多样的、健康的和富有美学价值的生活环境。人们不能以自私而短视的经济中心主义和人类中心主义的态度对待城市发展问题，亦不能囿于单一的文化形态和急功近利的发展态度去对待我们赖以生存的生态环境。

进入 21 世纪以来，在中国的城市设计和景观艺术建设中，景观形态的艺术化和艺术表现的景观化，一方面反映城市景观设计对于生态美学和艺术美学的时代性需求，另一方面体现当代艺术的发展在空间形态和社会意义上的必然趋向。在步入具有生态展示和保护功能的景观中时，人们得以领略自然生态的广泛价值内涵，促使公众更多地思考人与自然以及社会与自然的内在关系，保持应有的生态意识和公共精神。这样还可以使当今社会更多地关注和反思我们城市化进程的目的、城市化生存的价值核心和审美态度，有益于促进当代公共艺术文化内涵的拓展及其社会化途径的多样性发展。

笔者在察访中发现，在这些景观实践中，不同学科及专业背景的人士密切协作。在以上有限的案例中也可以看出，在生态维护与景观艺术的共同构建中，重要的不仅仅是物质化和技术性的专业处理，还需要创造可以使人们触碰和利用自然的契机与便利，使广大民众更好地意识到自然生态的价值意义。只有这样，我们才能更好地认识自身与外界的关系，并以敬畏之心去善待包括人类自身在内的一切生命体。

中国当代城市景观和公共艺术与生态文化的契合、互动尚处于初始阶段，并在各地的实践中取得了一些成就，同时也存在着诸多显在的问题。如在生态景观的设计项目中，缺乏科学、专业的生态调查研究，往往进行表面的、唯形式的或急功近利的实施方式，在土地、物质、经费上过度铺张，或因艺术表现的需要而过度干预生态自然的情形也多有出现。因而，如何在遵循自然法则、维护生态资源的前提下，充分发掘艺术及设计的创造力和表现力，提升社会公众的生态意识和人文素养，是中国当代城市建设所需面对的主要问题。

第十章
艺术家、艺术与社会

社会转型中艺术家的生存与态度

『为艺术而艺术』与『为社会而艺术』

艺术既为『多数人』，也为『少数人』

精英艺术与公众社会的融会

专业素养与跨专业的团队合作

致力于生活与应用的公共性

短时性与多维度的必要性

景观文化和公共艺术的发展，首先得力于艺术家和设计师，是他们直接创作或参与创作了景观和艺术作品，因此，我们在关注景观和公共艺术之际，理所当然地要关注艺术家的基本状态及其与社会的多维度关系，否则，将陷入"见林而不见树"的盲区。

10.1 社会转型中艺术家的生存与态度

人的存在既是个体的、自然的，又是社会的。人类社会发展至今，早已从原始部落发展为具有高度文明的制度化社会形态。此间，私人领域与公共领域的概念、内涵及形态被不断地阐释与重构。19、20世纪以来，在现代社会分工及阶层分化中逐渐获得独立身份的艺术家，在大众社会和公共领域中的身份及角色因多种社会关系及权力系统的作用而不断调整与重塑。艺术家是依靠其艺术作品的社会价值及市场价值安身立命的，而艺术品的社会价值正来自艺术家的个人经验、学养及个性精神，被人们所关注和接受，继而实现其现实及历史的价值。艺术家的作品既是属于他自己的，又必须与社会领域产生某种交互或交换关系，以获取其社会存在意义，也即艺术家的艺术品是属于社会的。正是因为这样，艺术家个人的存在意义及其作品的价值才能在众多的他人"在场"的条件下得以显现。美国政治与哲学理论家汉娜·阿伦特在论及个人与公共领域的相互关系时说道："公共领域只为个性保留着，它是人们唯一能显示他们真正是谁、不可替代的地方。正是为了这个表现卓越的机会，和出于对这样一种让所有人都有机会显示自己的政治体的热爱，每个人才多多少少地愿意分担审判、辩护和处理公共事务的责任。"[1] 社会政治生活领域是如此，文化艺术领域也是如此。这种个人与公共领域之间的责任与权益的基本关系，也是艺术家与社会共同体之间的基本关系。艺术家既是独立的，又需要通过参与社会共同体来体现其独特性和价值，正如汉娜·阿伦特所言：

"公共"一词表述世界本身，就世界对我们所有人来说是共同的，

---

[1]〔美〕汉娜·阿伦特：《人的境况》，王寅丽译，第27页。

并且不同于我们在它里面拥有的一个私人处所而言。……而与世界相关的是人造物品，人手的产物，以及在这个人为世界中一起居住的人们之间发生的事情。……可以说，作为共同世界的公共领域既把我们聚拢在一起，又防止我们倾倒在彼此身上。使大众社会如此难以忍受的不是它人口数量众多，而是这个在人们之间的世界失去了把他们聚拢在一起，使他们既联系又分开的力量。[1]

中国内地自20世纪70年代末实行改革开放以来，随着社会经济的逐步市场化以及经济结构的转型，原有的文化艺术政策和文艺机构也发生了变化。这对从事专门的艺术创作的劳动者而言，既是一种机遇，也是一种挑战。80年代以来，国有文化艺术事业机构（如国家或地方政府兴办的艺术学院、画院、雕塑院、影剧院等），与私营性质的艺术教育机构、画院、艺术设计公司以及个体化的艺术工作室之间，在生产关系、管理体制、资产归属性质以及市场运营模式方面存在显著的差别。以不同身份参与其间的艺术家形成了不同的生存方式和社会关系，其艺术作品（产品）的社会传播机制及市场交换方式也存在差异。原先依附于国有体制（公立机构）的艺术工作者部分流向体制外的市场，许多原本主要从事架上艺术或围绕体制内的美术展览而进行创作的艺术家，为了现实的生存而从事城市环境设计和公共艺术等项目的工作，一些艺术家在技术和观念上实现了自我的转型。应该说，这与以往计划经济时代单一的艺术生态相比，显然更为开放、多元。在国有艺术机构及官方体制内工作的艺术家们有了较前更为多样的生存方式和进入社会及市场的途径。但需看到，就当下而言，在公共艺术工程项目的参与方面，国家官方体制内的艺术机构中的艺术家及群体，比一般的非官方艺术机构的同行，具有更大的竞争优势和获取项目的机会，尽管后者通过市场的历练（如参与政府项目的招投标竞选活动），增进了自我生存的能力。中国当下艺术市场的文化环境与法律制度并不是很健全，不乏通过私人的人际关系获得项目的案例，甚至存在权钱交易行为，艺术家（尤其是个体化运作的艺术家）通过公平竞争的方式获取项目的几率较低。这将不利于更多的具有独立身份的职业性艺术家通过正当的市场机制及遴选程序进入广阔的公共艺术领域。实际上，西方国家的公共

---

[1] 〔美〕汉娜·阿伦特:《人的境况》，王寅丽译，第34页。

艺术百分比条例出台的理由之一，就是为了使个体的艺术家能够通过为公共艺术项目服务而得到工作机会和相应的经济回报，以养育一个国家和社会不可或缺的"艺术人口"。

如上所及，艺术家自身的价值需要依托于他的个性化的艺术作品，但公共艺术项目的提案又需要尽可能地被社会公共领域的人们所理解和接受（起码是部分被理解和接受，尽管事实上许多优秀的艺术品被公众理解和接受得较为迟缓或滞后），否则，艺术家就难以介入公共资金支持的创作活动之中。这似乎是个悖论，道理和事实却是如此。一般来说，"只有那些被认为与公共领域相关的，值得被看和值得被听的东西，才是公共领域能够容许的东西，而与它无关的东西就自动变成了一个私人的事情。当然，这并不意味私人关心的事情就是无关紧要的；恰恰相反，我们注意到有许多至关重要的东西只有在私人领域才能幸存下来"[1]。近二十多年来，国内艺术家在表现较为纯粹的自我情感及价值观念的创作活动，以及更多地介入公共领域并与之积极对话和产生社会作用的创作活动方面，积累了许多经验和教训。他们认识到在公共艺术领域既需坚持艺术家的艺术个性、独到的见解和社会责任感，也需考虑社会环境及制度条件下的现实状态，以及普通公众的反应、需求和差异性。艺术家个体介入公共领域的过程既是公民参与社会文化建构的过程，也是多种观念及利益之间的博弈与妥协的过程。

因而，我们可以看到，身居不同机构的艺术家，以不同的方式和态度加入到当代公共艺术项目的创作与竞争活动中，或部分地、审慎地改变着自己以往的艺术价值观念和社会交往态度；试图在强调个人性及实验性的创作和注重公共性、与公众对话的创作之间寻求微妙的平衡。他们在不同的具体场合和语境下寻求各有差异的艺术表现方式，对现实予以兼容或适度地超越。其态度和行为在当代国内公共艺术的实践中有着丰富而复杂的体现。

10.2 "为艺术而艺术"与"为社会而艺术"

当代中国艺术界人士，对于公共艺术的态度及其价值意义的认识存在诸多差

---

[1] 〔美〕汉娜·阿伦特：《人的境况》，王寅丽译，第33页。

异。这些差异源于两个方面：一是当代的社会政治、经济、道德状态及问题对于艺术家的影响；二是艺术家个人的生活状态及自身的文化观念。而在关于艺术与个人和社会的关系的认识上，大致有三种不同的观念。

第一种观念认为，艺术在现代属于纯粹的个人生活经验与情感的表达方式，是对艺术家个体的精神和情感的表现。因此，当代真正的艺术是个人性质的。而在政治权力、商业利益和大众媒体的联手操纵下，艺术的公共化扼杀了艺术自身的品格与价值，消解了具有独立精神的艺术家的意见和立场。如国内某些艺术家所言："艺术的公共主义，引导公众模糊了艺术与社会生活的关系，使大家并非以艺术的本质去看待艺术，而是更多地以生活本身去判断艺术的表达。这样就使得公共艺术愈来愈不依赖于艺术的概念而逐渐开始了自己的独立历程。""一方面是艺术公共主义大行其道，一方面是艺术个人主义观念的摇摆不定。这是一个危险的信号，个人化越来越缺失的现象，将可能导致艺术发展的畸形。……回归个人主义已经成为当今艺术发展的必由之路。"[1] 这种观点的提出意在抵御现代中国社会中普遍存在的艺术商业化、权力化以及假借公共的名义获取小团体私利的倾向，认为艺术具有纯粹性和绝对独立性，抑或不变的自律性，艺术的创作和欣赏与其外在的利益体系没有任何关系。

第二种观念认为，艺术是权力社会及其意识形态的产物和符号，艺术只有融入或服务于国家政治及主流意识形态，才能实现其现实价值，否则，艺术就是可无可有的东西。艺术为政治服务，这在中国 20 世纪的大部分时间里一直是政党政治及国家话语体系强调的理念和口号之一。其一方面是出于特殊时期的民族斗争和阶级斗争的策略需要，如 20 世纪上半叶那些表现外敌入侵、呼吁民众救亡图存的文艺创作便是典型的代表；另一方面出于运用艺术巩固政权，使之工具化和教条化的需要，如 20 世纪 60—70 年代"文革"期间的文艺创作即是典型的情形之一。

第三种观念认为，艺术是艺术家创作的产物，但艺术同时也是社会的产物，是私人与公共社会相互作用的文化产物。因而，介入公共空间的艺术创作，一方面应该表现艺术家的艺术个性、经验、才智和态度，另一方面也应该关注当地社会的历史与现实问题，使艺术尽可能地与特定环境和公众社会发生某种关联与对

---

[1] 靳埭强主编：《集·公共艺术国际论坛暨教育研讨会》，第 102—103 页。

话，成为个体或社群乃至整个社会交流与分享文化态度及审美经验的一种方式或途径。尽管国人有着艺术被工具化的"庸俗社会学"的深刻历史记忆，但在当代，"艺术的社会学立场和方法却没有什么不对"，"公共艺术只有体现了对社会的人文关怀，才是在当代社会中一种可能的、有效的方式。……在公共艺术领域，社会价值比艺术价值更重要"。[1] "对于当代公共艺术的审美形态和审美价值而言，显然不能局限于针对艺术形式语言层面的审美，而需要针对它的民主理念及公共参与精神的社会学层面的审美……需要针对它的现代文化建构和批评的文化学层面的审美。"[2] 这些认识和观点否定了那种忽视艺术进入公共空间及公共领域时所应具有的社会性、历史性和人文价值的做法，肯定了当代艺术社会学的价值观念及方法论的重要意义。这些认识和主张意在强调进入公共空间的艺术在形式、内涵及实施的程序等方面应具有公共性和互动性。尽管一件成功的公共艺术品不可能承载所有的社会信息或获得所有社会成员的观念和情感上的认同，却必然会或多或少地反映群体社会中存在的某些共同的生活经验、人文关怀，以及潜在的社会问题和公众的希冀，从而有助于人们之间的相互交流、学习与社会团结。

依赖于艺术家的创作方能呈现的艺术如何进入公共领域，此间的艺术家个体人格和身份与公共领域的关系如何，以及当代艺术的社会意义与价值理想是什么，始终是公共艺术实践和批评需要不断面对的问题。不可否认的是，在东西方社会历史中，均存在过因个人或集团的权力而危害公共艺术领域，或是因操纵公共艺术项目而危害社会个体的教训。

当代社会是否存在没有社会属性和目的的"纯粹的艺术"和"完全自主的艺术"呢？这或许在一些艺术家个人的主观认识和追求中是存在的，他们强调纯粹的个人意志、情感、美学趣味及价值意义，但这在当代艺术的社会实践中却往往是一厢情愿的。虽然康德曾重点强调艺术欣赏的非功利性和非目的性特质，认为这是艺术的审美判断的前提，然而从西方艺术的观念史可见，艺术的自主性及本体价值的提出始于18、19世纪，基于上层贵族和中产阶层的休闲生活方式及其趋于自由和开放的交往方式，出于艺术在摆脱了宗教和封建传统的束缚之后对于自身地位和角色的认识与希冀。而许多历史学家、社会学家和艺术理论家也看到

[1] 孙振华：《公共艺术的观念》，靳埭强主编：《集·公共艺术国际论坛暨教育研讨会》，第110—111页。
[2] 翁剑青：《当代公共艺术的审美取向及专业教育》，靳埭强主编：《集·公共艺术国际论坛暨教育研讨会》，第140页。

了艺术与社会及政治之间必然存在的密切关系："在不同历史时期，不同的社会阶级、社会集团的文化消费物品的习惯不同。可见，艺术欣赏确实服务于许多外在的利益与目的。"[1] 他们透过近现代艺术的发展轨迹看到了艺术介入社会所呈现的差异性、不平衡性和矛盾性，指出"即使艺术在现代早期不再服从于教会与皇室之后，获得一定程度的独立，但艺术如今依然服务于一些不是'自律'而是'他律'的社会利益与目的"[2]。固然，有一些艺术家的创作旨在凸显其艺术表达的自主性、独立性、审美独创性或社会批判性，但毕竟不能统摄和代表整个社会的公共艺术创作。

从特定的角度来看，艺术的自律性、独立性是存在的，如一个地域及一段时期的某种艺术的题材、风格样式及美学评判标准的传承、变化及发展具有自在性、系统性或必然性。但是从宏观视角来看，艺术是他律的，是社会政治、经济、文化或技术等因素综合作用的产物，会由于其外在的因素的变化而发生各种直接或间接的变化。实际上，自中国内地改革开放以来，艺术的形式、类型、主题、表现形式、展示手法和传播载体以及批评理论等均产生了巨大乃至颠覆性的变化。其中，当代政治、资本、市场、全球化发展趋势以及具有宰制地位的社群利益对于艺术的面貌和演化状态均有着重要的影响或直接的作用。

值得注意的是，在20世纪，虽然一些现代艺术作品的展览主要在画廊和美术馆等场域中举行，主要以小众及文化精英为目标对象，但其目的却是与有着相同或类似审美经验的人们共同分享，尽管它们的创作并非出自公共空间。并且，现代主义艺术作品的价值取向已经超越了传统的美学及伦理学范畴，艺术家及批评家试图建立起新的艺术形态与价值理念，试图对艺术的美学问题、伦理问题、面向公共领域的问题予以综合性的探索。德国艺术家约瑟夫·博伊斯的艺术实践（如"社会雕塑"）即是这方面的典型，其艺术理想不再是"为艺术而艺术"（为纯粹的非目的性的艺术而艺术）。"艺术品不再被视为物件或艺术风格史的再现，它具有行动力、冲击力、反省价值以及讨论的议题……艺术与生活的界限愈来愈暧昧，艺术成为与生命、生存最特殊的一种联系，也是与自由心智、感觉及欲望的最特殊的联系。"[3] 对于生命和存在问题的思考，必然会促使艺术家从纯粹的形式

[1]　〔英〕奥斯汀·哈灵顿：《艺术与社会理论——美学中的社会学争论》，周计武等译，南京：南京大学出版社，2010年，第82页。

[2]　同上书，第82页。

[3]　〔法〕卡塔林·格鲁：《艺术介入空间》，姚孟吟译，第19页。

及风格追求转向关注人类社会的命运，关注个体之外的社会生存和权益问题，即从个体领域迈向与之息息相关的公共领域。

从另一方面看，艺术介入公共空间及社会政治学意义上的公共领域时，由于公众之间地位、利益及资源获取等方面在客观上存在着差异与矛盾，在社会公共领域的交往中存在着少数人运用公共资源和公共媒体取得话语权和支配权的情形，因此，并非所有以公共的名义出现的行为方式均具有真实而广泛的公共性和公益性。一如著名的城市社会学家及公共生活理论家理查德·桑内特基于其对19世纪前后西方社会公共生活的研究而得出的看法："人们开始自然而然地认为那些能够在公共场所主动地展示情感的人，不管是艺术家还是政治家，都具有非同一般的特殊人格。这些人和出现在他们面前的观众之间的关系将不会是平等的交往关系，而是控制和被控制的关系……观众变成了旁观者而不是见证者。因此观众不再将自己当作是一种主动的力量，一种'公共的'力量。公共领域中的人格还通过促使人们害怕不自觉地向他人泄露了自己的情感而破坏了公共领域。"[1]他通过研究19世纪西方社会的复杂历史情形，揭示了建构亲密、信任、温暖及安慰的社会共同体的过程中所显现的不公平和公众被操纵、被控制的公共领域现象，指出了现代社会中普遍的自我迷恋和"非同一般的特殊人格"对于公共领域的入侵与损害，致使社会公共生活出现衰落。从美学和艺术社会学的视角来看，文化艺术的公共空间中并不存在绝对的平等和利益均衡，当少数精英掌控公共资源和话语权的时候，往往会对普通人群的利益形成宰制与排斥。"在19世纪欧洲上流社会，戏院具有多种功能，既是为了看别人，也是为了被别人看；既是为了显示自己在观众席位上对应的财富与地位，也是为了窥视别人。……或者我们会想起巴黎或纽约的先锋派艺术展览，让渴望标明他们圈子排他性的受教育精英，以此显示出他们的卓越。"[2]显然，在资源、利益和地位存在差异的个体所形成的社会公共领域，过于精英主义或"特殊人格化"的艺术创作与传播方式往往会凌驾于社会普通人群之上，乃至危及公共领域的平等交往和公共参与。

第二种主张，即"艺术为政治服务"，也即政治意识形态统领一切（包括私人领域和公共领域）的主张，在当代中国社会的语境中已经发生了复杂的演化。那种在国家权力的干预下所有面世的主流艺术一概成为政治意识形态宣传工具和

---

[1]〔美〕理查德·桑内特：《公共人的衰落》，李继宏译，上海：上海译文出版社，2008年，第333页。

[2]〔英〕奥斯汀·哈灵顿：《艺术与社会理论——美学中的社会学争论》，周计武等译，第82页。

教育方式的做法，如 20 世纪 60—70 年代在全国各地大量设立政治领袖个人塑像以及具有鲜明的政治意识形态内涵的纪念性群雕和大型建筑物的做法，在当代遇到了质疑和部分的消解。这是由于改革开放以来，随着国家政治、经济和文化政策的调整，人们在大力发展经济的同时，不断解放思想，推进民主政治与法治建设，倡导社会公平与正义，以建构民主、繁荣、强盛的幸福社会。这已逐步成为大时代的价值取向和社会舆论的主流。在社会主体和经济利益结构趋于多元的现实生活中，欲实现持久的社会繁荣与和谐，就必然需要提倡和探索多元、多层次及利益共享的文化艺术发展道路。

因此，我们在近 30 年来的中国城市公共空间中可以看到，以往那种围绕政治意识形态创作的、口号化的宣传性艺术趋于淡化，艺术的主题、形式、内涵及空间呈现方式都变得多样化。虽然其中大量作品意在美化和点缀城市环境乃至彰显城市领导者的政绩，着眼于视觉上的审美和商业上的传播，但也有不少作品着眼于显现城市历史及当代文化意蕴以及特定的场所精神（尽管它们在公共空间的介入方法和程序上还欠缺公共性）。此间，艺术对于多元社会的内在需求的反映与表达，正缓慢却逐步地成为公共领域的公众意识。

但在此过程中也出现了某种观念意识上的误区，即许多艺术家及管理者认为，当代城市公共空间中艺术淡化或远离政治内涵是艺术的一种进步。其问题在于简单而片面地理解了艺术与政治的关系，实际上，当今世界上具有影响和获得成功的公共艺术作品的内在特质恰在于它们的政治敏锐性和对于社会问题的关注。20 世纪 60 年代以后的西方艺术，明显背离了现代主义艺术的形式革命至上的观念和立场，致力于探讨当代社会政治、经济、文化、性别等问题。同时，公共艺术领域的政治属性及社会关怀突出表现在艺术介入公共空间的过程中，注重对于社会公共利益的维护、社会民主的践行、社会价值观的维系，着力建构具有当代美学品质和地方精神意味的公共场域。尽管一些公共艺术作品的设立也会由于文化观念、教育背景及社群利益的差异而引起人们不同的认知与反应，甚至遭到强烈的批判，但其根本原因不在于公共艺术作品的主题及外在形式与政治意识形态的远近，而在于它的创作与设立的社会目的和意义（也即为何人的利益以及何人参与）出现了问题。

在对现当代艺术与政治的关系的认识方面，中国艺术家与国外艺术家及批评家存在差异。如 2012 年 11 月 22 日于中央美术学院学术报告厅举行的"中国·荷兰公共艺术交流论坛",中国艺术家在回顾和介绍国内近二十多年来城市公共空间的艺术发展状态时,重点阐述了中国的城市雕塑如何在主题、内容和形式上摆脱以往单向度的、空泛化的政治意识形态宣传创作模式,追求艺术纯粹的形式美,探索艺术语言的表现力,为美化城市环境而努力,并探讨了艺术在介入旅游及景观的工程项目时对于特定场域的历史文化及自然形貌的处理等问题。而荷兰艺术家的关注重点则在于公共艺术如何体现其公共性和当代的社会价值。如哈文林根(Hans van Houwelingen)认为,对于政治和公共空间的艺术干预是公共艺术创作的重要目的之一,优秀的公共艺术作品应该体现一定的社会价值观念,维护公众的公共权益。他阐释了欧洲公众在 20 世纪中期前后对于城市大型纪念碑艺术的认知和态度,人们认为对于历史上遗留下来的具有重要文化价值和意义的纪念碑应予以必要的修缮与维护,对于新的纪念碑的设立(尤其是其政治内涵)则应采取十分审慎的态度。他反对纪念碑艺术的底座化(即把纪念碑及雕像置于高出地面许多的基座上的方式),主张包括纪念性艺术作品在内的现代公共艺术与普通公众保持亲和、平等的关系,与人们的日常生活保持密切联系,反对脱离公民社会的高高在上的艺术。哈文林根强调了公共艺术建设中公共参与、民主决策、听取当地居民的生活与文化诉求的重要性,也强调了在相关法规下艺术家与其他专家群体和政府管理机构共同协作的行动方式及规范的重要性。同时,他对于包括公共空间的艺术在内的艺术商品化现象予以批评,认为艺术商品化将使艺术丧失其应有的力量和思想高度。

另外,荷兰艺术家也论及了一些社会现实问题,如 20 世纪 80 年代以来外来移民的大量增加,认为公共艺术为建构包容与公平的社会,应采取积极的方式和姿态。荷兰艺术家巴罗特拉(Ashok Bhalotra)重点论述了公共艺术对于不同文化与自然形态的尊重,包括对于市民生活方式的维系与幸福感的促进,对于城市文化的建构,对于全球化背景下的地域及民族(民俗)文化的维护,对于社区居民日常生活的关切,以及对于城市绿色生态及其可持续性发展的重视,等等。他从多样、包容和开放的文化视角,表述了公共艺术与社会政治和城市文化的内在关系,以及艺术家应该持有的基本的文化态度,显现出艺术家对于公共领域和公共事务的敏锐与责任感。其阐述的理论要点在于公共艺术的服务对象和社会目的。

相形而言,从事公共艺术创作的中国艺术家对于艺术与政治及社会的关系,则显得较为淡漠，专注于公共艺术本身的形式语言及风格样式的表现，似乎认为公共艺术远离了政治及社会问题方能体现其自身的价值和意义。一如国内相关批评者所指出的那样："艺术就是艺术……这种艺术本体论的立场，正是我们今天从事许多空间艺术，例如城市雕塑的艺术家的基本立场。"[1] 这不能不说是一种观念认知的偏颇和误区，其形成与对以往情形的逆反有关，即与中国改革开放前所普遍奉行的艺术工具化以及泛政治化有着某种悖反的因果关系。

第三种主张则认为公共艺术既是为社会多数人服务的，也是为少数人服务的，其基点在于以艺术的方式和名义去参与和建构公共领域，使得艺术成为公众彼此交流、参与社会协作和分享社会福利的平台，具有相同或相近经验的人可以分享个人的艺术创作成果，具有相异经验或不同认识的人可以就此提出自己的意见与主张，从而建构起公众沟通与对话的特殊领域。

个人是社会的基础，没有个人就没有社会可言。个人经验和创造力是艺术创作的重要因素。不能感动个人的艺术，也就不可能感动社会；尤其是在现代社会，个人与社会成为了极度密切却又极度疏离的对立统一体。进入公共空间（物质性的）和社会公共领域（话语及舆论性的）的艺术若不能满足公众自由对话、平等参与和表达批评意见的需求，也就难以促进公共领域的健康发展。

20世纪90年代以来，国内许多专业性的艺术家的经济来源除了其所在工作机构的工资以外，有了更为多样的渠道。在此之前，艺术缺乏市场渠道和机制，艺术家的经济来源主要是固定的工资和从事少量的商业性工程设计事务所获得的经济报酬，近二十多年来各地政府机构出资的城市景观及城市雕塑项目则为艺术家和设计家带来了增加个人收入的前所未有的机会。然而，艺术家、批评家和文化界人士却发现，在大兴城市建筑及景观工程的热闹景象之中，却并没有看到多少堪称优秀的公共艺术作品。其中的原因是多方面的，如公共艺术制度不完善，专业团体和相关机构之间难以实现整体协作，公共艺术文化未得到普及，缺乏良好的社会文化环境、应有的社会监督和艺术批评，艺术家自身在市场环境下也缺乏社会责任感。在中国多年从事公共艺术实践与教育的人士逐渐认识到公共艺术的社会条件和文化环境的重要性，并指出："公共艺术的良性生态应有以下构成要素：包括①城市环境建设、城市文化的需要；②优秀的公共艺术创作设计队伍；③

---

[1] 孙振华：《公共艺术的观念》，靳埭强主编：《集·公共艺术国际论坛暨教育研讨会》，第110页。

政府运作的良性机制与较好的经济环境；④公共艺术批评与监督机制；⑤公共艺术人才培养；⑥社会支持和优良的文化氛围。"[1]

显然，一个社会中的公共艺术的发展需要具备诸多因素，其中，政府、社会公众和艺术家的观念均为重要的因素。而从事公共艺术创作设计与传播的艺术家的素养和意识更是重要的能动因素，但目前现实中存在的问题却是显而易见的：

> 现在的艺术界存在着一类现象……即艺术家常常扮演着两种角色。一是关起门来做纯粹的艺术家；二是为了生计在外面揽"工程"的艺术家。所谓工程就是现在众多的公共艺术项目，其实这两者之间并不存在必然的矛盾冲突。问题是许多艺术家扮演的这两种角色是如此地不同，以至于艺术家表现出来的是完全判若两人的艺术品格特征，这是非常奇怪和荒唐的现象。在这些人看来，做项目的目标只有一个——挣"人民币"。为此目的，做什么样的作品无所谓。……试想一下，这种类似人格分裂的现象会给我们的公共艺术带来什么？在众多的公共艺术作品中，还有没有艺术家的出场？[2]

类似的质疑之声时有出现，反映出艺术界某些人的反思态度：一方面批判了那些不规范、不透明的公共艺术项目中艺术家为了纯粹的经济利益而放弃艺术品质和社会责任的行为，另一方面则间接重申了艺术家应该是具有社会责任感、良知和公共精神的知识分子的观点。这也从一个侧面反映出中国当下许多艺术职业人士对于公共艺术创作的理解存在问题，没有把公共艺术视作一种社会的文化结晶和公共领域的构建方式，而是仅仅作为个人谋取利益或功名的工具。客观上，在市场经济的大背景下，艺术作品可以进入市场流通领域，但它毕竟不是一般意义上的纯物质性商品，而是依靠其特有的精神品质和有意味的形式去感动人的心灵的精神产品。正因为认识到这一点，模糊了艺术门槛高低的POP艺术的代表性艺术家克莱斯·奥登伯格（Claes Oldenburg）的许多作品，在采用易于与大众沟通的艺术语言的同时，依然保持了艺术的创造性、观念性及精到的表现力。

---

[1] 杨奇瑞：《公共艺术若干问题研究》，靳埭强主编：《集·公共艺术国际论坛暨教育研讨会》，第181页。
[2] 许庚岭：《公共艺术中艺术家的态度和思考方式》，靳埭强主编：《集·公共艺术国际论坛暨教育研讨会》，第91页。

如前所及，由于国内经济的迅猛发展和商业大潮的兴起，艺术家队伍中的许多人对于短期内功成名就的渴望，对于艺术的商业价值的刻意追逐，对于场面上的社交和媒体出镜率的热衷，使得其自身往往对于艺术创作的真诚度以及人格和心灵修养弃之不顾。"艺术圈的功利主义和拜金主义使许多人丧失了艺术家应有的面对世界的态度和思考方式。他们只将艺术看作谋取利益和换取舒适豪华生活的手段，而将自己沦为以市场法则决定自己行为方式的商贩。"[1] 这种现象在当下艺术界并不少见，这自然不利于公共艺术的发展及其创作力量的培养。

如果说，"为艺术而艺术"的观念重在使艺术实现其超越功利羁绊的审美表达和对人的生命情感的率真表现，那么，"为社会而艺术"（或"为生活而艺术"）的观念则重在考虑艺术赖以产生和发展的社会综合因素以及构建我们的现实生活的需求。事实上，艺术超越功利的观念并非意味着它可以超脱以人为本的价值基点，或超越人类社会的共同利益及普遍的价值取向。公共领域的艺术创作与交流活动，并不意味着必须排斥艺术家个人情感和价值观念的表达，而恰恰提倡在尊重个人情感及价值诉求的基础上，去探索和建构群体社会可以商榷、包容或彼此认同的情感和价值体系，以达成社会个体的沟通、互助、批评和团结。应该说，公共艺术的内涵、形式和实践方法是多种多样的，也必然是趋于开放和包容的。在当代公共艺术实践中，所谓"为艺术而艺术"和"为社会而艺术"的观念分野，折射出的是人们对于理想境界与现实境界的不同诉求，也是关于私人（或小社群）领域与整体性公共领域之间的差异的假设性言说。在客观上，当代文化艺术的生产和传播是不可能与社会政治、经济、文化及传媒相分离而独立存在的。公共艺术生成与被接受的过程也是社会不同力量博弈与相互融通的过程。

10.3 艺术既为"多数人"，也为"少数人"

公共艺术是为多数人的，也是为少数人的。这似乎是个悖论。这样的认识基于社会的生成与属性，也基于艺术的生成与属性。尽管人们试图寻求某种具有普世性的价值和目标，假设它们是存在的和可实现的，但其表述的方式、诉

---

[1] 许庚岭：《公共艺术中艺术家的态度和思考方式》，靳埭强主编：《集·公共艺术国际论坛暨教育研讨会》，第 91 页。

求的内容和呈现的具体细节却是千差万别的，这是人类个体经验和族类（群类）文化经验的多样性和差异性使然，也是人文生态和艺术生态的多样性所致。这就在很大程度上决定了公共艺术领域及其利益相关体必然具有多元性、差异性和包容性。

对于艺术家个人与社会公众的关系的认识，美国现代著名雕塑家和公共艺术家乔治·西格尔的观点具有代表性。当遇到关于个人内心和社会大众的关系的困惑时，他会坚持自己的思考：

> "你既能保持你的精英位置，你主题的深度，你思维的高水平，作品的多重性，又能使之为大众所理解吗？"他会毫不犹豫且自然而然地回答："我所做的作品都是关于我的内心世界，关于我本身的思考、梦想和冥想……我为我自己、我自己的标准而工作。如果我触及的是我自己的情感，那么以另一意义来讲，我已与每个人心灵相通……公共艺术应该是一种个人经验。"[1]

西格尔关于自己的艺术与公众社会的关系的认识，基于他对于现代艺术的鲜明个性及其具有艺术家个人主导的精神色彩的特质的理解，他相信艺术精英的内心体验及判断在很大的层面上是可以与普通大众沟通的，也即认为优秀的艺术家在特定的意义上扮演着公众的某种形式的代言人的角色。20世纪80年代，在西格尔艺术事业的高峰期和生命的末期，也即美国公共艺术由于国家经济衰退而紧缩开支，艺术精英的各类先锋艺术作品相继进入公共艺术领域而招致"在民主社会能否有前途"的质疑的时期，西格尔依然反对那些缺乏思想、个性和创造性的公共艺术的设立，坚持倡导高水平的公共艺术作品可以与社会大众沟通的创作理念。"我喜欢一些室外公共雕塑，但也有很多很多我不喜欢，我认为这些雕塑太大，太花哨，太虚化。没有更为有趣的形态使之独树一帜。""我并不迎合公众口味……对公共艺术的观念保留意见……我不想失去个人经历的强烈感受和反应。"[2]他对自己接受政府的订单而进行的艺术品创作的要求是："直到终于……这东西具有一定的深度和个人色彩，别人的评价听起来令人舒服为

---

[1] 朱谷强编译：《翻造西格尔》，长沙：湖南美术出版社，2003年，第63页。

[2] 同上。

止。"[1] 由此可见，一些拥有艺术理想和社会责任感的艺术家既坚持艺术自身的特质和鲜明的个性（包括艺术家个人的创作理想），又注重考虑艺术品如何介入公众社会，以获得后者的理解，而并非采取绝对的精英主义的姿态，与公众社会决然对立。客观上看，艺术家的作品进入公共领域并与社会公众对话的前提是：作品成为社会文化符号体系的一个有机部分，即契合社会公众的认知能力及文化经验，以使得其形式语汇和创作观念可以在某种程度上与社会公众产生对话和相互作用，而非自说自话。这正如英国艺术及视觉文化理论家马尔科姆·巴纳德（Malcolm Barnard）所言："色彩、形状、线条或结构不仅仅是表现艺术家的情感，还要表现其他人的情感。一种形状和一种情感之间的关系，应该得到整个社会符号使用者的理解和赞同，否则对那个社会而言，那种形状并不表现或传达什么东西。而传达是可以通过互让、妥协而解决的。"[2] 应该说，这是一个基本的事实，虽然有些进入公共空间的作品需要一段时间或其他沟通方式的辅助才能最终被社会公众所接受和理解。

近二十多年来，中国涉猎公共艺术的艺术家对于艺术与社会的关系的思考颇为多样和复杂。尤其是在中国尚未建立起公共艺术的批评机制、管理机制及法律制度的时期，艺术家、社会公众乃至政府机构对于公共艺术的社会属性、作品内涵、艺术生产者与社会群体的相互关系及其互动方式等问题的认识，尚处于摸索阶段。

如前所及，提倡和践行当代公共艺术，并非意味着否定公共艺术作品的个性特征以及艺术创作的独立性、精神性和对美学内涵的追求，而是主张在一定的法治条件下通过民主参与、社会协商及协作的方式，使艺术家的艺术创作更好地为社会公共生活服务，同时能够体现和反映社会个体的感受、经验和认知。这种观念既承认艺术进入公共领域所具有的社会多元性、矛盾性和博弈性，同时主张通过艺术的公共活动去沟通大众和造福社会，并将之作为促进社会的民主政治建设和文化包容姿态的一种重要方式。在肯定公共领域的协商、对话和协作对于社会共同体的必要性和重要性的同时，并不意味着社会个体的私人权益及其独立性可以被忽略或被抹杀。实际上，个体的私人权益及其自由的本性恰是整体社会保持差异性、平衡性以及反思能力和创造活力的基础。现代公共

---

[1] 朱谷强编译：《翻造西格尔》，第57页。
[2] 〔英〕马尔科姆·巴纳德：《艺术、设计与视觉文化》，王升才等译，第34页。

领域的勃兴，主要是社会化劳动分工与分配制度下的个体生存出现困境，人们试图寻找解决方式所致。因此，从特定意义上说，公共领域不是人的生存的目的，而是特定社会生产力和社会制度的产物。高度的集体化、社会化过程并不能替代和抹杀生命的成长方式和情感体验。"物品的富裕或劳动时间的缩短都无法导致一个公共世界的成立；遭受剥夺的劳动动物也不会因为失去一个他自己私人的藏身之处，一个保护他自己免受公共领域侵犯的地方，就变得不那么私人了。"[1] 客观上看，在当今社会的生产关系状态下，文化艺术的创作必须兼顾公共领域和私人领域的双重建构与维护，在尊重社会共同利益和价值诉求的同时，尊重私人及小众群体的文化经验和价值诉求。既为多数人，也为少数人，是多元社会和民主社会发展文化艺术的现实策略，也是文化艺术"以人为本"理念的必然要求。

10.4 精英艺术与公众社会的融会

如前所及，在当代中国社会市场经济的大背景下，城市化建设和大众消费文化得到空前的发展，艺术进入公众生活和消费市场的机会大为增加。而此前，艺术家及其作品进入社会及交换领域的主要途径，是体制内部等级化及行政化的有限的展示平台。但随着市场经济及大众消费文化的发展，一些艺术家的创作、社会交流和经济活动逐渐从原有的体制内部空间走向更为宽广的外部社会和市场空间，这也意味社会文化和艺术市场的主体逐步趋于多元化，竞争日益激烈。部分艺术家的视野和活动触角开始从美术馆、画廊转向城市环境艺术设计及公共空间的艺术生产领域，以拓展自身艺术发展的空间。由此，艺术家介入地方政府、社会机构、企业机构和基层社区的艺术项目，以实现其社会价值和经济价值。尽管当代中国的公共艺术尚未建立相应的法律和准入规则，多有行政干预，以市场方式运作，但其中也有一些公共艺术项目是艺术家个人与政府共同促成的。在这样的公共艺术项目中，艺术作品的策划和创作设计不仅在较大的程度上表现了艺术家自身的创作观念，

---

[1] 〔美〕汉娜·阿伦特：《人的境况》，王寅丽译，第 84 页。

而且获得了政府机构的支持，落实于当地的公共空间之中。此处以北京怀柔桥梓镇景观雕塑《行囊》和郑州郑东新区滨河景观雕塑群为例予以探讨。

北京怀柔桥梓镇景观雕塑《行囊》

2010年以来，由雕塑家个人与地方政府及社会群体共同协作而实施的公共艺术作品《行囊》系列，得到一些媒体的关注。[1]《行囊》自2011年在中国长春市设立以来，已经陆续行走和落户至芜湖、南昌、青岛、北京、重庆、北戴河，以及澳大利亚的佩斯等国内外城市。作者意在使《行囊》以"文化接力"形式出现，"力求消解信仰、种族、宗教等意识形态的界限，进而呈现人与自然和谐发展的追求"[2]。作者期待作品在不断的行走与落地的过程中，与其到达的每一个城市的情境产生互动，使之不断承载着当地的新的"话题"。2013年5月1日，以"北京以北的种植"为主题，北京市怀柔区桥梓镇的平义分公园小广场安置了《行囊》作品。北京市及桥梓镇"国际乡村艺术长廊"的艺术家、当地住民、地方行政人员、策展人、学术界及艺术教育界人士参与了作品落成仪式。与会的多方参与者共同在这个外形高度写实，却又具有超现实主义艺术尺度及意味的金属行囊中装满北京北郊桥梓镇的泥土，埋种下各自的思绪与诉求（图10.1）。

有意味的是，艺术家和策展方选在"五一国际劳动节"举办此活动，使之成为艺术家和当地居民的一次象征性的"劳动"与交流的集会。题为"北京以北的种植"，是由于活动的参与者主要是乡镇原有居民和近十多年从外省移居此地的艺术

图 10.1 《行囊》，景观雕塑系列之一，北京怀柔桥梓镇良善乡

---

[1]　由天津美术学院的雕塑家景育民设计的景观雕塑《行囊》系列作品，陆续在国内外若干城市及地区设立，以显现地域文化内涵，唤起人们对于地方自然和生态环境的关爱，激发其日常生活情趣。

[2]　景育民在2013年5月1日的艺术活动中关于雕塑《行囊》的发言。

图 10.2　正在《行囊》中"种植"的情形，北京怀柔桥梓镇良善乡

图 10.3　艺术参与者"种植"两张艺术家肖像的演示现场

家。也因此，寓意着行走、购置和希冀的巨大"行囊"中所"种植"的象征性物件，呈现出社区文化的多样性。如镇长代表乡镇居民在行囊内种植了北京市的"市花"（月季、菊花）和具有桥梓镇表征意味的枣树苗，希望这里的旅游和农副业兴旺发达。来自当地艺术区的艺术家居民和参与此次活动的其他文化界人士也种下了一些富有意味的物品，并随即发表自己的感言和见解（图 10.2）。

在作品的实施过程中，有人埋种下两张当代艺术家的照片，其中一张印的是德国艺术家博伊斯，另一张是美国艺术家奥登伯格，意在表达对于此次《行囊》作品及其种植意义的敬意和对于这两位著名艺术家的敬意：博伊斯擅长赋予普通的物件和行为方式以内在的哲理和精神含义，而奥登伯格则赋予日常生活中的物品以艺术的品性和审美价值（图 10.3）。有的人则埋下了写有"谎言"的纸条，意在对于当代社会缺乏诚信和廉耻心的现象表示遗憾，警示人们注意道德问题。有的人埋下一件从市场中得到的假文物，意在讽喻与调侃。也有人埋下一张用于日常消费的"代金卡"，意在与自己以往的某种生活方式和消费观念告别。还有的掩埋了多种植物的种子和一只小陶猪，意在期望未来的收成。而在现场观看的当地乡民们则议论纷纷，一些人认为"行囊"和这些埋种下去的物件具有"聚财"和未来"发达"的象征，显然这是从当地风俗文化及观念系统的角度来加以解读。有趣的是，这些被埋种的物件及其意涵，策展方事先并未加以规定，而是参与者自由选择并加以阐释。其中既有艺术家对于人文及视觉环境的美学诉求，也有当地社会主体对日常生活和社会未来的诉求。这也使此次具有行为及观念性质的公共艺术活动在桥梓镇实施时显现出地方性、公共性和多义性。

"北京以北的种植"艺术活动的实施背景，一方面是艺术家自我创作与传播计划的延续，另一方面则适应了地方乡镇建构文化环境和旅游环境的需求，配合了桥梓镇地方社会和经济发展的规划，旨在将坐落于京北"沟域"地貌中的桥梓镇建设成集休闲旅游、文化创意、国际艺术和地方产业于一体的特色区域。而在近十年来已经具备一定规模的"国际乡村艺术长廊"（艺术家和工作坊聚集的生活、创作及展示的社区）也被列为怀柔区重点营造的"沟域"经济和文化区域之一。此次活动的介入，也意在推动桥梓镇的旅游经济及地方文化创意产业的发展，给旅游观光者和当地艺术爱好者烹制一席独具特色的艺术盛宴。因此，在艺术家、策划方的努力和地方政府的配合下，此地的《行囊》装入了艺术家和当地政府、居民的多种愿望。而这也在有意和无意间促成了专业化的艺术创作与公众日常生活的交融，其中包括各方权益的博弈、妥协和共享。

显然，类似《行囊》的艺术作品在进入公共空间时，其创作和运作方式除了要考虑满足艺术家强烈的自我表现意识和对于社会问题的表达诉求之外，也要注重与当地社会民众和政府机构的交流和沟通，兼顾各方的利益和需求，不能成为纯粹的个人行为或纯艺术的展览方式，否则，作品就难以被地方政府购买和持久地展示。

郑州郑东新区滨河景观雕塑群

与前例的方式不同，郑州郑东新区滨河景观雕塑群是以专业艺术家的策划和创作为主导，以大众化或娱乐化的方式导入的。它以地方历史文化为线索，以景观规划为契机，以公共空间的游憩活动需求为依据，把艺术家的构想付诸实践。

随着20世纪末和21世纪初以来的城市规划、产业更替及房地产开发项目的展开，各类城市新区得以诞生。2007—2009年间，地处中原的河南首府郑州市郑东新区的东风渠滨河街区环境及景观文化的改造即是一个例证。东风渠滨河带状景观区域的兴建，一方面意在利用城市街区旧有的空间格局及景观元素进行新的空间改造，以保留和呈现城市历史文化的痕迹与记忆，另一方面为街区周边居民及旅游者的游憩创造出具有一定的景观文化品质及娱乐体验的公共空间。

从特定的视角来看，古老的郑州城市的现代化起点应该是 20 世纪初铁路交通的开启。1904—1906 年间先后兴建的汴洛铁路和京汉铁路线，均通过郑州这个交通枢纽，也成为其在中原地区乃至当时的中国率先进入铁路时代的重要的历史记忆点，这意味着这个历史悠久的农业文明的中心地区逐渐跨入了工业文明的大时代。然而，随着城市的产业结构、生产方式、集体消费模式及科技的发展变化，郑州东风渠沿岸街区的空间性质与功能也随之发生了极大的转变，满足周边住宅区居民的休闲生活需求以及社区服务业和旅游业的发展需求成为其环境及景观形态建构的核心内容。

以此为认识的基点，艺术家考虑到此社区居民在新时期的物质与精神消费上的重要变化与需求，意欲突显普通市民的生活方式、意趣和心理诉求，直接或间接地反映新时期的社会文化与时尚内涵，从而创作了诸如《新居》《生命方舟》和《让我们去 1904 年谈恋爱吧！》等公共雕塑作品。其中《新居》（图 10.4）表现的是一对普通的青年夫妻搬入向往已久的新居，正在打开窗帘，迎着拂面的晨风眺望窗外，似乎在自足、宁静的居家生活中憧憬着美好的明天。它以较为写实的手法显现出当代城市居民在努力得到赖以安居生息的住房后的欣然与憧憬，具有平民化、生活化的情韵和浪漫的意蕴，成为滨河公园中的景观要素，时常吸

图 10.4 《新居》，景观雕塑，郑州郑东新区东风渠岸边

图 10.5 《让我们去 1904 年谈恋爱吧！》，景观雕塑，郑州郑东新区东风渠岸边

引少年们攀爬嬉戏。《生命方舟》表现的则是艺术家擅长发挥的题材，寓意着人类社会在灾难中同舟共济的精神及普世性的人文关怀，并没有道德说教的意味，具有现代艺术的表现方式，成为一件立于公共空间中的艺术陈设，客观上成了社区孩童们的一件"古怪"的玩具。《让我们去 1904 年谈恋爱吧！》（图 10.5）是一个双人组合的雕塑作品，塑造了一对现代青年男女情侣的形象，他们手牵着手，游走在一百年前铺设的老铁路的铁轨上，自由自在。在此，艺术家似乎想将特定的时间和空间联系起来，意在使那些来到废弃的铁轨上游玩的青年人产生一种与城市的历史故事发生关联的记忆与浪漫情致。在这一对凝固的情侣携手戏耍的路轨的十多根枕木上（现为石材），艺术家以散文的笔调和诗性的语句雕刻了此作品的语境与内涵："我们也从这里手拉手""一直走下去""蒸汽那微熏的气息就从那散发开了……""一座小城与一辆火车的邂逅""1904 年，那是一个契机""然后就有这样一个故事""让人们说，我们去 1904 年谈恋爱吧"，在这些絮语之间还配有秋天的落叶与足迹的浅浮雕印迹（图 10.6）。此作品的娱乐性及世俗化处理恰好迎合了普通公众的心理需求，也因此，作品与公众之间形成了某种互动及情节性的对话。我们可以看到，在气候适宜的日子里，尤其是下午和傍晚时分，当地居民和放学后的孩子会成群地到滨河公园中废弃的铁路线上游走、散步、嬉戏，青

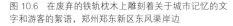

图 10.6　在废弃的铁轨枕木上雕刻着关于城市记忆的文字和游客的絮语，郑州郑东新区东风渠岸边

图 10.7　遗留下的铁路景观沿线及游人，郑州郑东新区东风渠岸边

年男女和旅游者会在此驻足观望或留影纪念，一些新婚的男女也特地来此拍摄纪念照或婚纱照。一件雕塑促成了一处当地人休息和交流的场所，并为城市的记忆增添了一种浪漫的现实载体（图 10.7）。这一公共艺术作品介入景观区域的方式及其角色意味，相比 30 年前注重政治说教或环境美化功能的城市艺术而言，不能不说是一种难得的进步。

　　从整体景观的角度看，在此滨河带状公园的一侧，是郑州数十万市民在 20世纪 50 年代末至 60 年代初开掘的引入黄河水的人工灌溉渠，因当时的政治文化而被命名为"东风渠"，但后来由于黄河水质变差及其泥沙淤积而使水渠周边的土地盐碱化，东风渠不得不停止使用，成为市区及近郊主要的泄洪排污河道，从而对市区环境造成了污染。事实上，它作为黄河与郑东新区水域的连接线，在城市环境及景观品质方面具有重要的意义，因此，当地政府在 2007 年 7 月前后对其进行排污清淤处理，之后再引入经过沉淀处理的黄河水，使之变成了真正的一渠清水。这使得东风渠告别了被市民称为"臭水渠"的历史，成为郑州北部休闲娱乐景观区域的重要元素。东风渠两岸以生态公园为主，以线带面、点线结合，将郑东新区、国家森林公园及黄河等自然、人文景观串联成一条城市景观链，营造出集防洪、生态景观、人文游览于一体的城市生态走廊，成为郑州市标志性的景观资源。客观上，滨河带状公园的东风渠水域为市民休闲娱乐、健身、纳凉及观赏风景营造了独特的环境氛围，也为公共艺术文化的介入奠定了良好的地方性景观基础。这对于城市景观环境的废旧改造与利用、高品质的公共艺术的整体性建构无疑具有重要的现实意义。

10.5 专业素养与跨专业的团队合作

艺术为何而产生和如何产生的问题，在当代公共艺术实践和理论思考中必然会引发新的讨论。这不仅仅是关于艺术本身的属性及目的的问题，更是有关艺术家与特定时期的社会及公共领域的关系的问题。客观上看，艺术的产生来自艺术家的创造，而艺术产品需要得到社会群体的欣赏、批评和消费，才能够实现其价值意义。艺术家的文化身份也需要通过社会公共领域才能够得到确认。但是，艺术家作为一个生命和文化的个体，其经历、观念、需求和理想各有差别，且往往与特定时代背景下的经济、政治、道德、法律及文化体制中的超大的社会群体存在矛盾或冲突。因此，如何认识艺术家的个体性与社会性，以及艺术的本体性或自律性与他律性之间的关系，就成为当代公共艺术实践和理论不可忽视的重要议题。这关系到艺术的自由发展与艺术家自主的艺术创造，也关系到艺术如何促进社会文明的进步以及如何为全体社会成员谋利益的问题。

公共艺术的兴盛，一般伴随着城市的改造和再开发过程，而在此过程中，不同专业方向的参与者必然会提出艺术美学、场所特性、空间的实用性、整体的规划和景观效应以及社会文化效应等多方面的诉求。因此，21 世纪的公共艺术建设不再仅仅是在城市中设立专门供人观赏及教育公众的雕塑作品，而是要使其在城市再开发和城市功能的建构中起到更为多样而积极的作用，介入公共艺术创作与实施的人员也不再仅仅是传统意义上的雕塑家或画家，还需要规划师、建筑师、景观设计师、新媒体艺术家、工程师及社会文化学者等不同领域的人士参与合作。这在 20 世纪 70 年代晚期以来欧美国家的公共艺术项目中，已经成为一种通例。此间涉及的艺术、规划、设计及其实施需要一种协作下的分工和分工中的合作。正如西方艺术评论家所言："过去数年来，许多人都花费心血，希望在雕塑家与建筑师之间、雕塑家与社区之间建立合作关系。现在有许多人认为这是公共艺术雕塑的未来，或许也是一般雕塑的未来。"[1]

然而，中国当下的公共艺术的创作与实施基本上是由传统教育背景下成长起来的雕塑家来完成的。他们从大学到步入职场所接受的主要是美学艺术学方面的知识，较少或没有接受有关城市规划和特定空间的整体性营造的教育，也缺乏与

---

[1]　Harriet F. Senie and Sally Webster, *Critical Issues in Public Art: Content, Context, and Controversy*, Washington and London: Smithsonian Books, 1998, p.165.

其他专业人士协作的经验，而更多地是注重作品本身的表现力和艺术价值。同样，由建筑学等工科体系培养出来的建筑师、规划师，也往往不足以单独造就富有多样性功能的高品质的公共空间。显然，以往以专业分家、各尽其事的方式，在当今城市再开发的公共艺术方案中，已难以实现对于场所特性、地域社会结构及文化背景的深度把握，也难以完成适切性、整体性的艺术创作。而当今城市再开发迫切需要公共艺术与之相呼应。具有发展意义的是，20 世纪初以来，已有一批具有建筑学、设计学及城市学专业知识背景的人士，在一些城市再开发及局部的兴建与整改项目中逐步与艺术家合作，注重城市公共空间功能的开发与艺术美学品质的追求，营造出一批为数不多却具有一定影响力的城市综合性开放空间、展演中心、滨水公园、商业街区、产业遗址园区、交通枢纽景观及校园景观等公共场所。参与创作的一些艺术家、建筑师和景观设计师具有国内或国外学习的专业背景，也有与国内外专家合作完成公共艺术项目的经历，其国际经验和本土经验在不同程度上得以结合。在形式手法和文化韵味上，国际性的、民族性的、地域性的、现代性的抑或传统性的元素，被兼容整合在一起，自然的、人文的以及功能性的与审美性的因素融会其中。实际上，此情境恰与中国经济和社会的转型、技术的发展与观念的转变以及文化形态的逐步多元化有着必然的联系。而公共艺术与所谓的纯艺术及私人性质的艺术的差异，就在于它的社会性、多样性、协作性和适时性，是不同时期社会生态和自然生态的产物。

10.6　致力于生活与应用的公共性

从全球范围来看，21 世纪前后的公共艺术创作，强调城市空间及性能的转换、地方的再造、社区文化的建构以及生态多样性的维护，注重超越传统的艺术本体价值观，趋向于对日常生活领域有所贡献，为解决实际问题提供整体性的支持。就艺术介入公共空间（开放性的城市及社区环境）的基本方式而言，创作者更加强调艺术形式及环境设施对于公众的适用性，注重公众的交流和多元文化的融合，主张适当切入当地社会文化和生态环境，追求场所营造中审美与功能的统一，以及公众的心理体验，而不是仅仅强调突显艺术作品本身的美学价值，也非文化精英对于社会普通人群的指引与教诲。

西方文艺复兴至 18 世纪以来的艺术史发展的重要特征是艺术逐步从宗教和世俗权力本位走向人本及人文主义，19 世纪完成了艺术本体的自觉追求，20 世纪中期以来，艺术的价值形态变得更为多元化。尤其在网络信息时代，精英文化日益式微，大众文化风起云涌，而且，大众化社会被由各类"亚文化"构成的分众化社会所解构，同质化的社会被多样化社会所替代，艺术的功用和价值认知已从纯艺术及纯美学走向为社会服务、为日常生活服务，为实现多元社会的多种梦想提供能量和助力。而这也是改革开放 30 年来，当代中国公共艺术实践与价值理论转型的社会背景。

从特定的意义和效果来说，艺术只有融入社会实践和公众的日常生活，才能更好地体现其公共性，多方位地实现其社会价值。从国际发展趋向来看，当代公共艺术创作鲜明地强调公共艺术对于城市规划、城市设计以及地方改造所应有的功能，强调营造公众日常生活环境的重要意义。如艺术主动参与城市公共空间的创建、建筑环境及景观的营造、社会公益项目的推广、社区文化的共建、历史商业街区的振兴、遗产园区的保护与改造、生态环境的维护和城市公共设施的设计等，旨在体现公共艺术的公共性、社会性和公益性。公共艺术不再只是文化精英及职业艺术家表现其独有的审美经验及趣味的领域，正如著名舞蹈家邓肯所言："将艺术从其他的对象或活动中分离出来的社会范畴已经不复存在，所以艺术不再是特殊的优越的领域，而仅仅是像说话或者写字一样普通的交流工具，也和它们一样是日常生活结构的一部分。"[1] 公共艺术作为开放和包容的艺术，向着宽阔的社会和生活领域敞开。从传统的高雅艺术到大众化的通俗艺术，从载入史册的经典艺术到具有实验性的当代艺术，乃至节庆典礼或购物场所中的各种艺术形式，均可在公共艺术的园地拥有其存在的空间，因为当代生活领域和社会公共领域的宽容度即是公共艺术的宽容度。

反观国内近二十多年来的城市公共艺术的基本状态，从大型广场及交通港站的标志性雕塑，到一般的街道、公园、商务空间中小型的审美性或装饰性雕塑和壁画，以及周边的景观和绿化设计，大多数依然局限于追求自身的视觉效果和形式美感的表达，与具体环境及社会场景未能有机契合，不重视特定场所语境中人们的行为及心理需求，不注重视觉形式与具体场所机能的相互协调。比如，缺乏

---

[1] 〔美〕汤姆·安德森：《为生活而艺术》，马菁汝译，第 52 页。

对于车站、机场、公交枢纽等场所地理位置的自明性表达，缺乏对于学校、博物馆、工业遗址或演艺中心的文化特性和精神寓意的揭示，缺乏对于滨水环境或湿地公园的生态保护与多样性体验的设计考虑，缺乏对于文教、体育及休闲娱乐场所的沟通性设计等。从总体情形看，国内公共艺术的形式、理念和方法较为单调乃至平庸，未达到当代国际领域的水准和文化自觉的高度，在公共性和创造性这两个基本维度与国际水平存在差距。一如我们易于察觉到的那些趋于概念化、程式化的城市雕塑，它们大都未能建构出良好的城市公共空间或发挥场所再造的功能，未能对当代艺术观念、形式、技术、媒介和方法进行创造性拓展，极少合理运用地景艺术、建构物艺术、光艺术、行为（事件）艺术、影像艺术、网络虚拟艺术等艺术形式营造出具有多种特性与多样功能的公共空间，而更多地是流于老套的环境美化和装饰、商业区"亮化工程"的粉饰与堆砌、绿化面积的铺陈以及竞相攀比或似曾相识的城市标志性雕塑的打造，至于艺术品质、思想深度以及与当代社会公众的关系则大都不在其考虑的范畴之内。

诚然，中国实施改革开放政策以来，社会的发展和艺术的多元化、国际化情形促使公共艺术创作取得了一定的成就。尤其是在2008年北京奥运会及2010年上海世博会前后，公共空间的艺术的表现形式和社会意识较之前有了较大的进步，并涌现出一批值得关注和称道的案例：成都活水公园生态景观设计（2008）、上海南市电厂工业遗址的再生性综合设计（2009）、上海世博园后滩公园生态景观设计（2009）、上海普陀区曹杨一村社区公共艺术设计（2009）、四川美术学院虎溪校区景观设计（2010），以及中短期展示方式的公共艺术项目，如汕头大学校园公共艺术作品展（2008）、杭州"水陆相望·第四届西湖国际雕塑邀请展"（2012）、漳州碧湖生态公园"从卡塞尔走来——漳州国际公共艺术展"（2013）等城市景观和公共艺术项目。它们以不同的艺术语言、形态和方法介入公共空间，解决场所机能问题，富有艺术创意和社会价值。这些个案在其他章节已有涉及，不再赘述。

在大力倡导和推行公共艺术已有半个多世纪的美国，艺术为人民服务、为城市生活服务已经成为其"艺术百分比"政策的价值依据和国家的持久战略。面对二战后社会的进一步现代化以及城市的扩张所带来的各种挑战，政府和社会人士均注意到艺术及设计对于城市化改造与文化建设的特殊价值，主张发挥艺术在国家建设、国民教育及社会文化建构等方面的独特作用。其公共艺术的创作方向

图 10.8 《飞篱》，克里斯托与让娜 – 克劳德的地景艺术作品

主要有以下几种：其一，是采用大地艺术与环境设计（Earthart and Environmental Design）的方式，即在较大空间尺度的自然公园、闲置空地或建筑空间的过渡地带、湿地、山野或海滨进行地景艺术的创作与展示，对大地景观和人类活动的环境从美学、社会学、文化学及生态学的角度加以阐释和演绎，在给人们带来视觉与心理体验及审美想象的同时，促使公众对于大自然的状态、人与自然的关系重新进行审视。这其中，不乏现代实验性艺术与功能性环境艺术相融会的作品，如克里斯托与让娜 - 克劳德的地景作品《飞篱》（*Running Fence*，1976，图 10.8）。其二，是致力于场所特性的揭示与呈现的作品（Site Specific Installation），常采用景观、雕塑及多样的视觉设计方式去呈现特定场所的自明性和特殊含义，使之具有场域的引导性及精神意象的表现性。例如建筑及景观设计师林璎于华盛顿设计的《越战纪念碑》（*Vietnam War Memorial*，1982）。其三，是针对城市及建筑物形态的设计（Urban and Architectural Design），如城市桥梁、车站、文体场馆、商业中心等各类建筑物以及公用电器、卫生、通讯、娱乐设施的设计，旨在使城市空间形态和公共设施具有独特的美感、表情和人性化。其四，是致力于某些场地属性的改变与重新建构，通过不同的形式如装置、建构物、景观、水体、灯光、铺装、雕塑、新媒体艺术、场地设施以及过程化的"事件"去改变场地的属性与功能，使之具有新的场所寓意和内涵，从而创造出富有美学品质和场所精神的公共空间。例如，迪勒·科菲迪奥等人在纽约曼哈顿西区的都市设计艺术作品《空中

图 10.9 《空中步道公园》，纽约曼哈顿西区的都市设计艺术作品

步道公园》（*High Line Park*，2009，图 10.9）、美国芝加哥千禧公园中普林斯设计的广场水体景观《王冠喷泉》（*Crown Fountain*，2005）、安易斯创作的豌豆形不锈钢雕塑《云门》（*Cloud Gate*，2005，图 10.10）。这意味着设计师要善于对那些需要再度改造和利用的城市路桥、工矿遗址、交通枢纽、商业街区等进行富有创见的设计和艺术干预，使之以新的方式和形态服务于社会。这也需要具有不同知识涵养和学科背景的团队成员共同协作，需要艺术学、社会学、工程学等方面的人才通力合作，不是单独的雕塑家或建筑师、景观设计师可以胜任的。显然，以上所论及

图 10.10 《云门》，景观雕塑，美国芝加哥千禧公园

的若干方面和相关经验均值得中国借鉴和参考。

客观上看，当下中国公共艺术的驱动与实施方式基本上是自上而下的，缺乏自下而上的社会基层的公共参与，这样不利于培育社会公众的能动性和主动性。从艺术的空间分布上看，绝大部分的城市雕塑及壁画主要设立在城市的标志性广场、政府行政大楼的周围、大型交通站点以及城市商业中心，很少立足于市民生活的普通社区。而普通社区恰恰是城市的基础和细胞，是培育市民社会意识和公民素质的重要容器。如果广大市民能够普遍参与社区的文化和公共艺术活动，城市的整体品质和市民的综合素养就自然会得到提升，市民对于社会的认同感和参与公共事务的意识就会得到加强。这就要求艺术介入社区时契合社区居民的行为方式，满足其日常生活的需求，体现社区自身的文化及特性，而非简单地设立几件漂亮的雕塑或壁画作品了事。

10.7 短时性与多维度的必要性

以往中国的公共艺术实践和理论批评主要关注的是相对长久性的作品，它们在空间和时间上具有稳定性和长久性的特点，特别是那些具有纪念性或地标性的艺术作品。这主要源于艺术家对于艺术作品的永恒性及纪念性的追求，也源于人们对于以往城市雕塑以及与建筑一体化的空间艺术的恒久性的认知经验。然而，在现代城市文化快速发展、社会利益主体多元化的情形下，为了使公共空间的艺术能够反映当代社会正在发生的公共性事件和正在出现的新的价值观念，更多地反映不同社群的文化诉求，短时性及多样化的展示必然成为公共艺术与公众会面的重要方式之一，并逐渐得到发展。公共艺术短时性呈现的原因是多样的，有的是由于恒久性场地空间资源的紧缺，有的是由于艺术品自身材质特性的限制，有的是其创意和表现形式使然（如作品以某种行为、事件或可移动的装置等形式呈现），也有的是由其作为某些社会活动或仪式的一部分的特殊角色所决定的。

2010 年上海世博会期间，在园区展示的某些公共艺术作品即是如此。其中，有的艺术家为突显生态环境保护的意识，把从世界屋脊喜马拉雅山收集来的、被登山队员作为垃圾丢弃的废氧气瓶，以现成品及装置艺术的方式，展示于世博园

图 10.11　用废弃的登山氧气瓶构建的作品，2010 年上海世博园区的短期艺术展

的露天场所（图 10.11）。那些被排列组构的登山氧气瓶色彩斑斓，极有工业技术意味和特殊的视觉美感，与展览现场的文字及图片说明一起诉说着原本自然纯净的喜马拉雅山及地球环境的现今境遇，引人深思，激励人们行动起来，保护我们共同的家园。同年，在苏北乡村的田野里，艺术家发起一项"稻草人"活动，以追忆往昔村民为保护庄稼而驱赶鸟雀的乡村生活经历与风俗，重温农耕文化的审美体验以及村民农闲时节的联欢活动。活动期间，在收割后的田野里竖起了上百个形态不一的"稻草人"，引起孩子们的欢呼。2008 年北京奥运会期间的北京大学校园里，为举行武术和太极健身活动，在社会机构的参与和赞助下，在操场上陈列了数百个小型太极拳人物塑像，以激励人们共同参与奥运会。自然，也有一些商家为促销而进行的户外艺术展示，如逢重要节日，一些店铺门前竖起一些题材和形式各异的艺术品，以烘托气氛，招揽顾客并显现企业的公益文化形象。北京西苑地铁站附近的餐饮服务业店铺门前的金属彩塑作品，就颇具典型意味（图 10.12）。这些艺术品均为短时性的，事后被拆除或另做他用。然而，短期的艺术展示却可以灵活而多样地反映不同的社会群体的声音和现实问题，在有限的物质和空间条件下，使得更多的艺术家及参与者的作品得以与公众接触，甚至产生某种互动，而这恰是恒久性的展品难以企及的社会效果。美国学者和艺术批评家派翠西亚·菲利普（Patricia C. Phillips）在论及短期性的公共艺术时指出："建议花点时间研究及尝试较小型的作品，以表达当代的状况，这要求对社会思想及内在

图 10.12　民间剪纸金属彩塑，北京西苑地铁站西饼店前

价值有一定的体认，同时采用较有弹性的艺术作品创作和展示方式，并采取更加独创和谨慎的批判理念。"他也论述了西方人对于时间的认知："'短暂'不仅是循环的，也是连续的。……用时间的观念解释永恒和连续的安全感，同时也用它来解释进步与改变。所谓'公共'，就是在这两种同时存在、相似而又相互抵触的概念之下孕育而生的。"[1]

其实，东方人对于时间的看法也与此大抵相同，中华民族的纪念性艺术也追求永恒与不朽，在历史上曾出现了许多宏大而又坚实的石结构的陵墓、石窟、石牌坊或石碑作品，以言说某种信仰、功绩或道德情感，希望其万世不朽。然而，社会、时代和自然一样，总是处在不断的发展与变化之中，恒定与不变只是一种美好的愿望。短时期内展示的艺术作品比恒久性设立的展品，更易于与当代和当地的人们进行适时的对话，也更能展现当代及当地公众所关切的公共话题。美国当代著名艺术家丹尼斯·奥本海姆（Dennis Oppenheim）从艺术家的视角指出："公共艺术无需一定要有纪念性或是与建筑拉上关系的东西。公共艺术也可以是短暂的，而且，短暂的公共艺术作品一样可以与纪念性质的建筑作品相比，因为它容许暂时性和一点艺术的极端作风。"[2]另一方面，在高度城市化、商业化的环境中，市民的生活节奏加快，公共空间十分紧缺，能够获准实施的持久性的大型

[1]　Harriet F. Senie and Sally Webster, *Critical Issues in Public Art: Content, Context, and Controversy*, p.297.

[2]　靳埭强主编：《集·公共艺术国际论坛暨教育研讨会》，第 28 页。

公共艺术项目毕竟属于少数，而公众所需要的切合当代公共话题的艺术作品却是多种多样的。

在当代文化观念及审美态度的多元化时代，一件公共艺术作品的含义和视觉美学形态不可能同时囊括和代表社会公众的意愿，重要且可行的是通过具体的、多样的艺术作品，去真切和实时地反映和表现当代社会生活和公共领域的多样性以及整体的状况。因而，短时的、多样性的以及富有问题意识的公共艺术，显然符合我们社会和时代的现实需求。历史和现状正是无数个短暂的时间点所构成的。如果说恒久性意味着人们对于生命和眷恋的事物稳定存在的期望的话，那么，短时性和连续性则意味着人们对于事物的变化和发展状态的理解与渴求。"这些'短暂'的概念，在本质上都与公共生活相关——也跟能促使人采取行动的期望，或是会改变人生经验的事件息息相关。……公共艺术不需要具备共同的性质，或表达共同的美德，才能被称为'公共'艺术，但它可以提供一种视觉语言，以表达和探讨集体的动态与短暂的社会情况。"[1]

随着时代的不断发展，大量新生事物和观念需要得到呈现，这就使得那些以短期方式展示的公共艺术的存在具有必要性和重要性。实际上，短期的、暂时性的艺术展示在促进社会交流、促进普通公民随机性参与、为艺术新秀提供登场机会、及时反映社会意识和文化动向等方面，均有着长期性公共艺术作品所不具备的长处。短暂性的公共艺术作品便于多维度、多媒材、多场合地表达艺术观念，对于社会公共领域的问题予以必要且及时的反映、警示和批评。而这也正是目前国内公共艺术实践较为欠缺的方面。

客观上看，第四届上海双年展入口处的群雕作品《城市农民工》（图10.13），恰是以短时期展览的方式赢得了与社会公

图 10.13 《城市农民工》，群雕，上海双年展

---

[1] Harriet F. Senie and Sally Webster, *Critical Issues in Public Art: Content, Context, and Controversy*, p.297.

众接触的机会，作品表达了艺术家对于城市化进程中中国农民的身份及其社会境遇等重要现实问题的关注，引起了观众的思考和议论，有益于促进社会公众对于中国"三农"问题的反思。应该说，许多具有社会文化批评意味和独到创意的公共艺术作品，往往是以短时性的展示方式介入公共空间并作用于社会现实的，国际上如此，国内也是如此，只是国内短时性展示的富有批判性及问题性的公共艺术作品较为稀缺，有待增强。

漳州碧湖生态公园国际公共艺术展

如上所及，与开放性空间中那些着意于恒久性的艺术作品相比，短时性展示的艺术作品在反映时代需求和社会问题、探索个性化的艺术形式语言等方面有其长处，而且对于作品展示的环境的要求不是很高，从而给各类社群接触新的乃至具有争议的艺术作品提供了更多的机会。

如 2013 年 6 月 16 日于福建漳州碧湖生态公园举办的"从卡塞尔走来——漳州国际公共艺术展"，将一批原先参加德国卡塞尔公共艺术展览的作品再度引入刚落成的公园景观之中，成为非永久性的公共艺术展览。[1] 参展的 32 件大型艺术作品来自 29 名艺术家，这些作品的艺术观念和形式手法各具个性特点，从多种视角显现出国内现代艺术探索的形貌，为当地观众带来了一场艺术盛宴。

在实地考察中得知，碧湖生态园于 2011 年 7 月下旬开始动工，将逐步建成为一个集文化、休闲、娱乐等功能为一体的大型滨水和绿植公园。生态园地处城市中心区，具有商务办公、居住、文化展示、旅游和生态环境调节等多种功能，被誉为漳州的重要绿肺。在开园之际举行的漳州国际公共艺术展的大部分作品，多为国内当代十分活跃的艺术家创作的雕塑、装置和影像作品。它们曾参与 2012 年在德国小城卡塞尔举办的"中国公共艺术展"，并作为德国举办的"中国文化年"活动的一个子项目而设置于卡塞尔市区的户外环境中，与卡塞尔的上百万市民及游客有过亲密的接触，而今从卡塞尔海运归来，短时陈列于漳州碧湖生态公园。此外，在展览中还增补了部分艺术家专门为漳州创作的作品，如陈志光的《圆荷泻露》、史金淞的《我的花园·漳州志》、许江的《共生会否可能之 ·》等作品，以期与漳州的景观环境、人文历史和展览场地形成

---

[1] 此展览于 2013 年 6 月 16 日在漳州碧湖生态公园开幕，持续至 11 月 30 日。

某种对话。

　　当地政府了解到德国小城卡塞尔因举办五年一届的"卡塞尔文献展"而享誉全球,获悉此展览在带动其地方旅游经济、提升城市影响力和市民就业率方面具有重要的意义,加上策展方(中国美术馆和中央美术学院的专业人士)的推荐和运作,于是决定在漳州碧湖生态公园内承办此次国际公共艺术展,以期为当地自然地理及生态环境注入新的富有人文审美内涵的公共艺术魅力。然而,绝大部分展品与公园的景观形态、场所特性和当地历史文化的对应关系,尚欠缺考虑。除了以上提及的由当地艺术家专门创作的某些作品与场地的水景观之间有着某种对应关系之外,其他作品重在各自的形式语言和艺术观念的自由表现,并未考虑其他因素。不过,由于这是一次为期5个月的短暂性展览,而非永久性的植入,因此我们不必苛求太多。应该说,这些作品为当地民众和国内外的游客提供了以往不曾有过的中国现代艺术的欣赏体验,满足了公众接触新生事物和当代审美文化的需求。而这样的展出效果,恰是那些追求恒久效应的纪念性艺术或重在宏大叙事及教化的艺术作品所难以企及的。

　　值得一提的是,在展览开幕的同时,策展方和当地政府共同举办了"新美学的崛起——公共艺术与城市文化建设研讨会",邀请国内外一些知名专家、学者、艺术家、城市建设和管理领域的实践者共同就中国公共艺术的现状与面临的问题、未来发展的趋向、公共艺术与城市文化建设的关系、城市建设和文化建设的互动策略等问题,进行了专题研讨。当地文化界、教育界和市政管理部门的相关人士也参与了此次研讨活动。来自德国柏林自由大学文化与媒体管理学院、北京大学艺术学院、中央美术学院、中国美术学院、清华大学美术学院、华东师范大学的几位艺术家和学者分别从艺术社会学、艺术美学、艺术史以及艺术市场学的视角,对于当代公共艺术的社会作用和意义进行了分析和阐释。[1] 这对于当地行政官员和从事教育的人们概要了解国内外城市公共艺术的状况和问题,具有一定的助益。

　　展览为引人关注的作品较多,如表现一个硕大的裸体"胖子"爬在梯子上作观望状的彩塑《修》,有着另类的造型和呈现方式,一方面突破了人们寻常的视觉经验和观赏习惯,给人以较强的视觉和心理冲击力;另一方面,雕

---

[1]　会议发言者主要有克劳斯·西本哈尔、王受之、翁剑青、马钦忠、殷双喜、王中、杨奇瑞等人。

塑形象具有幽默和诙谐感，表现了寻常生活中的情趣（图10.14）。另如不锈钢雕塑《中国风景2号》，以坚硬而冰冷的钢材料塑造出一种融化和流淌的形态，呈现出视觉与心理感受的错位，在映射出周边景象的扭曲形态的同时，似乎在对诸如全球气候的温室效应抑或当今社会的物质化及浮夸现象进行隐喻和警示（图10.15）。再如具有卡通意趣的大型钢材雕塑《解·放》，将全球化时代西方的大众文化符号变形金刚和机器人，与中国传统文化中的经典人物关公及中国第一个自主生产的汽车品牌——解放牌的车辆进行嫁接和混装，在满足观众的猎奇与游戏心理的同时，隐晦地表达了国人在走向现代的道路上应当自强的观念。此外，以不锈钢在自然石表面进行手工锻造，肌理几乎可以乱真的作品《飞来石》，显现了艺术家对艺术与自然以及文化与造化之间的关系的思考，突显了其对现代艺术的形式语言和观念意涵的探索（图10.16）。

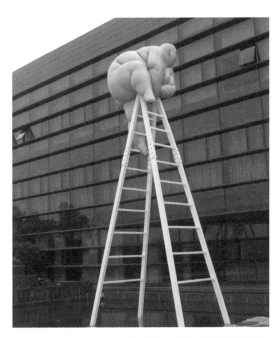

图 10.14 《修》，彩塑，漳州碧湖生态公园

图 10.15 《中国风景 2 号》，不锈钢雕塑，漳州碧湖生态公园

　　总之，漳州碧湖生态公园举办的公共艺术展览，虽然没有强调作品与当地文

图 10.16 《飞来石》，不锈钢、玻璃雕塑，漳州碧湖生态公园

化和环境的密切对应，但作为一次较为短期的艺术展览，还是可圈可点的。它将关注社会问题、表达美学追求、具有个性面貌的众多当代艺术作品带到公共空间之中，让公众有机会予以赏析和品评。

小结

艺术家、艺术与社会的相互关系，在当代中国社会的转型时期，必然成为人们不可回避的重要话题，尤其是在公共艺术的理论研究和批评领域。在中国近三十多年的社会演变过程中，艺术家的个人身份和价值、艺术家的自由创作空间、艺术家及其作品与社会公众进行对话的方式和机制、艺术家的个人抱负和社会责任，均需要在特定的社会文化环境中持续建构和调整。艺术家一方面需要在政府主导及行政干预的艺术活动（如各种城市空间的艺术建设项目）中获取创作机会，另一方面需要使其作品在当代大众消费文化及市场环境中得到社会大众的理解和接受。关注艺术介入公共空间过程中的公众反应，也就是需要关注介入公共空间的艺术是"何人的艺术"以及"为何人的艺术"的问题。因为显而易见，并非进入了开放性空间的艺术就是被公众接受或认同的艺术。正如有识之士所言："当现代主义艺术占据了充斥着白墙的封闭空间时，一些较为亲近日常生活领域的艺术形式，例如'社区艺术'（community art）或'户外艺术'（outside art）等，则被艺术体制视为缺乏美学品质而被推向边缘化。但是一座处于广场上的雕塑并不会因为其坐落的位置而更易于与人亲近，而任何由公共部门收藏的艺术作品，也可能会被称作'公共的'，因此，争论点并不在于'公共艺术'而在于'被公众接纳的艺术'，但这种接纳是可以被操控的。"[1] 显然，公共艺术的建构并不意味着艺术家需要放弃具有艺术个性及思想深度的艺术创作，也不是要将那些在美术馆及画廊中难以被公众认知和接纳的作品放大体量后移植到一般的社区及户外空间中，更不是假借行政权力和商业资本的推手去冒充失去了公共性的所谓"公共艺术"。

这其中，艺术家的个人修养、文化判断力和社会责任感依然是非常重要的，因为公共艺术是事关公共事务和公众权益的事情。同时，我们应该努力创建公开、公平、公正的公共艺术项目的征集和遴选机制，倾听和尊重社会有关公众及专家群体的意见，更大限度地发挥相关艺术人才的优长，进而实现艺术造福于社会的理想。

在当代社会中，"为艺术而艺术""为社会而艺术"或是"为生活而艺术"是从不同的视角出发所形成的理念，均有其生成与发展的特定历史语境和社会环境。当代公共艺术并非排斥鲜活的人的真实情感与独特的艺术表现形式，而是更注重社会性和公共性。艺术与社会生活之间是可以融通互惠的。事实上，自从艺术摆脱了宗教及皇权的束缚，它与人们的日常生活就始终保持着密切的联系。在当代，公共艺术本身就是既为广大的"多数人"（非艺术职业的社会公众）服务的，也是为"少数人"（以此为职业的艺术家、设计师等）服务的。公共艺术是运用社会公共资源为全民社会服务的艺术，这是它的基本宗旨。

公共艺术的创作和实施应该而且可以实现社会化的公共参与和相互协作，既包括精英人士与社会大众的共同参与和协作，也包括跨专业的团队成员之间的共同参与和协作，以便城市景观和公共艺术建设的公共性、艺术性及技术性等方面达到更为合理的状态。

---

[1]　Malcolm Miles, *Art, Space and the City*, p.85.

中国当代城市景观作为一种文化形态，随着社会政治、经济的发展，呈现出前所未有的多样、复杂和不平衡的发展状态。强调社会价值及人文和美学内涵的公共艺术，作为城市景观的一个有机组成部分（也是本书研究的重点部分），同样呈现出多元而繁复的状态。自20世纪晚期和21世纪初以来，公共艺术的总体面貌正从以往倾向于政治文化的宣传教育功能逐步趋于生活化（其中包括艺术娱乐、社会交往、审美表现和城市公共服务功能等多个维度），逐步将艺术设计的形式美感与城市的功能需求予以必要的整合。

20世纪90年代至21世纪初中国大量营造的城市景观和艺术工程的特性之一，是注重视觉上的观赏性及空间形式的装饰效果，有些则突显所谓的"形象工程"和"政绩工程"的特质，存在资本与权力合作的情形，并未满足普通市民公众的日常生活需求。尽管许多城市在90年代晚期以来设置了一些地方性及历史性的民俗文化题材的街头雕塑，并在步行街区及旅游景区设置了具有地方历史意味和人文内涵的艺术作品，但这并不意味着市民文化或地方民间文化已真正成为当代城市景观文化的主要内涵和公共艺术表现的主要方向，也不意味着景观艺术和公共空间艺术的文化品质与其作为公共设施的功能特性之间具有了普遍的、实质性的关联。实际上，大量表面化的华丽的"城市形象"塑造工程与基于某些特定经验的视觉美化作品，以及大量概念化、形式化且艺术品质欠佳的城市雕塑和空洞浮泛的"环艺小品"，并不能够表现真正的城市文化的符号意蕴及其社会文化内涵，也无法成为当代城市公共生活所需要的公共空间元素或公共设施的组成部分。

21世纪以来的艺术实践和理论探讨，逐渐关切景观艺术与城市公共空间的多样性和复合性需求，从单一性的城市视觉环境的美化、空间形式的装饰或政治权力话语的概念性表达，转向城市自身的文化内涵及地方特性的表达。也可以说，城市景观艺术从注重外在形式的美观，逐步走向满足公众日常生活的多种需求，其中也包括对各种形式美感和观念形态的表现。

当代城市景观文化和公共艺术并不仅仅是城市物质和经济形态的被动反映与陪衬之物，还应对当代城市文化、社会公共领域和公民意识有所表现与建构。因此，艺术家和艺术教育机构中的有识之士，应逐步以自身的专业背景为依托，尝试结合社会学、文化学、政治学、设计学和建筑学等学科的知识、方法，试图使景观和公共艺术的规划、创作、实施、应用和传播具有社会性和公共性，促使不同类型的群体参与其中，使之成为公共文化事务的相关者，从而使公共艺术实践具有更广泛的社会文化意义。

客观上看，自中国实施改革开放政策以来，尤其是近二十多年来的城市景观和公共艺术的发展，与中国的城市（城镇）化发展、社会经济的快速发展以及市民大众的生活消费需求的变化和国际文化交流的增多等密切相关。而在全球化、网络化和商业化潮流推动的城市发展进程中，如何留存下城市的历史文化记忆、保护和利用历史性建筑景观及产业文化遗产（包括多样的非物质文化形态的保护与传承），自然成为当代城市景观和公共艺术建设的重要目标。这一方面为当代艺术走出传统的博物馆空间、超越传统的美术馆艺术的表现与交流方式提供了重要的契机，也为现代艺术的形式探索、内涵表达和社会介入方式提供了前所未有的机遇和挑战，并对景观和公共艺术的空间呈现方式及媒材的兼容等方面提出了更高的要求。然而，显而易见的是，我们的城市生活环境与艺术文化建设的步伐滞后于城市经济及人口增长的步伐。城市公共空间在无数的商业性房地产工程、地方政府行政办公大楼、金融大楼以及各类商业卖场和私人娱乐会所的挤压之下，处于严重萎缩和匮乏的状态；许多城市的公共设施以及公共场所大都缺乏应有的功能与美学品质；大量的中小型城市（包括一些省会及地市级城市）的街道及商厦周遭的空间环境纷杂无序，脏乱不堪。无所不在的户外商业广告、就地叫卖的街道摊贩、随意摆放的各类车辆、随处丢弃和堆放的垃圾，这些人们司空见惯的现象与城市景观和艺术空间营造所要求的环境格格不入，也与那些亮丽体面的城市商务中心或豪华精致的私人别墅区形成戏剧性的鲜明对比。

这意味着大多数城市的景观和公共艺术建设的基础是较为薄弱的，需要解决的问题很多：从初级的城市空间及基本设施的安全、卫生、秩序化到高一级别的城市环境的便利、舒适，再到更高层次的城市景观形态的美学品格与个性化的文化精神的表现，不一而足。这就使得城市景观和艺术的构建，需要在城市功能和社会公益两个方面同时推进，对具体实践的形式、方法和制度予以整体性的观照。应该说，中国的城市景观和公共艺术并非在相应的法律和资金制度的保障下进行，亦非自下而上的社会文化的自觉性表现，而是在 20 世纪欧美及日本等发达国家和地区的经验的影响下，因应 90 年代后期国内城市经济的发展所带来的城市形象塑造与环境美化需求而兴起的。而这其中，尤为缺乏对于城市公共景观和户外艺术的公共性及公共精神的认知与研究，缺乏将公共艺术作为当代全民社会的文化态度及战略性实验方式的政策支持和理论探讨。因此，其发展必然是渐进的、复杂的、不平衡的，又是充满着希望的，这一点已经在前文中得到证实。

从中国近二十多年来的城市景观和公共艺术实践的情形来看，它们作为社会文化形态和公共领域的艺术表现形式，从注重感官印象和审美情趣，走向更为多元的社会态度和文化观念的自觉性表达，趋向于为全民社会（而非少数人的特权社会）服务，这使得其实践的空间必然从城市中具有权力符号意味的中心广场、行政中心和金融中心走向普通居民所在的社区，以及学校、公园、城市文化遗产园区、生态保护区、旅游和商业空间。这也意味着从"量的时代"走向"质的时代"，从艺术作为政治意识形态的工具向艺术本体价值回归，即从注重视觉审美表现的时代进入期望提升市民公众的日常生活品质和体现社会及社区文化内涵的时代。

就中国当代公共艺术教育、学术探讨与社会推广的主要基地——大学校园的景观文化而言，其形式和含义具有显在的历史性和差异性，除了少数大学（主要是单一学科类型的专业艺术院校和设有艺术学科的综合性大学）把景观和艺术作为校园文化及其人文历史的传播载体、显现学校成员的社群情感及自我认同的方式之外，大多数大学校园的景观形态流于物质性的呈现和一般的功能发挥，如大量营建体积庞大、外观气派、造价可观的校园建筑。一些具有某种纪念性和装饰意味的雕塑和环境设计，则基本上是学校上层机构的意志与审美观念的体现，在题材、形式和文化内涵的选择和表现方面，较少与本校师生员工进行事前的商讨和沟通。其景观及艺术作品主要是围绕校园的视觉形象以及社会等级秩序而设置，是对外部现实社会的文化经验及秩序的效仿或移植，因而大都缺乏倡导科学与民主精神、崇尚独立人格与创新精神、培育负有社会责任感的青年才俊的大学校园所应有的景观文化和当代公共艺术。尽管如此，近20年来的一些大学校园（不局限于本书所论及的学校）的景观文化和公共艺术建设，毕竟在艺术形式、文化内涵和公共参与方式等方面有了发展与提升。意在形式的审美、社群的认同、文化的多元以及新观念的探索与表达（尽管有些是短时性的展示方式）的景观艺术，已经在经济较为发达或文化积淀较深的一些大中型城市的大学校园中萌生。这对于中国城市景观文化和公共艺术的培育与发展，无疑具有特殊的意义，因为大学永远是一个国家和社会自身文化创造能力和发展能力的孵化器和风向标。

由于城市景观和公共艺术的建设往往需要应对城市公共空间与文化生态的构建、历史文化遗产景区的保护与活化、新兴产业经济的发展，以及城市生态环境的维护和生态文明的传播等诸多问题，因此，倡导和实行具有历史意识和社会包容度、促进产业发展和文化创新的城市景观与公共艺术创作，成为人们的共识，也逐步清晰和具体化。这将促使中国的城市景观和公共艺术实践摆脱单向度的形式化、技艺化倾向，更多地注重其审美与城市功能的综合效应，强调其在当代城市文化进程中的价值和意义。从现有的实践来看，一些城市历史文化街区和工业文化遗产及其他文化遗产（如农业、手工业、乡村聚落、畜牧业等类型的文化遗产）的保护和活化利用，往往注意了对景观形象和视觉符号的显现，但对有利于原址区域保护的产业准入门槛及运营模式欠缺规划，对区域内各类展示和运营项目与社会公众的互动方式也缺乏考虑，过于注重空间利用的商业价值和投资人短期内的经济效益，忽略了景区文化教育功能以及周边社区环境的整体性建设，尤其对其与相邻社群在环境品质、社区功能及经济收益上的相关性欠缺考虑，使得整个园区或街区难以持续良好地发展，造成资源的闲置、浪费并产生了新的社会问题。

历史经验证明，城市景观和公共空间的艺术应该伴随着当地社会和文化生活的发展而自然发展，应该在长期的社会发展过程中有机地、渐进式地成长，切忌为了纯粹的政治或商业目的而进行突击性、饱和性的艺术项目的规划与实施，在极短的时间内搞出一大批脱离当代社会公众需求的景观和艺术，如此将不利于社会中其他人和后来者进行循序渐进的艺术创作和历时性的文化表达。

中国城市的景观形态和公共艺术在题材、内容方面，在20世纪80年代初期至90年代晚期侧重于表现宏大的政治主题及文化概念（如长城、黄河及各地山水名胜或古代传统文化的视觉符号），或倾向于采用美化环境的装饰性符号（如假山、动物、花卉、书法或几何纹饰等）。21 世纪初期则竞相表现城市的地方性文化、历史、民俗和名人，以显示对于地方文化传统的尊重，唤起人们的地方文化精神和乡土情感，如大量表现城市历史故事和街市繁荣景象的壁画、雕塑、浮雕墙或地铺装饰。这显然是在商业繁荣、城市景观文化趋同以及地方文化特性渐趋消失的现实背景下的一种艺术表现，其效应具有多面性：一方面，有些艺术作品的设立可能有益于市民对于当地历史文化的认知，有助于当地商业和旅游文化活动的推行，可以增进人们的地方历史记忆，提升其对地方文化的认同感及荣誉感。另一方面，各地在短期内相继设置大量似曾相识的讲述地方历史文化故事的景观艺术作品，缺乏创意和新意，而且其中许多作品缺乏艺术表现力和文化感染力，难以与地方或社区的民众进行人文内涵与情感上的沟通。除了少量被当地公众认知和接纳的知名作品以外，许多街头雕塑及壁画成为环境的视觉点缀物或摆设，成为一个时期的地方形象工程和政绩工程的遗留物。

对于那些专注于地方性叙事的景观艺术，学界和艺术界也曾产生某些争议。其中，那些基于生态学、文化地理学、人类学和区域社会学的地方性叙事艺术作品，较能获得人们的理解，而基于浮泛且雷同的视像和审美意义的地方性叙事艺术作品，则逐渐受到不同程度的质疑。其主要原因在于，在当代全球化背景下，艺术家只有更为全面地认识地方性与全球性、民族性与世界性以及历史性与现代性等问题，才能更好地把握此类强调地方性价值和意义的艺术作品，恰当处理作品的立意、内容、表达方法和文化态度，否则容易流于教条的铺陈，甚至附和狭隘的地方主义、保守主义或民族主义的文化立场及历史情感。

社会及文化形态的多元共存，是当代社会政治和公共艺术得以良性、持久发展的重要前提。中国城市景观文化和公共艺术建构的主要问题，是在公共艺术法规及社会公共教育长期缺失和严重滞后的状态下，把公共艺术和景观设计简单地作为政治文化宣传的工具，而非真正反映时代精神和社会文化的一种重要形式。在某些政府行政机构的非正常干预下，其运作程序、过程和监督批评等环节均受到干扰，从而出现了官商勾结、权钱交易、艺术项目粗制滥造或缺乏文化品格等问题。

笔者在持续的实地察访中得知，进入 21 世纪，城镇社区逐渐成为城市景观文化和公共艺术实践的重要空间。由于期望真切落实艺术为社会服务、为公民大众的日常生活服务的理念，城镇的公共空间营造开始逐渐关注公共艺术对于城市普通居民社区的建设与振兴的重要性。国内外的现实经验显示，公共艺术设计介入社区可以在三个基本方面有助于其文化内涵的表达和生活品质的提升：其一是有利于改善社区居民日常生活及人际交流的人文环境和公共设施的品质；其二是有利于培养社区居民参与公共事务的社区意识；其三是有利于促进社区内部的认同、协作和团结。但实际上，鉴于中国城镇普通居民社区的物质环境和审美文化建设的总体状态及各种资源的配置水平，许多社区公共空间的建设水平与当地的商业、金融和政府行政办公区域相差甚远。尤其是一些经济地位和社会地位较低的社会群体聚集的社区，基本的公共设施和公共文化娱乐空间均不具备，这种反差一方面反映出当代社会发展及利益分配的不平衡，另一方面也显示出公共艺术介入社区生活及其文化事业的迫切需求。

现实的状况迫切需要调动政府资源和社会资源，在制度和资金上对公共艺术予以支持，以利于完成服务于普通市民、提升社区居民日常生活品质和维系社区文化特性的公共艺术项目的建设，这也是中国城镇景观和公共艺术发展的重要方向之一，是我们需要长期关切的课题之一。

21世纪以来的城市景观和公共艺术的创作和实施突出了生态意识、生态功能和生态美学，这是与解决当代城市问题、建构城市理想生态环境的现实需要密切相关的。其中突出的变化是，景观设计和公共艺术的介入，不再是仅仅强调外在的形式美感或艺术作品自身的独立价值，而是注重其对环境系统的生态维护、生态意识的传播和生态美学的体验，注重景观所具有的自然生态的内在法则及人文生态的内涵，更加关切景观中自然元素的存在价值及其与人类行为及心理需求的对应关系。这些公共艺术项目将维护生态环境和促进人与自然的亲近的理念相结合，从而造就了一批具有某些生态功能、适宜公众体验和具有审美价值的景观艺术作品。有些项目得到了当地社会公众以及国际有关学术机构的肯定，集中体现了中国当代景观艺术在实验范围、构成方式和社会关怀等方面的成果，尽管有些项目在前期规划、功能设计、美学表达和经营管理上还存在一些问题，其后续的社会效应、可持续性发展等方面还有待进一步观察。

公共艺术（包括公共空间及其景观艺术形态）的文化和社会属性，首先体现于它的公共性和公益性，也就是回馈现代公民社会。拥有公共艺术设置权、审议权的政府机构（包括相关企事业管理机构）与公共艺术所在地的社会公民以及参与创作实施的艺术家之间，需要达成观念上的共识。其中，政府在具备条件的情况下有义务和责任为当地公共艺术的建设提供相应的政策支持和资源配置；普通公民大众有权享有公共艺术的成果，有权参与公共文化艺术的建设过程，并在支持和维护公共文化艺术的社会事务上兼有权利和义务；艺术家在公共艺术的创作与实施过程中应该尊重所在地区公民的意愿和意见，与之进行必要的交流、商讨和互动。这其中，最重要的不是艺术形式本身，而是文化权利、参与方式及运作程序的公共性与民主性，也即是否落实社会公民在城市景观文化和公共艺术建设中的话语权、享用权和利益获取的优先权等问题。

　　城市景观和公共艺术建设的重要资源是空间和土地，但在中国社会快速城市化和市场化的过程中，由于权力与资本的合谋，商业空间和私宅空间严重蚕食了本已明显缺乏的公共空间。一些政府官员越权插手社会经济和商业活动，在空间的划分与使用上强调经济利益优先，由此在滋生腐败及经济犯罪的同时，也使得真正有益于社会整体的公共文化和艺术事业发展缓慢。而一些过于强调艺术自身形式和艰深的观念表现的艺术家，也往往希望公共空间成为其精英理念和个体价值的表演场所，不大顾及普通公众的鉴赏能力及审美意趣。应该说，公共空间不能也不应该排斥富有反思和创造精神的精英人士的介入，它们在不同时期体现着社会文化景观的特殊层面，甚至具有批判性意义，但是公共空间和公共艺术资金的使用，应该考虑多数公众的利益和需求，否则，过于精英化和专业化的艺术将无法与公众社会产生密切的关联和有效的对话。毕竟，这涉及公民的文化权利及文化福利等问题，政府、企业、投资方和艺术家群体需要摆正各自的位置，明确各自的社会责任及其与社会共同体之间的关系。

　　呈现在艺术家眼前的客观性难题之一，是当下缺乏类似"艺术百分比"的法律条件。由于政府是公共艺术项目最大的立项者、买家和相关社会资源的掌控者，当下中国普遍缺乏审议及指导公共艺术创作的非政府机构，艺术家要想参与公共艺术项目的征集和遴选，就必须面对一些非专业的政府项目管理者，且往往在不透明、不公开和不公平的项目审议环境中竞争。此外，社会公众对于公共文化艺术的性质和价值、意义的认识还不够深入，艺术家进行艺术创作和社会传播活动尚有一定难度。这些对于热心公共艺术的艺术家无疑是一种挑战。尽管如此，当代涉足公共艺术领域的艺术家，依然需要强化自身的知识积累和文化素养，在明晰其社会角色和坚持文化担当的同时，摆正私我与公共社会的利益关系，放下"精英"的架子，尝试为更多的非专业的普通人群和公益文化事业进行社会协作和公共参与下的创作。

21世纪以来的中国城市景观和公共艺术实践，无论在形式手法还是在观念上，都更加重视艺术的展示和互动方式，以及公众的心理体验效应，而非既定的、单向度的概念化教育或是单纯的知识灌输和道德教诲，景观的人文内涵和题材及审美意象也更为多样化。各类主题公园、世博园、景观大道、民俗风景园、生态文化园区或是文化遗产景区均有此趋向。这说明，随着社会多元文化的发展和网络时代教育条件的变化，城市景观和公共艺术的形式与内涵必然显现出多样化、个性化、体验性、娱乐性，以及人性化和生态化的时代特征。并且，景观文化和公共艺术空间的创作也更加注重公共话题性和公众参与性，注重艺术事件和创作过程，而非仅仅是作品本身。

总体上看，若要促进中国当代城市景观文化和公共艺术的发展，提升其整体水平，就需要国家和政府出台新的文化艺术制度及具体政策，艺术家队伍及相关专业团队整合资源、协同合作，公民个人提升文化素养，同时需要健全艺术批评与公共舆论的参与机制，建立透明、开放和公平的景观和公共艺术项目遴选程序。这是当代公共领域演进过程中的一个相关情境，也是当代社会文化整体性变革的一个环节和一种诉求，而绝非仅仅与艺术及景观的形式美学相关。

第四章 当代校园艺术的萌发与差异

第五章　地方文脉与场域符号

第六章　工业遗产的活化与场所再生

第七章　商业场所与艺术的生活化

后 记

　　出于对城市景观及其生活空间和社会文化的关注，也出于对当代艺术与日常生活之关系的兴趣，我先后花 6 年的时光走访了中国 60 多个城市及一些乡镇，以观察和收集有关资料和视觉图像，然后把自己关到资料室和书房里进行持续性的写作，直到 2015 年新春之际收笔。这对我来说并不轻松惬意，因为书中涉及的个案的各种资料，都是亲自到达现场收集和选取的，使得我只能把大学教研工作之余的艺术创作暂时搁置起来。直接、大量地接触和体验中国近二十年来的城市景观和开放空间中的艺术及其文化形态，对我是很有益处的。而我以往所从事的绘画及艺术设计工作、所做的艺术史方面的研究也对我的写作与思考，起到了十分重要的作用。

　　需要提及的是，我在 2002 年和 2004 年分别出版了两部有关城市公共艺术研究的论著，主要侧重对当代城市公共艺术的文化理念及其价值内涵的评析，以及在中外城市公共艺术历史语境的比较下，对中国 20 世纪晚期至 21 世纪初的城市公共艺术的基本状态及其观念的分析。相比之下，本书重在探讨 21 世纪之后的中国城市景观文化和公共艺术的实践及其与当代城市文化和市民日常生活的关系，以期促进当今城市景观文化的发展和综合性研究，也为后来介入者提供一个阶段性的、有限的文本。

　　我相信，世上没有永恒不变的事物，也没有解决所有问题的万全良策，但有不停的观察与辨析，以及"永远在路上"的实践与修正。这是我的一点感受，也是我的一种自勉。但愿此书可以为同样关注此中风景的同行者带去哪怕一点有意义的东西。

翁剑青

2015 年 3 月于燕园